普通高等教育系列教材

SolidWorks 2017 基础与实例教程

段　辉　汤爱君　陈清奎　等编著

机 械 工 业 出 版 社

本书以 SolidWorks 2017 中文版作为设计软件，主要内容包括：SolidWorks 2017 软件概述、二维草图绘制及编辑、基础特征建模、辅助特征建模、实体特征编辑、曲线曲面造型及编辑、装配设计、钣金设计、工程图和其他应用。

本书绝大部分实例为全新设计，所论述的知识和案例内容既翔实、细致，又丰富、典型。本书还密切结合工程实际编写案例，具有很强的操作性和实用性。本书既可作为高校在校生学习三维造型的教材，也可供 SolidWorks 初、中级学习人员、机械工程设计人员学习。

本书配有电子教案和素材文件，需要的教师可登录www.cmpedu.com免费注册，审核通过后下载，或联系编辑索取（微信：15910938545，电话：010-88379739）。

图书在版编目（CIP）数据

SolidWorks 2017 基础与实例教程 / 段辉等编著. —北京：机械工业出版社，2018.7（2024.8 重印）
普通高等教育系列教材
ISBN 978-7-111-60519-5

Ⅰ. ①S… Ⅱ. ①段… Ⅲ. ①计算机辅助设计—应用软件—高等学校—教材 Ⅳ. ①TP391.72

中国版本图书馆 CIP 数据核字（2018）第 161942 号

机械工业出版社（北京市百万庄大街 22 号 邮政编码 100037）
策划编辑：和庆娣 责任编辑：和庆娣
责任校对：张艳霞 责任印制：张 博

三河市宏达印刷有限公司印刷

2024 年 8 月第 1 版 • 第 12 次印刷
184mm×260mm • 16.75 印张 • 409 千字
标准书号：ISBN 978-7-111-60519-5
定价：49.00 元

电话服务
客服电话：010-88361066
010-88379833
010-68326294

网络服务
机 工 官 网：www.cmpbook.com
机 工 官 博：weibo.com/cmp1952
金 书 网：www.golden-book.com
机工教育服务网：www.cmpedu.com

前　言

党的二十大报告提出，要加快建设制造强国。实现制造强国，智能制造是必经之路。计算机辅助设计技术是智能制造的重要支撑技术之一，其推广和使用缩短了产品的设计周期，提高了企业的生产率和产品质量，从而使生产成本得到了降低，增强了企业的市场竞争力。

SolidWorks 是基于 Windows 平台的优秀三维设计软件，是 SolidWorks 公司的产品，该公司为达索系统（Dassault Systemes S.A）下的子公司。SolidWorks 自 1995 年推出第一个版本以来，以其强大的绘图功能、空前的易用性赢得了众多用户，加快了整个 3D 行业的发展步伐。

由于使用了 Windows OLE 技术、直观式设计技术、先进的 parasolid 内核及良好的与第三方软件的集成技术，SolidWorks 成为全球装机量很大、很好用的软件。涉及航空航天、机车、食品、机械、国防、交通、模具、电子通信、医疗器械、娱乐工业、日用品/消费品、离散制造等行业。在教育市场上，每年有来自全球 4 300 所教育机构的近 145 000 名学生通过 SolidWorks 的培训课程。

SolidWorks 的基本设计思想是：用数值参数和几何约束来控制三维几何体建模过程，生成三维零件和装配体模型；再根据工程实际需要做出不同的二维视图和各种标注，完成零件工程图和装配工程图。从几何体模型直至工程图的全部设计环节，实现全方位的实时编辑修改。

SolidWorks 2017 提供了数百种增强和改进功能，其中大多数是直接针对客户要求做出的增强和改进，可以更好地帮助提高企业创新能力和设计团队的工作效率。SolidWorks 2017 功能强大，从最主流的应用角度，主要分为四大模块，分别是零件、装配、工程图和分析模块，其中“零件”模块中又包括草图设计、零件设计、曲面设计、钣金设计及模具等小模块。

本书共 10 章，可划分为三部分：第 1～3 章为第一部分，第 4～6 章为第二部分，第 7～10 章为第三部分。第一部分讲述基本草图及基本建模技术，适用于初学者。首先从 SolidWorks 的基本使用方法入手，结合若干典型案例，详细探讨 2D 草图的绘制方法和技巧，以及基本 3D 模型的常用建模流程及方法。第二部分结合大量全新的案例，从多角度由浅入深、由易到难地介绍各种附加特征的建模方法、实体特征的编辑修改，以及曲线曲面的造型及编辑方法。第三部分讲述三维装配、钣金设计、工程图的生成及编辑，以及其他应用模块的基本知识。

本书主要由段辉（山东建筑大学）、汤爱君（山东建筑大学）、陈清奎（山东建筑大学）编写，参与编写的还有管殿柱、谈世哲、宋一兵、赵景波、付本国、李文秋、陈洋、焉北超、管玥、刘慧、王献红。

由于编者水平有限，书中难免存在疏漏和不足之处，衷心希望读者批评指正。

编　者

目　　录

第 1 章　SolidWorks 2017 软件概述

SolidWorks 软件作为目前世界上流行的三维机械设计软件之一，具有组件繁多、功能强大、易学易用和技术创新等特点。由于它是世界上第一个基于微软的 Windows 系统开发的三维 CAD 设计软件，对于熟悉 Windows 系统的用户，可以很方便地用 SolidWorks 进行设计。

SolidWorks 2017 是该系列软件的新版本，采用了目前先进的 Ribbon 界面，在性能和功能方面都有较大的改进，同时保证与低版本完全兼容。

本章重点：

- 了解 SolidWorks 的特点
- 掌握 SolidWorks 2017 的安装方法
- 掌握 SolidWorks 2017 图形文件的基本操作

1.1　SolidWorks 2017 概述

本节简单介绍 SolidWorks 的发展过程，以及新版本 SolidWorks 2017 的主要特点、功能和基本的安装方法。

1.1.1　SolidWorks 2017 简介

SolidWorks 软件是一个基于特征、参数化、实体建模的设计工具。目前的新版本软件采用 Ribbon 图形用户界面，易学易用。利用 SolidWorks 可以创建全相关的三维实体模型。SolidWorks 具有开放的系统，添加各种插件后，可实现产品的三维建模、装配校验、运动仿真、有限元分析、加工仿真、数控加工及加工工艺的制定，以保证产品从设计、工程分析、工艺分析、加工模拟、产品制造过程中数据的一致性，从而真正实现产品的数字化设计和制造，并大幅度提高产品的设计效率和质量。

2016 年 10 月 27 日，SolidWorks 发布了 SolidWorks 2017，该版本提供了数百种增强和改进功能，其中大多数是直接针对客户要求做出的增强和改进。

SolidWorks 2017 提供了强大易用的功能，它可以自动完成任务、理顺工作流程并帮助用户快速定义和验证设计的形状、配合和功能；能够提供专门工具支持创新设计，从而有助于用户更高效地工作并做出更好的设计决策。

SolidWorks 2017 不仅易于使用，还提供了大量的自定义功能，从而有助于让新用户更快地学习，让老用户更快地工作。各种规模的公司都可以使用 SolidWorks 2017 来设计其产品。

SolidWorks 直观的用户界面（UI）易学易用，并且旨在迅速提高用户的工作效率。UI 可减少 CAD 日常开销，因此只需更少的“选择和单击”即可更轻松地访问上下文菜单中的命令和按设计功能组织的工具栏命令，并且可以通过自动搜索功能即刻访问任何命令。大量的教程和支持文档可帮助用户快速取得进步。

轻松的自定义功能可极大地提高设计生产效率。用户可以定制工具栏、上下文菜单、热键和环境设置。鼠标手势可让用户快速访问命令，并且可以通过应用程序编程接口（API）和批处理自动执行设计功能。

智能设计和出详图功能可以通过自动检测并解决建模及出详图难题来提高用户的工作效率，这些难题让新用户束手无策，而经验丰富的老用户又觉得枯燥、耗时。

SolidWorks 2017 功能强大，从最主流的应用角度，主要分为四大模块，分别是零件、装配、工程图和分析模块，其中“零件”模块中又包括草图设计、零件设计、曲面设计、钣金设计及模具等小模块。通过认识 SolidWorks 中的模块，读者可以快速地了解它的主要功能，本书也将从模块的角度介绍 SolidWorks 2017 的主要使用方法。

1.1.2 SolidWorks 2017 的安装

SolidWorks 2017 软件可以在工作站或个人计算机上运行，安装操作的步骤如下。

1．安装准备

SolidWorks 2017 的原始安装文件一般是 ISO 镜像文件，为 64 位，文件大小 12GB 多，建议优先使用虚拟光驱安装。也可以将镜像文件先解压缩再安装，由于整个软件比较大，所以在保存时注意计算机空间是否够用。

2．软件安装

① 打开导入虚拟光驱的镜像文件或者将软件包解压缩后，双击 setup.exe 安装程序，进入“欢迎”界面，如图 1-1 所示。

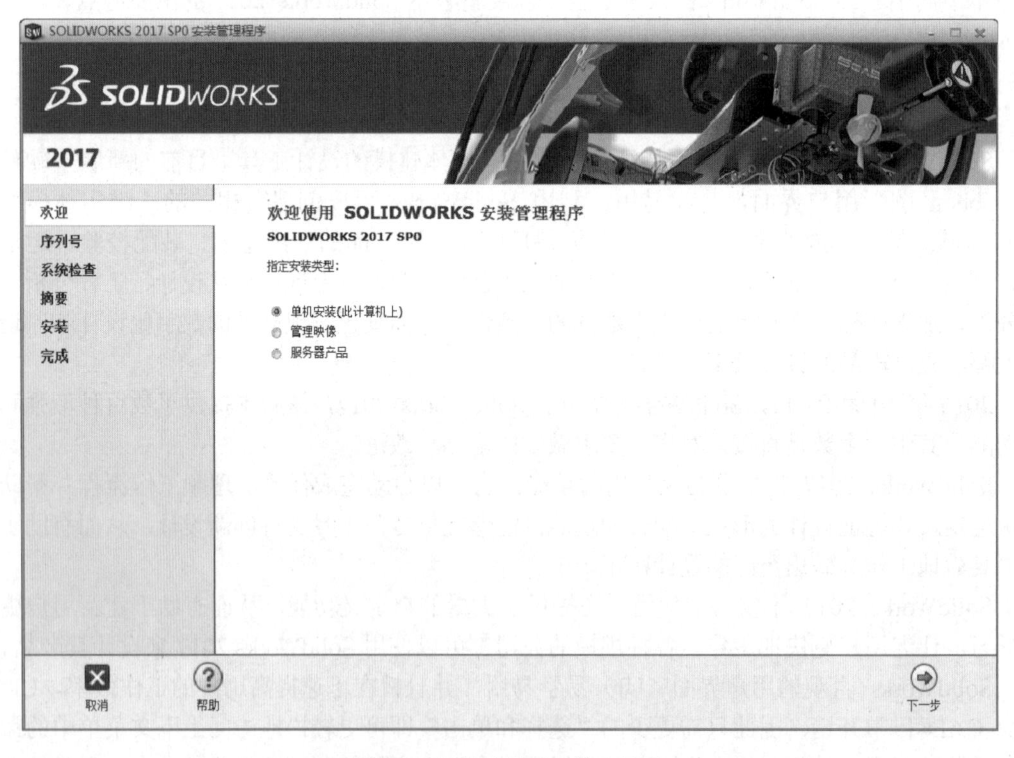

图 1-1　开始安装“欢迎”界面

②“欢迎”界面有 3 个选项：单机安装（此计算机上）、管理映像和服务器产品。在本次安装中保持默认选择，即单机安装（此计算机上），并单击“下一步”按钮，进入如图 1-2 所示的“序列号”界面。

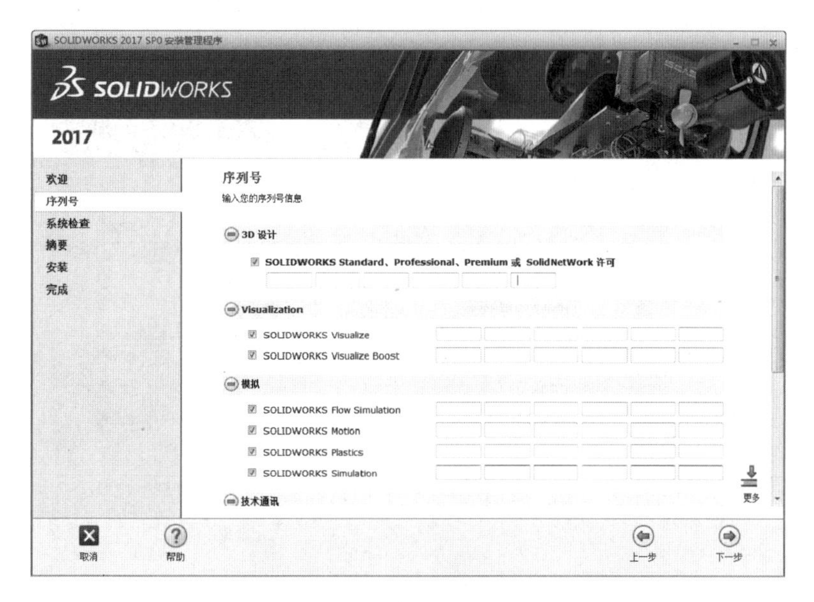

图 1-2 “序列号”界面

③ 在“序列号”界面中输入相应的序列号，然后单击“下一步”按钮，如果序列号有误，会弹出“系统检查警告”对话框，如图 1-3 所示，此时可单击“上一步”按钮重新输入，否则继续单击“下一步”按钮。

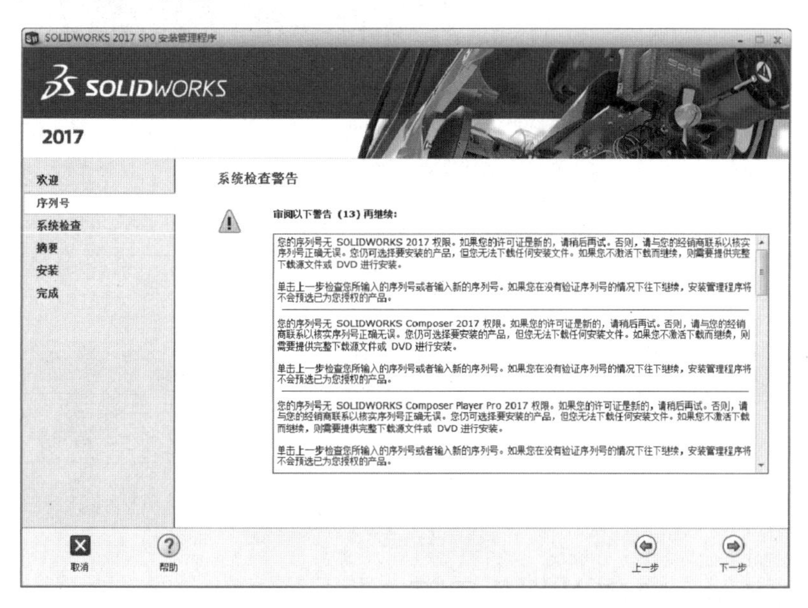

图 1-3 “系统检查警告”对话框

④ 进入“摘要”界面，如图 1-4 所示，其主要信息包括产品信息介绍、下载选项、安装位置和 Toolbox/异型孔向导选项。单击“安装位置”选项右侧的“更改”按钮，在计算机上选择一个软件安装位置后，单击界面右下角的“现在安装”按钮，此时就开始安装软件。安装的时间较长，可耐心等待，一直到安装完毕后会进入如图 1-5 所示的“安装完成”界面，保持默认选项，单击“完成”按钮，整个软件就安装完成了。

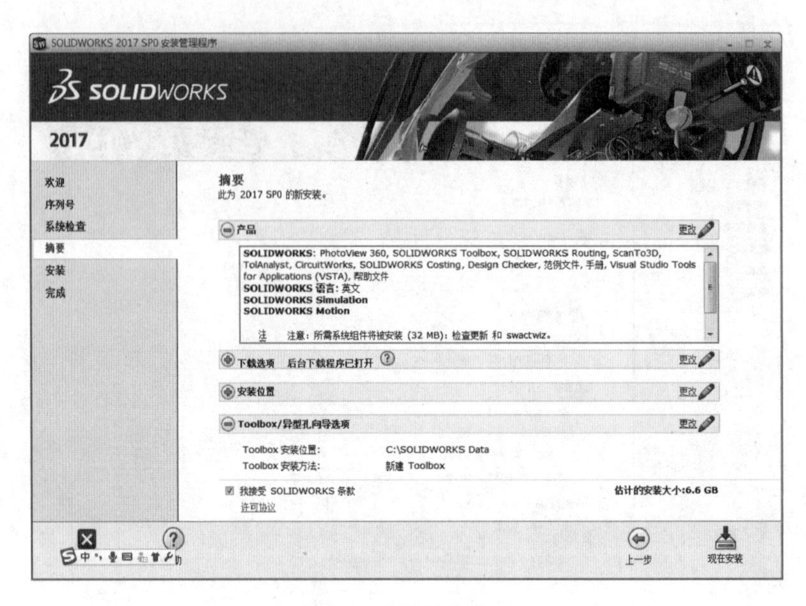

图 1-4 “摘要”界面

图 1-5 “安装完成”界面

1.2 SolidWorks 2017 的操作界面

SolidWorks 2017 的操作界面依旧延续了先进的 Ribbon 用户界面，拥有传统的下拉菜单和工具面板。

1.2.1 SolidWorks 2017 的启动

① 在计算机中安装 SolidWorks 后，可选择“开始”→“ 程序”→“ SolidWorks 2017”→

“SolidWorks 2017”命令，或者双击桌面上的 SolidWorks 2017 快捷方式图标，就可以启动 SolidWorks 2017，也可以直接双击打开已经创建的 SolidWorks 文件。启动 SolidWorks 2017 后，进入启动界面，单击“菜单”工具栏中的“新建”按钮，弹出如图 1-6 所示的“新建 SolidWorks 文件”对话框，该对话框中可以选择进入常用的“零件”模块、“装配体”模块或者“工程图”模块。

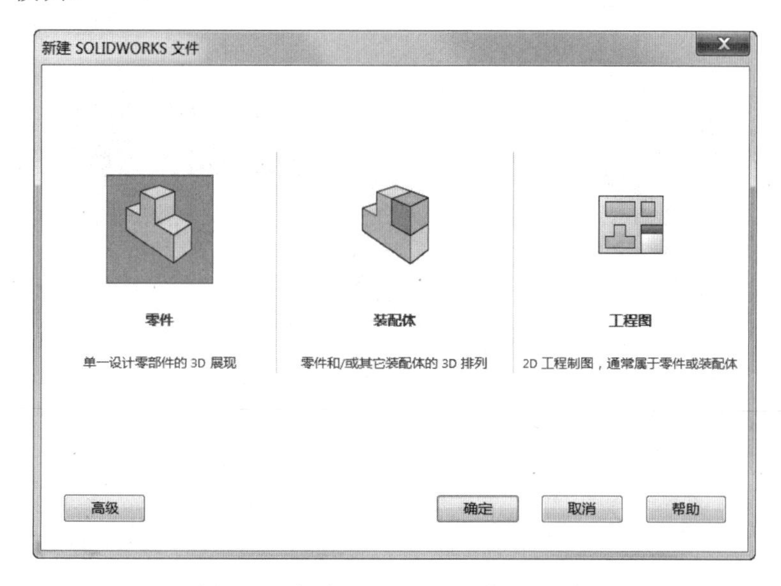

图 1-6 “新建 SolidWorks 文件”对话框

② 单击对话框中的“高级”按钮，显示如图 1-7 所示的界面，在该对话框中可以进行更具体的选择，进入相应模块。

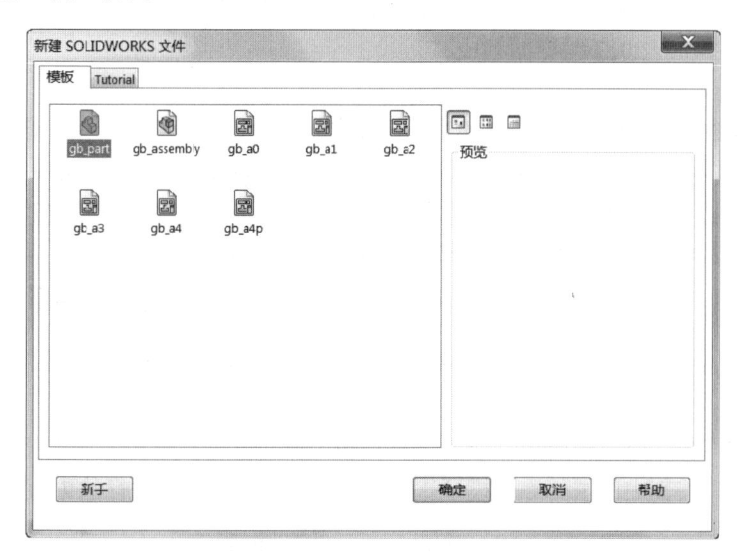

图 1-7 选择模板

③ 选择相应的零件模块，进入 SolidWorks 2017 的零件工作界面，如图 1-8 所示，主要由菜单栏、工具面板、设计树、状态栏和任务窗格等组成。

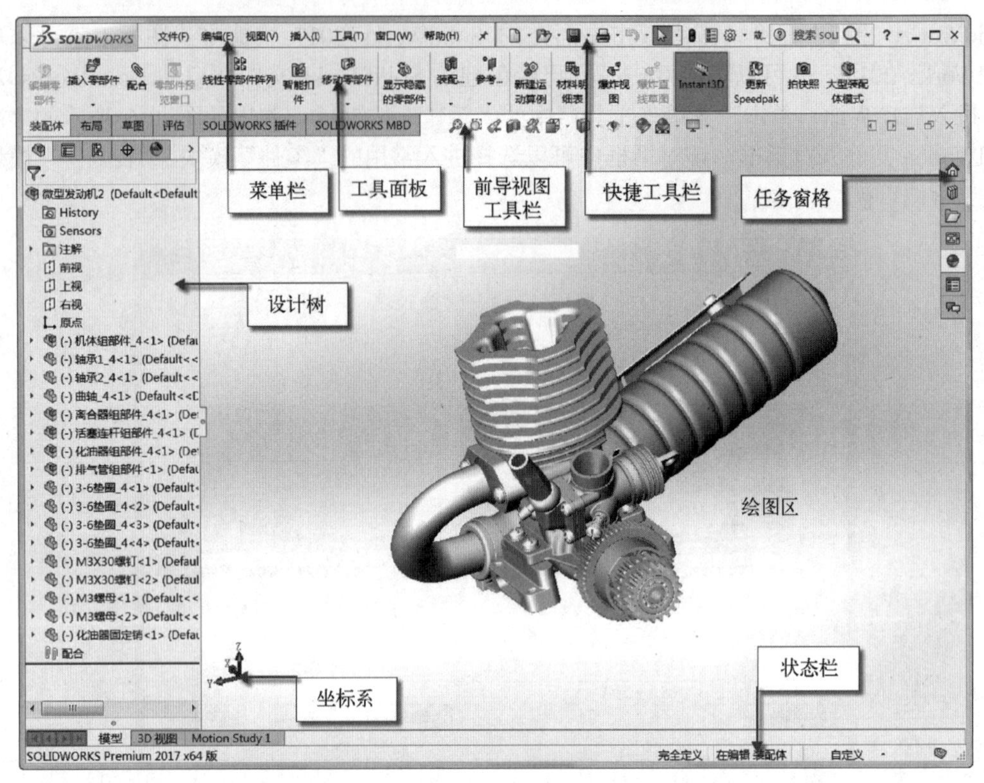

图 1-8　零件工作界面

1.2.2　SolidWorks 2017 界面介绍

SolidWorks 2017 包括多个模块，各模块的界面大体相似，本节以最常用的零件模块为例，来介绍 SolidWorks 2017 的界面组成。

1．菜单栏

SolidWorks 2017 的菜单栏如图 1-9 所示，包含 SolidWorks 所有的操作命令，包括文件、编辑、视图、插入、工具、窗口和帮助 7 个菜单。当将鼠标指针移动到 SolidWorks 徽标右侧的箭头或单击它时，菜单才可见。也可以单击菜单栏最右边的图标以固定菜单，使其始终可见。用户可以通过菜单来访问 SolidWorks 所有命令。

图 1-9　菜单栏

2．快捷工具栏

快捷工具栏（如图 1-10 所示）中的工具按钮用来对文件执行最基本的操作，如新建、打开、保存、打印等。其中单击“重建模型工具”按钮可以根据所进行的更改重建模型。

图 1-10　快捷工具栏

3．工具面板

SolidWorks 2017 延续了先进的工具面板，在默认状态下，主要包括“特征”“草图”“评估”“DimXpert”（标注专家）“SolidWorks 插件”和“SolidWorks MBD”（基于模型的定义）等子面板，在不同的工作环境中显示不同的种类。若在界面中没有显示想要的子面板，可将鼠标指针置于某一常用工具面板名称上右击，在弹出的如图 1-11 所示的快捷菜单中选择相应的工具面板即可。将鼠标指针置于工具面板上转动鼠标滚轮，可以在显示的各常用工具面板之间切换或者直接用鼠标单击该工具面板的名称就可以显示该工具面板。

4. 设计树

SolidWorks 2017 设计树如图 1-12 所示，详细地记录了零件、装配体和工程图环境下的每一个操作步骤（如添加一个特征、加入一个视图或插入一个零件等），非常有利于用户在设计过程中的修改与编辑。设计树各节点与图形区的操作对象相互联动，为用户的操作带来了极大的方便。

图 1-11　右键快捷菜单

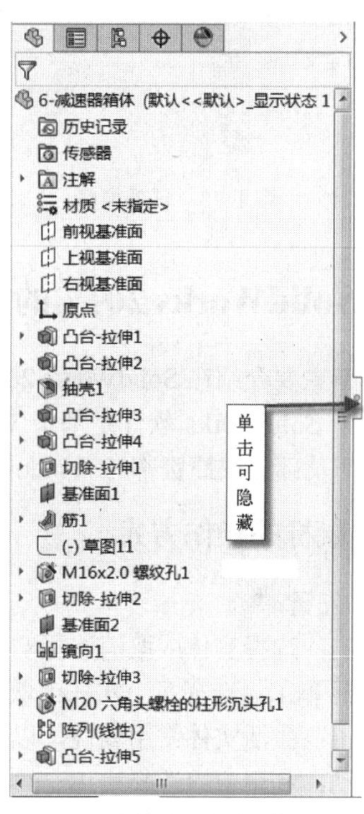

图 1-12　设计树

5. 绘图区

绘图区是进行零件设计、制作工程图、装配的主要操作窗口，草图绘制、零件装配、工程图的绘制等操作，均是在这个区域中完成的。

6. 任务窗格

任务窗格包括“SolidWorks 资源”“设计库”“文件探索器”“视图调色板”“外观、背景和贴图”“自定义属性”和“SolidWorks Forum”（论坛）7 个选项，如图 1-13 所示。在默认情况下，它显示在右侧，不但可以移动、调整大小和打开/关闭，而且还可以将其固定于界面右边的默认位置或者移开。

7. 状态栏

状态栏是当前命令的功能介绍及正在操作对象所处的状态，如当前鼠标指针位置的坐标值、正在编辑草图、正在编辑零件图等，初学者应经常关注其中的提示信息。

8．前导视图工具栏

用 SolidWorks 2017 建模时，用户可以利用前导视图工具栏中的各项命令进行窗口显示方式等的控制和操作，如图 1-14 所示。

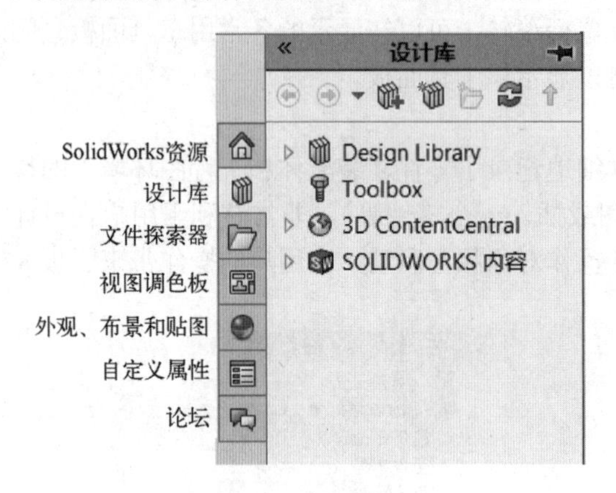

图 1-13　任务窗格

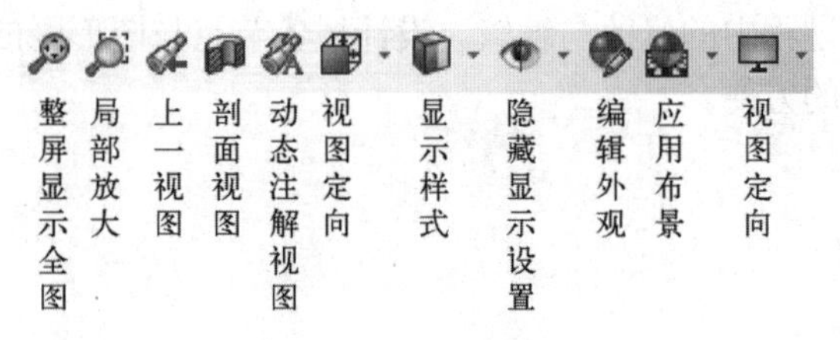

图 1-14　前导视图工具栏

1.3　SolidWorks 2017 的操作方式

本节主要介绍在 SolidWorks 2017 中，鼠标和键盘常用快捷键的使用方法。

由于 SolidWorks 软件是基于 Windows 开发的三维 CAD 系统，因此在 SolidWorks 中，鼠标的操作及部分快捷键都与 Windows 比较类似。

1.3.1　鼠标的操作方式

1．左键

单击：选择实体或取消选择实体。

Ctrl+单击：选择多个实体或取消选择实体。

双击：激活实体常用属性，以便修改。

拖动：利用窗口选择实体、绘制草图元素、移动、改变草图元素属性等。

Ctrl+拖动：复制所选实体。

Shift+拖动：移动所选实体。

2．中键（滚轮）

Ctrl+拖动：平移画面（启动平移操作后，即可放开〈Ctrl〉键）。

Shift +拖动：缩放画面（启动缩放后，即可放开〈Shift〉键）。

将鼠标指针置于模型欲放大或缩小的区域，前后转动滚轮，即可实现模型的放大或缩小；将鼠标指针置于模型上，按下滚轮不松开，前后、左右移动鼠标，可实现模型的翻转；双击滚轮，可实现模型的全屏显示，从而避免了频繁地选择前导视图工具栏中相应的命令。

3．右键

单击：弹出快捷菜单，选择快捷操作方式。

拖动：按住鼠标右键分别向上下左右拖动，可以显示鼠标笔势，在绘制草图状态下和不在绘制状态下鼠标笔势如图 1-15 和图 1-16 所示。

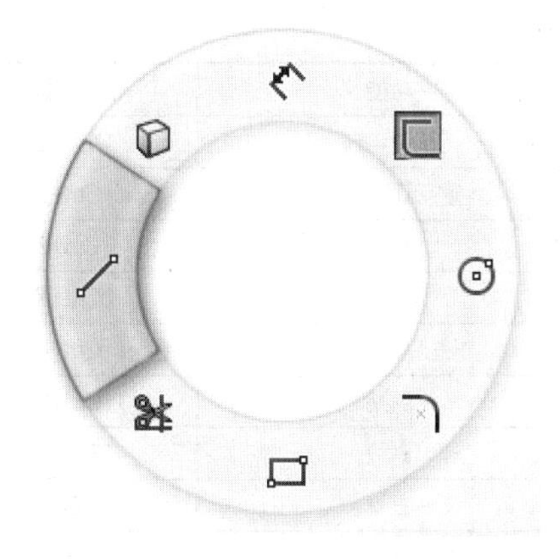

图 1-15　包含 8 种笔势的草图指南

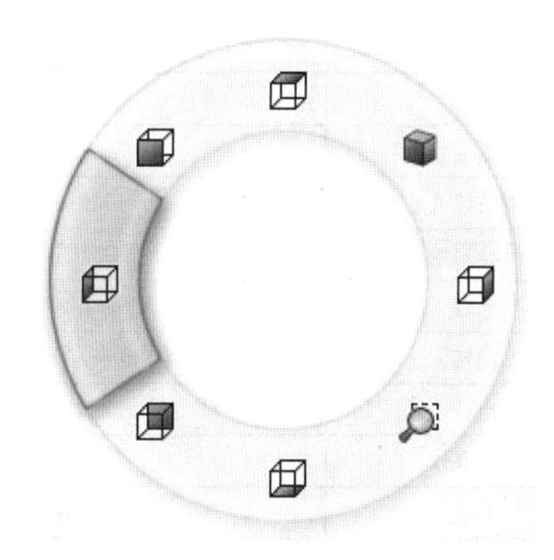

图 1-16　包含 8 种笔势的零件图指南

4．鼠标指针

通过鼠标指针的形状，指明使用者正在选取什么或系统建议选取什么。当指针经过模型时，指针形状就会表明用户的选择。

5．鼠标笔势

可以使用鼠标笔势作为执行命令的一个快捷键，如果需要设置鼠标笔势，单击快捷工具栏中右侧箭头，弹出下拉菜单，选择“自定义”命令，如图 1-17 和图 1-18 所示。使用鼠标笔势时按住鼠标右键在绘图区域拖动就会弹出相应笔势，在选择命令按钮的过程中要一直按住鼠标右键。

图 1-17　“自定义”菜单

图 1-18　“鼠标笔势”的设置

1.3.2　常用快捷键

SolidWorks 是专门针对 Windows 环境开发的应用程序，其用户界面同其他 Windows 应用软件非常相似，如文件操作、复制、粘贴、删除、退回等都采用了 Windows 的操作习惯。表 1-1 中总结了 SolidWorks 2017 常用的快捷键。

表 1-1 常用的快捷键

功能	快捷键	功能	快捷键
视图缩小	Z	试图定向	空格键
视图放大	Shift+Z	重新计算模型	Ctrl+B
屏幕重绘	Ctrl+R	复原	Ctrl+Z
平移	Ctrl+方向键	剪切	Ctrl+X
旋转	Shift+方向键	复制	Ctrl+C
自转	Alt+左或右方向键	粘贴	Ctrl+V
放弃操作	Esc	删除	Delete
前视	Ctrl+1	右视	Ctrl+4
上视	Ctrl+5	整屏显示全图	F

1.4 SolidWorks 2017 的文件管理

SolidWorks 2017 常用的文件管理命令有新建文件、打开文件、保存文件等。新建文件在前面已经介绍过，这里主要介绍如何打开文件、保存文件和退出系统。

1.4.1 打开文件

在 SolidWorks 2017 中，可以打开已存储的文件，对其进行相应的编辑和操作。打开文件的操作步骤如下。

① 选择“文件”→“打开”命令，或者单击快捷工具栏中的“打开”按钮，执行打开文件命令。

② 弹出“打开”对话框，如图 1-19 所示。在“文件类型”下拉列表框中选择文件的类型，在对话框中将会显示文件夹中对应文件类型的文件。单击“预览”按钮，选择的文件就会显示在对话框的“预览”窗口中，但是并不打开该文件。

③ 选取了需要的文件后，单击对话框中的“打开”按钮，就可以打开选择的文件，对其进行相应的编辑和操作。

在“文件类型”下拉列表框中，并不限于 SolidWorks 类型的文件，还可以调用其他软件（如 Pro/E、CATIA、UG 等）所形成的图形并对其进行编辑，如图 1-20 所示。

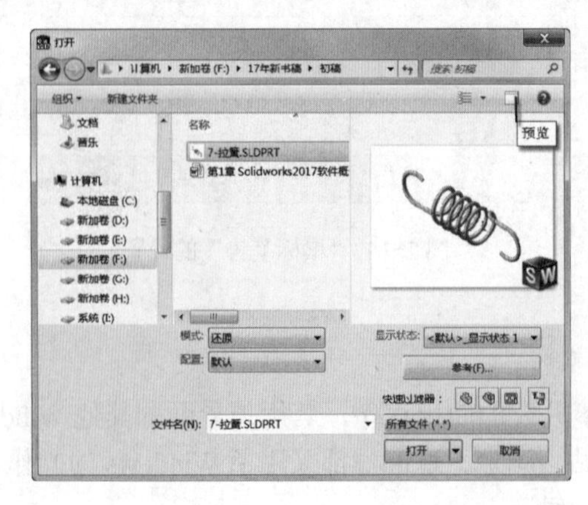

图 1-19 “打开”对话框

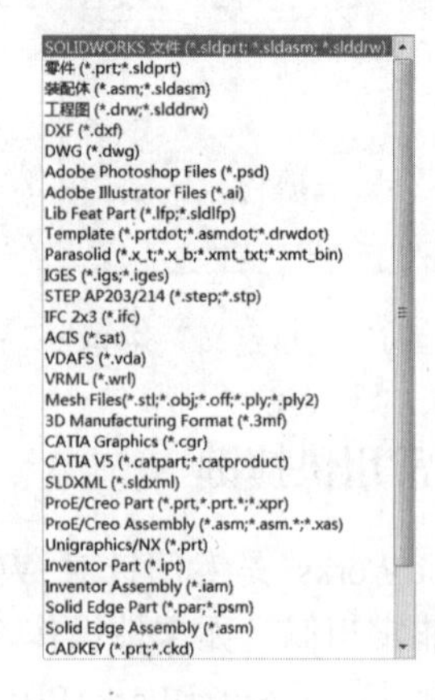

图 1-20 “文件类型”下拉列表

1.4.2 保存文件

编辑好的图形只有保存后，才能在以后需要的时候打开进行相应的编辑和操作，SolidWorks 2017 有多种保存方法，如图 1-21 所示，最常用的保存文件可按如下步骤进行。

选择菜单栏中的“文件”→“保存”命令，或者单击快捷工具栏中的“保存”按钮，此时系统会弹出“另存为”对话框，如图 1-22 所示。在“文件名”文本框中输入要保存的文件名称，在“保存类型”下拉列表中选择要保存文件的类型，在不同的工作模式下，系统会自动设置文件的保存类型。在 SolidWorks 中不仅可以保存为自身的类型，还可保存成其他类型的文件，以便其他软件能调用和进行操作。

保存
另存为
保存所有
出版 eDrawings 文件

图 1-21　保存方法

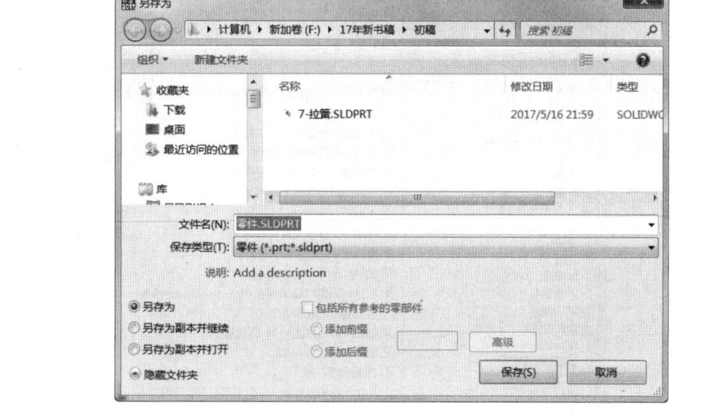

图 1-22　“另存为”对话框

1.4.3 退出 SolidWorks 2017

在文件编辑并保存完成后，就可以退出 SolidWorks 2017 系统了。选择“文件”→“退出”命令，或者单击系统操作界面右上角的“退出”按钮×，都可以退出该系统。

如果退出前对文件进行了编辑而没有保存，或者在操作过程中不小心执行了“退出”操作，则会弹出提示对话框，如图 1-23 所示。如果要保存对文件的修改，则选择“全部保存”选项，系统就会保存修改后的文件，并退出 SolidWorks 系统；如果不保存对文件的修改，则选择“不保存”选项，系统将不保存修改后的文件，并退出 SolidWorks 系统；单击“取消”按钮，则取消退出操作，回到原来的操作界面。

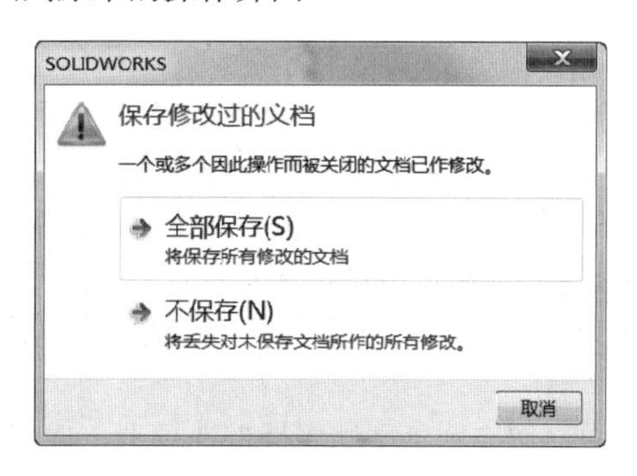

图 1-23　提示对话框

1.5 SolidWorks 2017 的选项与自定义

SolidWorks 2017 可以自定义文件模板、用户工程图格式文件、材料明细表（BOM 表）模板格式等。与其他 Windows 环境的软件一样，用户可以在 SolidWorks 软件中根据需要添加或删除工具面板及命令。另外，还可以为零件和装配体设置工作界面、背景及环境光源等。

1.5.1 SolidWorks 2017 的选项

单击快捷工具栏中的“选项”按钮，弹出“系统选项(S)-普通”对话框，切换到“系统选项”选项卡，如图 1-24 所示。

图 1-24 “系统选项(S)-普通”对话框

根据需要进行相应设置，初学者建议保持默认选项。

1.5.2 建立新模板

当用户新建文件时，通过选择文件模板开始工作。文件模板中包括文件的基本工作环境设置，如度量单位、网格线、文字的字体字号、尺寸标注方式和线型等。建议用户根据设计需求及国家标准定制文件模板。设置良好的文件模板有助于用户减少在环境设置方面的工作量，从而加快工作的流程，在装配体中甚至可以设定预先载入的基础零件。例如，在模具设计应用中可以将冷冲模标准模架作为文件模板中的基础零件，然后在基础零件之上展开模具的设计工作。

在“系统选项”对话框中，切换到“文档属性”选项卡，选择“尺寸”选项，如图 1-25 所示。

图 1-25 “文档属性”选项卡

按照国家标准的规定进行相应设置，完成文件模板设置后，单击“保存”按钮，打开“另存为”对话框，在“保存类型”下拉列表中选择零件模板“Part template(*.prtdot)”，此时文件的保存目录会自动切换到 SolidWorks 安装目录：\SolidWorks 2017\templates。输入文件名“my-GB.prtdot”，如图 1-26 所示，单击“保存”按钮，生成新的零件文件模板。此后选择新建文件时，“新建 SolidWorks 文件”对话框中会出现新建的模板文件。

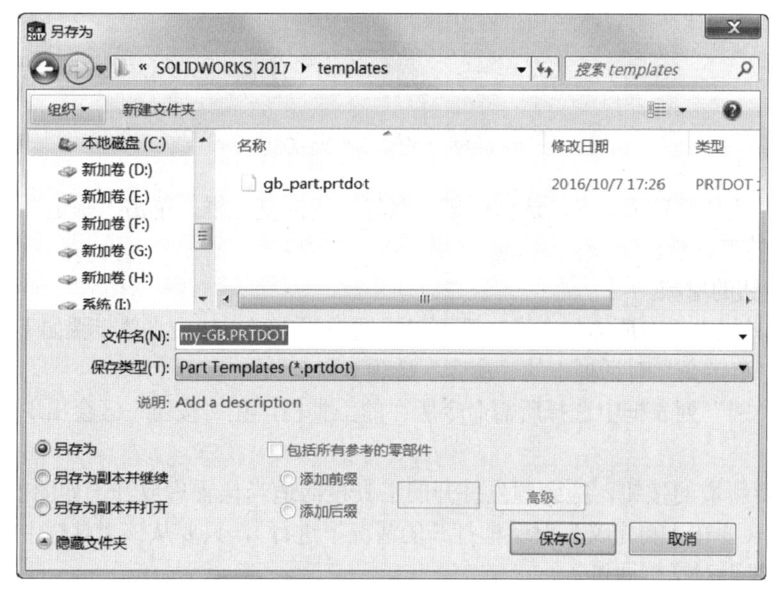

图 1-26 另存为模板文件

1.5.3 设置工具栏

1. 添加工具栏

SolidWorks 2017 虽然采用了先进的工具面板替代了传统的工具栏，但是用户依旧可以将工具栏添加到界面上，具体步骤如下。

① 单击如图 1-17 中所示快捷工具栏中的“自定义”选项，弹出“自定义”对话框，如图 1-27 所示。

图 1-27 “自定义”对话框

② 打开“工具栏”选项卡，选择所需工具栏对应的复选框，单击“确定”按钮，在界面中会出现所需的工具栏。

2. 命令按钮的增减

如果在工具栏中没有所需的命令，则可以根据需要自行添加，具体步骤如下。

① 打开“自定义”对话框中的“命令”选项卡。

② 在“类别”列表框中选择所需命令所在的工具栏，在“按钮”区会出现该工具栏中所有的命令。

③ 按住要新增的按钮，拖到预先打开的工具栏的适当位置后放开，如图 1-28 所示。减少命令按钮时（要在“自定义”对话框打开的情况下进行），只要从该工具栏中把要减少的按钮拖回“自定义”对话框即可。

图 1-28　命令按钮的增减

1.5.4　其他设置

1. 自定义快捷键

为了方便工作，可以根据习惯自行定义快捷键。具体步骤如下。

① 打开“自定义”对话框中的“键盘”选项卡。

② 分别选取需定义快捷键命令所在的“类别”及“命令”。

③ 在“快捷键”文本框中输入所需字符，单击“确定”按钮，完成快捷键的设定，如图 1-29 所示。

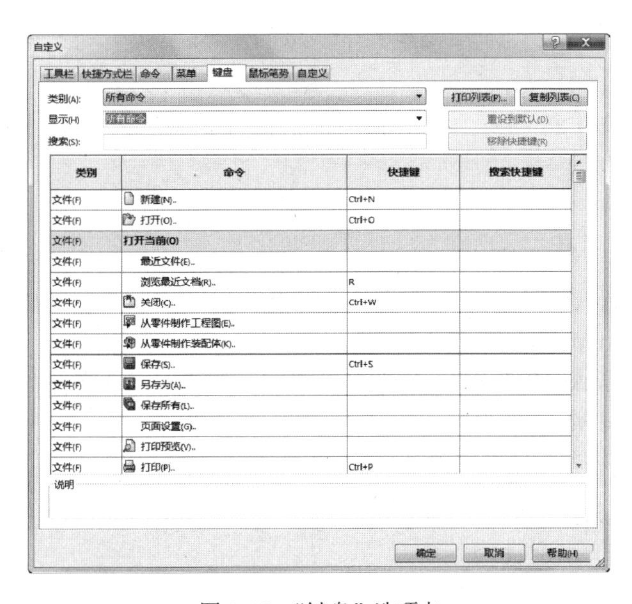

图 1-29　“键盘”选项卡

2. 背景设置

用户可以通过设置颜色、背景等在 SolidWorks 2017 中得到具有个性化的工作背景和用户界面，具体步骤如下。

① 单击快捷工具栏中的“选项”按钮，在“系统选项”对话框中的“系统选项”选项卡中，选择“颜色”选项，在“颜色方案设置”列表框中选择“视区背景”选项，单击“编辑”按钮，弹出 “颜色”对话框，选定绘图区颜色，单击“确定”按钮，如图 1-30 所示。

② 单击“确定”按钮，保存颜色设置。

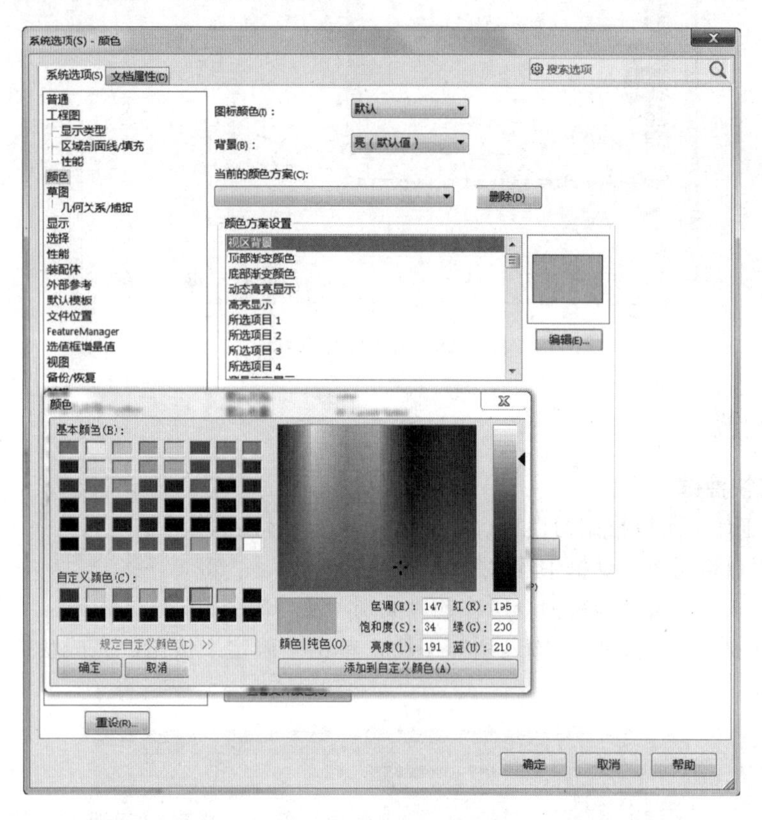

图 1-30 “颜色”选项卡

1.6 课后练习

1. SolidWorks 是什么样的软件？它有什么特点？
2. 如何调出 SolidWorks 的工具栏？
3. 如何将 SolidWorks 零件文件另存为其他格式（如 parasolid 文件、Step 文件）？
4. 如何创建 SolidWorks 的模板文件？
5. SolidWorks 有哪些常用的快捷键？

第 2 章　二维草图绘制及编辑

所有的三维特征，都要从绘制二维草图开始。本章重点介绍 SolidWorks 2017 中二维草图的绘制方法。草图一般是由点、线、圆弧、圆、公式曲线和自由曲线等基本曲线构成的封闭的或不封闭的几何图形，是三维实体建模的基础。

高效的草图绘制，除了需要掌握常用草图绘制命令，还需要掌握草图的修改和编辑命令；一个完整的草图除了包括几何形状，还有几何关系和尺寸标注等。

本章重点：

- 绘制二维草图基准面的选择
- 绘制二维草图的常用命令
- 二维草图的图形编辑命令
- 二维草图的尺寸约束和几何约束

2.1　草图概述

高效率、高质量的草图绘制是成功创建三维特征的基础。草图绘制环境嵌入在了 SolidWorks 各个功能模块中。

SolidWorks 是基于特征的三维设计软件。特征是在基本轮廓线的基础上生成的，而轮廓线需要用草图命令来进行绘制，因此掌握草图设计是学习 SolidWorks 软件的基础和前提。本节将基于零件设计模块，介绍草图设计的常用绘图命令、编辑修改命令、约束命令和使用技巧。

2.1.1　草图基准面

1．坐标系

进入 SolidWorks 零件模块以后，在绘图区域的左下角会出现坐标图标，其三个箭头分别对应于空间的 X、Y、Z 坐标方向，在绘图区域的中间会出现坐标原点指示图标。在该窗口左边的设计树中则显示前视、上视、右视三个基准面，以及原点等内容，如图 2-1 所示。

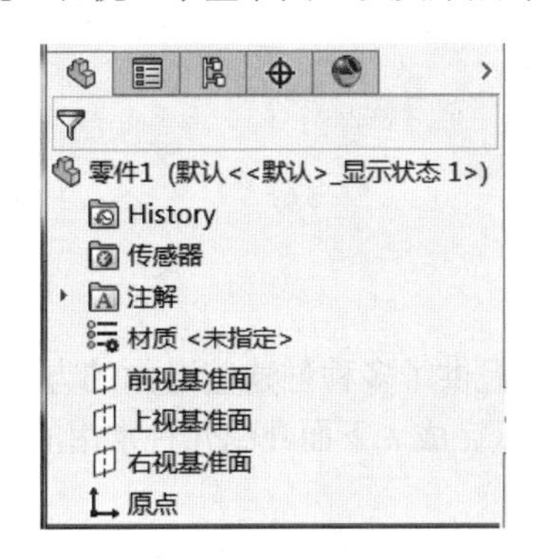

图 2-1　设计树

2．基准面

在绘制草图之前，必须先指定绘图基准面，绘图基准面有 3 种形式。

（1）指定默认基准面作为草图绘图平面

SolidWorks 提供了一个默认的坐标系，由前视基准面、上视基准面、右视基准面组成了一个正交平面坐标系。默认基准面中的前视基准面相当于画法几何中正视图的方位，上视基准面相当于俯视图的方位，右视基准面则相当于右视图的方位。将光标移动到设计树中的某一基准面，图形区会出现一个相对应的平面（高亮橘色），单击该基准面，会弹出关联工具栏，单击其中的“草图绘制”按钮，如图 2-2 所示，即可在此平面上绘制草图。

（2）指定已有模型上的任一平面作为草图绘制平面

单击已有模型的某一平面，在弹出如图 2-3 所示的关联工具栏中，单击“草图绘制”按钮，即可进入草图绘制状态。

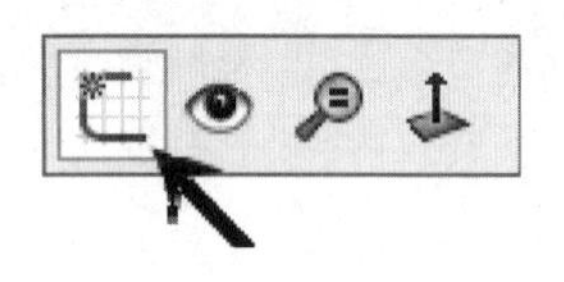

图 2-2　关联工具栏 1

图 2-3　关联工具栏 2

（3）创建一个新的基准面

如果要绘制的草图既不在默认基准面上，又不在模型表面上，就需要利用“特征”面板中“参考几何体”下的“基准面”命令来创建一个新的基准面，如图 2-4 所示。单击“基准面”按钮，系统弹出“基准面”属性对话框，如图 2-5 所示。

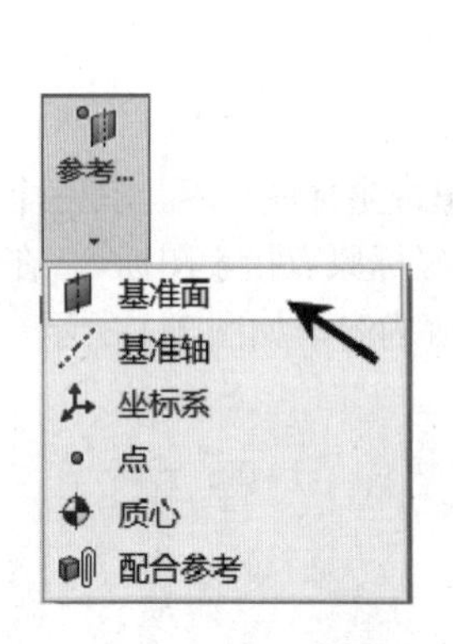

图 2-4　“参考几何体”菜单

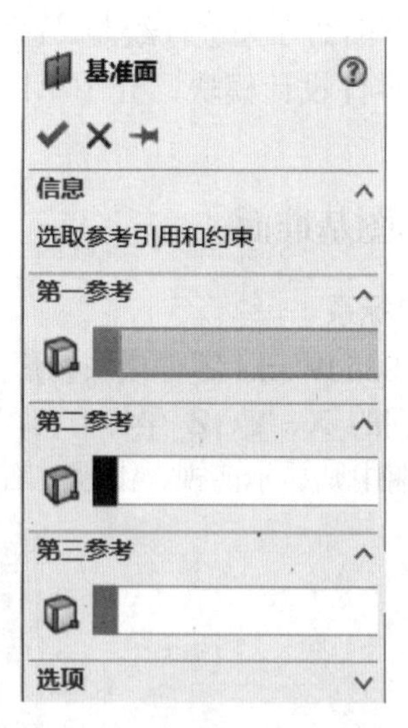

图 2-5　“基准面”属性对话框

从对话框可知，SolidWorks 提供了多种创建基准面的方法，可以说，只要是理论上能够生成的基准面，SolidWorks 都可以完成。下面介绍几种常用的方法。

① 偏移平面。

偏移平面也可以称为平行平面，选取一个参考平面，然后使用多种方法确定偏移的距离，如通过一点、输入具体数值等。如图 2-6 所示是输入具体数值创建的偏移平面。

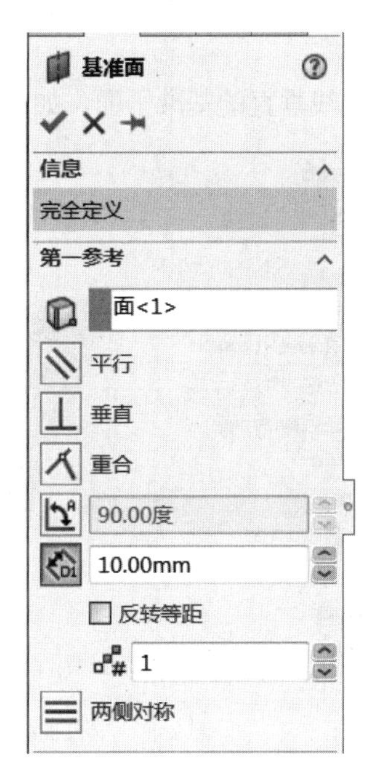

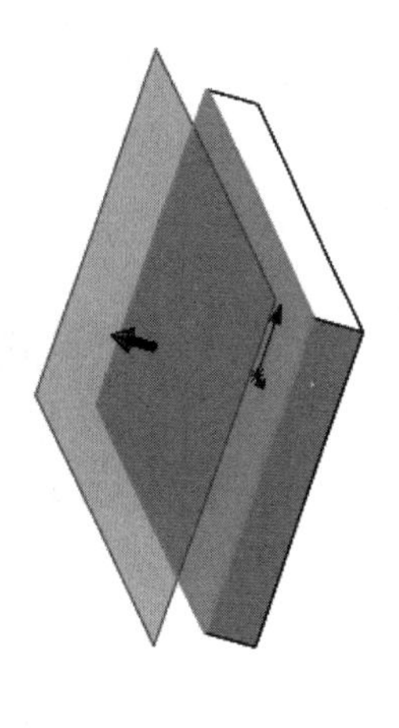

图 2-6　偏置平面

② 夹角平面。

可创建一个与已有平面成一定角度的基准平面，通常需要设定一条基准线，如图 2-7 所示。

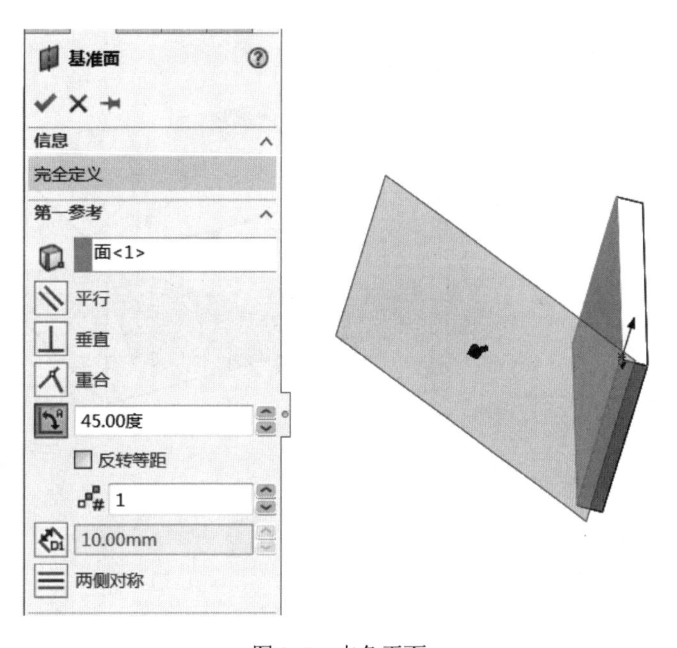

图 2-7　夹角平面

③ 垂直平面。

可创建一个与已有平面成垂直的基准平面，通常需要设定一条基准线，如图 2-8 所示。

④ 垂直曲线的平面。

垂直曲线的平面主要指过曲线上一点并与该曲线垂直的基准平面，如图 2-9 所示。

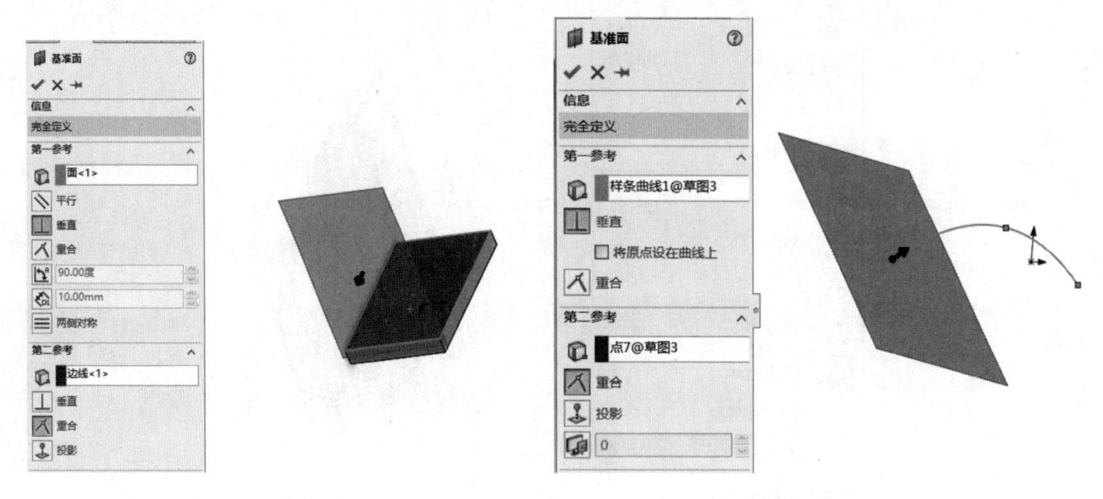

图 2-8　垂直平面　　　　图 2-9　垂直曲线的平面

⑤ 三点定面。

通过给定的 3 个点来确定新基准面，如图 2-10 所示。

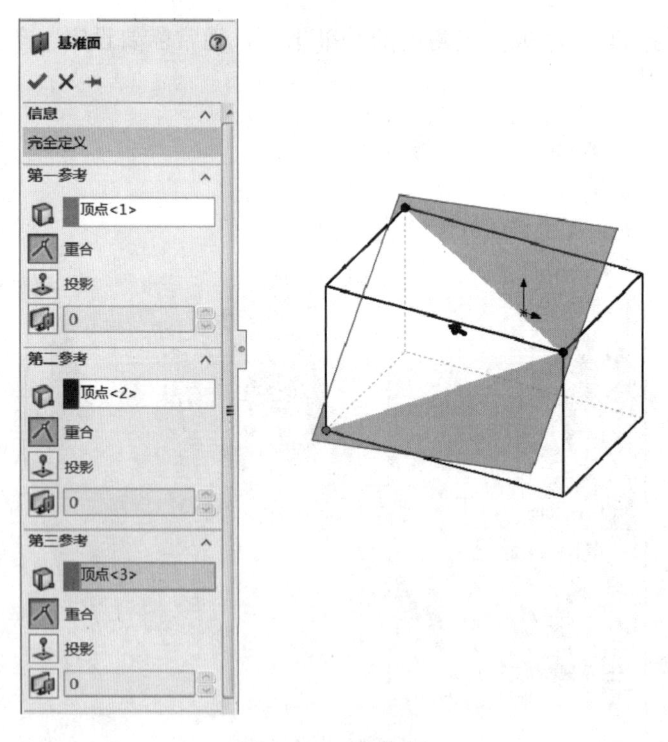

图 2-10　三点定面

⑥ 相切面。

通过指定一个回转面，可以建立一个与之相切的基准面，如图 2-11 所示。

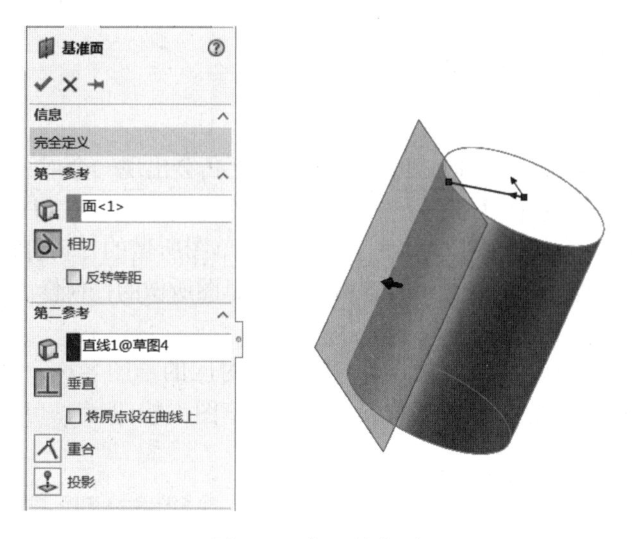

图 2-11　相切基准面

2.1.2　进入草图绘制环境

在 SolidWorks 2017 的零件模块环境下，进入草图绘制环境常用以下两种方法。

① 单击如图 2-12 所示“草图”面板中的“草图绘制”按钮，在绘图区域中，选择任意一个基准面，就可以进入一个绘图窗口，在左边的设计树中，就会出现草图项，如图 2-13 所示，即进入了草图绘制环境。

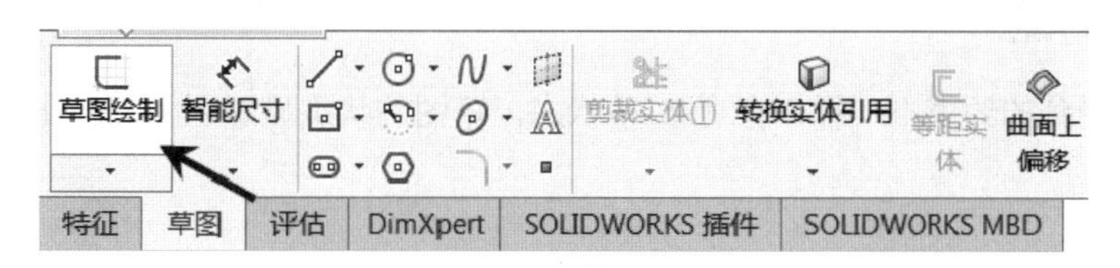

图 2-12　“草图”面板

② 选择设计树中 3 个基准平面中的任意一个，单击鼠标左键或者右键，都会弹出如图 2-14 所示的关联菜单，在关联菜单中单击“草图绘制”按钮，就进入了草图绘制环境。

进入草图环境的快捷菜单中各按钮作用如图 2-14 所示。

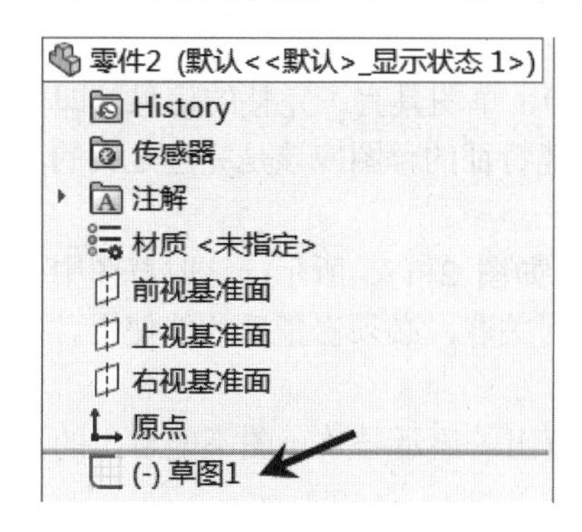

图 2-13　设计树中的草图项

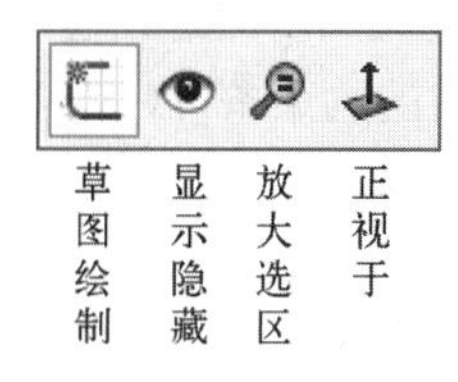

图 2-14　关联菜单

2.1.3 退出草图环境及草图修改

1. 退出草图

在执行某些 SolidWorks 命令时，绘图区域的右上角会出现一个或一系列符号。当草图被激活或打开时，此区域显示两个符号：一个符号是“退出草图”按钮，另一个是红色的“取消”按钮。单击“退出草图”按钮，则保存对草图所做的任何修改并退出草图绘制状态；单击“取消”按钮将退出草图绘制状态并放弃对草图所做的任何修改，如图 2-15 所示。

2. 编辑草图

退出草图环境后，在零件模块的设计树中找到对应的草图名称，然后右击，弹出关联菜单，如图 2-16 所示。在快捷菜单中单击“编辑草图”按钮，可以返回草图环境进行修改。

图 2-15 草图指示器

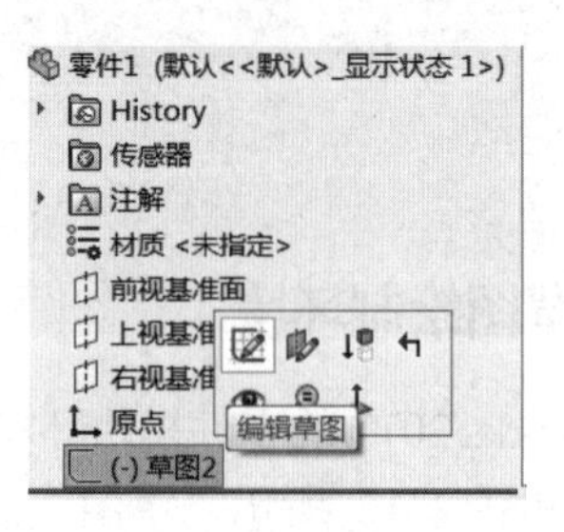

图 2-16 “编辑草图”关联菜单

2.1.4 草图的状态

由于草图受到的约束不一样，会有 5 种状态，草图的状态显示于 SolidWorks 窗口底端的状态栏上。

1. 欠定义

在系统默认的颜色设置中，未完整定义的草图几何体是蓝色的，这时草图处于不确定的状态，如图 2-17a 所示。在零件的早期设计阶段，往往没有足够的信息来定义草图，Solidworks 允许用这样的草图来创建特征，允许设计师在有了更多的信息后，再逐步加入其他的定义，但这样做容易产生意想不到的结果，因此应尽可能地完整定义草图。未完整定义的草图可以通过拖动端点、直线或曲线，改变其形状。

2. 完整定义

完整定义的草图是黑色的（系统默认的颜色设置），草图具有了完整的信息，即可得到唯一确定的图形，如图 2-17b 所示。一般规则是用于创建特征的草图应该是完整定义的。

3. 过定义

过定义的草图是红色的（系统默认的颜色设置），如图 2-17c 所示，这时草图中有重复或互相矛盾的约束条件，如多余的尺寸或互相冲突的几何关联，必须修正后才能使用。

4. 无解

草图为酱红色（系统默认的颜色设置），草图未解出。显示导致草图不能解出的几何体、几何关系和尺寸。

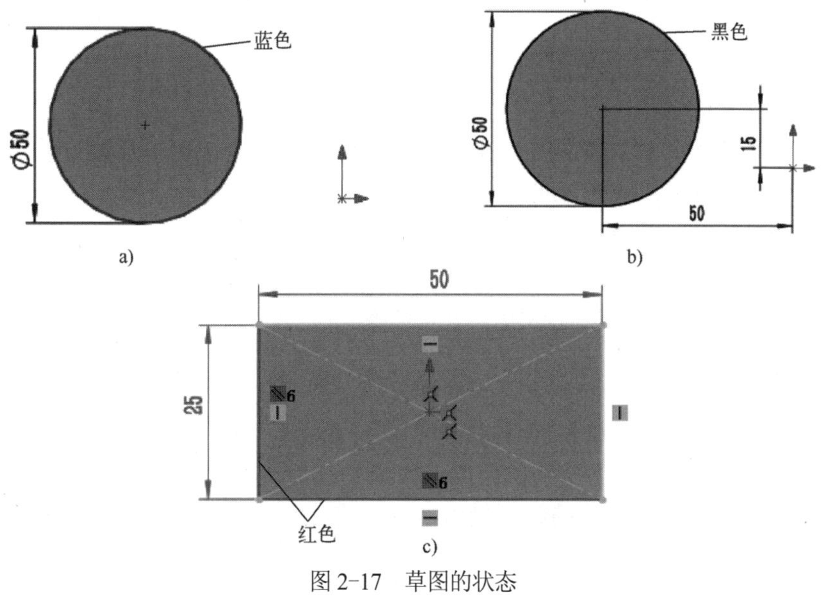

图 2-17 草图的状态

a) 欠定义 b) 完整定义 c) 过定义

5. 无效几何体

草图为黄色（系统默认的颜色设置），草图虽解出但会导致无效的几何体，如零长度线段、零半径圆弧或自相交叉的样条曲线。

对于过定义或者无解的草图，在结束草图时，系统会弹出错误窗口，如图 2-18 所示。

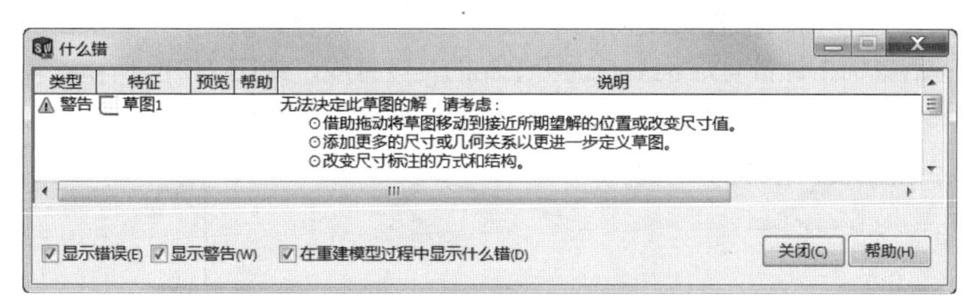

图 2-18 草图报错窗口

2.2 草图绘制命令

本节介绍常用的草图绘制命令，包括直线、矩形、平行四边形、多边形、圆、圆弧、椭圆、抛物线、样条曲线、点、中心线和文字等。常用草图绘制命令在“草图”面板上，如图 2-19 所示。

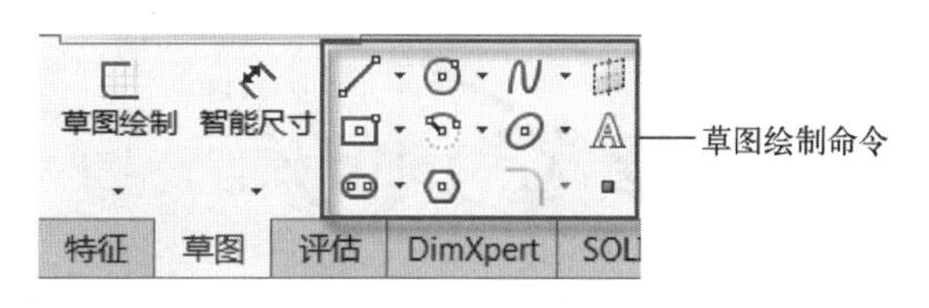

图 2-19 草图绘制命令

2.2.1 直线

1. 绘制方式及种类

利用“直线”命令可以在草图中绘制直线，在绘制过程中，可以通过查看绘图过程中指针的不同形状来绘制水平线或竖直线。

绘制直线有两种常用的方式。

（1）单击-单击

单击鼠标左键，确定一个点，再单击鼠标左键确定另一个点，用这种方法可以连续画线。

（2）单击-拖动

在图形区用鼠标左键选择起始点，并按住鼠标左键不放拖动到结束点，松开鼠标，这样可以绘制单条直线。

SolidWorks 2017 支持 3 种直线的绘制，如图 2-20 所示，分别是直线、中心线及中点线，其中直线的绘制最为常用，通常所称的绘制直线即绘制实线。

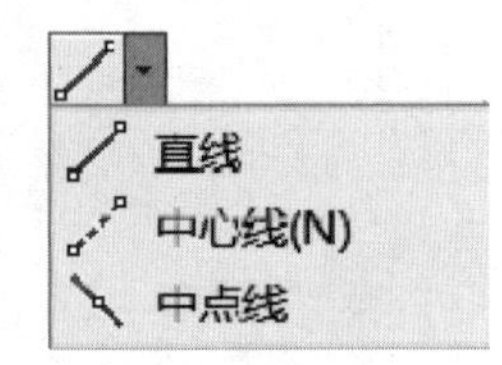

图 2-20 直线的种类

2. 绘制直线

绘制“直线”的操作步骤如下。

① 单击“草图”面板中的“直线”按钮，移动鼠标指针到图形区，指针的形状变成，表明当前绘制的是直线。

② 在图形区中单击，松开并移动鼠标。水平移动时，鼠标指针带有形状，说明绘制的是水平线，系统会自动添加“水平”几何关系。右上角的数值不断变化，提示绘制直线的长度，如图 2-21a 所示；向上移动鼠标，形状消失，如图 2-21b 所示，继续移动鼠标，到大约垂直的位置后鼠标指针带有形状，说明绘制的是竖直线，如图 2-21c 所示。单击以确定直线终点。如果要继续画直线，继续在线段的端点单击并松开鼠标。

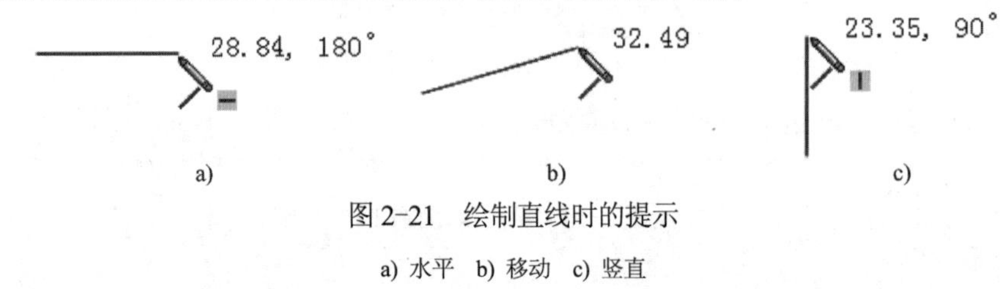

图 2-21 绘制直线时的提示

a) 水平 b) 移动 c) 竖直

③ 在绘制直线的时候，有时会出现黄色或者是蓝色的虚线，这是推理线。蓝色说明现在绘制的线条和推理线重合，黄色是不重合。有时在鼠标指针的右下角有个黄色的小方块，这是推理约束，如果在有推理约束的情况下绘制线条就能自动加入这个约束。同时在指针后面会显示直线的长度和角度，如图 2-22 所示。

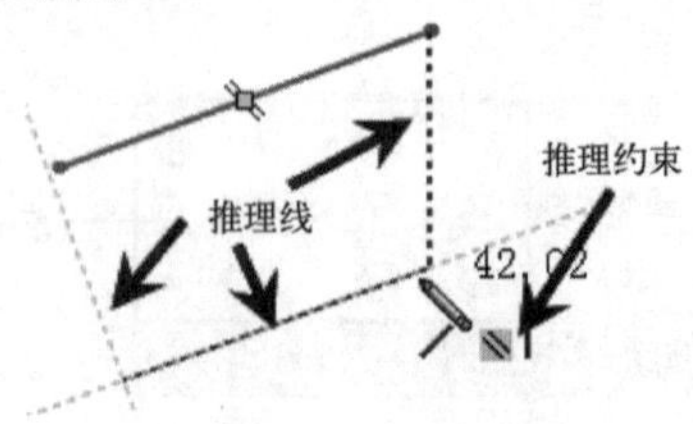

图 2-22 推理线和推理约束

📖 说明：SolidWorks 是参数化绘图软件，支持尺寸驱动，几何体的大小是通过为其标注的尺寸来控制的。因此，在绘制草图的过程中只需要绘制近似的大小和形状即可，然后利用尺寸标注来使其精确。

3. 结束绘制直线

当要结束绘制直线命令时，可以采用以下几种方式。

- 按下键盘上的〈Esc〉键。
- 再次单击“直线”按钮。
- 单击左侧属性对话框中的“确定”按钮 。
- 单击快捷工具栏中的“选择”按钮。
- 在图形区域单击鼠标右键，从快捷菜单中选择“选择”命令。

4. 中心线和构造线

构造线使用与中心线相同的线型。

中心线主要用作尺寸参考、镜像基准线等，构造线用来协助生成最终会被包含在零件中的草图实体及几何体。当草图被用来生成特征时，构造几何线被忽略。

中心线和构造线的绘制方法同直线，如图 2-23 所示。

草图上已绘制的图线可以转换为构造几何线，操作步骤如下。

① 在图形区选取草图实体。

② 在草图实体上右击，在弹出的如图 2-24 所示的快捷菜单中选择“构造几何线”按钮 ，该实线变为构造线；如果选取的是构造线，则变成实线。

图 2-23　绘制中心线　　　　图 2-24　快捷菜单

2.2.2　矩形

在草图绘制状态下，单击“草图”面板中的“边角矩形”按钮，此时指针变为形状，绘制矩形也有两种鼠标操作方式（单击-单击和单击-拖动）。左边的属性对话框提供了绘制矩形的 5 种方法，如图 2-25 所示。

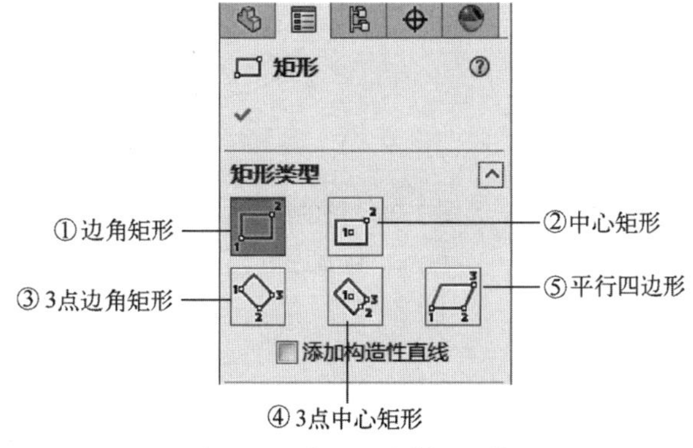

图 2-25　“矩形”属性对话框

2.2.3 圆

SolidWorks 2017 提供了两种画圆的方法："圆"和"周边圆"。面板中的"圆"命令组如图 2-26 所示。

1. 绘制"圆"

① 单击"草图"面板中的"圆"按钮后，左侧的"圆"属性对话框如图 2-27 所示，移动鼠标到图形区，鼠标指针的形状变成，表明当前绘制的是圆。

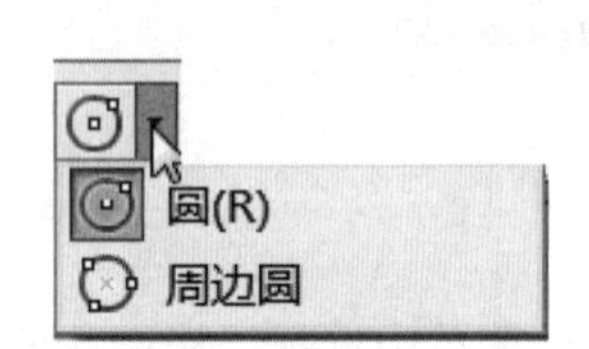

图 2-26 面板中的"圆"命令组

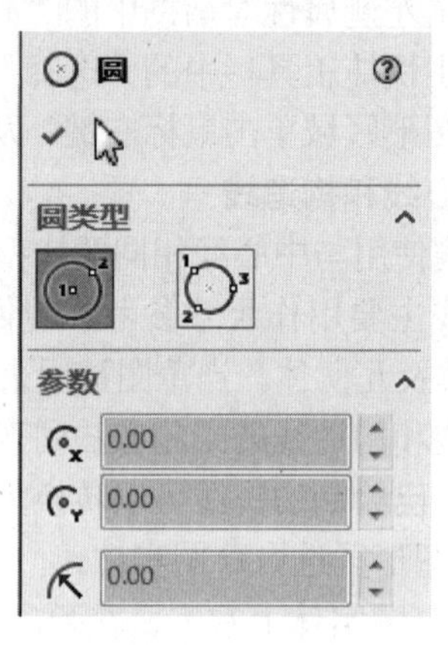

图 2-27 "圆"属性对话框

② 单击图形区确定圆心。

③ 移动鼠标并单击，如图 2-28a 所示。

2. 绘制"周边圆"

① 单击"草图"面板中的"周边圆"按钮，出现"圆"属性对话框，移动鼠标到图形区，鼠标指针的形状变成。

② 单击图形区确定第一点。

③ 移动鼠标并单击来确定第二点。

④ 再移动鼠标并单击来确定第三点，如图 2-28b 所示。

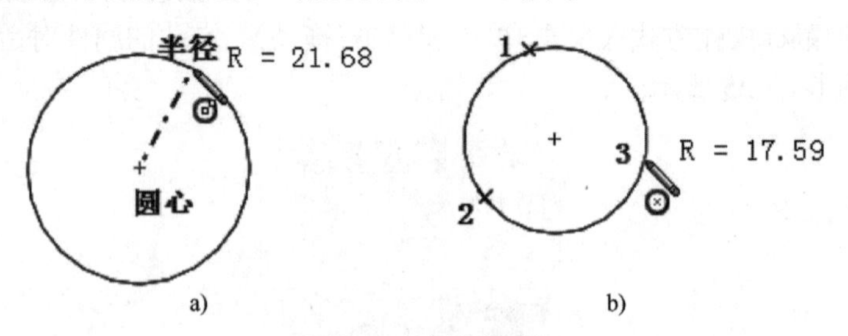

图 2-28 圆的绘制

a) 圆 b) 周边圆

2.2.4 圆弧

圆弧的绘制有 3 种方式："圆心/起/终点画弧""切线弧"和"3 点画弧"。面板中的"圆弧"命令组如图 2-29 所示。

1. 绘制“圆心/起/终点画弧”

① 单击“草图”面板中的“圆心/起/终点画弧”按钮，显示“圆弧”属性对话框，如图 2-30 所示。移动鼠标到图形区，此时鼠标指针变为形状，表明当前是以“圆心/起/终点弧”方式绘制圆弧的。

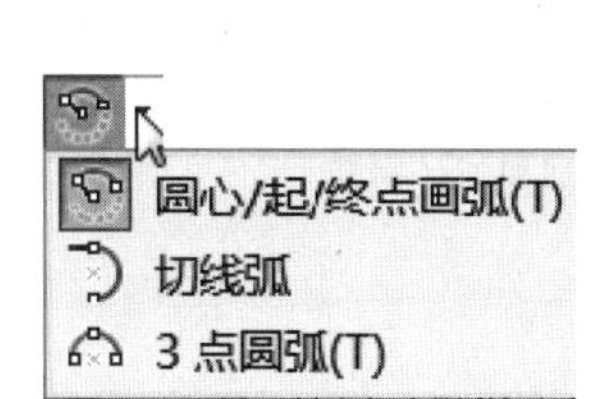

图 2-29 面板中的“圆弧”命令组

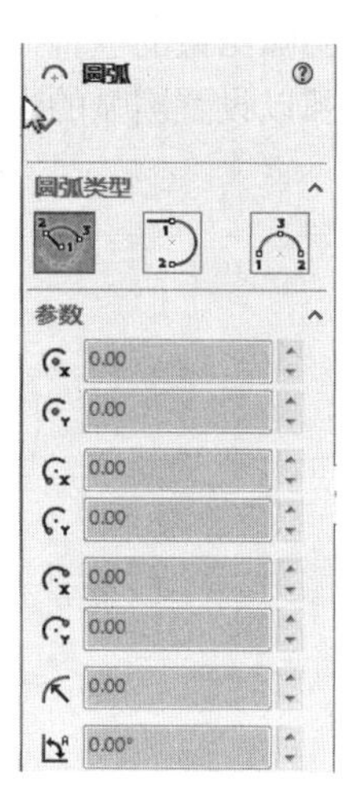

图 2-30 “圆弧”属性对话框

② 单击图形区确定圆弧中心。

③ 移动鼠标并单击设定半径及圆弧起点后松开鼠标。

④ 在圆弧上单击，确定其终点位置，如图 2-31 所示。

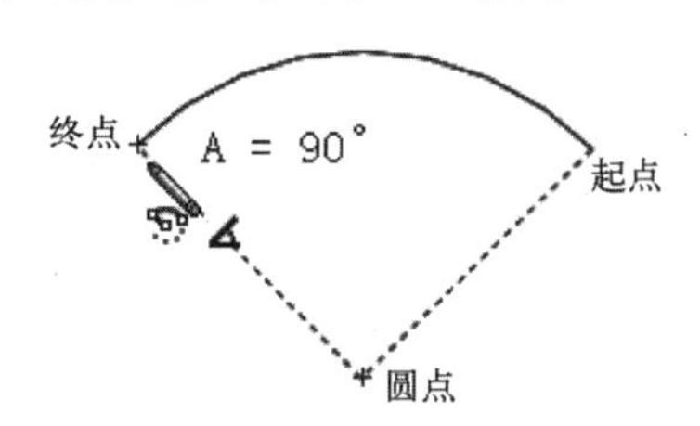

图 2-31 以“圆心/起/终点画弧”方式绘制圆弧的过程

2. 绘制“切线弧”

① 单击“切线弧”按钮，移动鼠标指针到图形区，鼠标指针变成形状，表明当前是以“切线弧”方式绘制圆弧的。

② 在直线、圆弧、椭圆或样条曲线的端点处单击。

③ 拖动鼠标以绘制所需的形状，如图 2-32 所示。

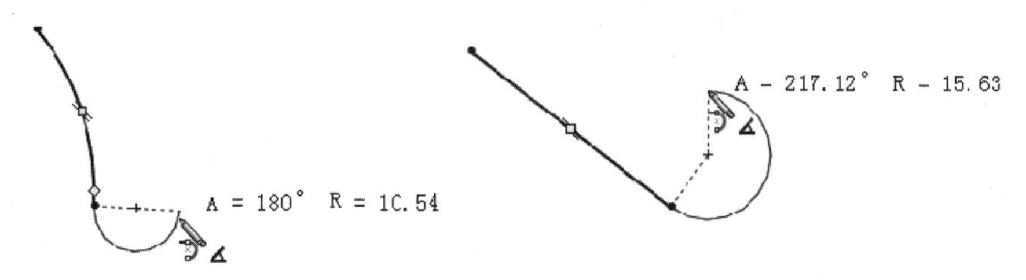

图 2-32 以“切线弧”方式绘制圆弧的过程

3. 绘制“三点圆弧”

① 单击“三点圆弧”按钮，移动鼠标到图形区，鼠标指针变成形状，表明当前是以“三点圆弧”方式绘制圆弧的。

② 单击图形区来确定圆弧的起点位置。

③ 拖动到圆弧结束的位置，释放鼠标。

④ 拖动圆弧以设置圆弧的半径，如图 2-33 所示。

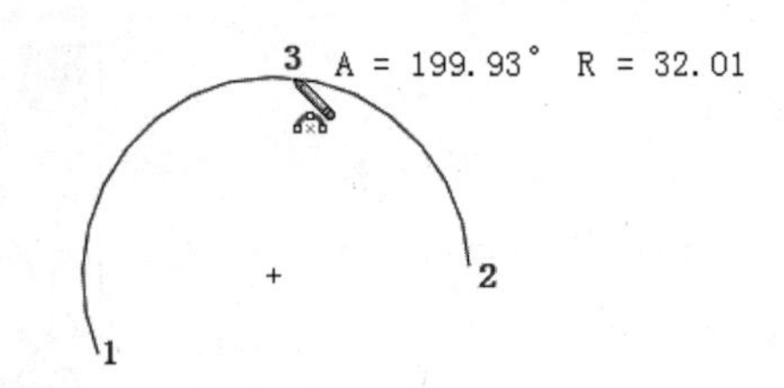

图 2-33 以“三点圆弧”方式绘制圆弧的过程

2.2.5 多边形

① 在草图绘制环境下，单击“草图”面板中的“多边形”按钮，此时鼠标指针变为形状，显示“多边形”属性对话框。

② 在对话框中输入多边形的边线数量。

③ 单击第一点确定多边形的中心，单击第二点确定内切圆或者是外接圆的半径，单击“确定”按钮完成操作。“多边形”属性对话框及绘制示例如图 2-34 所示。

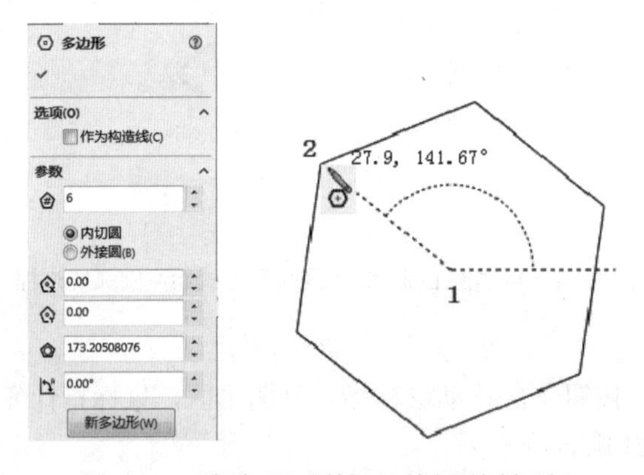

图 2-34 “多边形”属性对话框及绘制示例

2.2.6 椭圆、椭圆弧、抛物线和圆锥

“椭圆”命令组包括“椭圆”“部分椭圆”“抛物线”和“圆锥”命令集里，如图 2-35 所示。

1. 椭圆的绘制

① 在草图绘制环境下，单击“草图”面板中的“椭圆”按钮，鼠标指针变为形状，显示“椭圆”属性对话框，如图 2-36 所示。

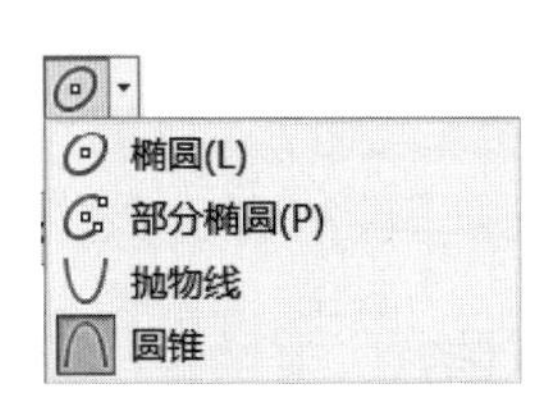

图 2-35 “椭圆”命令组

图 2-36 “椭圆”属性对话框

② 在图形区单击以确定椭圆中心，移动鼠标并单击再确定椭圆的长轴（或短轴）端点，继续移动鼠标并单击确定椭圆短轴（或长轴）端点，完成椭圆的绘制，单击“确定”按钮完成绘制，如图 2-37 所示。

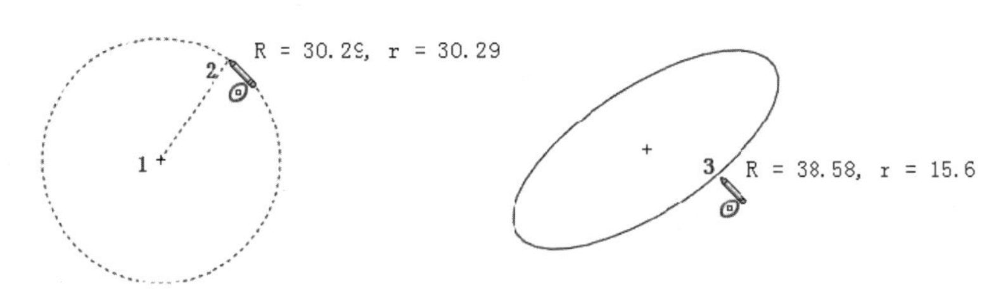

图 2-37 “椭圆”绘制过程

2. 椭圆弧的绘制

① 在草图绘制环境下，单击“草图”面板中的“部分椭圆”按钮，鼠标指针变为形状。

② 在图形区单击以确定椭圆中心的位置，移动鼠标并再次单击以确定椭圆的第一个轴，移动鼠标并继续单击确定椭圆的第二个轴。

③ 保留圆周引导线，围绕圆周移动鼠标以确定部分椭圆的范围并单击，如图 2-38 所示，设置好部分椭圆属性，单击“确定”按钮完成绘制。

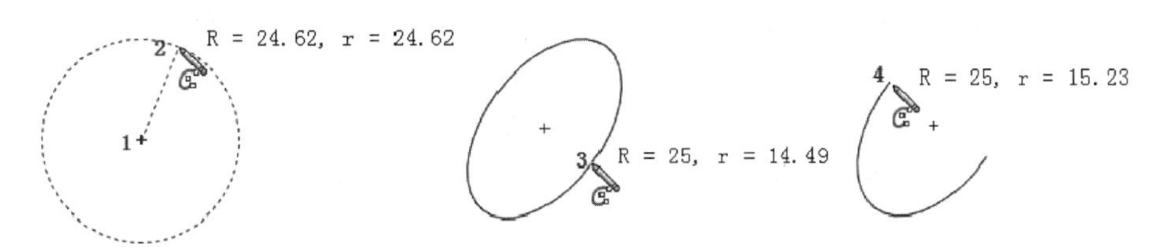

图 2-38 “椭圆弧”绘制过程

3. 抛物线的绘制

① 在草图绘制环境下，单击“草图”面板中的“抛物线”按钮，鼠标指针变为形状。

② 在图形区单击确定抛物线的焦点，再次单击确定抛物线开口方向和极点位置。

③ 然后将鼠标指针移动到抛物线的起点处，沿抛物线轨迹绘制抛物线，在“抛物线”属

性对话框中设置好各项属性后，单击“确定”按钮完成抛物线的绘制，如图 2-39 所示。

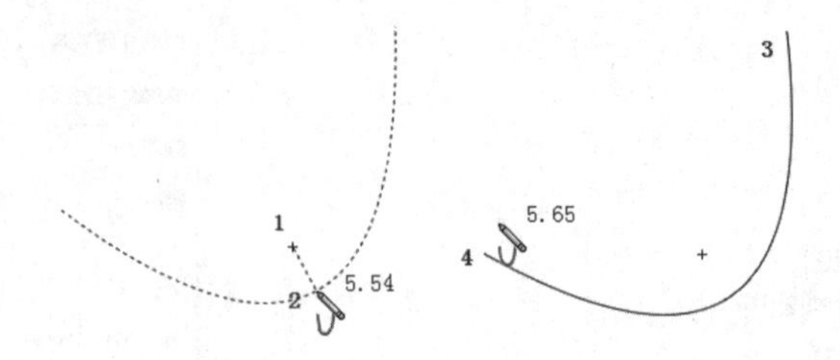

图 2-39 “抛物线”绘制过程

4. 圆锥（锥形）的绘制

该命令的作用是绘制由端点和 Rho 数值驱动的锥形曲线。曲线可以是椭圆、抛物线或双曲型，具体取决于 Rho 数值。

锥形曲线可以参考现有的草图或模型几何体，也可以是独立的实体，还可以使用驱动尺寸为曲线标注尺寸，所得尺寸将显示 Rho 数值。锥形实体还包含曲率半径的数值。

① 在草图绘制环境下，单击“草图”面板中的“圆锥”按钮，鼠标指针变为形状，在左侧的“圆锥”属性对话框中选中“自动相切”复选框，如图 2-40 所示。

② 在绘图区依次单击两独立曲线的端点，然后移动鼠标确定第三点位置，单击确定即可在两独立曲线之间绘制与之相切的锥形曲线，如图 2-41 所示。

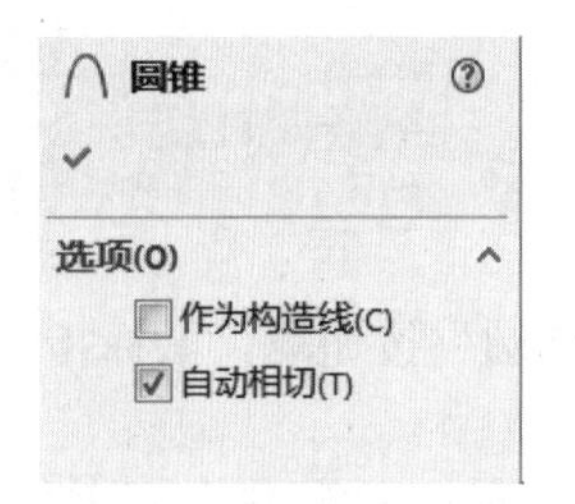

图 2-40 “圆锥”属性对话框

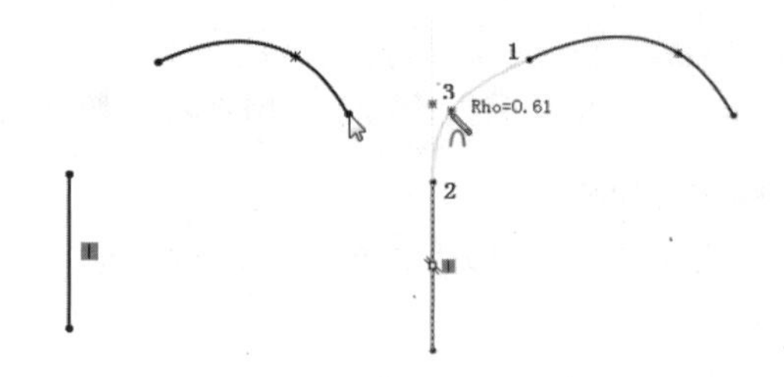

图 2-41 “圆锥形”绘制过程

2.2.7 样条曲线

“样条曲线”命令组包括“样条曲线”“样式曲线”和“方程式驱动的曲线”3 种，如图 2-42 所示。

“样条曲线”比较适合创建自由形状的曲线；“样式曲线”主要是指贝塞尔曲线和 B 样条曲线 ；“方程式驱动的曲线”主要是指公式曲线。

绘制“样条曲线”的操作步骤如下。

① 单击“草图”面板中的“样条曲线”按钮，移动鼠标指针到图形区，鼠标指针的形状变成，表明当前绘制的是样条曲线。

② 单击鼠标确定样条曲线的起始位置，移动鼠标拖出样条曲线的第一段，单击确定曲线的第二点，拖出曲线的第二段，依次单击鼠标确定其余各段。

③ 按〈Esc〉键，或再次单击“草图”面板中的的“样条曲线”按钮，或单击鼠标右键，在弹出的快捷菜单中选择“选择”命令，即可结束绘制。示例如图 2-43 所示。

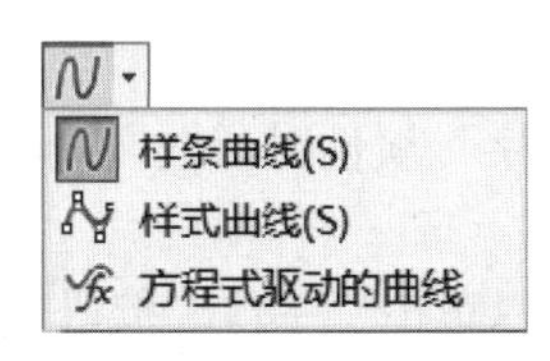

图 2-42 “样条曲线”命令组

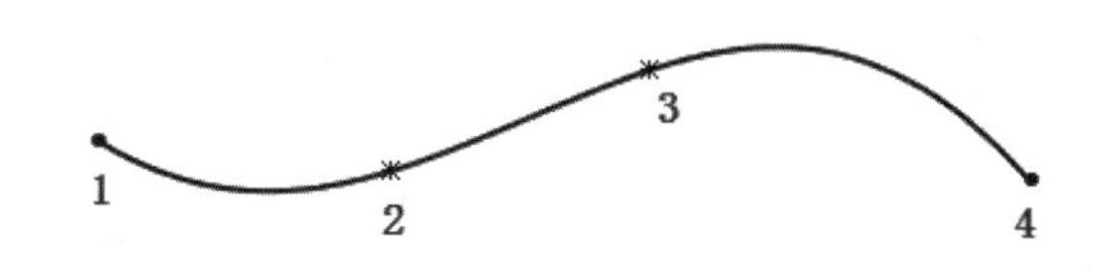

图 2-43 “样条曲线”示例

2.2.8 槽口

“槽口”命令组包括“直槽口”“中心点直槽口”“三点圆弧槽口”和“中心点圆弧槽口”4 种，如图 2-44 所示，下面以“直槽口”命令为例简单说明一下。

① 在草图绘制环境下，单击“草图”面板中的“槽口”按钮，鼠标指针变为形状，弹出“槽口”属性对话框如图 2-45 所示。

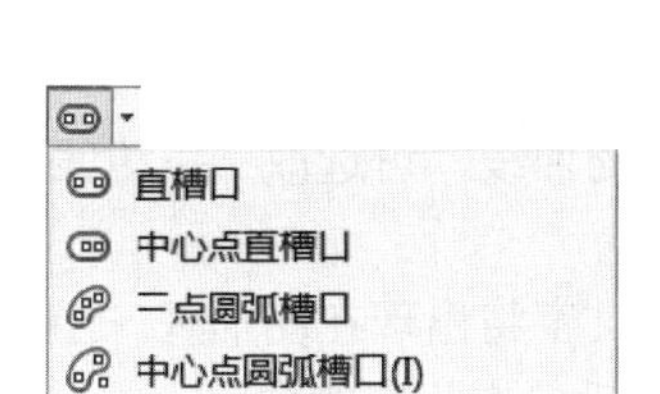

图 2-44 “槽口”命令组

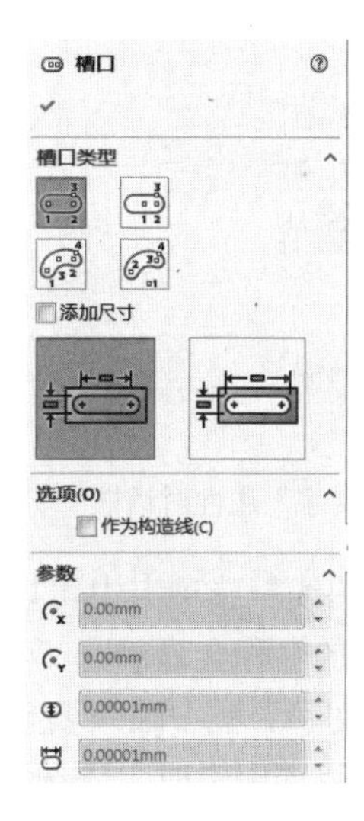

图 2-45 “槽口”属性对话框

② 单击确定 1 点，然后拖动鼠标确定槽口长度后单击确定 2 点。

③ 拖动鼠标确定槽口宽度后单击确定 3 点，即可完成槽口绘制，如图 2-46 所示。

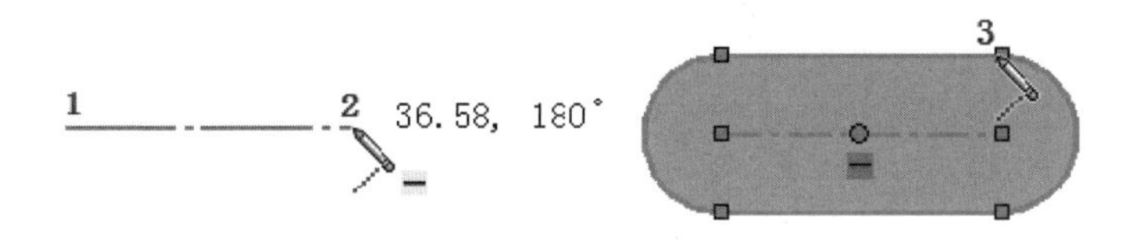

图 2-46 直槽口示例

2.2.9 文字

用户可以在零件的面上添加文字，以及拉伸和切除文字。文字可以添加在任何连续曲线或边线组中，包括由直线、圆弧或样条曲线组成的圆或轮廓。

绘制“文字”的操作步骤如下。

① 单击“草图”面板中的“文字”按钮，弹出“草图文字”属性对话框，如图 2-47 所示。

② 修改属性对话框中的参数，如果要修改字体及字号，可以单击“字体”按钮，系统弹出“选择字体”对话框，如图 2-48 所示，可以设置字体、字号和字体样式等参数。

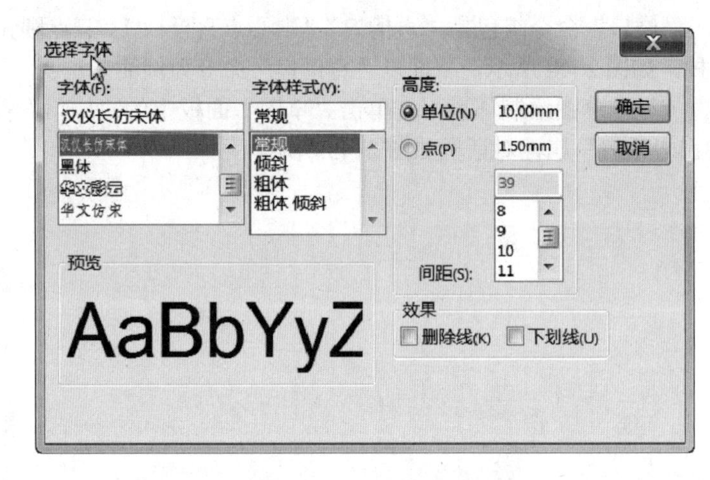

图 2-47 “草图文字”属性对话框　　图 2-48 “选择字体”对话框

③ 在“曲线”选项卡中可以确定草图文字所添加的曲线，可选取一条边线或一个草图轮廓，所选项目的名称会显示在“曲线”选项列表中。

④ 在“文字”框中输入要显示的文字，输入时，文字将出现在图形区。当需要对草图文字进行这些项目的编辑时，先选取需要编辑的文字，然后单击相应的按钮。

⑤ 单击“确定”按钮即可，文字示例如图 2-49 所示。

图 2-49 草图文字示例

2.3 草图编辑命令

常用的草图编辑命令有圆角、倒角、等距、移动、旋转、缩放、剪裁、延伸和分割合并等，本节对这类命令进行介绍。

2.3.1 选取实体

要想对绘制的图线进行编辑修改，首先要进行选取图线。选取图线的方法有下列几种。

1. 单一选取

单击要选取的实体，每一次只能选择一个实体。

2. 多重选取

按住〈Ctrl〉键不放，依次单击需要选择的实体。

3. 框选实体

框选实体分为窗口方式和交叉方式。

单击第一点（按住不放），拖动要选取范围的第二点，放开鼠标，即为框选。

自左向右拖动鼠标，拉出的是实窗口，全部落入窗口的实体才会被选中，如图 2-50 所示。

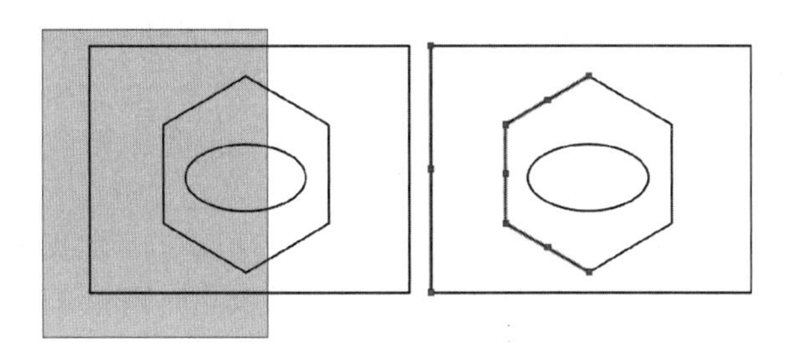

图 2-50　窗口方式选择

自右向左拖动鼠标，拉出的是虚窗口，只要是和窗口相交的实体都会被选中，如图 2-51 所示。

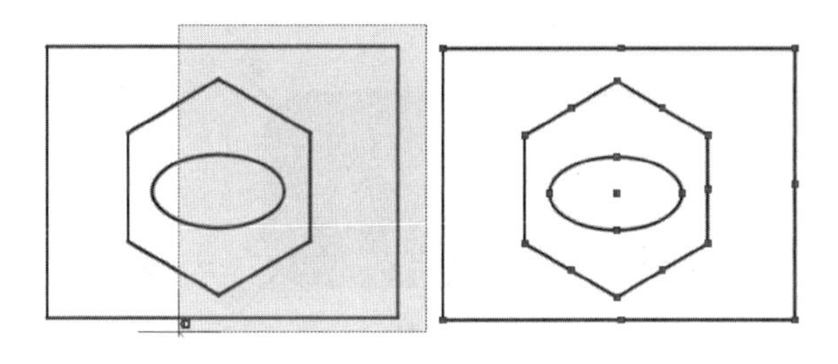

图 2-51　交叉方式选择

2.3.2　绘制圆角

“绘制圆角”命令是将两个草图实体生成一个与两个草图实体都相切的圆弧，此命令在二维草图和三维草图中均可使用。

如图 2-52 所示的几种情况，都可以生成如图 2-53 所示的相似的圆角。

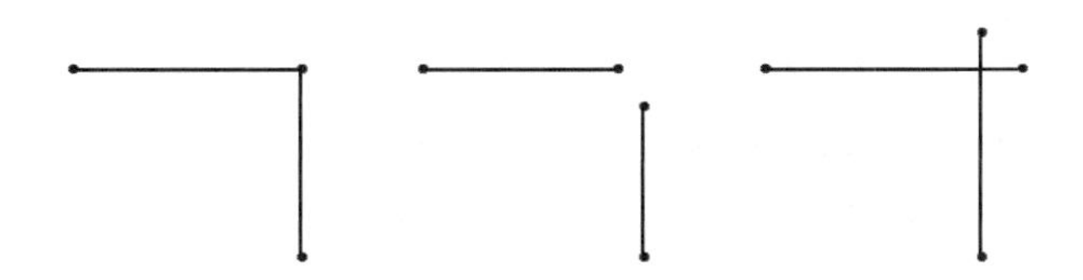

图 2-52　倒圆角前

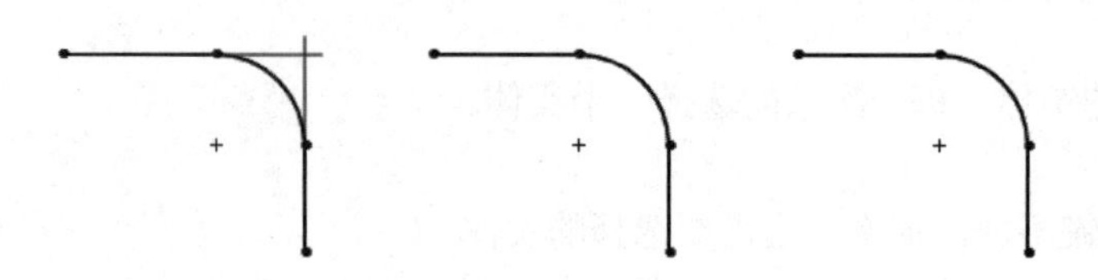

图 2-53　倒圆角后

① 在草图编辑状态下，单击“草图”面板中“绘制圆角”按钮，此时弹出“绘制圆角”属性对话框，如图 2-54 所示。

② 设置好“绘制圆角”属性对话框中的各个选项后，单击两条直线或单击要绘制圆角的两图线的交点，单击“绘制圆角”属性对话框中的“确定”按钮就完成圆角的绘制。

“圆角”属性对话框中各选项的含义如下。

- 圆角半径：设置圆角半径，它们自动与该系列圆角中第一个圆角具有相同的几何关系。
- 保持拐角处约束条件：选中此复选框，将保留虚拟交点，如果不选择此复选框，且顶点具有尺寸或几何关系，将会询问是否想在生成圆角时删除这些几何关系。
- 标注每个圆角的尺寸：选中此复选框，可将尺寸添加到每个圆角。当不选择此复选框时，在圆角之间添加相等几何关系，如图 2-55 所示。

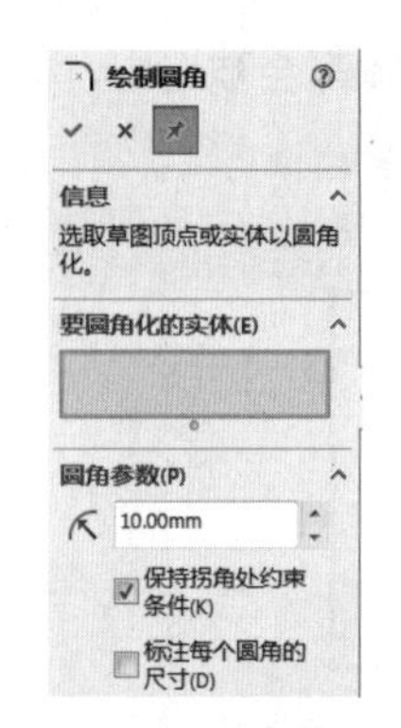

图 2-54　绘制“圆角”属性对话框

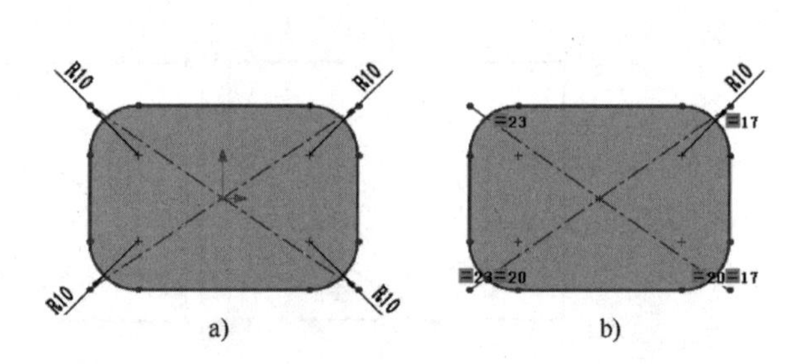

图 2-55　是否标注每个圆角

a) 选中复选框　b) 不选中复选框

2.3.3　绘制倒角

① 在打开的草图中单击“草图”面板上的“绘制倒角”按钮，此时弹出“绘制倒角”属性对话框，如图 2-56 所示。

② 设置好属性对话框中的各项参数后选择要倒角的点，此时鼠标指针变为形状。单击“绘制倒角”属性对话框中的“确定”按钮，完成倒角的绘制。

“倒角”属性对话框中各选项的含义如下。

- 角度距离：选择此复选框，设置倒角距离和倒角角度。
- 距离-距离：选择此复选框，设置两个倒角的距离。
- 相等距离：选择此复选框，可以绘制等距离倒角。

各种倒角绘制如图 2-57 所示。

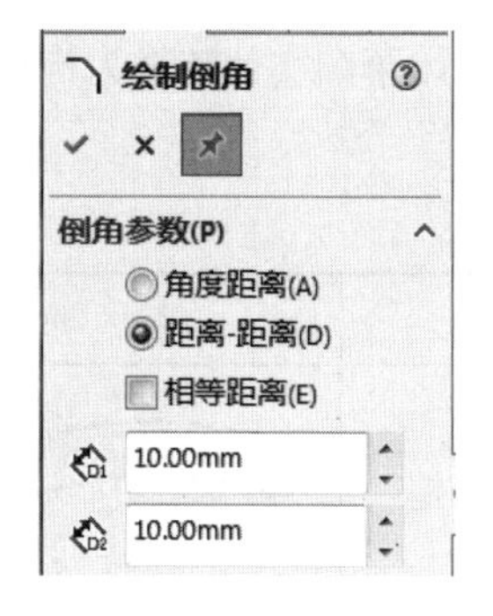

图 2-56 “绘制倒角”属性对话框

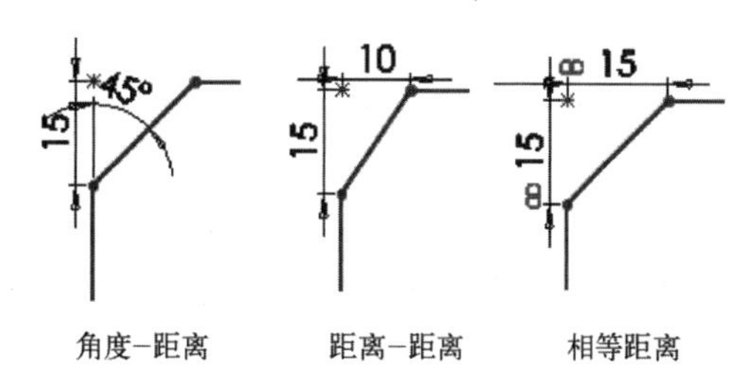

图 2-57 绘制倒角

2.3.4 等距实体

“等距实体”命令的作用是将其他特征的边线以一定的距离和方向偏移，偏移的特征可以是一个或多个草图实体、一个模型面、边线或外部的草图曲线。

① 在打开的草图中，选择一个或多个草图实体、一个模型面或一条模型边线。单击“草图”面板上的“等距实体”按钮，此时弹出“等距实体”属性对话框。

② 设置好距离等相关参数，如图 2-58 所示，单击“确定”按钮✔，或在图形区域中单击，生成的等距实体如图 2-59 所示。

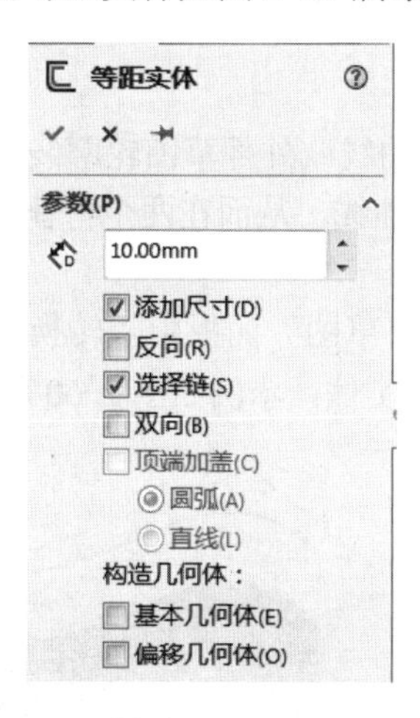

图 2-58 “等距实体”属性对话框

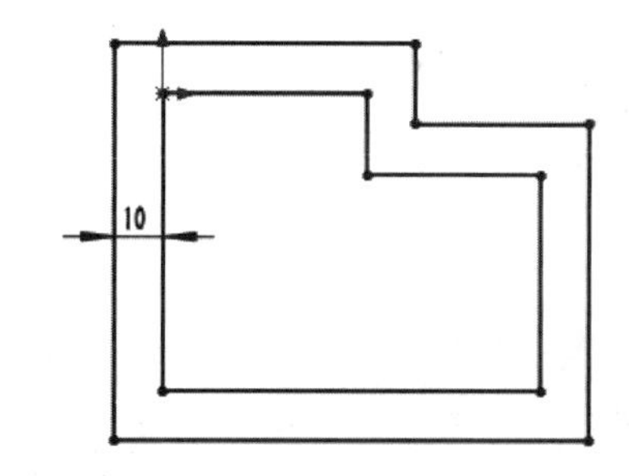

图 2-59 等距实体

“等距实体”属性对话框中各选项的含义如下。

- 等距距离：设定数值以特定距离来等距草图实体。若想动态预览，按住鼠标左键并在图形区域拖动指针，当释放鼠标键时，完成等距实体。
- 添加尺寸：在草图中标注等距距离。
- 反向：更改单向等距的方向。
- 选择链：生成所有连续草图实体的等距。
- 双向：双向生成等距实体。
- 顶端加盖：通过选择双向并添加一个顶盖来延伸原有非相交草图实体。可生成圆弧或直线为延伸顶盖类型。

● 构造几何体：使用基本几何体、偏移几何体或这两者将原始草图实体转换为构造线。

表 2-1 列出了部分常见的等距实体示例。

表 2-1　部分常见的等距实体示例

名　称	示　例	名　称	示　例
基本几何体已选中		顶端加盖 - 基本几何体	
偏移几何体已选中		顶端加盖 - 偏移几何体	
顶端加盖 - 圆弧		顶端加盖 - 基本几何体和偏移几何体（圆弧）	
顶端加盖 - 直线		顶端加盖 - 基本几何体和偏移几何体（直线）	

2.3.5　转换实体引用

“转换实体引用”命令可通过投影一条边线、环、面、曲线或外部草图轮廓线、一组边线或一组草图曲线到草图基准面上，在草图中生成一条或多条曲线，从而在两个特征之间形成父子关系。被引用特征的变化会引起子特征的相应变化。

首先，新建草图面，选择需要引用的边界，然后单击“草图”面板中“转换实体引用”按钮，该边界就会投影到草图面上，成为完全定义的草图实体，示例如图 2-60 所示。

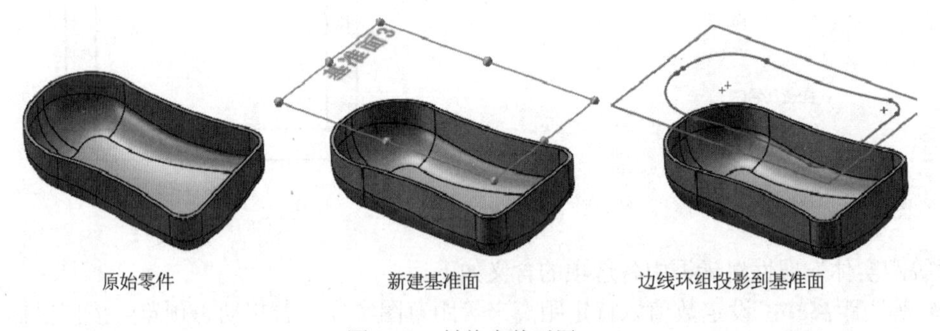

图 2-60　转换实体引用

2.3.6　剪裁实体

“剪裁实体”命令主要用于删除一个草图实体与其他草图实体相互交错产生的线段；如果草图没有与其他实体相交，则删除整个草图实体。单击“草图”面板上“剪裁实体”按钮，弹出“剪裁”属性对话框，如图 2-61 所示。

“剪裁”属性对话框中各选项的含义如下。

- 强劲剪裁：先选择剪裁的对象，再选择剪裁边界，剪除剪裁对象在选择点一侧的部分，或者拖动鼠标使光标划过需剪裁的图线，即可完成剪裁，如图 2-62 所示。

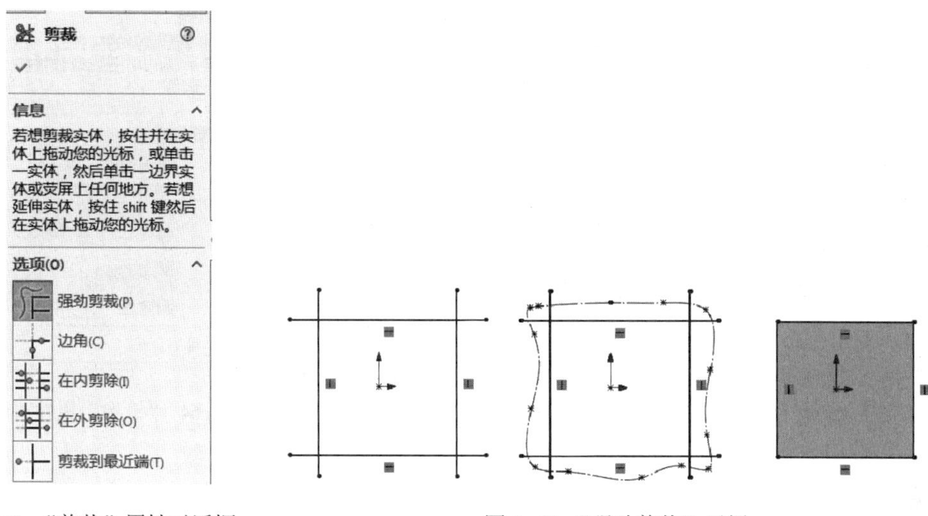

图 2-61 “剪裁”属性对话框

图 2-62 “强劲剪裁”示例

- 边角：选择两条相交（或延伸线能相交）的直线，剪裁两条直线在选择点另一侧至相交点的部分（没有相交的直线可延伸至交点）。
- 在内剪除：先选择两条直线作为剪裁边界，再选择剪裁对象，剪除剪裁对象在两条剪裁边界之间的部分（当将鼠标指针移到剪裁对象上时，被剪除的部分用红色表示）。
- 在外剪除：先选择两条直线作为剪裁边界，再选择剪裁对象，剪除剪裁对象在两条剪裁边界之外的部分（当将鼠标指针移到剪裁对象上时，被剪除的部分用红色表示）。
- 剪裁到最近端：剪裁的原则是“分割与剪裁”，即剪裁删除一个草图实体与其他草图实体相互交错产生的分段，如果草图实体没有与其他实体相交，则删除整个草图实体。将鼠标指针移动到草图实体上确定剪裁的部分，系统以红色显示被剪裁部分，单击鼠标左键完成剪裁。

2.3.7 延伸实体

“延伸实体”命令可将草图实体延伸到与另一个草图相交。可以延伸的草图实体包括直线、中心线和圆弧。系统会自动判断并将操作对象延伸到最近的其他草图实体上。

① 单击“草图”面板上“延伸实体”按钮，此时鼠标指针变为形状。

② 将鼠标指针移动到实体上靠近欲延伸的一端，实体变成红色，并出现红色延伸线，单击鼠标左键，完成草图延伸操作。示例如图 2-63 所示。

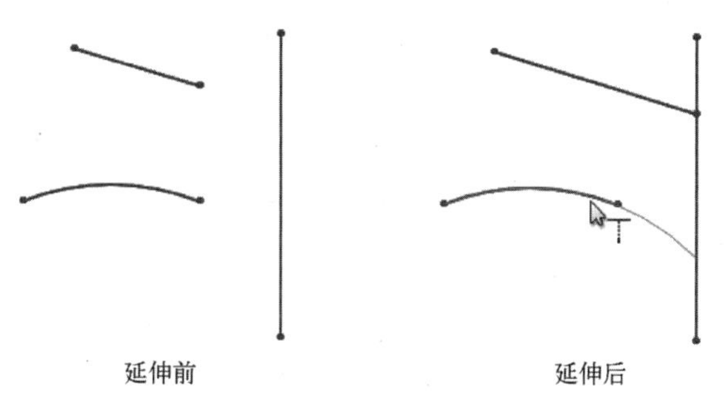

图 2-63 延伸实体

2.3.8 镜像实体

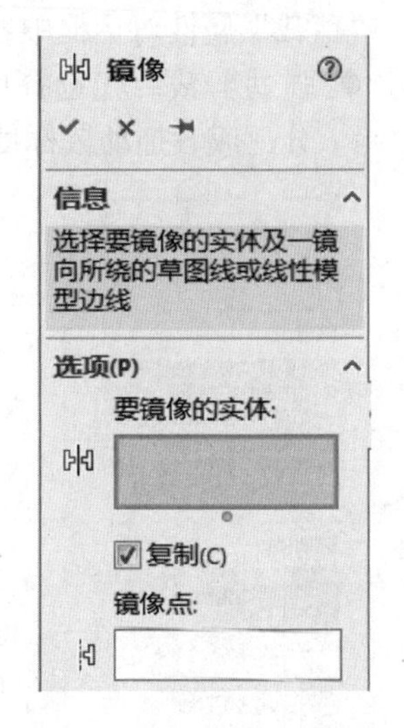

图 2-64 “镜像”属性对话框

对于有对称结构的草图来说，可以只画一侧，然后用“镜像”实体命令完成另一侧。草图镜像有以下两种操作方式。

● 先执行命令，再选择相应的草图特征。

● 先选择要镜像的草图特征，再执行命令。

镜像实体有两类：镜像和动态镜像。

1. 镜像

单击“草图”面板中“镜像”实体按钮，打开“镜像”实体属性对话框，如图 2-64 所示，各选项含义如下。

● 要镜像的实体：选择要镜像的所有实体，如图 2-65a 所示。

● 复制：选中该复选框，表示镜像后，被镜像的实体仍然保留，如图 2-65b 所示，取消选中此复选框，表示仅保留镜像后的草图实体，如图 2-65c 所示。

● 镜像点：选择镜像对称线。

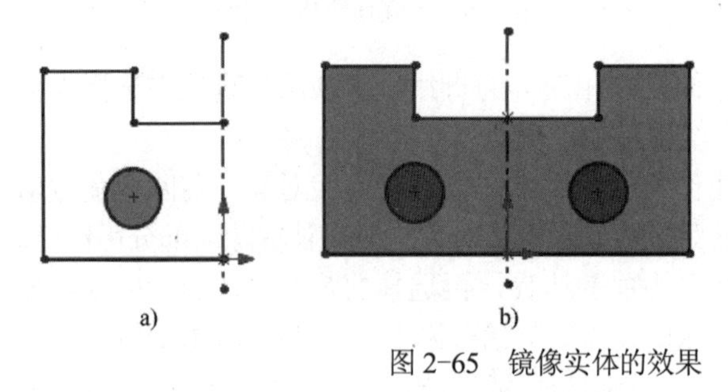

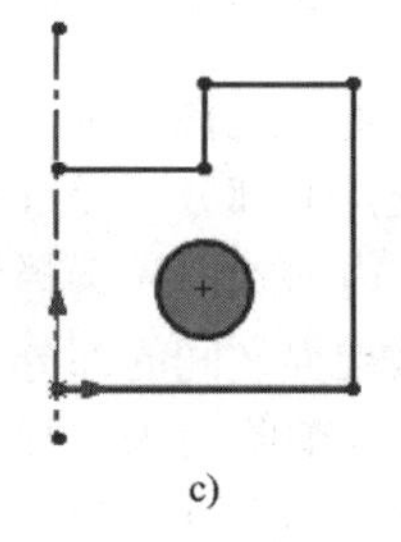

a) b) c)

图 2-65 镜像实体的效果

a) 原始图 b) 复制镜像 c) 不复制镜像

2. 动态镜像

选择主菜单中的“工具”→“草图工具”→“动态镜像”命令，可以实现草图的动态镜像，如图 2-66 所示。

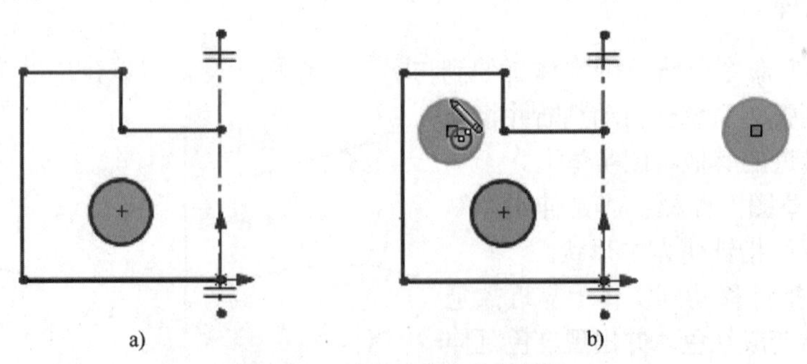

a) b)

图 2-66 动态镜像实体的效果

a) 选择镜像所绕的草图实体 b) 只镜像新绘制的草图实体

只有选择了镜像轴以后绘制的实体，才会绕预选草图实体镜像。动态镜像实体的限制包括：

- 预先存在的草图实体不可镜像。
- 原始草图实体和镜像草图实体包括在最终结果中。

2.3.9 草图阵列

阵列是将草图实体以一定方式复制生成多个排列图形。阵列有两种方式：一种是线性阵列，另一种是圆周阵列。

1. 线性草图阵列

① 在草图环境下，单击“草图”面板中的“线性阵列”按钮，此时鼠标指针就变为形状，弹出“线性阵列”属性对话框，如图 2-67 所示。

② 设置草图排列的位置，并选择要复制的草图实体，单击“确定”按钮，即完成线性草图阵列，如图 2-68 所示。

属性对话框中各选项的含义如下。

- 反向：单击该按钮可以变换 X 方向阵列的方向。
- 间距：表示 X 方向阵列的草图间的距离。
- 角度：利用它可以设置阵列的旋转角度。
- 要阵列的实体：通过鼠标在图形区选择要阵列的草图实体。

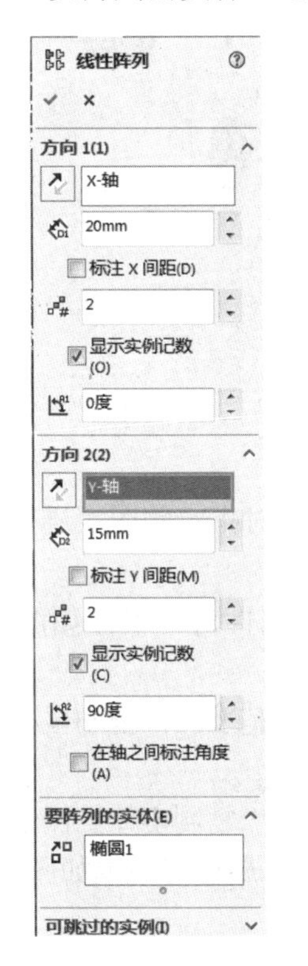

图 2-67 “线性阵列”属性对话框

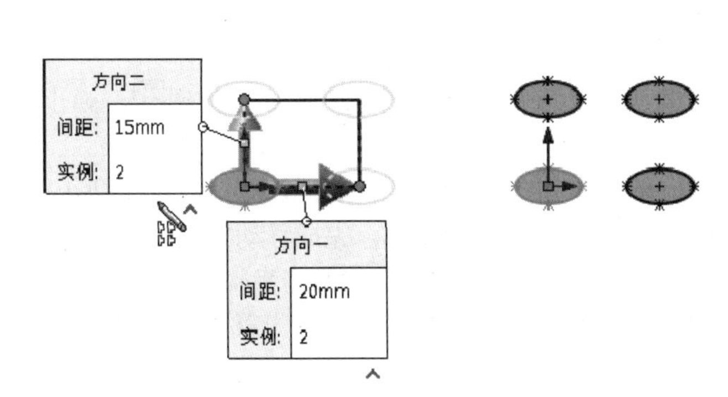

图 2-68 线性阵列效果

在阵列中的任意实体上单击鼠标右键，在弹出的快捷菜单中选择“编辑线性阵列”命令，在属性管理器中重新设置行数和列数，对线性草图阵列可以进行编辑。

2. 圆周草图阵列

圆周草图阵列是将草图实体沿一个指定大小的圆弧或圆进行环状阵列。

① 在草图绘制环境下，单击“草图”面板中的“圆周阵列”按钮，此时鼠标指针就变为形状，弹出“圆周阵列”属性对话框，如图 2-69 所示。

② 选择“圆周阵列”属性对话框中的“要阵列的实体”列表框，然后在图形区选择要阵列的几何实体。

③ 在“参数”选项卡中的列表框中选择圆周阵列的圆心，在“数量”文本框输入要阵列的个数。最后单击“确定”按钮，完成圆周阵列操作，阵列效果如图 2-70 所示。

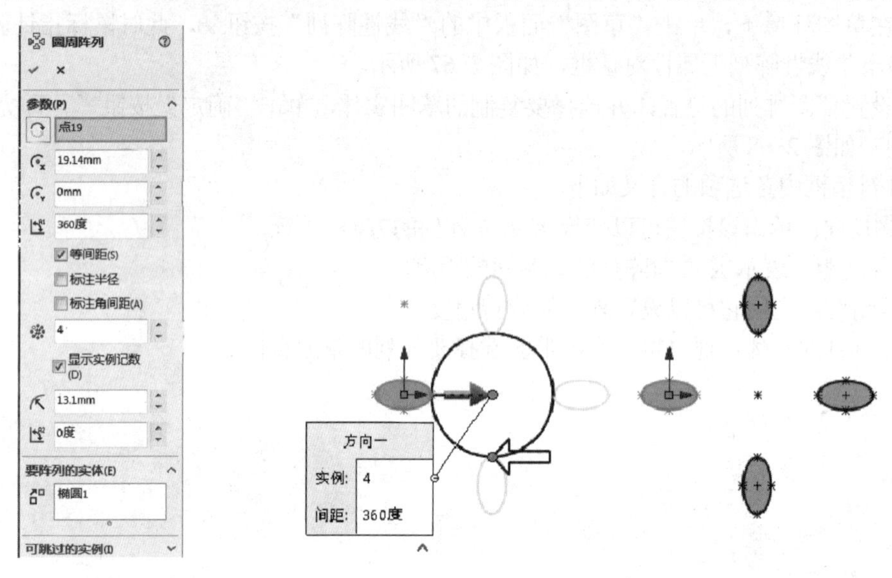

图 2-69 “圆周阵列”属性对话框

图 2-70 圆周阵列的效果

2.3.10 其他常用编辑命令

1. 移动/复制实体

“移动实体”命令可对指定的图素进行移动；“复制实体”命令可对指定的图素进行平移复制。

① 单击“草图”面板中“移动实体”按钮，弹出“移动”属性对话框，如图 2-71 所示。

② 选择要移动的草图实体，单击鼠标右键，在图形中选择移动的基准点，拖动鼠标移动到目标点，单击“确定”按钮，完成移动。

“复制实体”和“移动实体”的操作步骤完全相同，不同之处在于“复制实体”保留原实体，而“移动实体”不保留原实体，这里就不再重复了。“复制实体”属性对话框如图 2-72 所示。

2. 旋转实体

“旋转实体”命令是通过选择旋转中心及设置旋转的度数来旋转草图实体的。

① 选择要旋转的草图，单击“草图”面板中的“旋转实体”按钮。弹出“旋转”属性对话框，如图 2-73 所示。

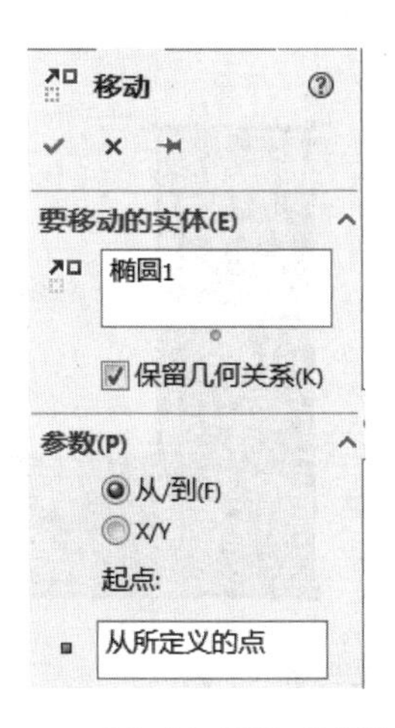

图 2-71 “移动”属性对话框

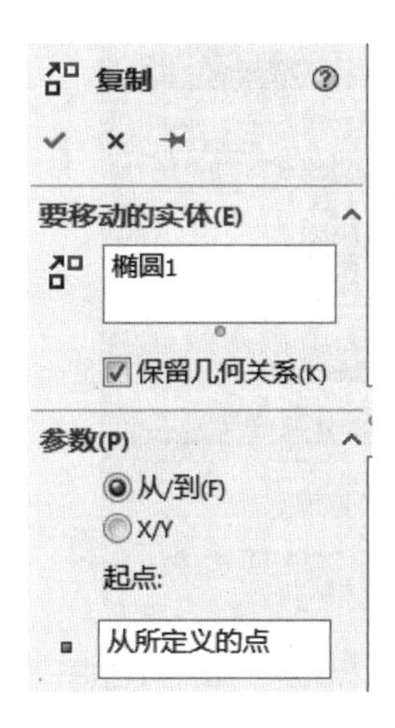

图 2-72 “复制”属性对话框

② 在“参数”选项卡中选择“旋转中心”，选择旋转所定义的点，此时鼠标指针变为形状。在“角度”数值框中设置旋转角度，或者将鼠标指针在图形区拖动，单击“确定”按钮，旋转示例如图 2-74 所示。

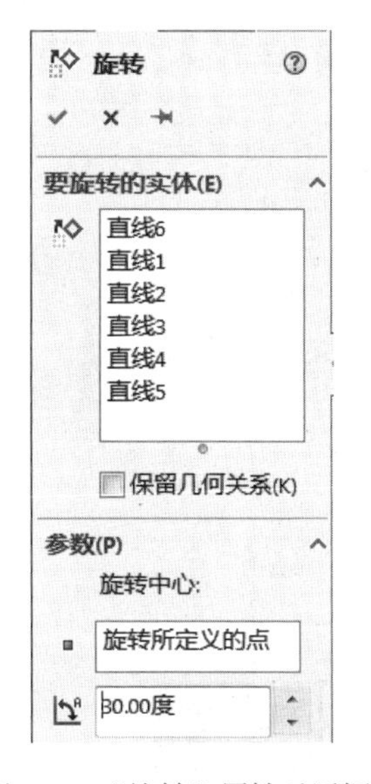

图 2-73 “旋转”属性对话框

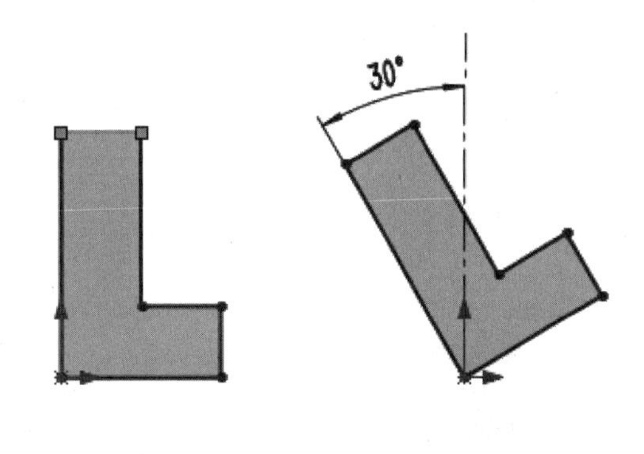

图 2-74 旋转的效果

3. 缩放实体比例

“比例”命令可以将实体草图放大或缩小一定的倍数。

① 选择要按比例缩放的草图，单击“草图”面板中的“比例”按钮，此时弹出“比例”属性对话框，如图 2-75 所示。

② 在“参数”选项卡中选择缩放点。在“比例因子”文本框中输入比例因子。选中“复制”复选框，表示可以将草图按比例缩放并保留原来的草图。

③ 选中“复制”复选框后，会出现“份数”选项，可以输入依次缩放的份数。单击“确定”按钮，完成操作，示例如图 2-76 所示。

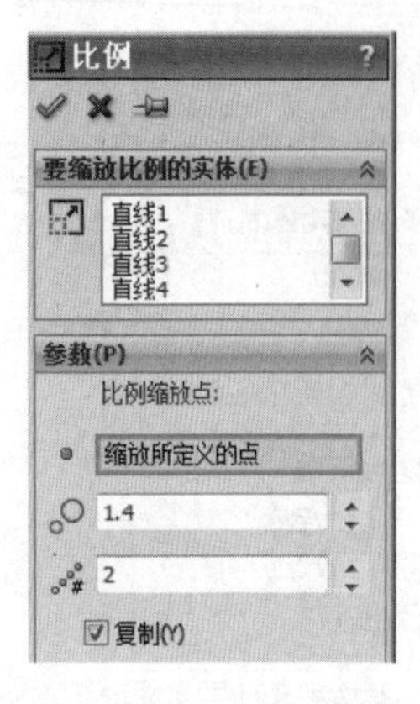

图 2-75 “比例”属性对话框

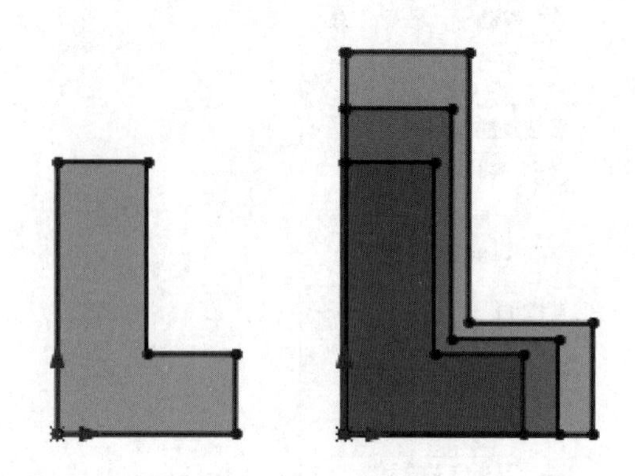

图 2-76 复制缩放示例

4. 伸展实体

“伸展”实体命令用于草图实体的拉伸。

① 选择要伸展的草图实体，单击“草图”面板中的“伸展”实体按钮，此时弹出“伸展”属性对话框，如图 2-77 所示。

② 框选需要伸展的部分实体，在“参数”选项卡中选择基准点，再选择目标点，单击“确定”按钮，完成操作，示例如图 2-78 所示。

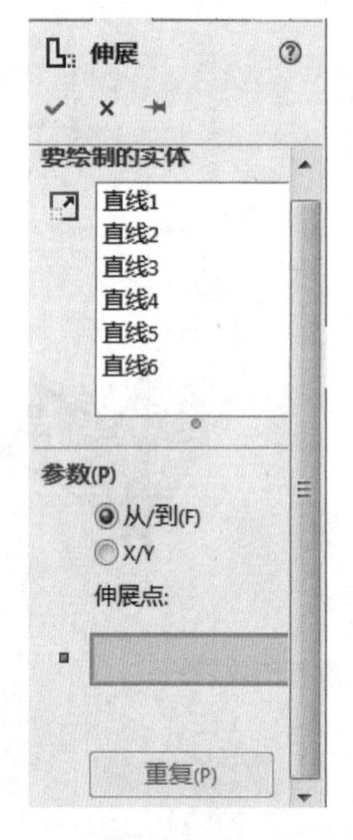

图 2-77 “伸展”属性对话框

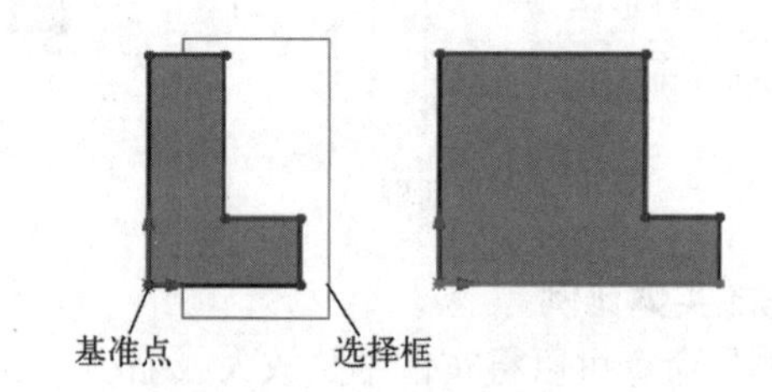

图 2-78 伸展实体示例

2.4 草图尺寸约束

SolidWorks 是一种参数化创建实体特征的软件，其最主要的特点就是尺寸约束和几何约束技术。其中尺寸约束是指图形的形状或各部分间的相对位置与所标注的尺寸相关联，若想改变图形的形状大小或各部分间的相对位置，只要改变所标注的尺寸就可以完成。

2.4.1　标注尺寸

SolidWorks 草图环境支持多种尺寸的标注，“草图”面板中的尺寸标注类型如图 2-79 所示。其中最为常用的是“智能尺寸”的标注方法，该方法的操作方法比较简单，标注特征可以是点、直线、圆弧等。

单击“草图”面板中的“智能尺寸”按钮，鼠标指针变为形状，即可进行尺寸标注。按<Esc>键，或再次单击按钮，即可退出尺寸标注。

下面以最常用的“智能尺寸”命令为例，来介绍尺寸标注的操作步骤。

1. 标注线性尺寸

线性尺寸一般包括水平尺寸、垂直尺寸或平行尺寸。

（1）选择一条直线

选择一条直线，拖动鼠标到不同位置，可以标注出如图 2-80 所示的几种线性尺寸。

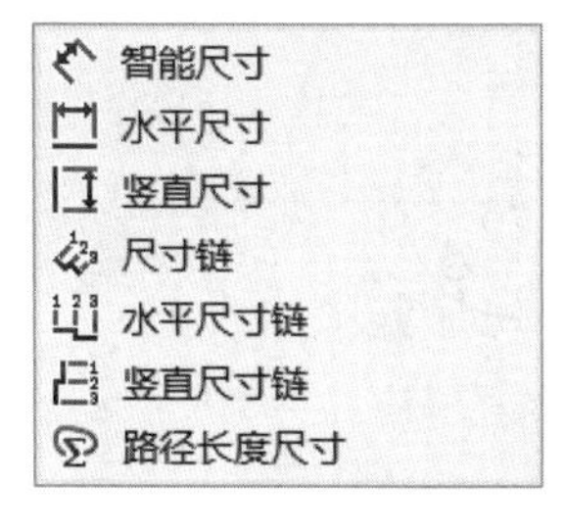

图 2-79　尺寸标注类型

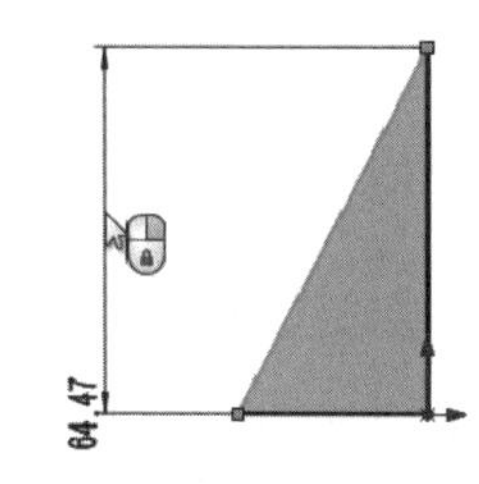

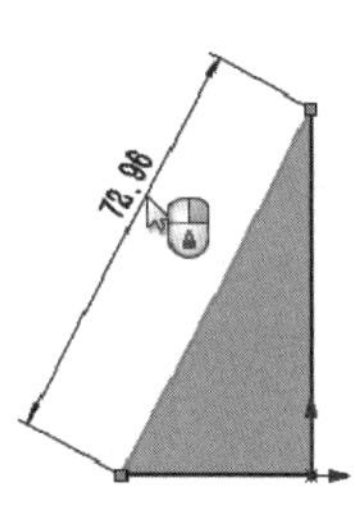

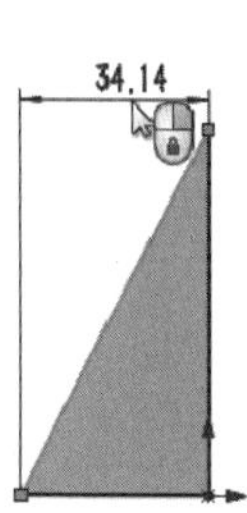

图 2-80　直线标注

（2）选择两点

选择两点，拖动鼠标到不同位置，可以标注出如图 2-81 所示的几种线性尺寸。

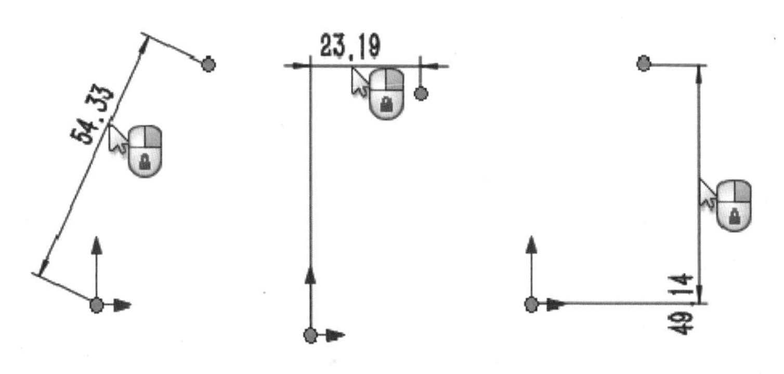

图 2-81　两点标注

（3）选择两条平行线

选择两条平行线，可以标注出如图 2-82a 所示的距离尺寸。如果其中一条线是中心线，则可以根据鼠标拖动的位置不同，标注出类似半径和直径的线性尺寸形式，如图 2-82b 和图 2-82c 所示。

2. 标注角度

角度尺寸分为两种：一种是两直线间的角度尺寸，另一种是直线与点之间的角度尺寸。

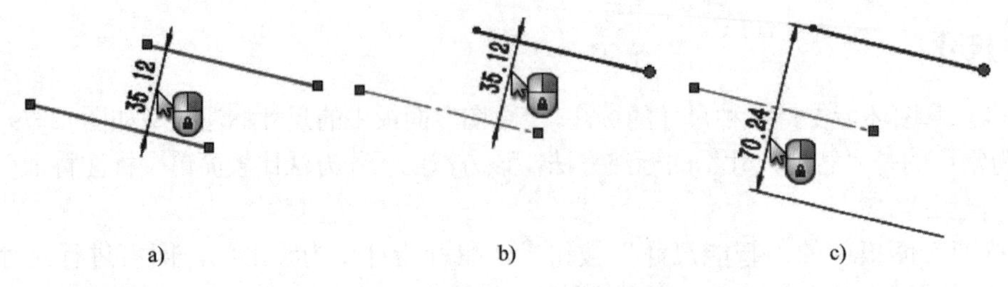

图 2-82　平行线标注

a) 两直线　b) 中心线、直线的半径形式　c) 中心线、直线的直径形式

（1）两直线标注角度

如图 2-83 所示为选择两直线以后，移动鼠标到不同位置标注出的角度。

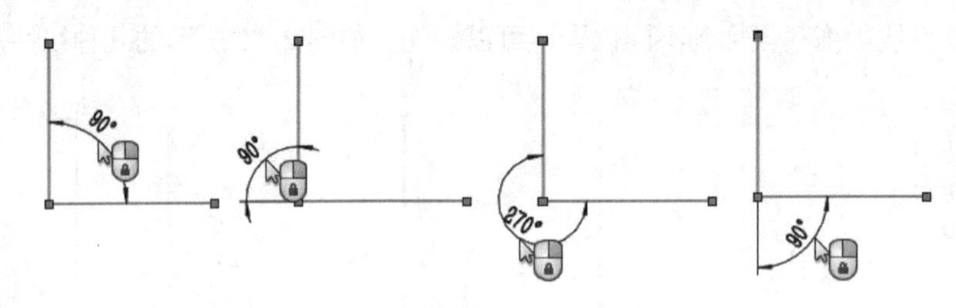

图 2-83　两直线间的角度标注

（2）直线和点标注角度

当需要标注直线与点的角度时，不同的选取顺序，会导致尺寸标注形式的不同，一般的选取顺序是：直线一端点→直线另一个端点→点。示例如图 2-84 所示。

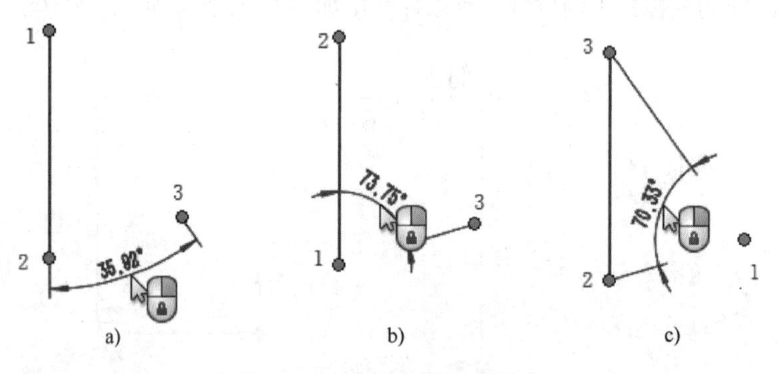

图 2-84　直线和点的角度标注

3. 标注圆弧

圆弧的标注分为圆弧的半径标注、圆弧的弧长标注和圆弧对应弦长的线性尺寸标注。

（1）标注圆弧半径

直接选择圆弧，拖动鼠标即可标注圆弧的半径，如图 2-85a 所示。

（2）标注圆弧弧长

选择圆弧及圆弧的两端点，拖动鼠标即可标注圆弧的弧长，如图 2-85b 所示。

（3）标注圆弧弦长

选择圆弧的两端点，拖动鼠标即可标注圆弧的弦长，如图 2-85c 所示。

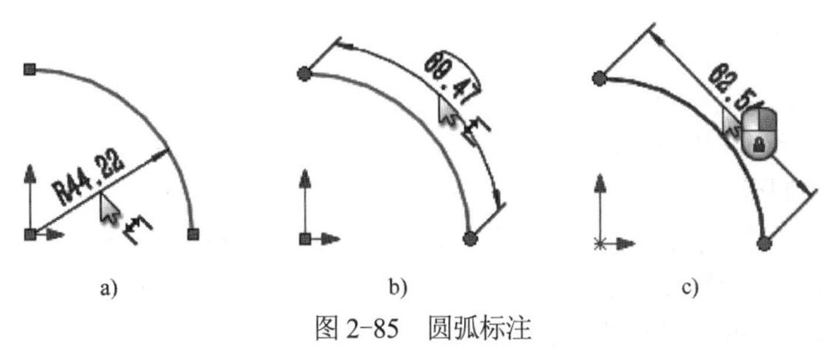

图 2-85　圆弧标注

a) 标注半径　b) 标注弧长　c) 标注弦长

4. 标注圆

选择圆，拖动鼠标到不同位置，可以标注出如图 2-86 所示的几种直径形式。

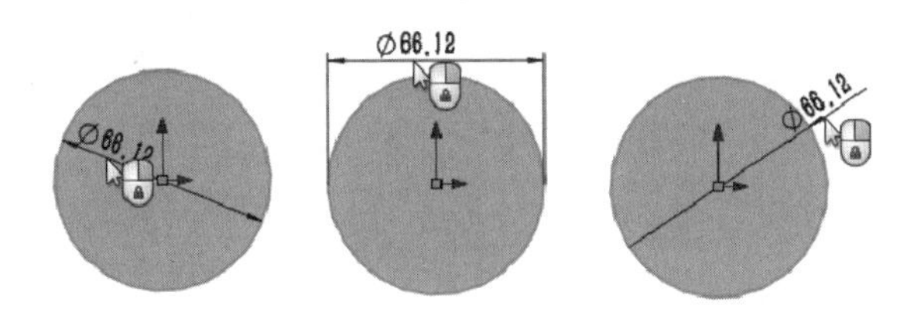

图 2-86　圆的标注

5. 标注中心距及同心圆

选择两个不同心的圆，可以标注出如图 2-87 所示的中心距尺寸。

选择两个同心圆，可以标注出如图 2-88 所示的同心圆半径差。

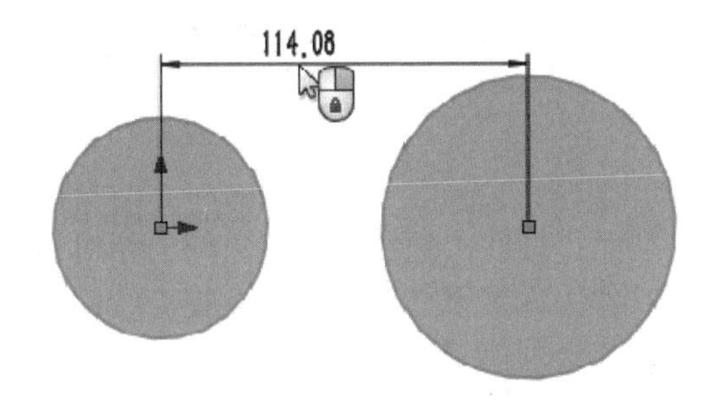

图 2-87　标注中心距

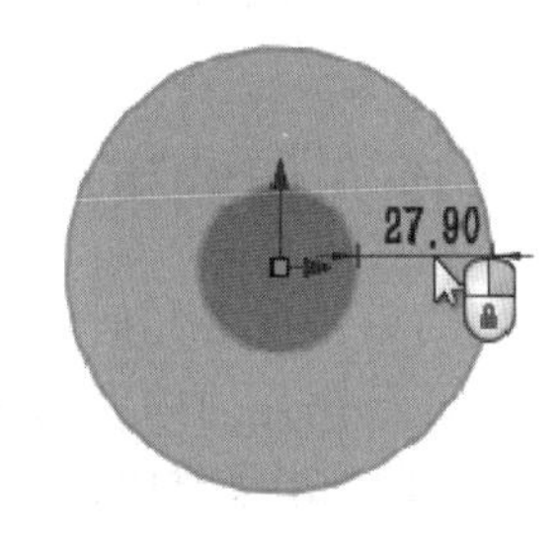

图 2-88　标注同心圆

2.4.2　尺寸的编辑修改

1. 修改尺寸值

在创建尺寸时，会弹出“修改”属性对话框，如图 2-89 所示。框内显示的是当前测量尺寸，可以直接输入正确的尺寸，来调整尺寸值的大小。

尺寸标注完成以后，双击尺寸值，也会弹出“修改”属性对话框，输入新的尺寸就可以改变尺寸值。

- ✓：保存当前的数值并退出此对话框。
- ×：恢复原始值并退出对话框。
- 🔘：以当前尺寸值重建模型。

- ：反转尺寸方向。
- ：改变数值框的增量值。
- ：标记输入工程图的尺寸。

2. 尺寸属性的调整

选择标注好的尺寸，会出现一系列的控标，移动这些控标会改变尺寸标注的结果：单击尺寸箭头处的控标，会切换箭头的方向；按住尺寸界线端点处的控标拖动会改变尺寸标注的对象；按住尺寸值拖动会改变尺寸的放置位置。

在弹出“修改”对话框的时候，会同时显示“尺寸”属性对话框，如图 2-90 所示，在其中可以修改尺寸样式、公差/精度、尺寸文字及添加常用符号等。

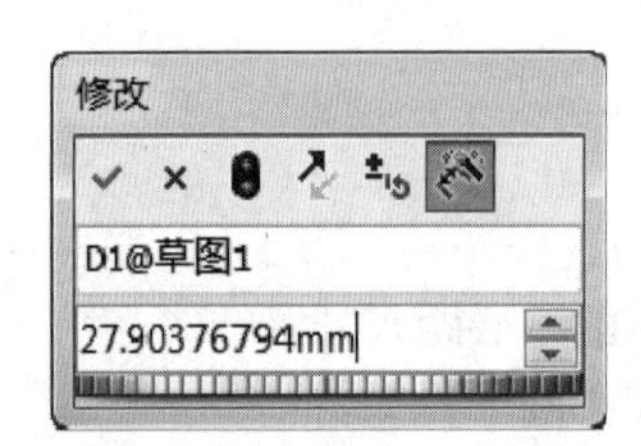

图 2-89 “修改”属性

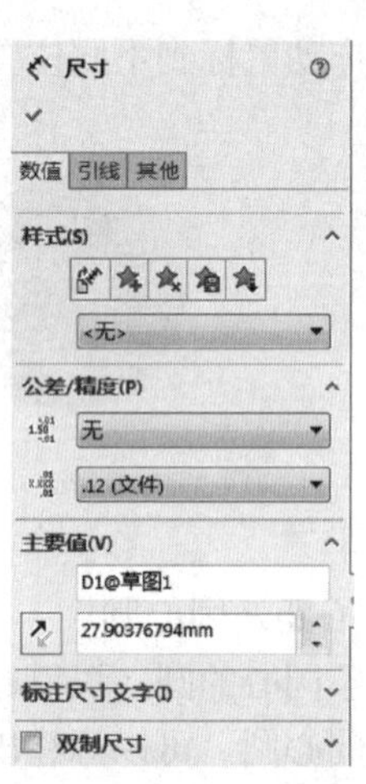

图 2-90 “尺寸”属性对话框

2.5 草图几何约束

几何约束是指各几何元素或几何元素与基准面、轴线、边线或端点之间的相对位置关系。掌握好草图几何约束的功能，在绘图时可以省去许多不必要的操作，提高绘图效率。表 2-2 详细地列出了常用的几何关系及使用效果。

表 2-2 草图常用几何约束关系

图标	名称	要选择的实体	使用效果
	水平	一条或多条直线，两个或多个点	直线（点）水平
	竖直	一条或多条直线，两个或多个点	直线（点）竖直
	共线	两条或多条直线	使直线处于同一条直线上
	垂直	两条直线	使直线相互垂直
	平行	两条或多条直线	使直线相互平行
=	相等	两条（或多条）直线（或圆弧）	使它们所有尺寸相等

（续）

图标	名称	要选择的实体	使用效果
	相切	直线（或其他曲线）和圆弧（或椭圆弧等其他曲线）	使它们相切
	中点	一条直线（或圆弧等其他曲线）和一个点	使点位于其中心
	重合	一条直线（或圆弧等其他曲线）和一个点	使点位于直线（或圆弧等其他曲线）上
	固定	任何草图几何体	使草图几何体尺寸和位置保持固定，不可更改
	合并	两个点	使两个点合并为一个点
	交叉点	两条直线和一个点	使点位于两条直线的交叉点上
	全等	两段（或多段）圆弧	使它们共用相同的圆心和半径
	同心	两个（或多个）圆（或圆弧）	使它们的圆心处于同一点
	对称	两个点（或线或圆或其他曲线）和一条中心线	使草图几何体保持中心线对称

2.5.1 自动添加草图几何关系

自动添加几何关系是指在绘图过程中，系统会根据几何元素的相对位置，自动赋予几何意义，不需要另行添加几何关系。例如，在绘制一条水平直线时，系统就会将“水平”的几何关系自动添加给该直线。

用户可选择当生成草图实体时是否自动生成几何关系，自动添加几何关系的方法有两种。

- 选择“工具”→“草图设定”→“自动添加几何关系”命令，如图 2-91 所示。
- 选择右键快捷菜单中的“选项”命令，弹出“系统选项”对话框，选择“几何关系/捕捉”选项，并选中“自动几何关系”复选框，如图 2-92 所示。

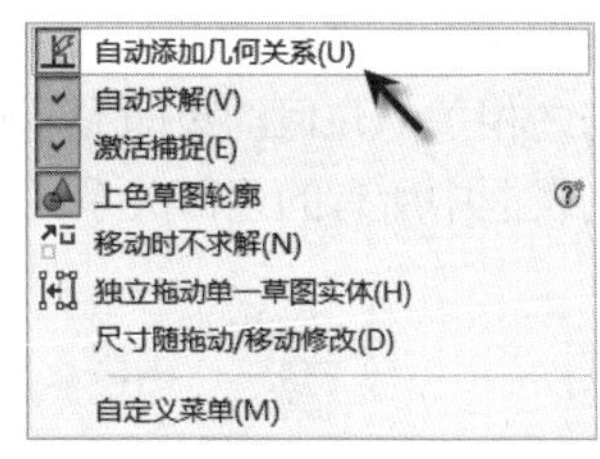

图 2-91　选择“自动添加几何关系”命令

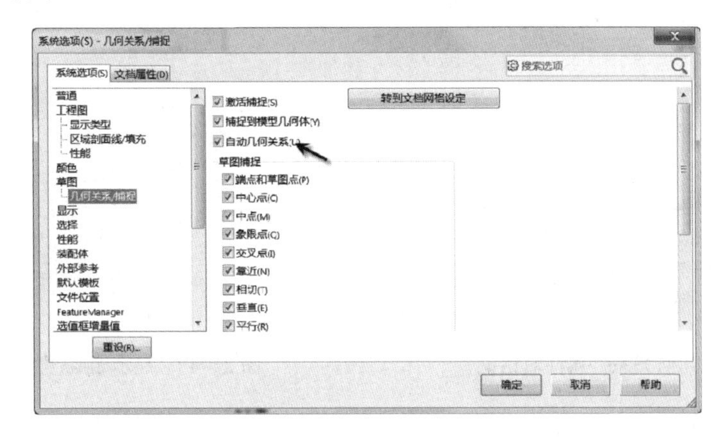

图 2-92　选中“自动几何关系”复选框

2.5.2 手动添加草图几何关系

在图形区选择需要设定几何关系的几何实体，几何实体之间可能出现的几何约束关系出现在“添加几何关系”属性对话框中，如图 2-93 所示，选择需要设定的几何关系，在“现有几何关系”列表框中显示添加的几何关系。除了直接选取几何实体以外，还可以使用下列方式添加几何关系。

① 单击“草图”面板中的“添加几何关系”按钮，或选择“工具”→“几何关系”→“添加”命令。

② 在草图中拾取要添加几何关系的实体。

③ 拾取完实体即弹出“添加几何关系”属性对话框，如图 2-93 所示。“现有几何关系”列表框中的选项表示在未加关系之前几何实体之间存在的几何关系，在下面的信息栏显示所选实体的状态。

④ 在“添加几何关系”选项卡中单列出所能添加的几何关系，选择完要添加的几何关系后，单击“确定”按钮，完成添加几何关系操作。

草图几何关系有很多类型。根据所选草图元素的不同，能够添加的几何关系类型也不同。可以选择实体本身，也可以选择端点，甚至可以选择多种实体的组合。SolidWorks 会根据用户选择草图元素的类型，自动筛选可以添加的几何关系种类。

“显示/删除几何关系”命令用来显示应用到草图中的几何关系，或删除不再需要的几何关系。在“草图”面板中单击“显示/删除几何关系”按钮，在“显示/删除几何关系”属性对话框中可以显示草图中所有的几何约束，如图 2-94 所示。选择列表框中的几何约束选项，图形区中对应的草图实体会亮显。在下拉列表框中选择“所选实体”选项时，在图形区中选择几何实体，与之相关的几何约束即显示在列表框中。单击“删除”或“删除所有”按钮，可以删除选中的或列表框中所有的几何关系。选中“压缩”复选框可以临时关闭几何约束，使之失效。

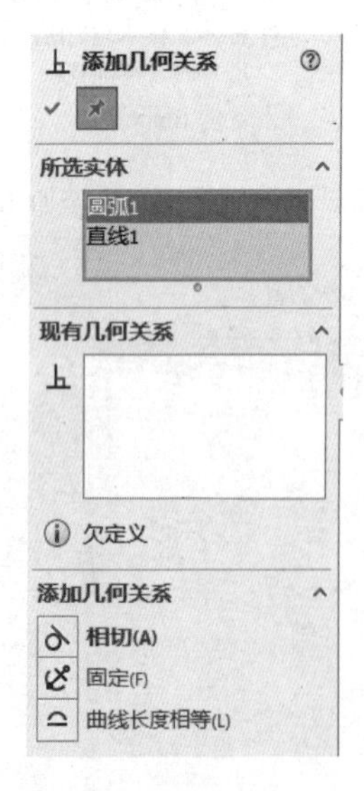

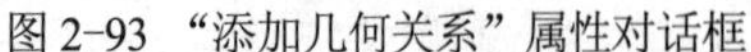
图 2-93 “添加几何关系”属性对话框

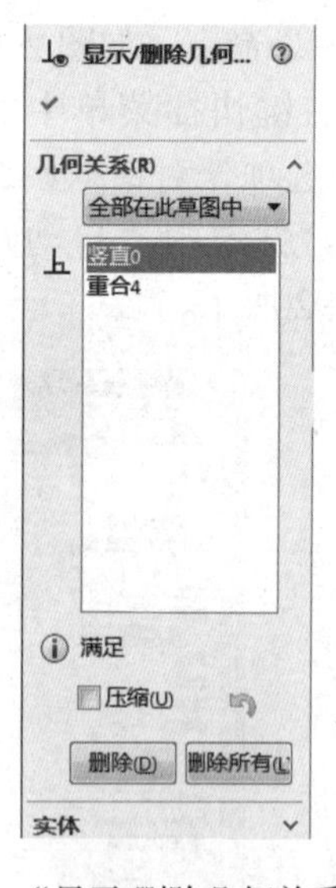

图 2-94 “显示/删除几何关系”属性对话框

提示：SolidWorks 草图中的几何关系可以与删除几何实体一样，在绘图区选中几何关系图标后删除。

2.6　综合实例：底板草图

如图 2-95 所示是某底板草图尺寸及效果图，结构比较简单，是对称零件。从新建底板的草图开始绘制，逐步熟悉 SolidWorks 的草图绘制工具。操作过程中注意鼠标指针的变化和属性管理器的提示，同时也可尝试用不同的绘图工具来完成草图的绘制。

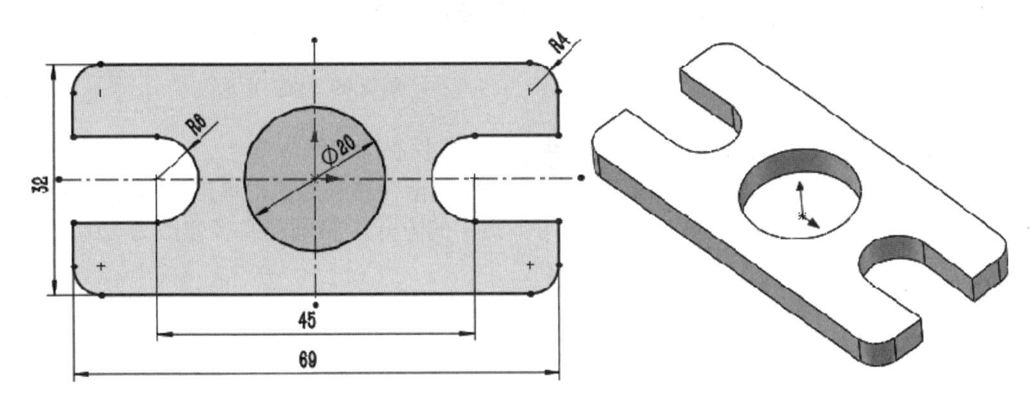

图 2-95　底板草图尺寸及效果图

① 单击快捷工具栏中的“新建”按钮，系统弹出“新建 SolidWorks 文件”对话框，选择“零件”，再单击“确定”按钮，进入 SolidWorks 2017 的零件工作界面。

② 单击“草图”面板中的“草图绘制”按钮，弹出如图 2-96 所示的“编辑草图”属性对话框，在绘图区选择“上视基准面”，表明在上视基准面上绘制草图。

③ 单击“草图”面板中的“中心矩形”按钮，将鼠标指针移到草图坐标原点，单击并移动鼠标以生成矩形，如图 2-97 所示，在移动鼠标时，鼠标指针处会显示该矩形的尺寸。单击即完成矩形的绘制。

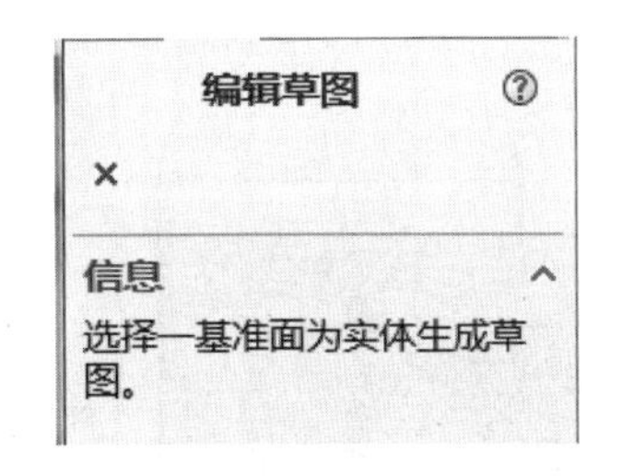

图 2-96　“编辑草图”属性对话框

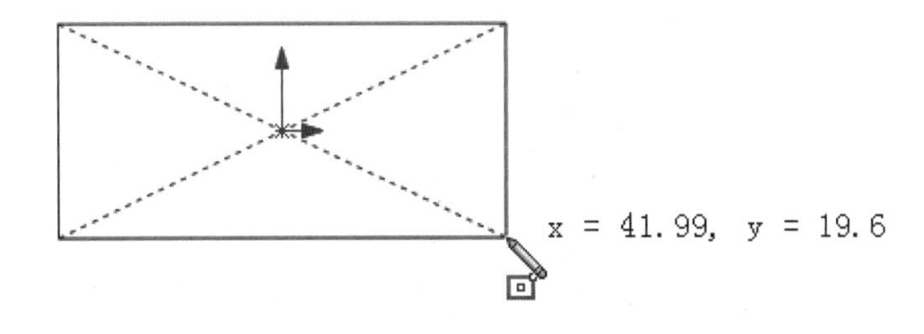

图 2-97　绘制矩形

说明：当用户在创建草图时，鼠标指针可动态改变，以提供草图实体的类型数据或指针相对于其他草图实体的距离数据，帮助用户方便快捷地确定草图形体的几何关系。

④ 单击“草图”面板中的“智能尺寸”按钮，选择矩形的顶边，然后单击放置尺寸的位置，系统弹出如图 2-98 所示的“修改”对话框，在文本框中输入 69，单击“确定”按钮，草图根据新输入的尺寸更改大小。同理，将矩形的右侧边尺寸改为 32，如图 2-99 所示。

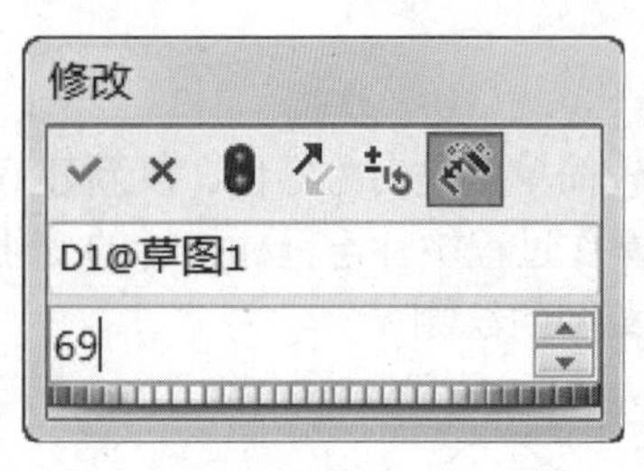

图 2-98 “修改”属性对话框

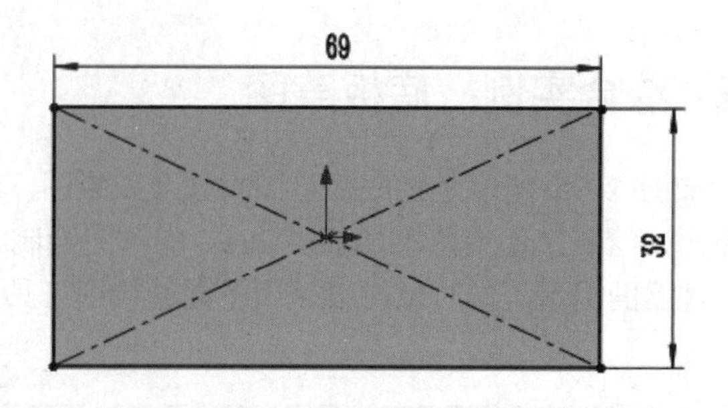

图 2-99 修改矩形尺寸

⑤ 单击标准工具栏中的“保存”按钮，将零件保存为“底板”。

⑥ 单击“草图”面板中的“圆”按钮，将鼠标指针移到原点，单击鼠标确定原点，然后拖动鼠标绘制圆，如图 2-100 所示，利用步骤④的方式，将圆的直径修改为 20，结果如图 2-101 所示。

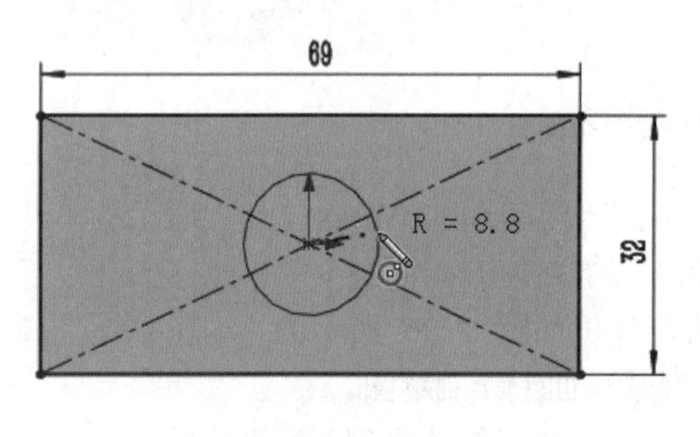

图 2-100 绘制图

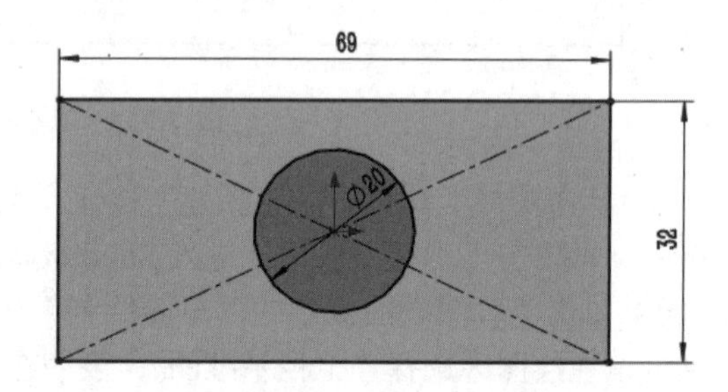

图 2-101 修改直径

⑦ 单击“草图”面板中的“中心线”按钮，移动鼠标指针到矩形左侧边线的中点附近，此时出现中点捕捉提示，将光标稍向左平移，如图 2-102 所示，将光标向右平移画出水平对称线；用同样的方式画出竖直对称线，结果如图 2-103 所示。

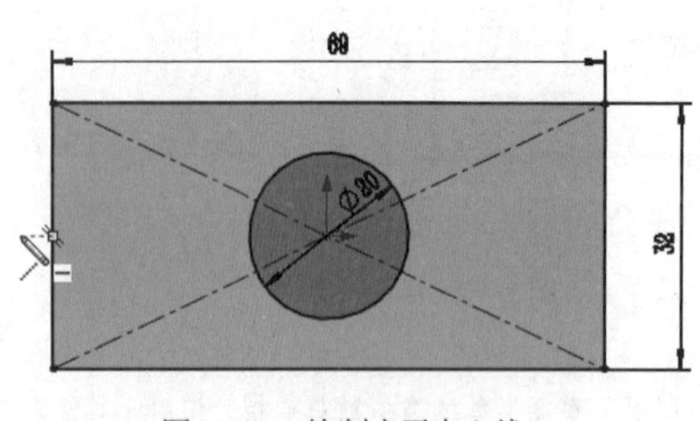

图 2-102 绘制水平中心线

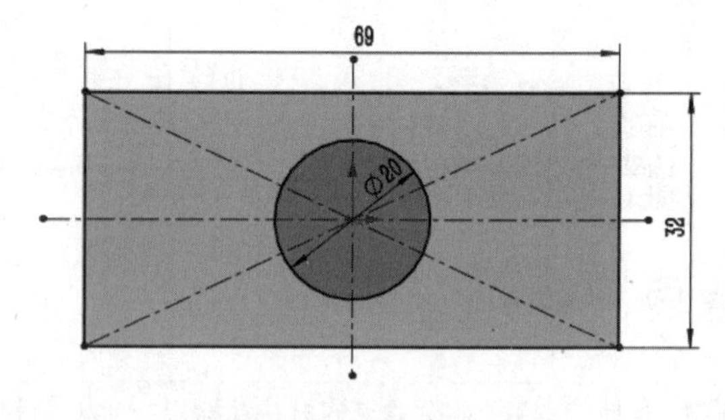

图 2-103 绘制完中心线

⑧ 单击“草图”面板中的“圆”按钮，将鼠标指针移动到水平对称线左侧，捕捉中心线，确定圆心绘制一个小圆，用相同的方法在右侧也绘制一个小圆，如图 2-104 所示。

⑨ 单击“草图”面板中的“直线”按钮，捕捉左侧小圆的一个象限点，如图 2-105 所示，向左侧绘制水平线，用相同的方式绘制 4 条水平线，结果如图 2-106 所示。

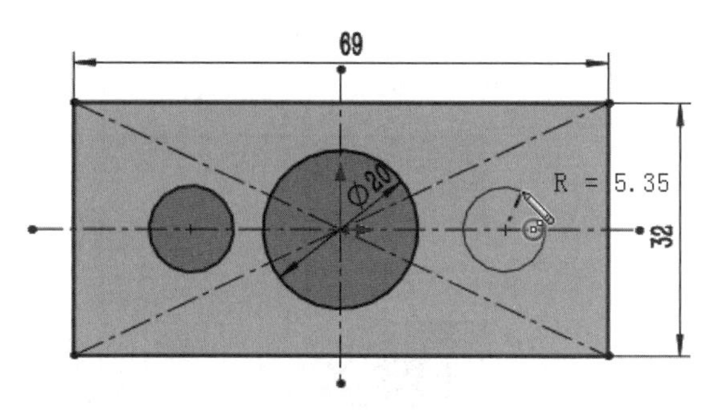

图 2-104　绘制小圆

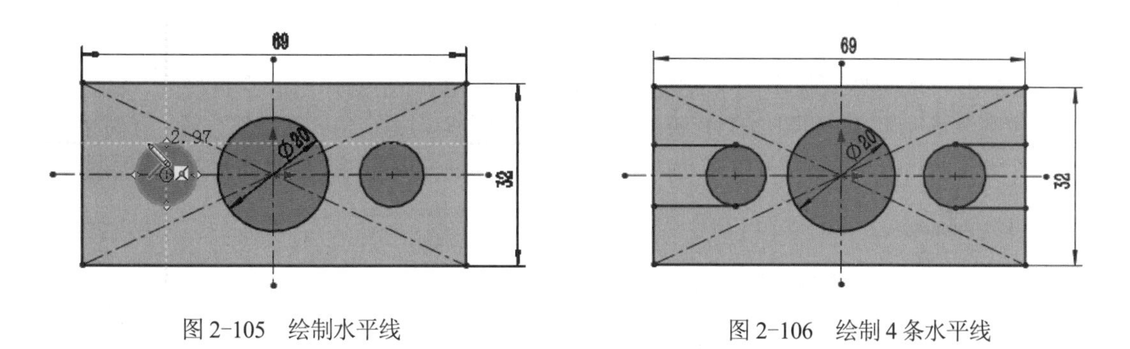

图 2-105　绘制水平线　　　　图 2-106　绘制 4 条水平线

⑩ 单击“草图”面板中的“剪裁”实体按钮，将鼠标指针移到左侧槽口的位置，按住鼠标左键依次选中需删除的图线，如图 2-107 所示；用相同的方法删除右侧槽口多余的图线，结果如图 2-108 所示。

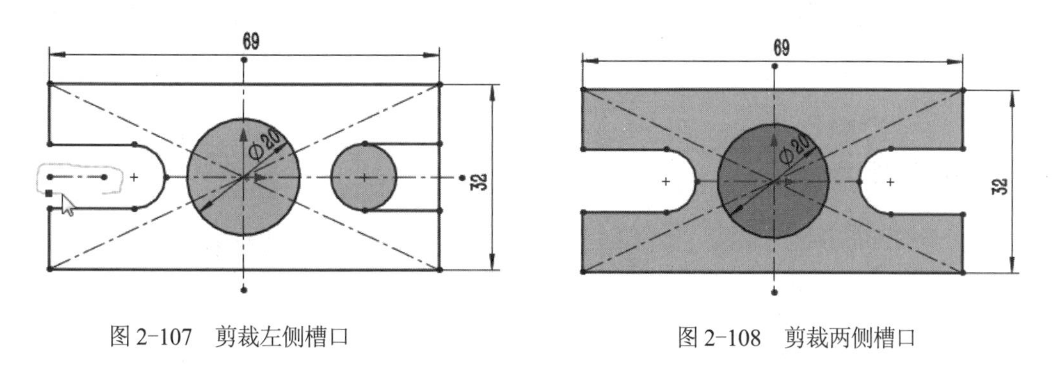

图 2-107　剪裁左侧槽口　　　　图 2-108　剪裁两侧槽口

⑪ 由于步骤⑩中对槽口部分进行了剪裁，导致水平对称线不完整，此时应重新绘制水平对称线，并确保该线通过原点。

⑫ 按住〈Ctrl〉键，依次选中两个半圆弧和竖直对称线，左侧出现属性对话框，如图 2-109 所示，单击“对称”按钮，使得两半圆弧相对于竖直对称线对称。利用相同的方式对两个半圆弧和水平对称线添加对称约束。

⑬ 使用“智能尺寸”命令，将半圆弧半径标注为 *R*6，将两半圆弧中心距标注为 45，如图 2-110 所示。

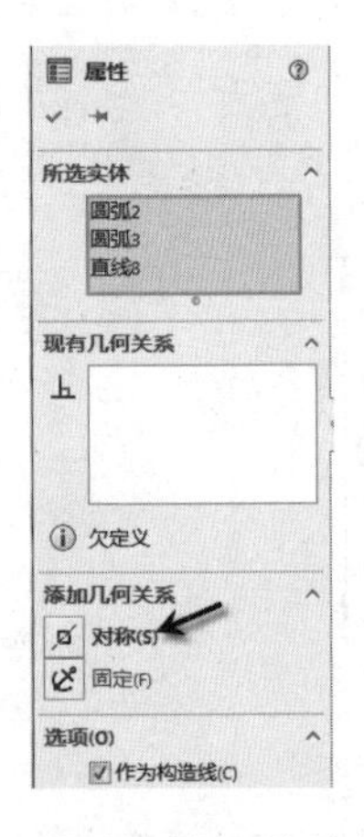

图 2-109　添加对称约束

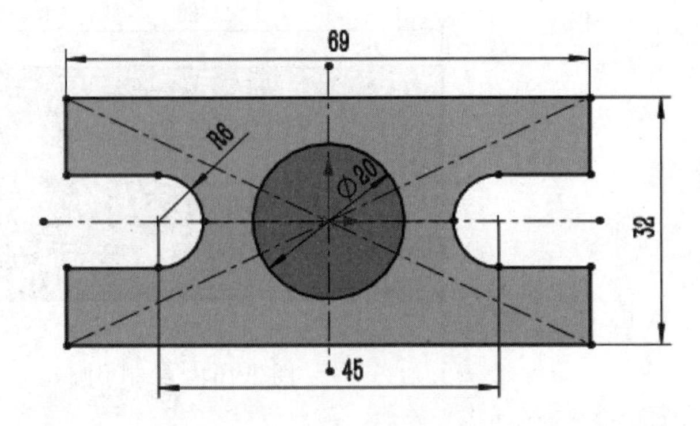

图 2-110　确定槽口尺寸

⑭ 单击“草图”面板中的“绘制圆角”按钮，此时左侧弹出“绘制圆角”属性对话框，设置圆角半径为 4，如图 2-111 所示，然后依次单击矩形每个角的两相邻直线，此时系统会弹出一个警告对话框，如图 2-112 所示，单击“是”按钮，完成选择，结果如图 2-113 所示。

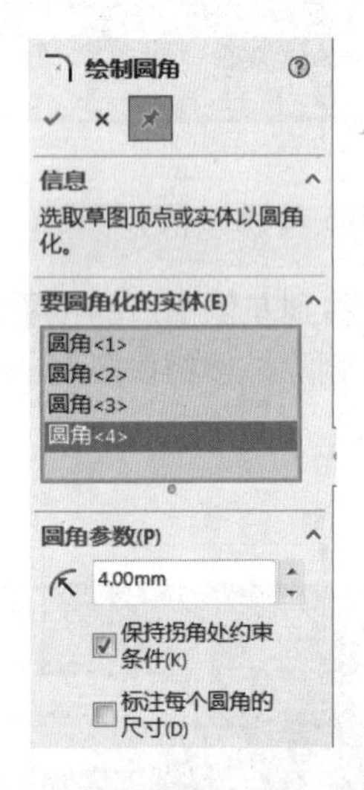

图 2-111　“绘制圆角”属性对话框

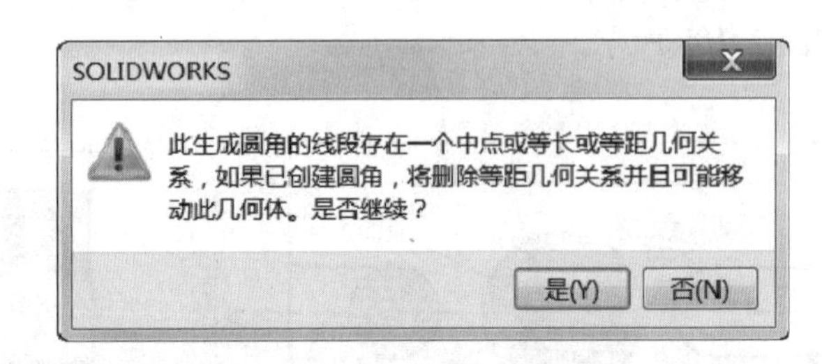

图 2-112　警告对话框

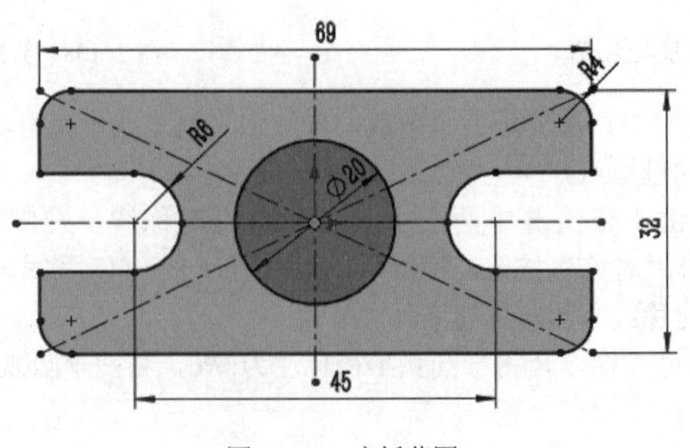

图 2-113　底板草图

> 📖 说明：图 2-112 警告对话框的出现，是因为绘制圆角会导致原矩形的 4 条边线变得不完整，这样导致原矩形的尺寸及几何约束丢失，如果后续添加其他尺寸和几何约束，可能会影响到矩形的准确性，本实例未受影响。

2.7 课后练习

绘制如图 2-114 所示草图。

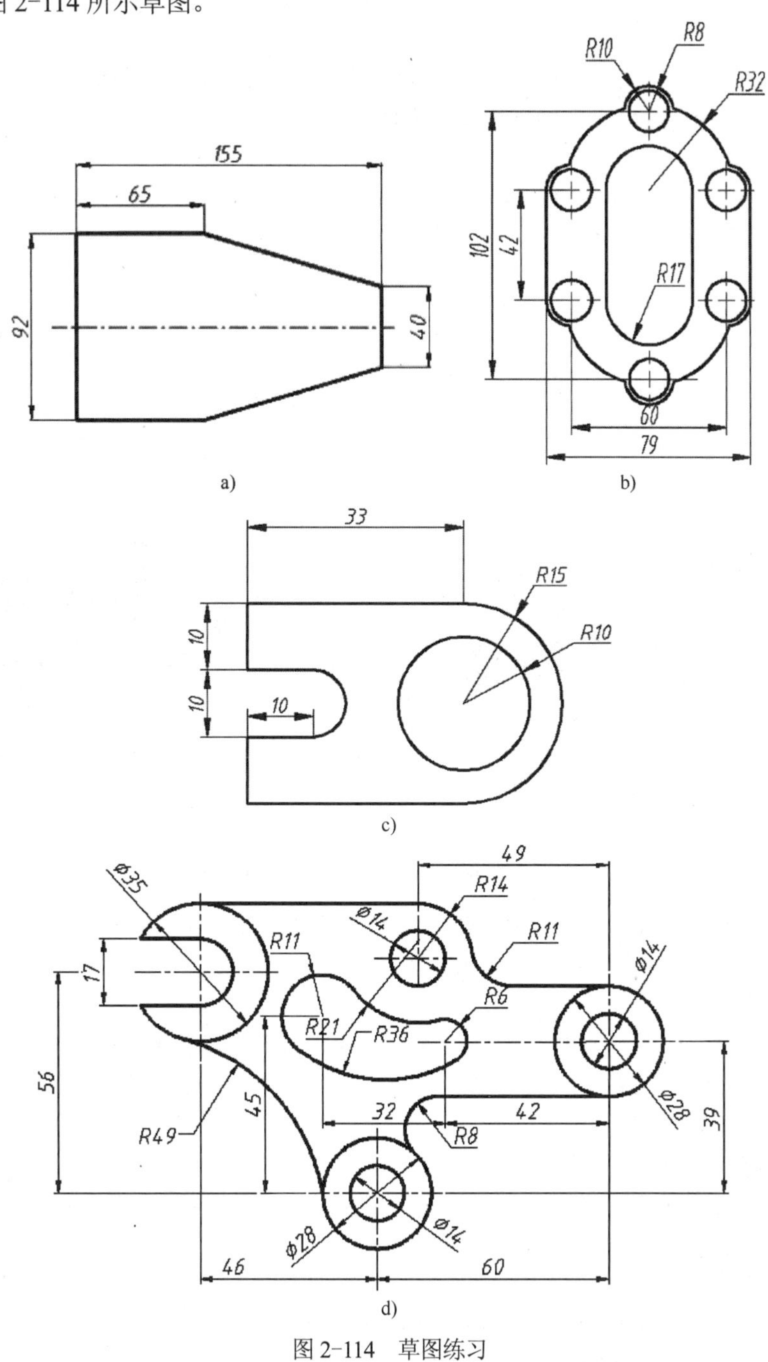

图 2-114　草图练习

第3章　基础特征建模

三维特征的实质是在二维草图的基础上构建三维形状，完成这样任务的命令即三维建模命令。

零件特征是进行产品设计的基础，基础特征是创建零件造型的基础。本章将介绍创建基础特征的各种常用的命令，为后面创建复杂零件特征做好准备。

本章重点：

- 掌握基础特征建模的常用命令
- 掌握参考几何体的应用

3.1　零件特征概述

机器或部件都是由若干零件按一定的装配关系和技术要求装配起来的，零件是构成机器或部件的最小单元，零件的结构和形状千姿百态，但常用零件大致可以分为4类，分别是轴套类、盘盖类、支架类和箱体类零件，如图3-1所示是几种常见的零件。

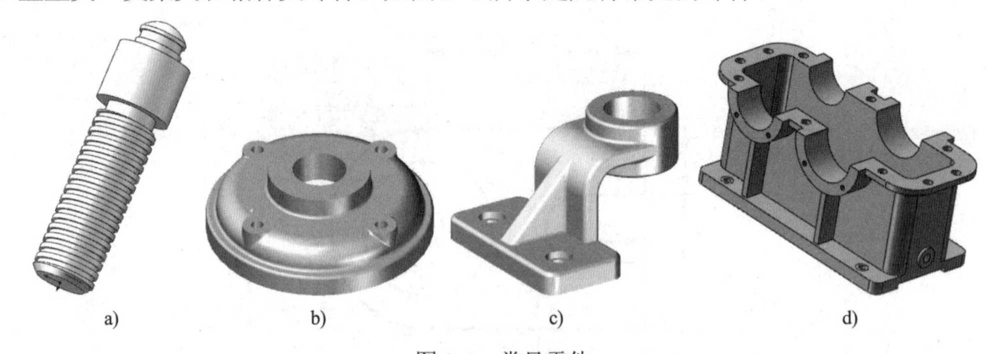

图3-1　常见零件

a) 轴套类　b) 盘盖类　c) 支架类　d) 箱体类

一个复杂的零件是由若干基本形体按照一定方式组合而成的，在SolidWorks中创建一个完整的零件所应用的特征大致可以分为3类。

1. 基础特征

基础特征可以完成最基本的三维几何特征任务，用于构建基本空间实体。基础特征通常要求先草绘出特征的一个或多个截面，然后根据某种形式生成基础特征。基础特征创建命令包括拉伸、旋转、扫描、放样等方式。

2. 附加特征

对基础特征的局部进行细化操作，其几何形状是确定的，构建时只需要提供附加特征的放置位置和尺寸即可。如抽壳、倒角、筋等。

3. 特征编辑

针对基础特征和附加特征的编辑修改，如阵列、复制、移动等。

在SolidWorks中，零件设计的一般过程如图3-2所示。

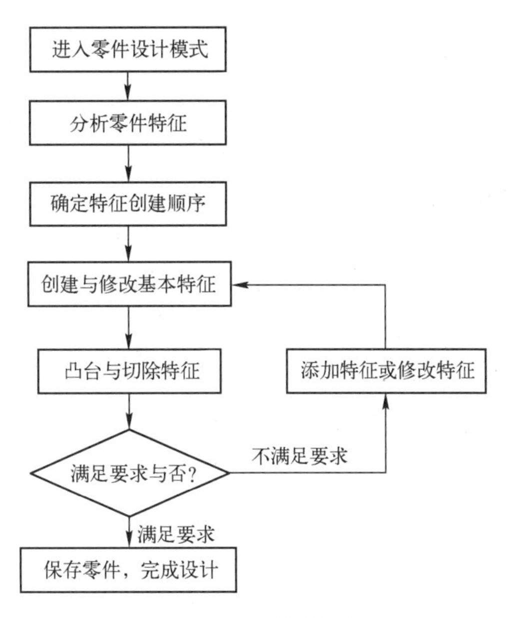

图 3-2　零件的设计过程

本章以基础特征的建模为例来介绍 SolidWorks 2017 主要的建模命令。

基础特征包括柱、锥、台、球、环等，如图 3-3 所示。

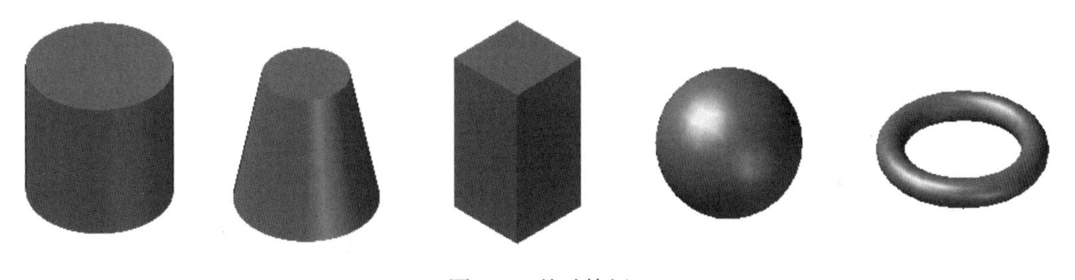

图 3-3　基础特征

3.2　实体拉伸特征

实体拉伸特征是将一个截面沿着与截面垂直的方向延伸，进而形成实体的方法。拉伸特征适合创建比较规则的实体。拉伸特征是最基本和常用的特征创建方法，而且操作比较简单，工业生产中的多数零件模型，都可以看作是多个拉伸特征相互叠加或切除的结果。

在 SolidWorks 中，创建实体拉伸特征的命令包括“拉伸凸台/基体”和“拉伸切除”。

3.2.1　拉伸凸台/基体

单击“特征”面板上的“拉伸凸台/基体”按钮，或选择“插入”→“凸台/基体”→“拉伸”命令，即可执行“拉伸凸台/基体”命令。

执行“拉伸凸台/基体”命令后，可以打开如图 3-4 所示的“拉伸”属性对话框，选择一个基本平面，绘制草图，退出草图后会弹出如图 3-5 所示的“凸台-拉伸”属性对话框。

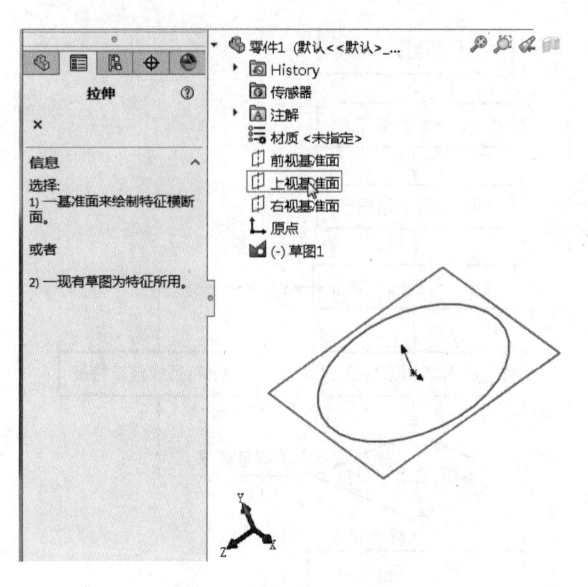

图 3-4 “拉伸”对话框

在“凸台-拉伸”属性对话框中，系统提供了多种方式来定义实体的拉伸长度，如图 3-6 所示。

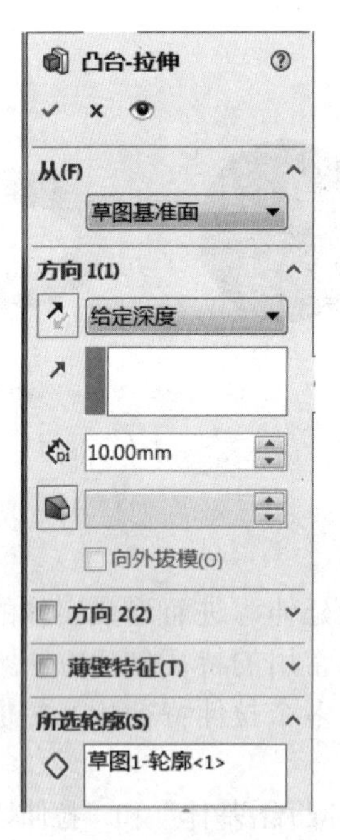

图 3-5 “凸台-拉伸”属性对话框

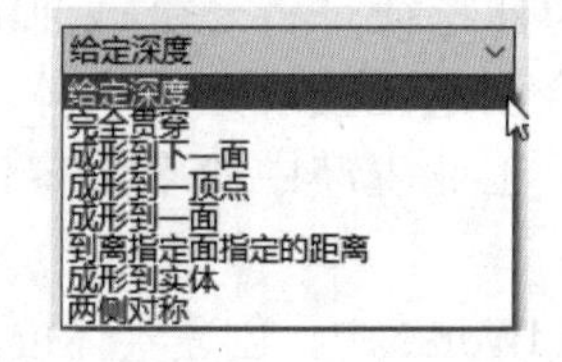

图 3-6 拉伸方式

1. 给定深度

（1）单向拉伸

如图 3-7 所示，在“方向 1”中选择拉伸方式的拉伸长度，然后输入拉伸距离，也可以拖动鼠标指定距离，则创建单向拉伸。单向拉伸是最常用的拉伸方式。

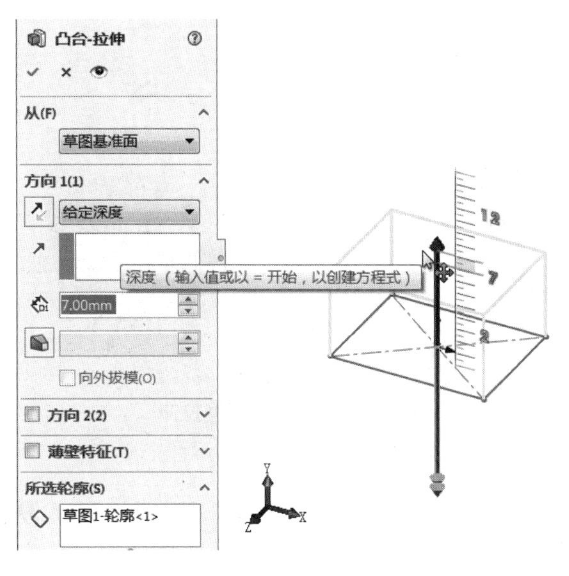

图 3-7　单向设定拉伸距离

（2）双向拉伸

在“凸台-拉伸”属性对话框中选中“方向 2”复选框并指定距离，可以进行双向拉伸，如图 3-8 所示。

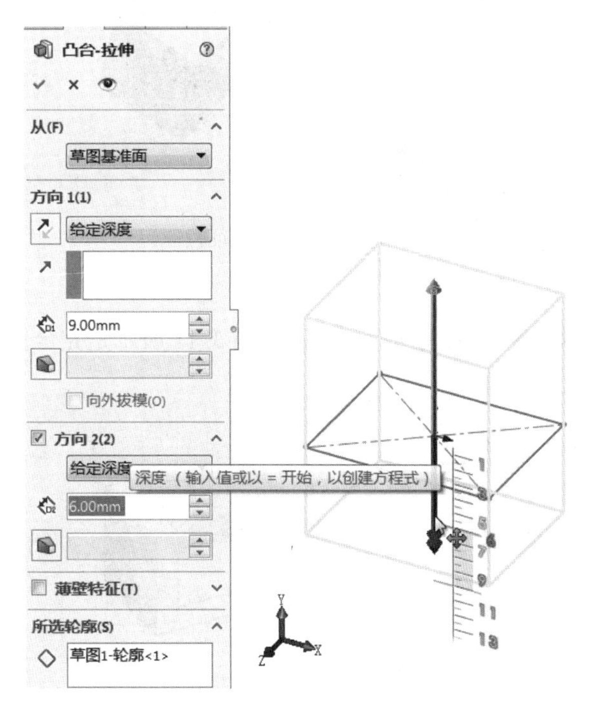

图 3-8　双向设定拉伸距离

（3）拔模拉伸

在“凸台-拉伸”属性对话框中单击“拔模”按钮，并输入角度，可以在拉伸的同时给定拔模斜度，如图 3-9 所示。

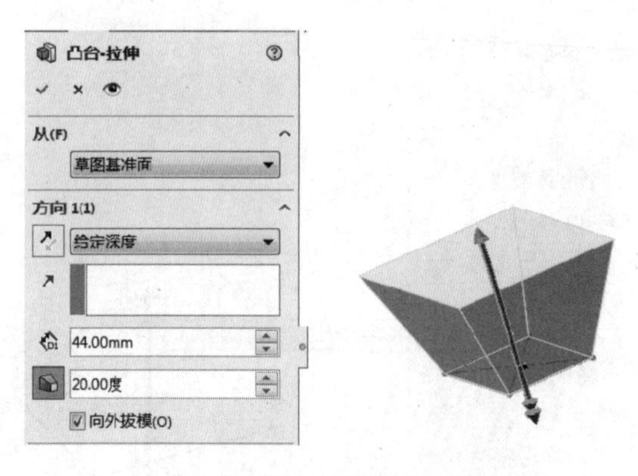

图 3-9　增加拔模斜度拉伸

（4）薄壁拉伸

在“凸台-拉伸”属性对话框中选中“薄壁特征”复选框，输入厚度值，可以拉伸生成薄壁实体，如图 3-10 所示。

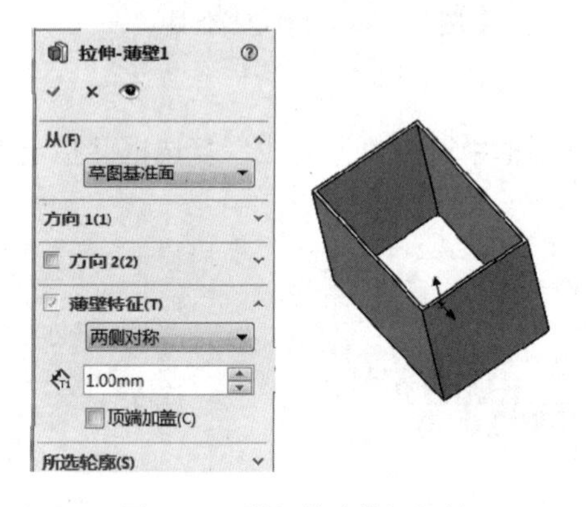

图 3-10　增加薄壁特征拉伸

2. 完全贯穿

拉伸特征沿拉伸方向穿越已有的所有特征。如图 3-11 所示是完全贯穿的拉伸特征。

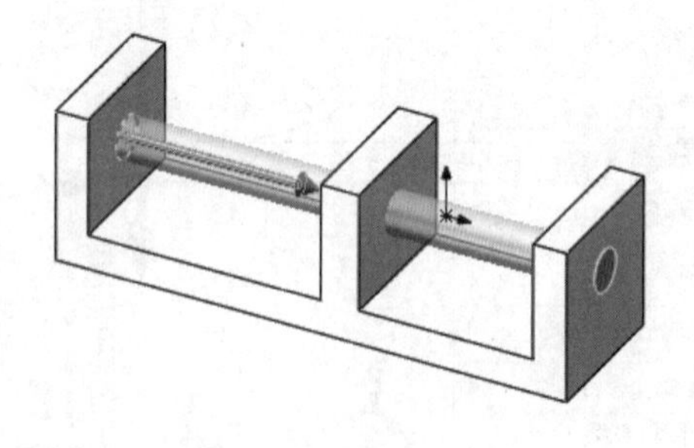

图 3-11　完全贯穿

3. 成形到下一面

拉伸特征沿拉伸方向延伸至下一表面，与“成形到一面”的区别是不用选择面。

4. 成形到一顶点

拉伸特征延伸至一个顶点位置，如图 3-12 所示。

5. 成形到一面

拉伸特征沿拉伸方向延伸至指定的零件表面或一个基准面，如图 3-13 所示。

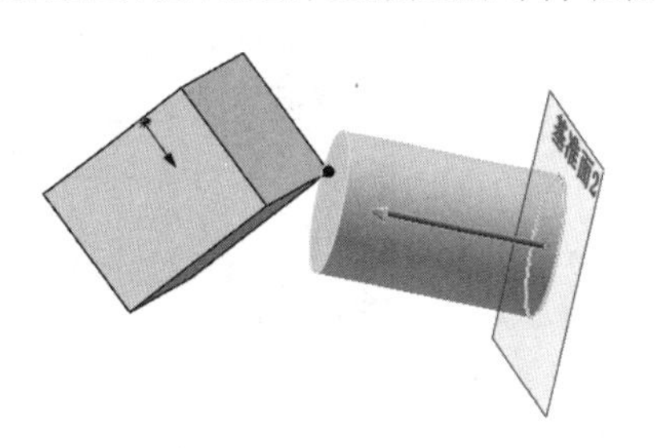

图 3-12　成形到一顶点

图 3-13　成形到一面

6. 到离指定面指定的距离

拉伸特征延伸至距一个指定平面一定距离的位置，如图 3-14 所示。指定距离以指定平面为基准。

7. 成形到实体

该方式和“成形到一面”类似，区别是选择的目标对象为实体而不是面。

8. 两侧对称

拉伸特征以草绘平面为中心向两侧对称拉伸，如图 3-15 所示。拉伸长度两侧均分，输入的深度是拉伸的总深度。

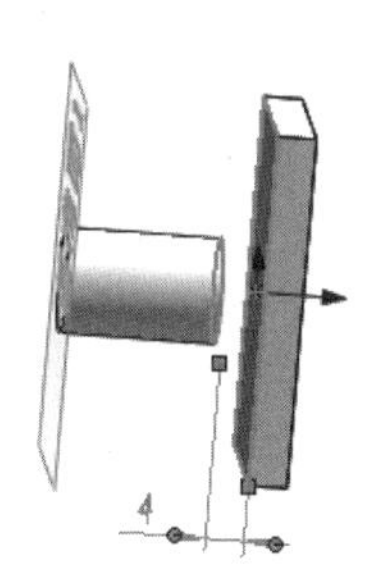

图 3-14　到离指定面指定的距离

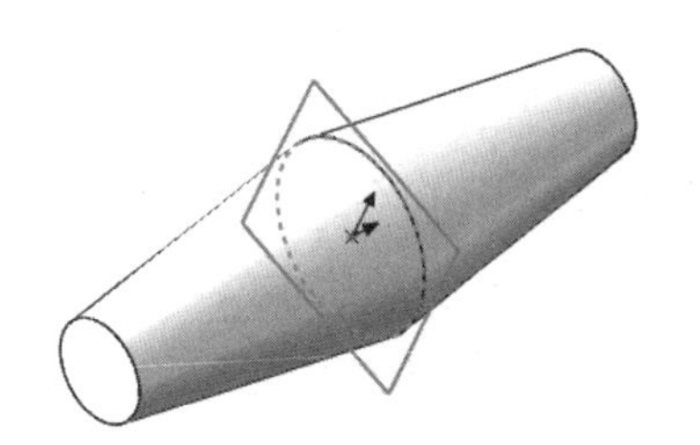

图 3-15　两侧对称

3.2.2　实例：电插头

绘制如图 3-16 所示的电插头。

1. 创建实体 1

① 单击“新建”按钮，选择零件模块。

② 选择“上视基准面”作为绘图平面，绘制如图 3-17 所示的草图。单击绘图区域右上角的“退出草图”按钮，退出草图。

③ 选中已绘制的草图，单击“特征”面板中的“拉伸凸台/基体”按钮，打开如图 3-18 所示的“凸台-拉伸”属性对话框，选择“给定深度”选项，输入 3，单击“确定”按钮，生成如图 3-19 所示的实体。

2. 创建实体 2

① 选择如图 3-20 所示的绘图平面，单击“草图”按钮，绘制如图 3-21 所示的草图。单击绘图区域右上角的“退出草图”按钮，退出草图。

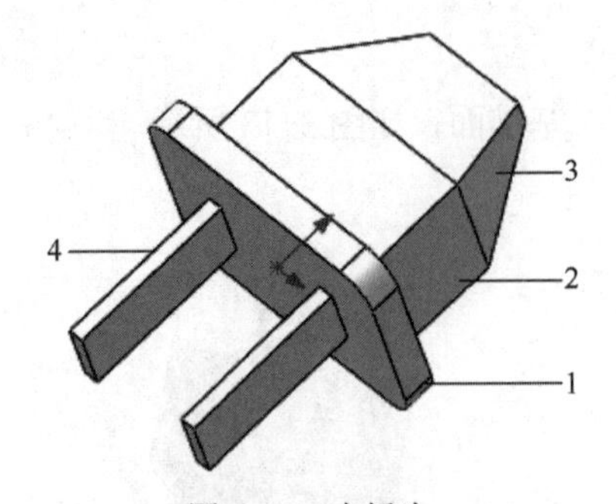

图 3-16　电插头

1—实体 1　2—实体 2　3—实体 3　4—实体 4

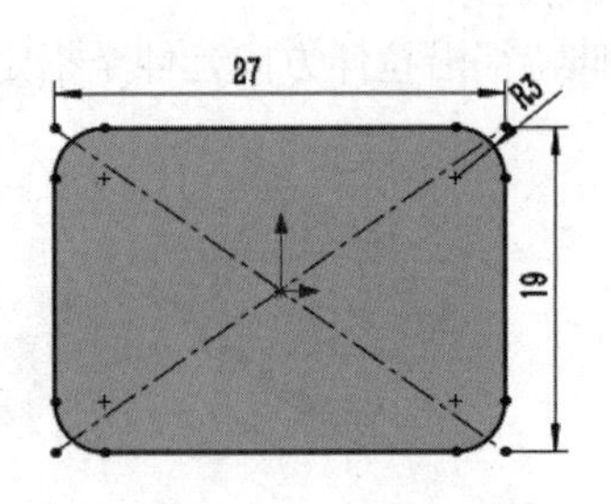

图 3-17　绘制草图

图 3-18 “凸台-拉伸”属性对话框

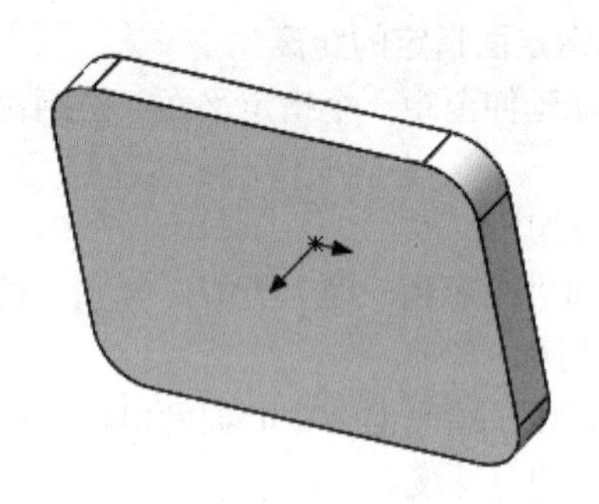

图 3-19　拉伸实体

② 单击“特征”面板中的“拉伸凸台/基体”按钮，打开如图 3-22 所示的“拉伸”属性对话框，选择特征树中的“草图 2”，弹出如图 3-23 所示的“凸台-拉伸”属性对话框，选择“给定深度”选项，输入 10，单击“确定”按钮，生成如图 3-24 所示的实体。

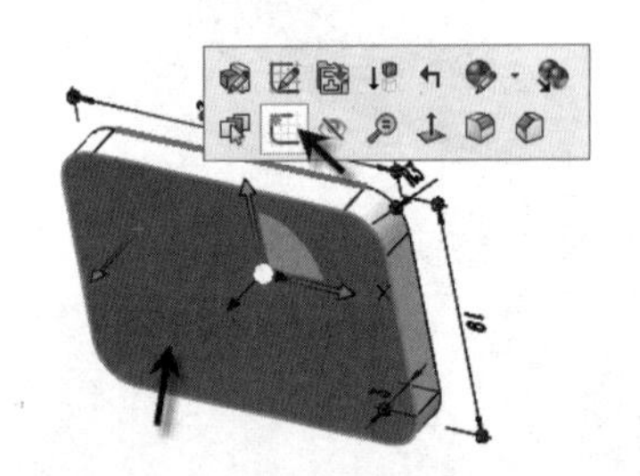

图 3-20　选择实体表面为绘图平面

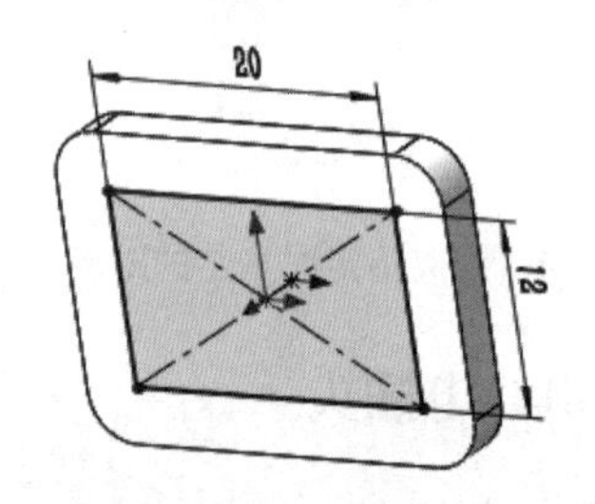

图 3-21　绘制草图

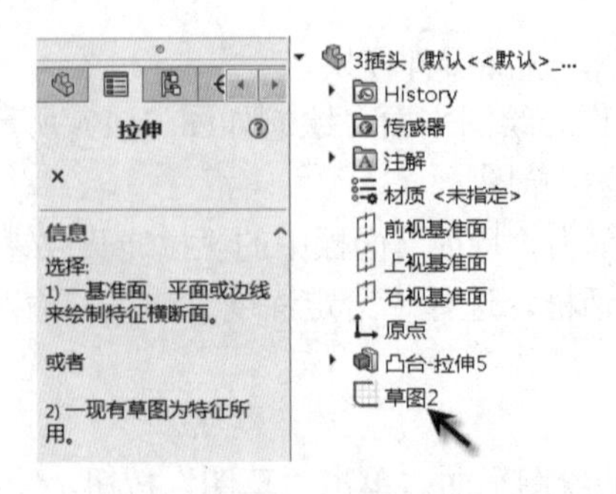

图 3-22 “拉伸”属性对话框

图 3-23 “凸台-拉伸”属性对话框

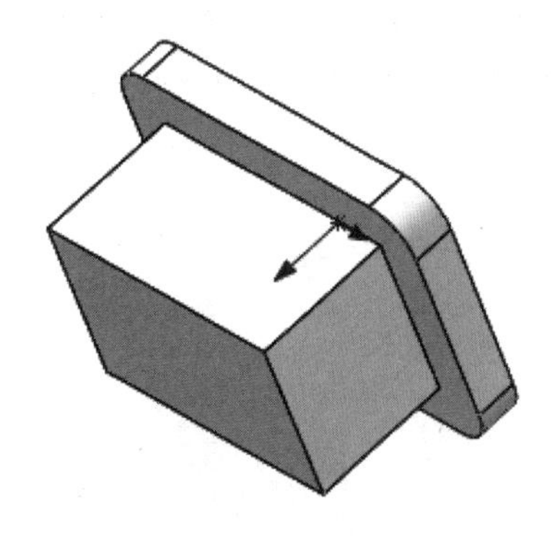

图 3-24 拉伸第二段实体

3. 创建实体 3

① 选择实体上如图 3-25 箭头所指的面作为绘制草图平面，进入草图环境后，单击“草图”面板上的“转换实体引用”按钮，左侧弹出“转换实体引用”属性对话框，如图 3-26 所示。选中“选择链”复选框，然后选择如图 3-25 箭头所指的平面，即可将该平面的 4 条边线转换为草图线，单击绘图区域右上角的“退出草图”按钮，退出草图。

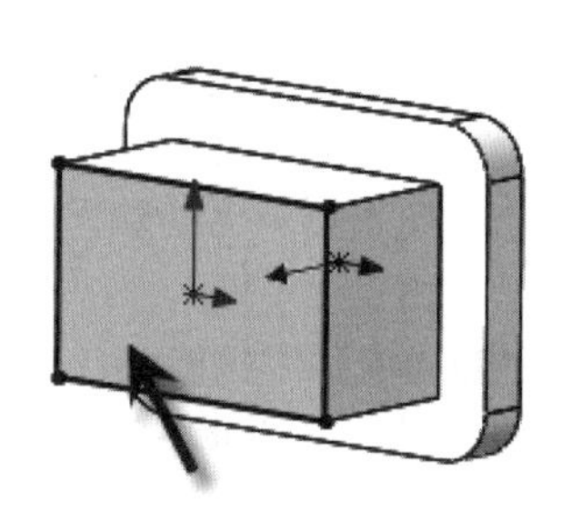

图 3-25 绘制草图

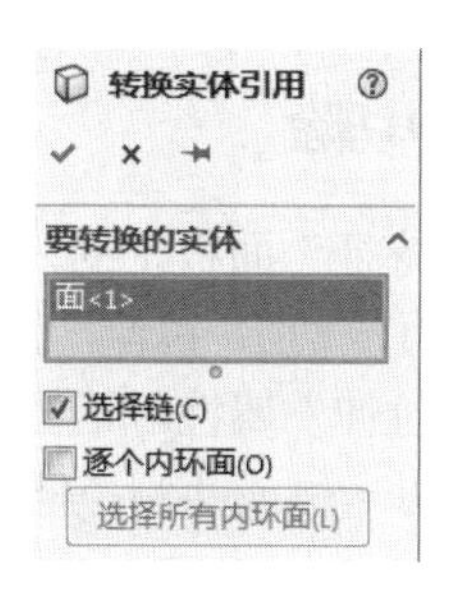

图 3-26 “转换实体引用”属性对话框

② 单击“特征”面板中的“拉伸凸台/基体”按钮，在“凸台-拉伸”属性对话框中选择“给定深度”选项，输入 10；选择“拔模”选项，输入 25，如图 3-27 所示，单击“确定”按钮，生成如图 3-28 所示的实体。

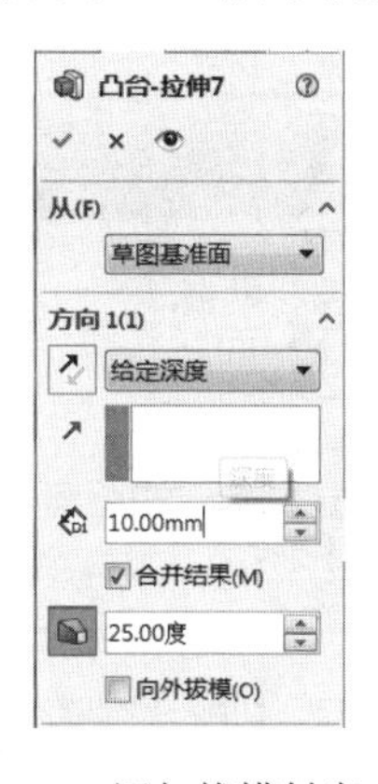

图 3-27 添加拔模斜度

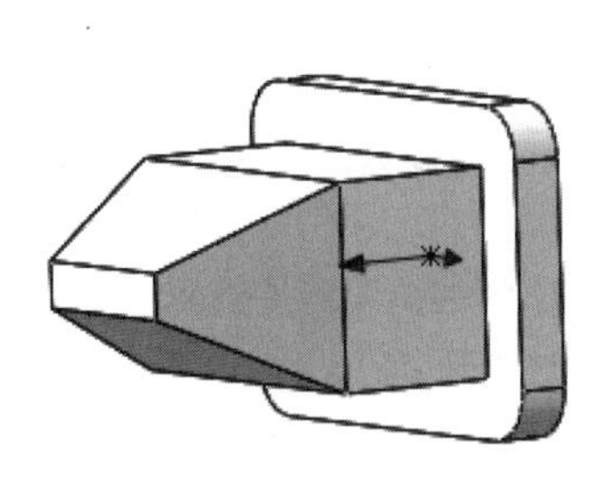

图 3-28 拉伸第三段

4. 创建实体 4

① 选择实体上如图 3-29 箭头所指的面作为绘制草图平面，进入草图环境后，利用尺寸约束和几何约束命令，绘制如图 3-30 所示的草图，单击绘图区域右上角的“退出草图”按钮，退出草图。

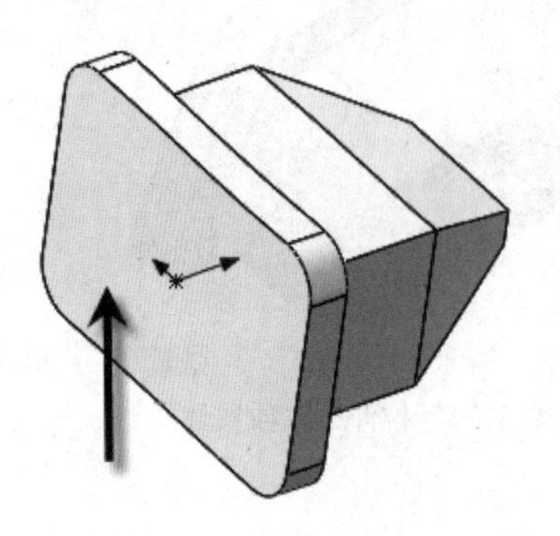

图 3-29 选择草图面

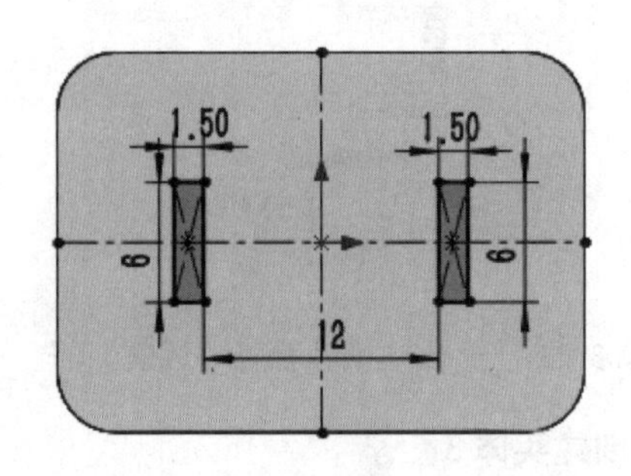

图 3-30 拉伸最后段

② 单击“特征”面板中的“拉伸凸台/基体”按钮，在“凸台-拉伸”属性对话框中选择“给定深度”选项，输入 16，单击“确定”按钮，即可生成如图 3-16 所示的电插头实体特征。

3.2.3 拉伸切除

单击“特征”面板上的“切除-拉伸”按钮，或选择“插入”→“切除”→“拉伸”命令，即可执行“切除-拉伸”操作。

“切除-拉伸”属性对话框如图 3-31 所示，该对话框中的选项和“拉伸凸台/基体”命令类似，同样可以一侧或两侧拉伸，如图 3-32 所示，可以生成拔模斜度、薄壁等结构，这里不再赘述。

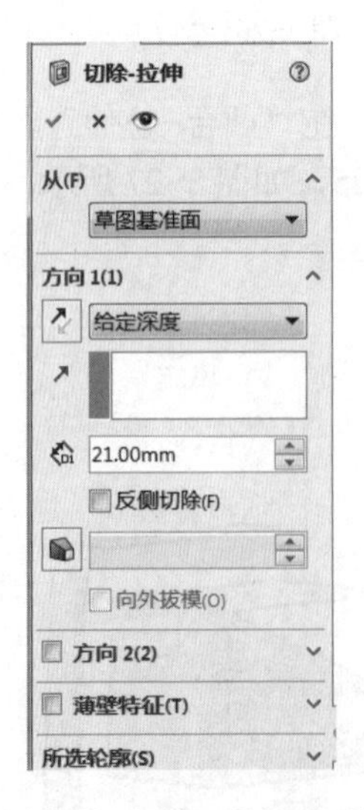

图 3-31 “切除-拉伸”属性对话框

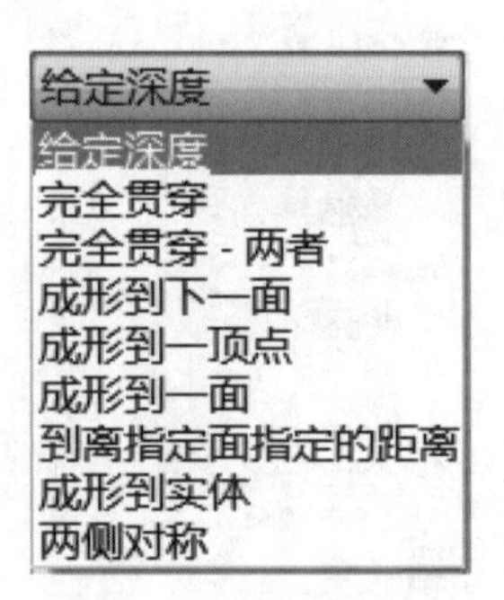

图 3-32 切除-拉伸类型

如图 3-33 所示列除了几种按不同给定长度方式生成的拉伸切除特征。

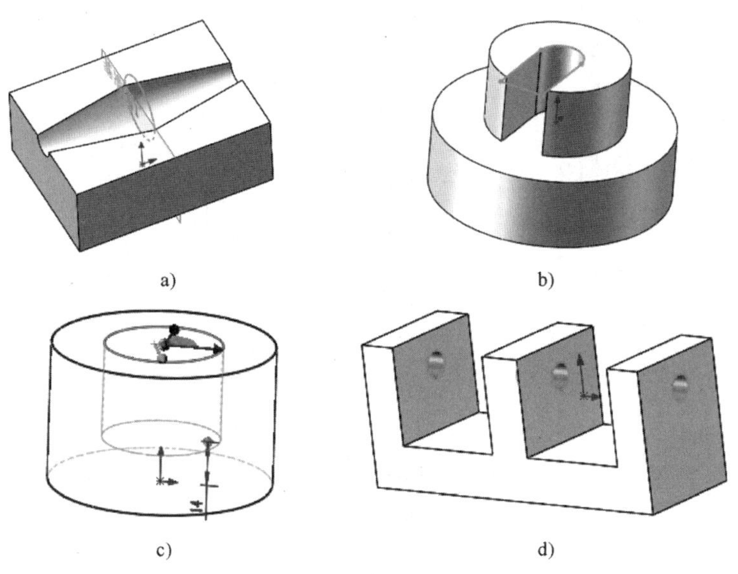

图 3-33 “切除-拉伸”特征

a) 两侧对称 b) 成形到一面 c) 离指定面指定距离 d) 完全贯穿

3.2.4 实例：轴承座

绘制如图 3-34 所示的轴承座，尺寸参考步骤中的数值。

1. 创建底座

① 单击“新建”按钮，选择零件模块。

② 选择“上视基准面”作为绘图平面，绘制如图 3-35 所示的草图。单击绘图区域右上角的“退出草图”按钮，退出草图。

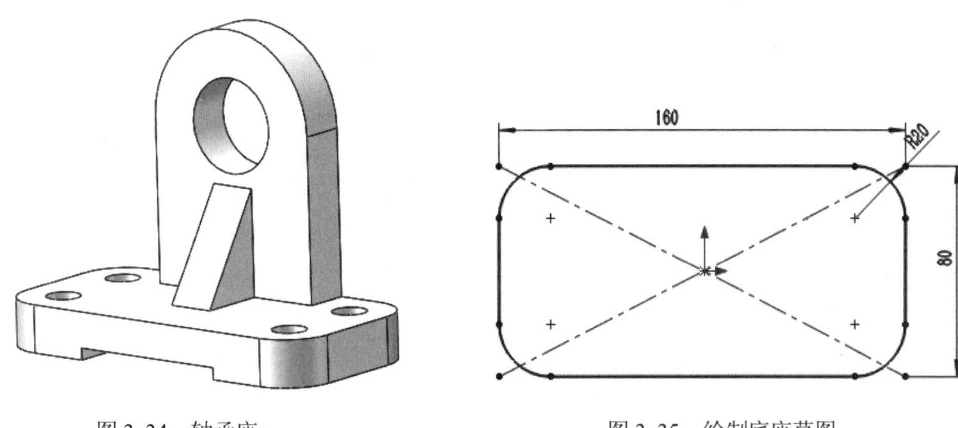

图 3-34 轴承座　　图 3-35 绘制底座草图

③ 单击“特征”面板中的“拉伸凸台/基体”按钮，打开如图 3-36 所示的“凸台-拉伸”属性对话框，将“深度”设定为 20，单击“确定”按钮，生成如图 3-37 所示的实体。

图 3-36 “凸台-拉伸”属性对话框

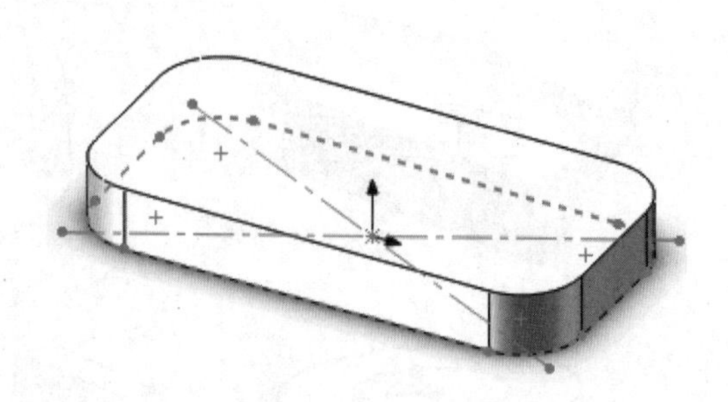

图 3-37 拉伸底座

2. 创建开槽和孔

① 选择如图 3-38 所示的绘图平面，单击“草图”按钮，绘制如图 3-39 所示草图。单击绘图区域右上角的“退出草图”按钮，退出草图。

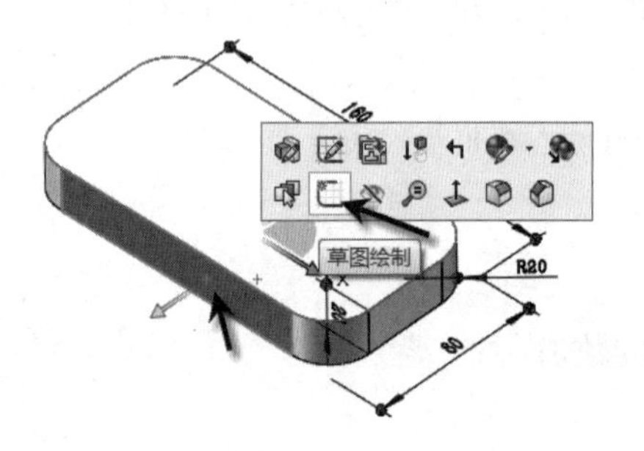

图 3-38 选择实体表面为绘图平面

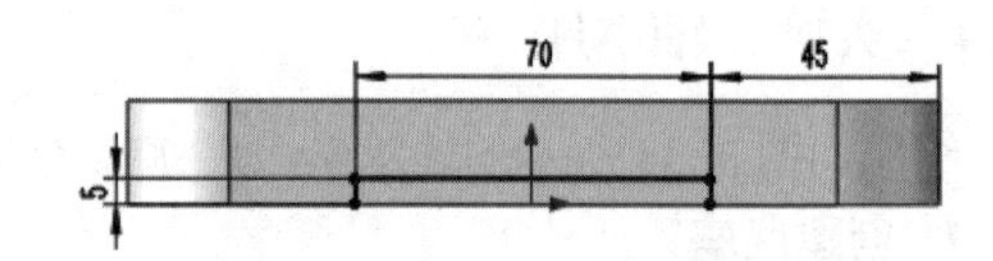

图 3-39 绘制开槽草图

② 选中该草图，单击“特征”面板中的“切除-拉伸”按钮，弹出如图 3-40 所示的“切除-拉伸”属性对话框，在“方向 1”下拉列表中选择“贯穿全部”选项，单击“确定”按钮，生成如图 3-41 所示的开槽。

图 3-40 “切除-拉伸”属性对话框

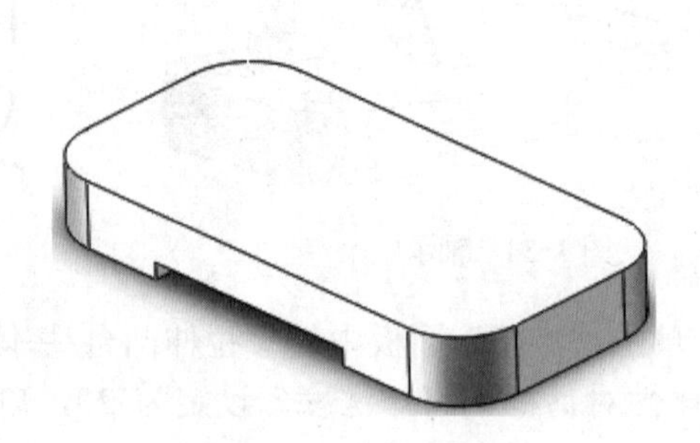

图 3-41 拉伸开槽

③ 选择实体上表面作为绘制草图平面，绘制如图 3-42 所示的草图，捕捉 4 个小圆和圆角同心以定位。单击绘图区域右上角的“退出草图”按钮，退出草图。

④ 单击“特征”面板中的“切除-拉伸”按钮，在“切除-拉伸”属性对话框的“方向 1”下拉列表中选择“贯穿全部”选项，单击“确定”按钮，生成如图 3-43 所示的实体。

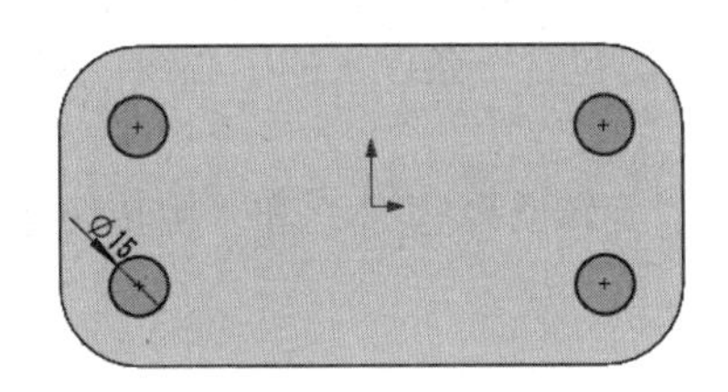

图 3-42　绘制孔草图

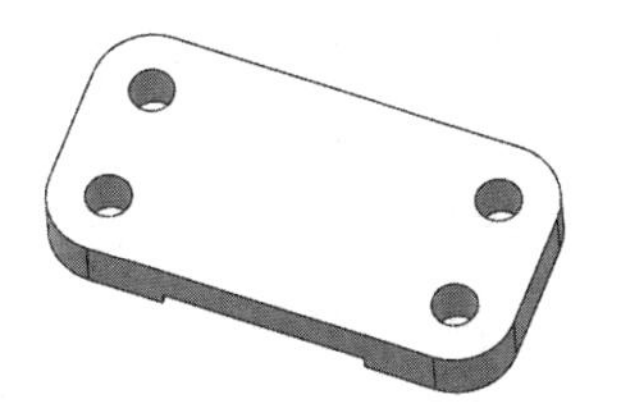

图 3-43　拉伸穿孔

3. 创建背板

① 选择实体背面作为绘制草图平面，如图 3-44 所示，绘制如图 3-45 所示的草图。单击绘图区域右上角的“退出草图”按钮，退出草图。

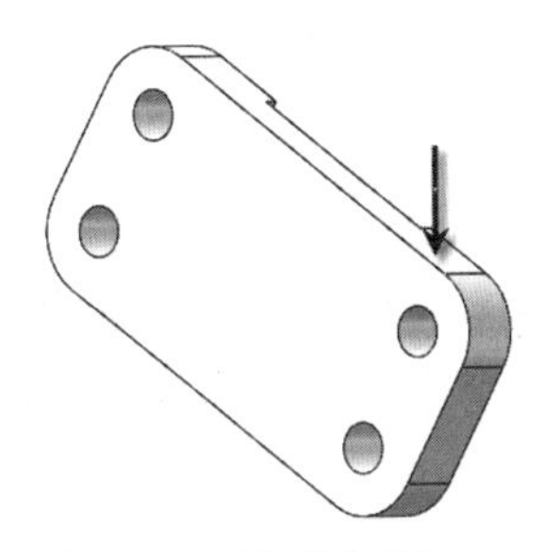

图 3-44　选择草图面

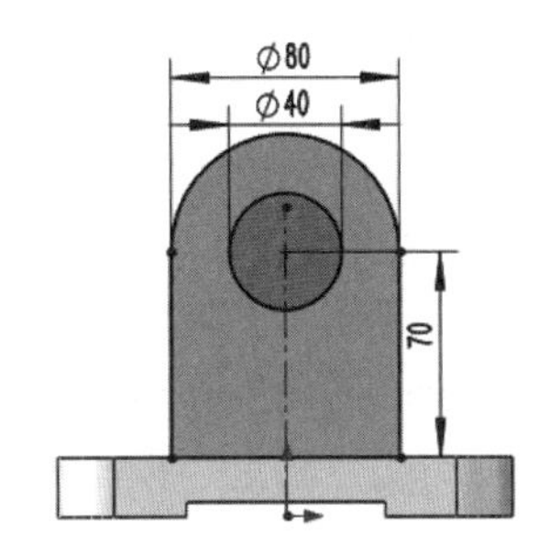

图 3-45　绘制背板草图

② 单击“特征”面板中的“拉伸凸台/基体”按钮，在“凸台-拉伸”属性对话框的“方向 1”下拉列表中选择“给定深度”选项，将“深度”设置为 20，单击“确定”按钮，生成如图 3-46 所示的实体。

4. 创建加强筋

① 选择“右视基准面”作为绘制草图平面，绘制如图 3-47 所示的草图，注意三角形要封闭。单击绘图区域右上角的“退出草图”按钮，退出草图。

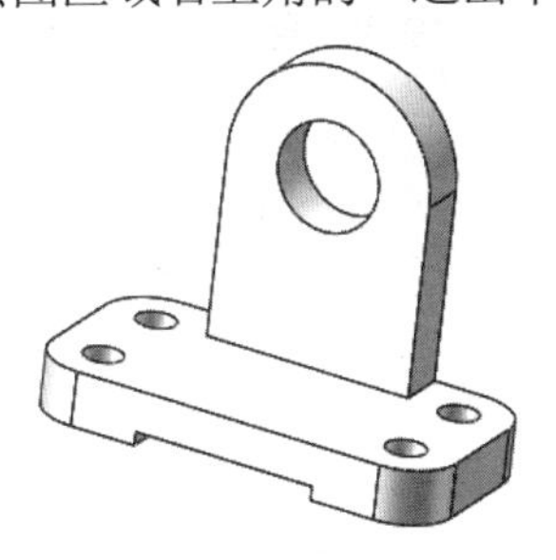

图 3-46　创建背板

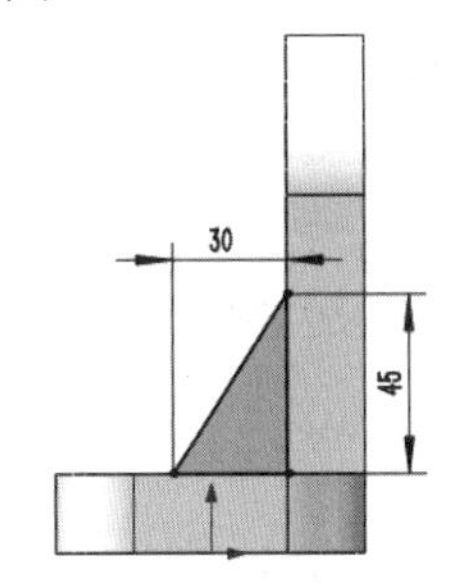

图 3-47　绘制加强筋草图

② 单击“特征”面板中的“拉伸凸台/基体”按钮，在“凸台-拉伸”属性对话框的“方向 1”下拉列表中选择“两侧对称”选项，将“深度”设定为 20，单击“确定”按钮，即可完成如图 3-34 所示的轴承座实体。

3.3 实体旋转特征

实体旋转特征主要用来创建具有回转性质的特征。旋转特征的草图中包含一条构造线，草图轮廓以该构造线为轴旋转，即可建立旋转特征。另外，也可以选择草图中的草图直线作为旋转轴建立旋转特征。轮廓不能与中心线交叉。如果草图包含一条以上的中心线，应选择想要用作旋转轴的中心线。

在 SolidWorks 中，创建实体旋转特征的命令包括“旋转凸台/基体”和“旋转切除”。

3.3.1 旋转凸台/基体

“旋转凸台/基体”特征是指将草绘截面绕指定的旋转中心线转一定的角度后所创建的实体特征。

首先绘制一个草图，包含一个或多个轮廓和一条中心线、直线，或边线以作为特征旋转所绕的轴。

说明：实体旋转特征的草图中要有中心线才可以自动完成旋转，否则需要手动指定旋转轴。

单击“特征”面板中的“旋转凸台/基体”按钮，或选择“插入”→“凸台 / 基体”→“旋转”命令，出现“旋转”属性对话框，如图 3-48 所示。在“旋转”属性对话框中，系统提供了多种方式来定义实体的旋转尺寸，如图 3-49 所示，比较常用的是“给定深度”选项，在该选项下，给定旋转的角度即可。其他选项和实体拉伸特征命令类似，这里不再赘述。设置好相关选项，然后单击“确定”按钮，即可完成操作。

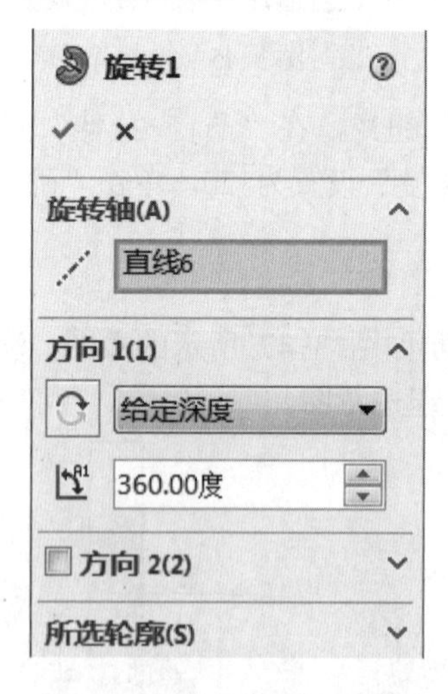

图 3-48 “旋转”属性对话框

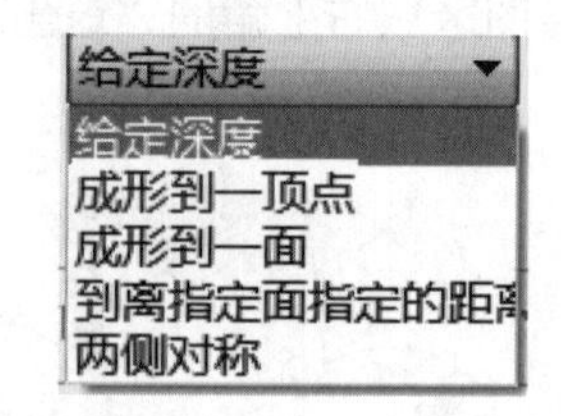

图 3-49 “给定深度”选项

3.3.2 实例：回转手柄

绘制如图 3-50 所示的回转手柄，其尺寸参考操作步骤中所给的数值。

① 单击“新建”按钮，选择零件模块。

② 选择“前视基准面”作为绘图平面，使用“直线”和“圆”命令绘制草图，如图 3-51 所示。

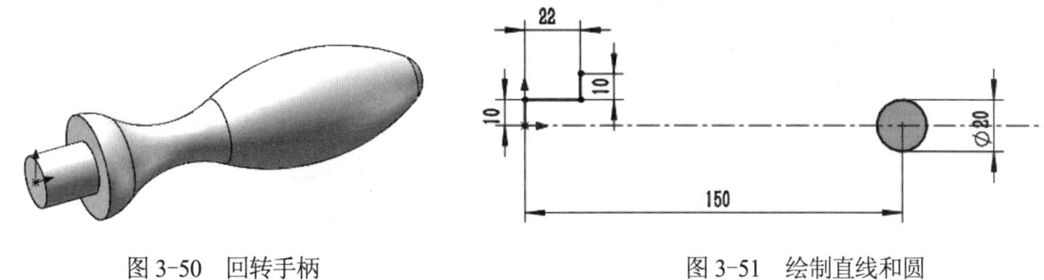

图 3-50　回转手柄　　　　图 3-51　绘制直线和圆

③ 继续使用“三点圆弧”和“切线弧”命令，结合尺寸约束及几何约束命令绘制草图，如图 3-52 所示。

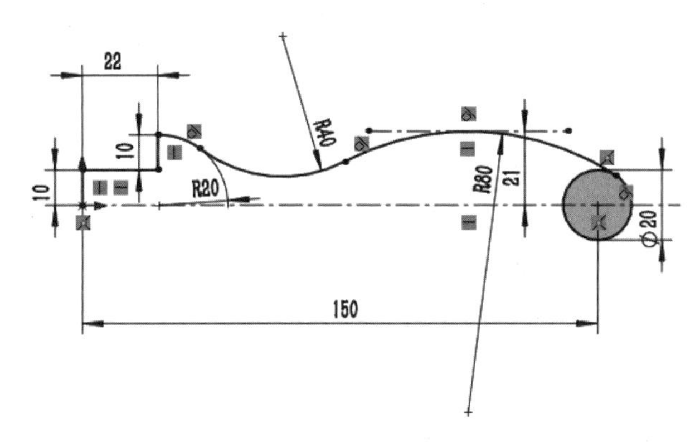

图 3-52　绘制圆弧

④ 使用“直线”命令和“修剪”命令，将图形封闭并进行合理的修剪，结果如图 3-53 所示；单击绘图区域右上角的“退出草图”按钮，退出草图。

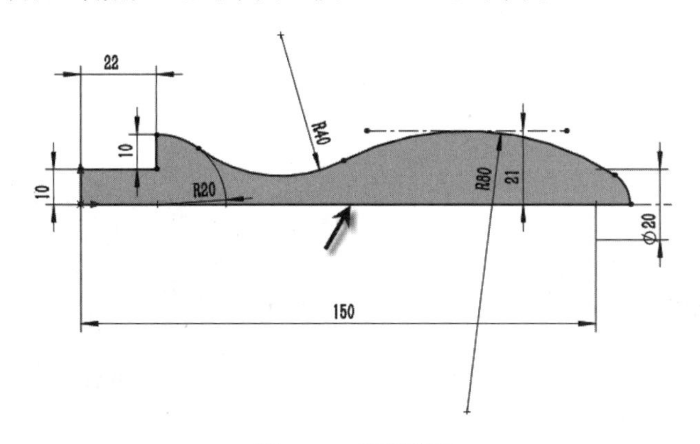

图 3-53　修剪草图

⑤ 单击“旋转凸台/基体”按钮，弹出如图 3-54 所示的“旋转”属性对话框，选择如图 3-53 所示箭头所指直线作为旋转轴，单击“确定”按钮，即可生成如图 3-55 所示的回转手柄。

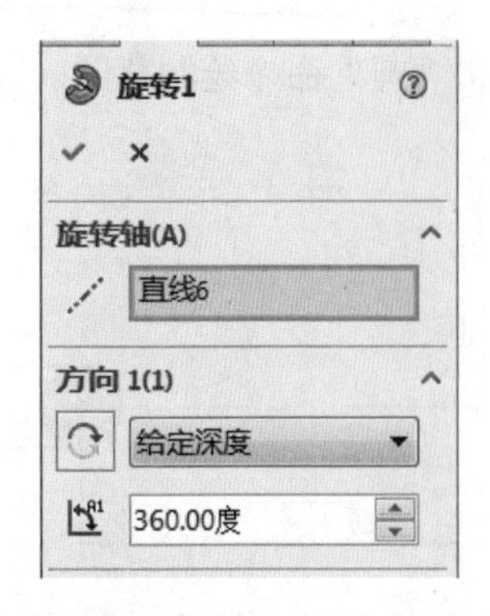

图 3-54 “旋转”属性对话框

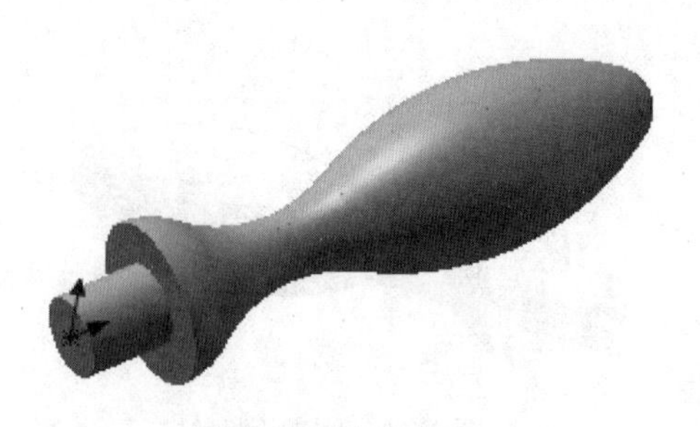

图 3-55 回转手柄

3.3.3 旋转切除

“旋转切除”特征是指将草绘截面绕指定的旋转中心线旋转一定的角度后所创建的去除材料的实体特征。

在已有实体特征的基础上，绘制一个草图，包含一个或多个轮廓和一条中心线、直线，或边线以作为特征旋转所绕的轴。

单击“特征”面板中的“旋转切除”按钮，或选择“插入”→“切除”→“旋转”命令。出现“切除-旋转”属性对话框，该对话框和前面“旋转凸台/基体”的属性对话框类似，这里不再赘述。设定好相关选项，然后单击“确定”按钮，即可完成命令。

3.3.4 实例：拨叉

绘制如图 3-56 所示的拨叉，其尺寸参考步骤中的数值。

① 单击“新建”按钮，选择零件模块。

② 选择“上视基准面”作为绘图平面，使用“圆”“直线”“裁剪”等命令，结合尺寸约束及几何约束，绘制如图 3-57 所示的草图；单击绘图区域右上角的“退出草图”按钮，退出草图。

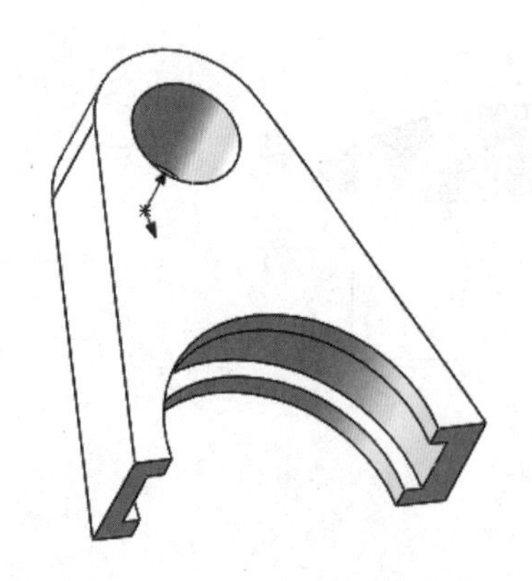

图 3-56 拨叉

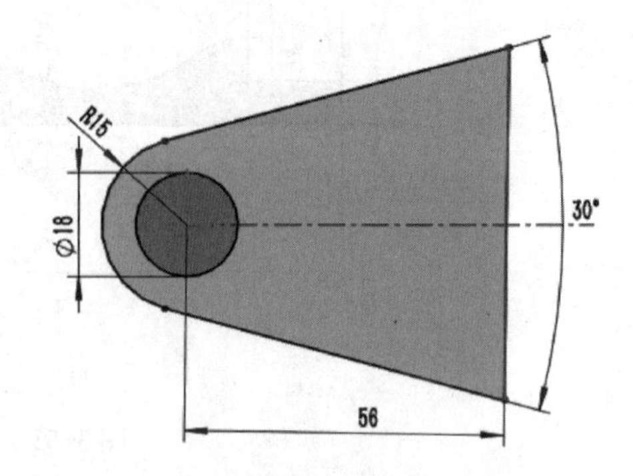

图 3-57 拨叉草图

③ 单击“特征”面板中的“拉伸凸台/基体”按钮，在“凸台-拉伸”属性对话框的“方向 1”下拉列表中选择“给定深度”选项，输入 20，单击“确定”按钮，生成如

图 3-58 所示的拨叉主体。

④ 选择如图 3-58 所示箭头所指平面作为绘图平面，绘制草图，如图 3-59 所示；单击绘图区域右上角的“退出草图”按钮，退出草图。

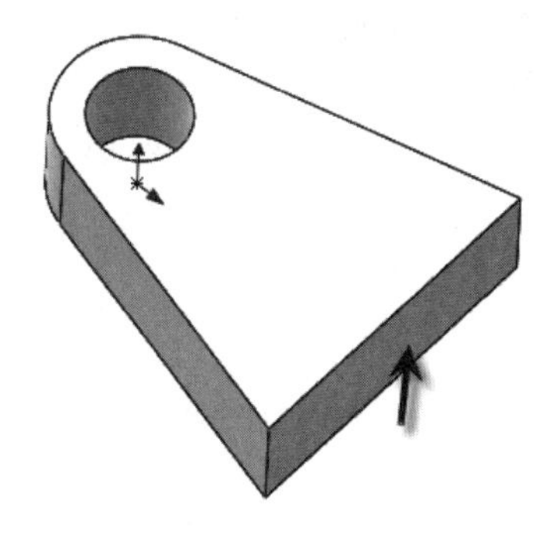
图 3-58 拉伸生成主体

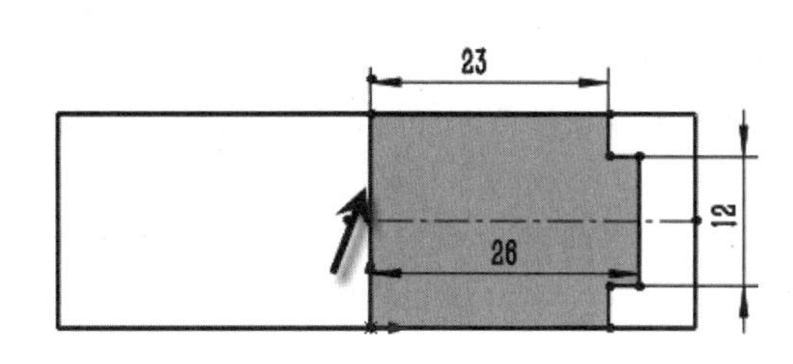

图 3-59 绘制凹槽草图

⑤ 选择“特征”面板中的“切除-旋转”按钮，系统弹出“切除-旋转”属性对话框，选择如图 3-59 所示箭头所指的线作为旋转轴，单击“确定”按钮，即可完成如图 3-56 所示的拨叉实体特征。

3.4 基体扫描

基体扫描特征是指一个或几个截面轮廓沿着一条或多条路径扫掠成实体或切除实体。常用于建构变化较多且不规则的模型。为了使扫描的模型更具多样性，通常会加入一条甚至多条引导线以控制其外形。

在 SolidWorks 中，实体扫描特征包括简单的“扫描”命令和“切除-扫描”命令，以及增加引导线的扫描命令。

3.4.1 扫描特征的要素

创建扫描特征时，必须同时具备扫描路径和扫描截面轮廓，当扫描特征的中间截面要求变化时，应定义扫描特征的引导线。

1. 扫描路径

扫描路径描述了轮廓运动的轨迹，有下面几个特点。

- 扫描特征只能有一条扫描路径。
- 可以使用已有模型的边线或曲线，可以是草图中包含的一组草图曲线，也可以是曲线特征。
- 可以是开环的或闭环的。
- 扫描路径的起点必须位于轮廓的基准面上。
- 扫描路径不能有自相交叉的情况。

2. 扫描轮廓

使用草图定义扫描特征的截面，对草图有下面几点要求。

- 基体或凸台扫描特征的轮廓应为闭环；曲面扫描特征的轮廓可为开环或闭环；都不能有自相交叉的情况。

- 草图可以是嵌套或分离的，但不能违背零件和特征的定义。
- 扫描截面的轮廓尺寸不能过大，否则可能导致扫描特征的交叉情况。

3. 引导线

引导线是扫描特征的可选参数。利用引导线，可以建立变截面的扫描特征。由于截面是沿路径扫描的，如果需要建立变截面扫描特征（轮廓按一定方法产生变化），则需要加入引导线。使用引导线的扫描，扫描的中间轮廓由引导线确定。在使用引导线时需要注意以下几点。

- 引导线可以是草图曲线、模型边线或曲线。
- 引导线必须和截面草图相交于一点。
- 使用引导线的扫描以最短的引导线或扫描路径为基准，因此引导线应该比扫描路径短，这样便于对截面的控制。

3.4.2 扫描

“扫描”特征是指将草绘截面沿着与它不平行的一条路径扫掠后所创建的实体特征。

首先生成轮廓草图和路径草图。截面草图必须是封闭的；路径草图可以是封闭的，也可以是不封闭的。

单击“特征”面板中的“扫描”按钮，或选择“插入”→“凸台/基体”→“扫描”命令，弹出“扫描”属性对话框，在如图 3-60 所示的“扫描”属性对话框中，分别指定“轮廓”和“路径”，设定“轮廓方位”方式，一般为“随路径变化”，设定好其他相关选项，然后单击“确定”按钮，即可完成操作。如图 3-61 为该命令操作示例。

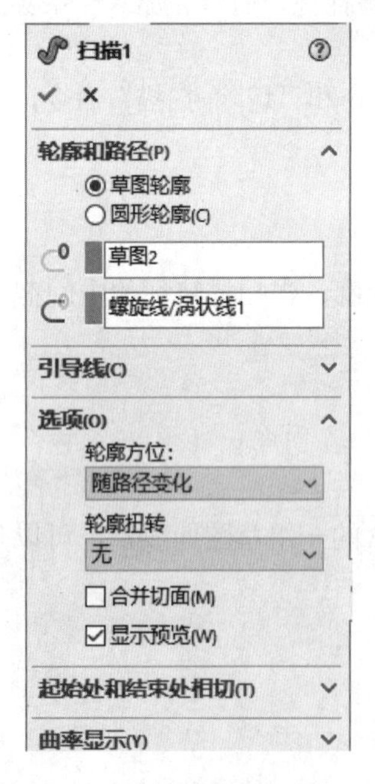

图 3-60 “扫描”属性对话框

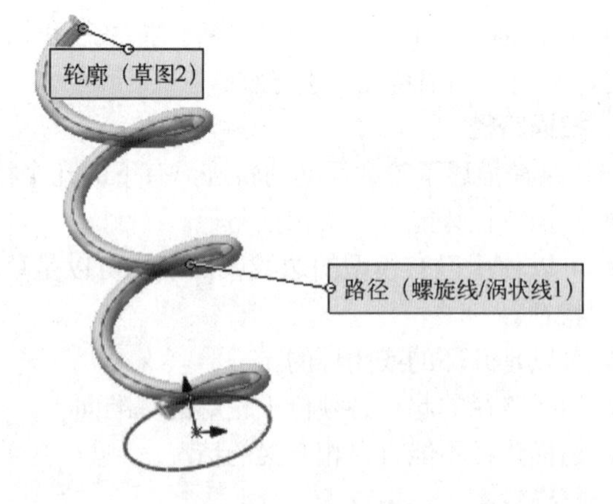

图 3-61 扫描示例

3.4.3　实例：涡卷弹簧

绘制如图 3-62 所示的涡卷弹簧，其尺寸参考步骤中的数值。

① 单击“新建”按钮，选择零件模块。

② 单击“特征”面板中的“曲线”命令组中的“螺旋线/涡状线”按钮，选择“上视基准面”作为绘图平面，进入草图环境，绘制一个ϕ20 的圆，单击绘图区域右上角的“退出草图”按钮，退出草图。

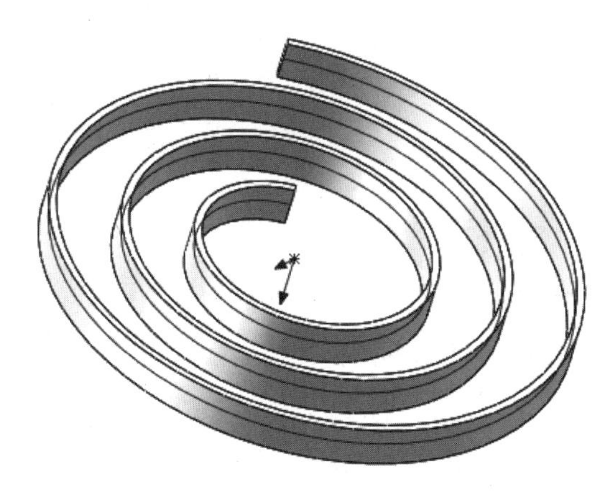

图 3-62　涡卷弹簧

③ 在左侧的“螺旋线/涡状线”属性对话框中设置参数，如图 3-63 所示，然后单击“确定”按钮，生成的涡状线如图 3-64 所示。

图 3-63 “螺旋线/涡状线”属性对话框

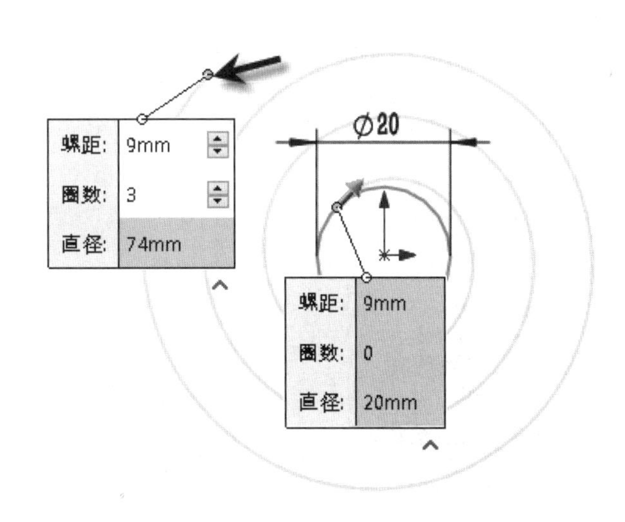

图 3-64　涡状线

④ 单击“特征”面板中的“参考几何体”命令组中的“基准面”按钮，选择涡状线作为“第一参考”，选择涡状线的外顶点作为“第二参考”，如图 3-65 所示，即可生成一个过涡状线外顶点并且与涡状线法向垂直的基准面，如图 3-66 所示。

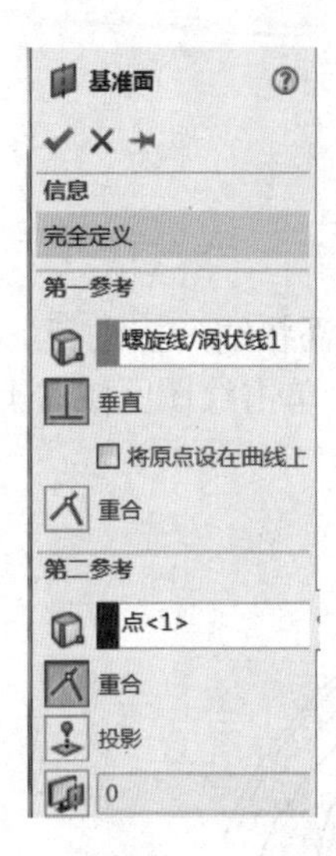

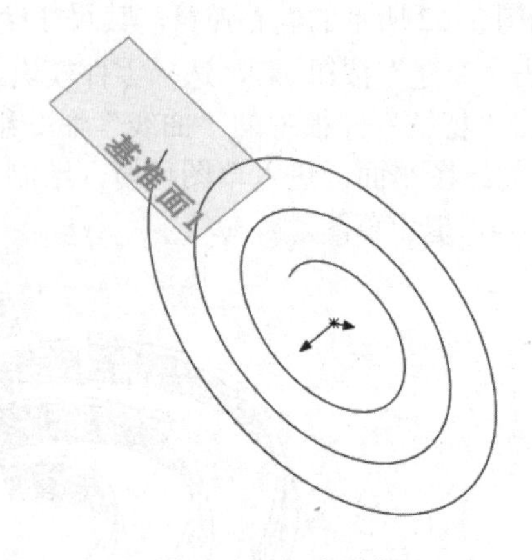

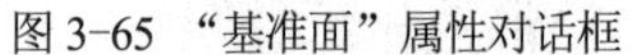

图 3-65 “基准面”属性对话框　　图 3-66 新建基准面

⑤ 在新建基准面上绘制一个矩形草图作为扫描截面图形，如图 3-67 所示。

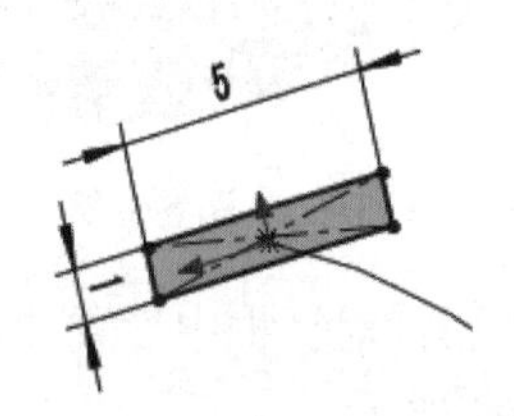

图 3-67 截面图形

⑥ 单击“特征”面板中的“扫描”按钮，弹出“扫描”属性对话框，在“轮廓”选项中选择如图 3-67 所示的轮廓草图，在“路径”选项中选择如图 3-64 所示的涡状线，如图 3-68 所示，其他参数保持默认，单击“确定”按钮，即可生成如图 3-69 所示的涡卷弹簧实体特征。

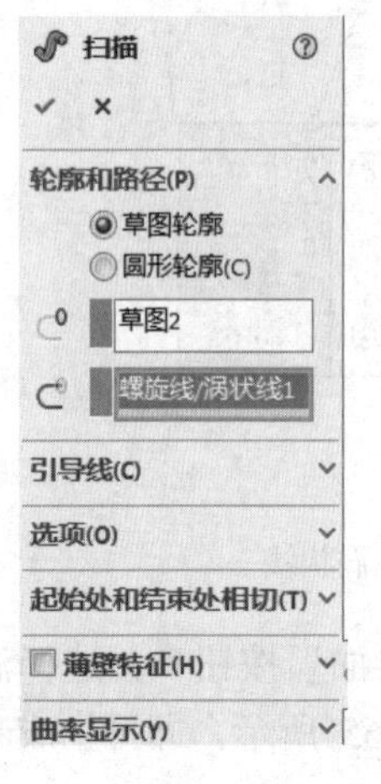

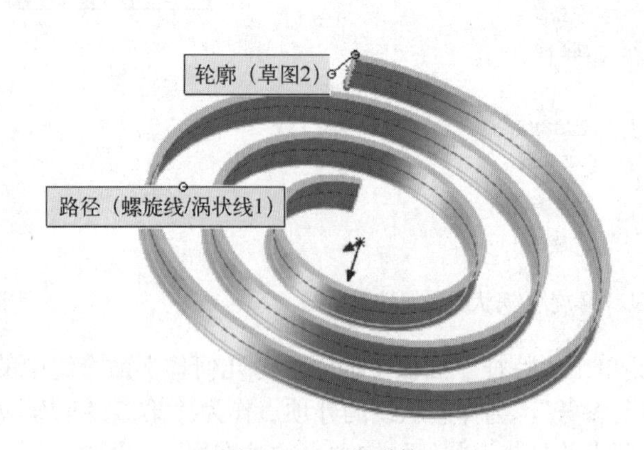

图 3-68 “扫描”属性对话框　　图 3-69 涡卷弹簧

3.4.4 扫描切除

“扫描切除”特征是指将草绘截面沿着与它不平行的路径扫掠后所创建的实体切除特征。

首先生成轮廓草图和路径草图。截面草图必须是封闭的；路径草图可以是封闭的，也可以是不封闭的。

单击“特征”面板中的“切除-扫描”按钮，或选择“插入”→“切除”→“扫描”命令。出现如图 3-70 所示的“切除-扫描”属性对话框，在“切除-扫描”属性对话框中，分别指定“轮廓”和“路径”，设定“轮廓方位”为“随路径变化”，设定好其他相关选项，然后单击“确定”按钮，即可完成操作。如图 3-71 为该命令操作示例。

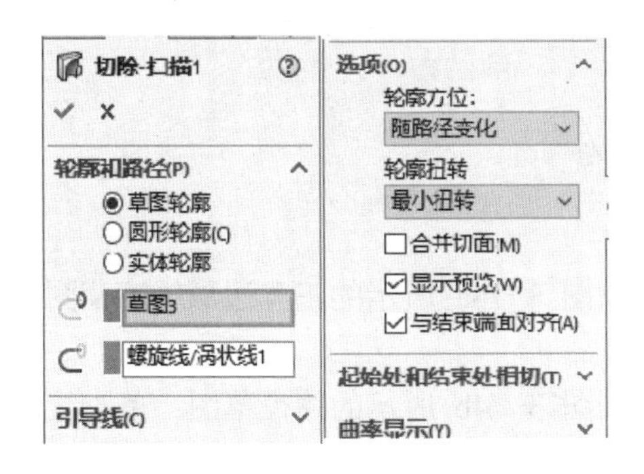

图 3-70 “切除-扫描”属性对话框

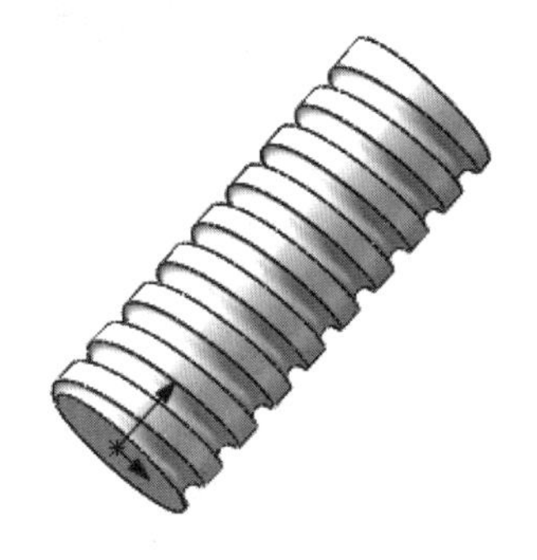

图 3-71 切除-扫描示例

3.4.5 引导线扫描

在扫描特征中，草图是沿着路径扫描的，可以使用引导线来控制中间的轮廓变化。

在“扫描”命令和“扫描切除”命令的属性管理器中，具有“引导线”选项卡，如图 3-72 所示。关于引导线，有以下几点需要注意。

- 引导线可以使用一条，也可以使用多条，但不能多于 4 条。
- 如果使用多条引导线，要注意各条引导线之间的斜率，否则容易产生错误。
- 引导线必须与轮廓截面线中的点重合。
- 如果引导线大于路径线的长度，扫描将使用路径线的长度；反之，扫描将使用最短的引导线的长度。

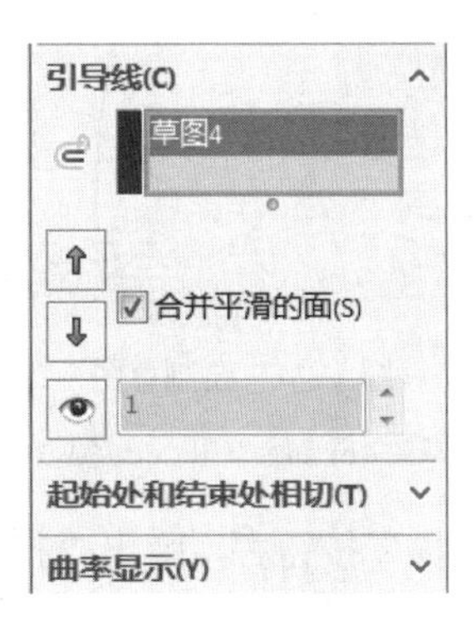

图 3-72 “引导线”选项卡

3.4.6 实例：香蕉

绘制如图 3-73 所示的香蕉，尺寸自定。

图 3-73　香蕉

① 单击“新建”按钮，选择零件模块。

② 选择“上视基准面”作为绘图平面，绘制如图 3-74a 所示的正五边形轮廓草图；单击绘图区域右上角的“退出草图”按钮，退出草图。

③ 选择“前视基准面”作为绘图平面，绘制如图 3-74b 所示的路径草图；单击绘图区域右上角的“退出草图”按钮，退出草图。

④ 选择“前视基准面”作为绘图平面，绘制如图 3-74c 所示的引导线草图，注意绘制样条线以后，按住〈Ctrl〉键同时选择引导线下端点和正五边形上最近的边线，在弹出的如图 3-75 所示的属性对话框中选择“穿透”选项，以使引导线和轮廓线相交，结果如图 3-76 所示；单击绘图区域右上角的“退出草图”按钮，退出草图。

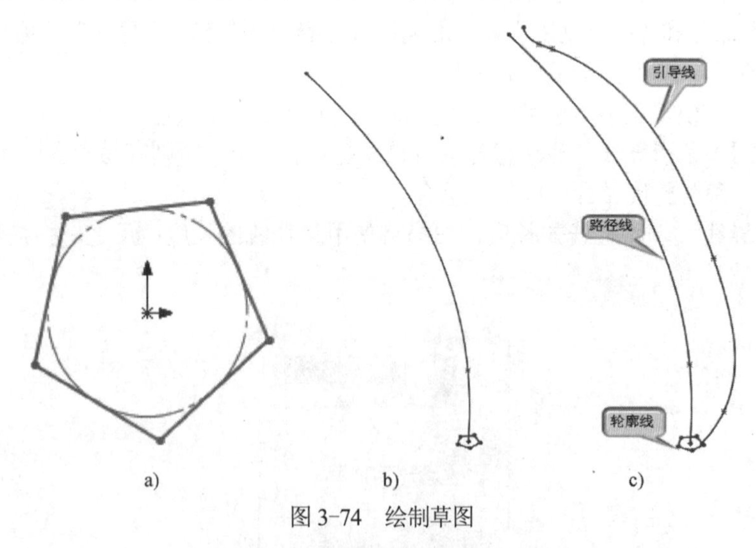

图 3-74　绘制草图

a) 轮廓草图　b) 路径草图　c) 完成 3 个草图

⑤ 单击“特征”面板中的“扫描”按钮，弹出“扫描”属性对话框，分别选择轮廓草图、路径草图和引导线草图，如图 3-77 所示，其他选项保持默认，单击“确定”按钮，结果如图 3-78 所示。

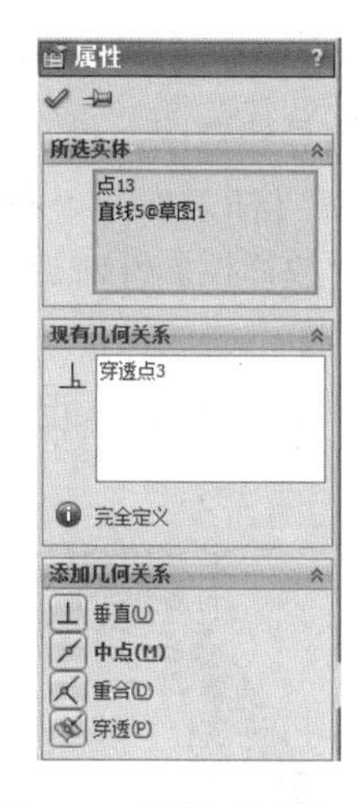

图 3-75　属性对话框

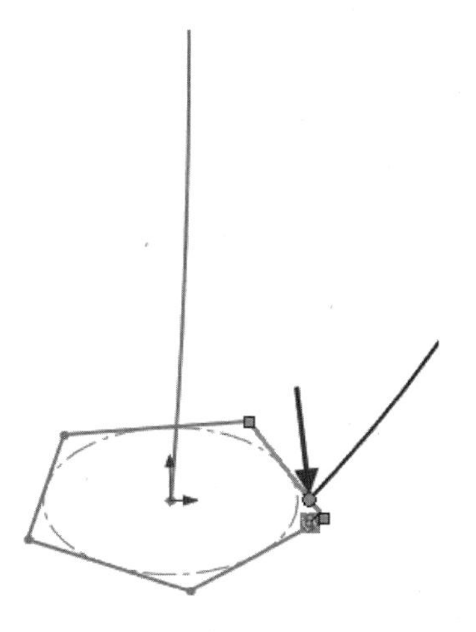

图 3-76　穿透效果

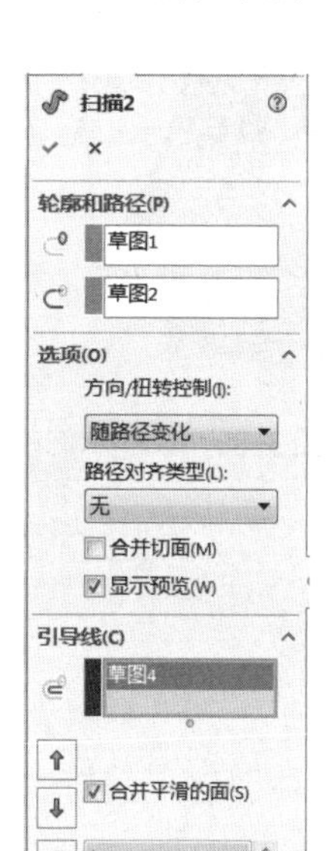

图 3-77　“扫描”属性对话框

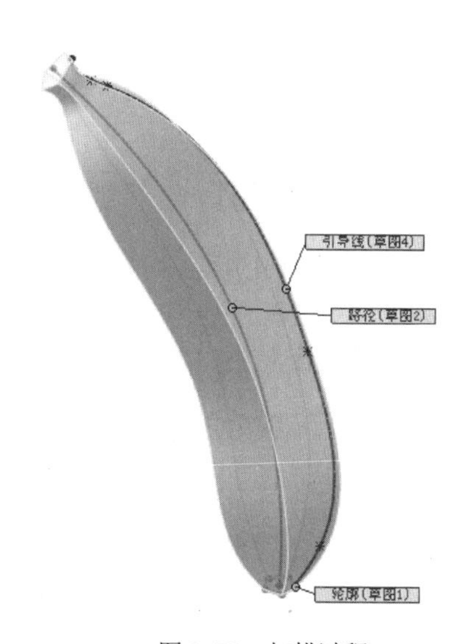

图 3-78　扫描过程

⑥ 使用实体的“圆角”命令（后面讲述）进行适当倒圆，结果参见图 3-73 所示。

3.5　实体放样

实体放样命令是通过拟合多个截面轮廓来构造放样拉伸实体的。可以定义多个截面，截面必须是封闭的平面轮廓线。如果定义了引导线，所有截面必须与引导线相交。该类命令一般常用在不需要指定路径的场合。

在 SolidWorks 中，实体放样特征包括简单的“放样凸台/基体”命令和“放样切割”命令。

3.5.1　放样凸台/基体

“放样凸台/基体”与“扫描”命令类似，一般先用草图命令绘制好截面，然后再执行“放样凸台/基体”命令。

首先绘制好多个截面草图，如果需要引导线，也要绘制好引导线草图。

单击“特征”面板中的“放样凸台/基体”按钮，或选择“插入”→“凸台/基体”→“放样”命令，弹出如图 3-79 所示的“放样”属性对话框。在“放样”属性对话框中，指定所有“轮廓”，设定好其他相关选项，然后单击“确定”按钮，即可完成操作。如图 3-80 所示为该命令操作示例。

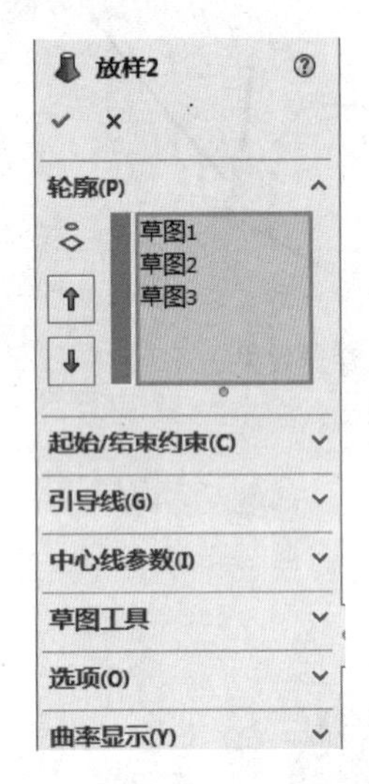

图 3-79 “放样”属性对话框

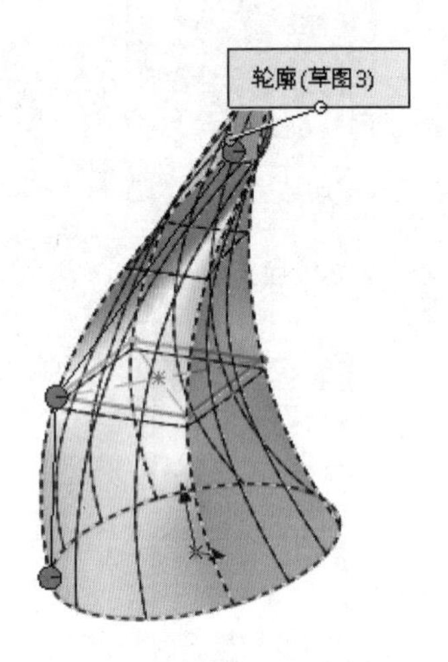

图 3-80 放样示例

3.5.2 实例：五角星

绘制如图 3-81 所示的五角星，其尺寸参考步骤中的数值。

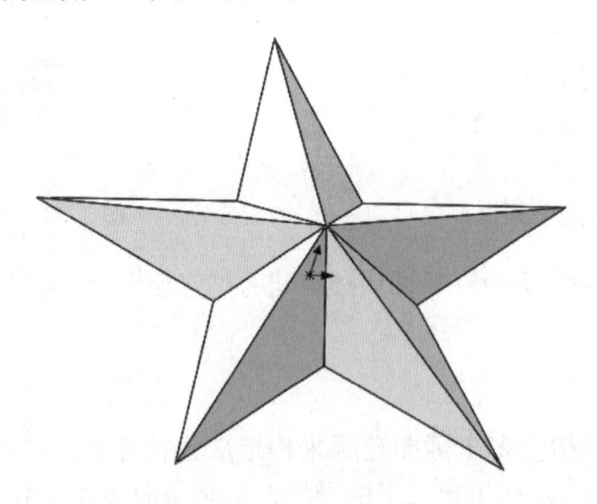

图 3-81 五角星

① 单击“新建”按钮，选择零件模块。

② 选择“上视基准面”作为绘图平面，使用“多边形”“直线”“裁剪实体”命令绘制五角星草图，步骤可参考图 3-82 所示，单击绘图区域右上角的“退出草图”按钮，退出草图。

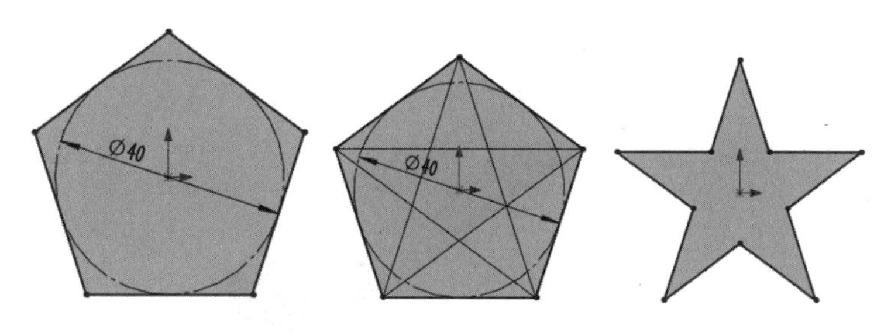

图 3-82　绘制五角星草图步骤

③ 单击“特征”面板中的“参考几何体”命令组中的“基准面”按钮，系统弹出“基准面”属性对话框，构建一个与上视基准面平行，距离为 5 的基准面，单击“确定”按钮，结果如图 3-83 所示。

④ 选择新建基准面作为绘图平面，绘制只有一个点的草图，位置是五角星中心的正上方，如图 3-84 所示，单击绘图区域右上角“确认角”中的“草图”按钮，退出草图。

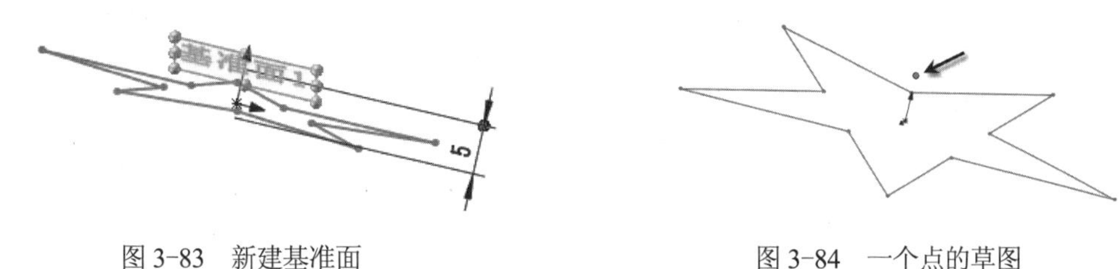

图 3-83　新建基准面　　　　图 3-84　一个点的草图

⑤ 单击“特征”面板中的“放样凸台/基体”按钮，系统弹出“放样”属性对话框，依次选择五角星和只有一个顶点的草图，如图 3-85 所示，即可生成五角星实体。

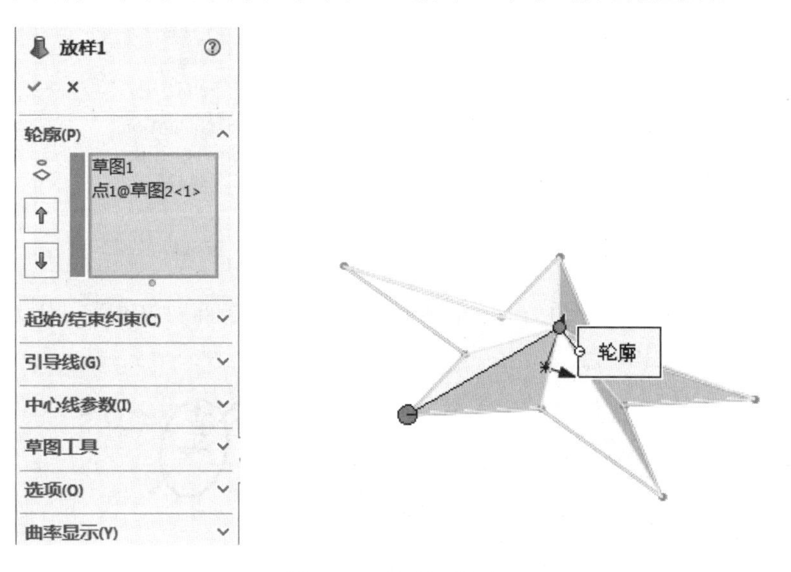

图 3-85　创建五角星

3.5.3　实例：把手

绘制如图 3-86 所示的把手，其尺寸参考步骤中的数值。

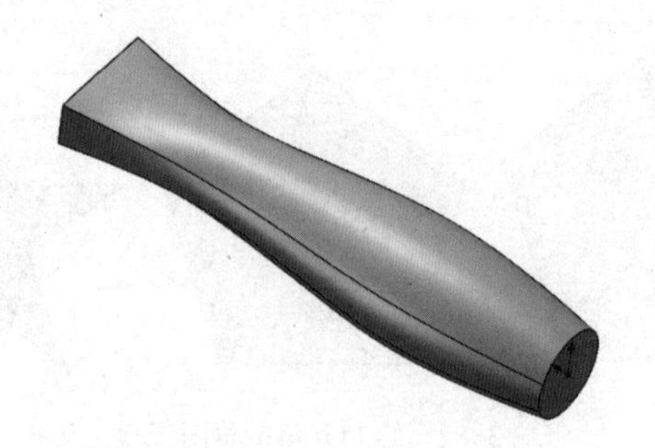

图 3-86　把手

① 单击“新建”按钮，选择零件模块。

② 选择“右视基准面”作为绘图平面，绘制如图 3-87 所示的草图，单击绘图区域右上角的“退出草图”按钮，退出草图。

③ 单击“特征”面板中的“基准面”按钮，系统弹出“基准面”属性对话框，如图 3-88 所示，构建一个距离右视基准面距离为 10 的平面，单击“确定”按钮，即生成平行基准面 1。用同样的距离依次设定基准面 2、基准面 3、基准面 4，依次选择这几个基准平面作为绘图平面，绘制如图 3-89 所示的 4 个同轴草图。

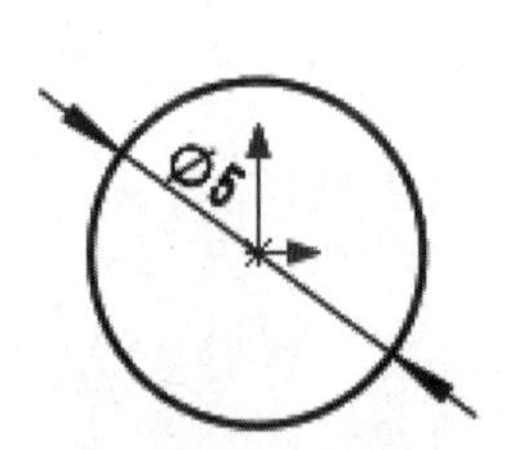

图 3-87　草图 1

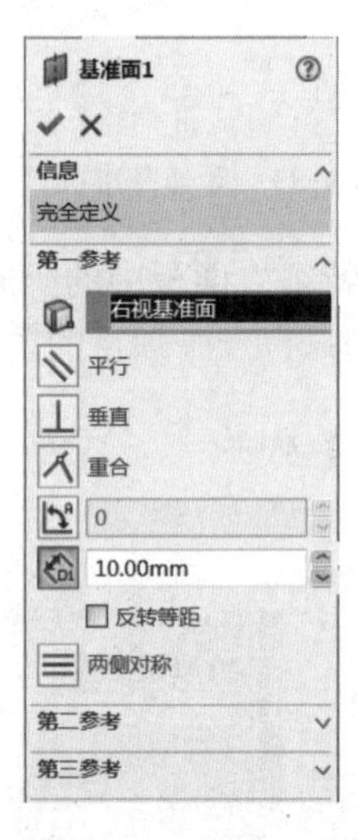

图 3-88　“基准面”属性对话框

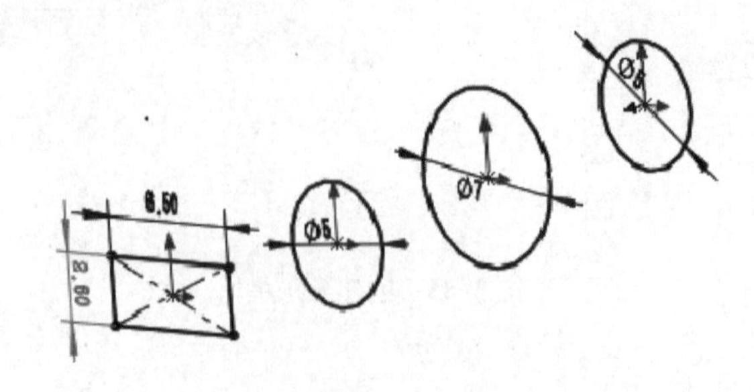

图 3-89　4 个同轴草图

④ 单击“特征”面板中的“放样凸台/基体”按钮，系统弹出“放样”属性对话框，依次选择4个草图，生成如图3-90所示的把手实体。

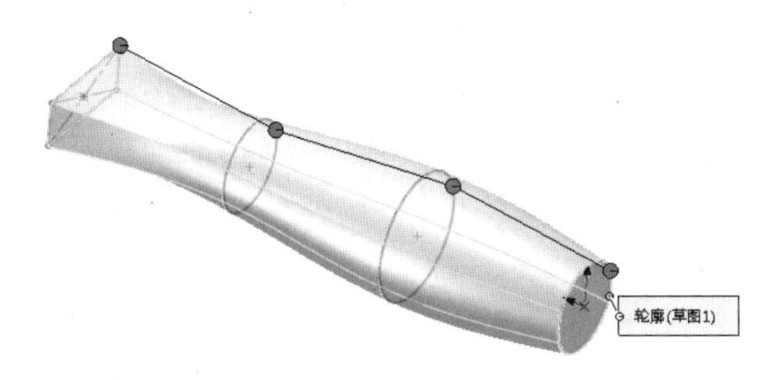

图3-90　把手实体

提示：选择草图的时候，应该选择每一个草图的同侧位置，如图3-90中夹点的位置，否则实体会出现扭曲。

3.5.4　放样切除

“放样切除”与“扫描切除”操作类似，一般先用草图命令绘制好截面，然后再执行“切除-放样”操作。

首先绘制好多个截面草图，如果需要引导线，也要绘制好引导线草图。

单击“特征”面板上的“切除-放样”按钮，或选择“插入”→“切除”→“放样”命令，弹出如图3-91所示的“切除-放样”属性对话框。在“切除-放样”属性对话框中，指定所有“轮廓”，设定好其他相关选项，然后单击“确定”按钮，即可完成操作。如图3-92所示为该命令操作示例。

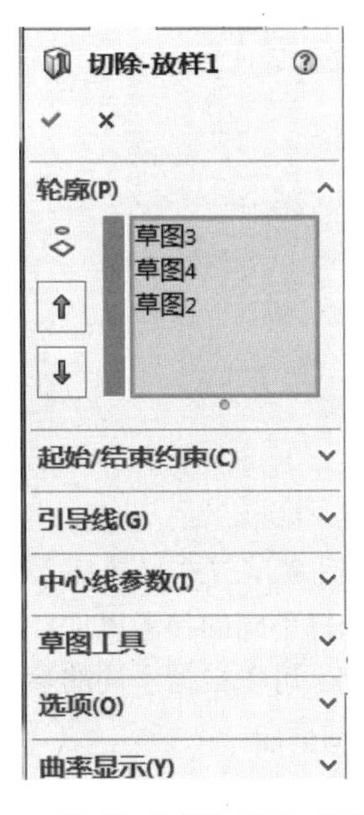

图3-91　“切除-放样”属性对话框

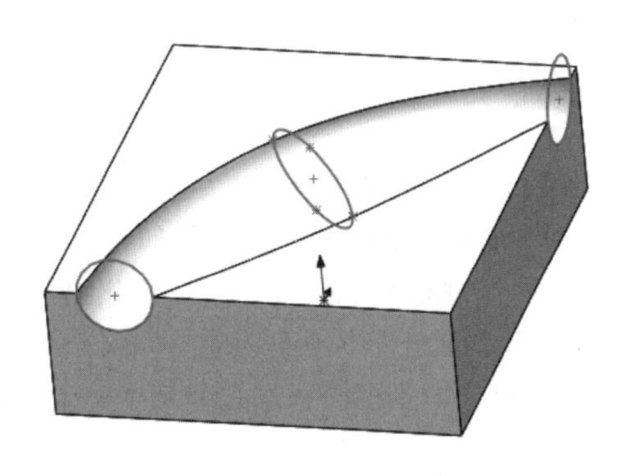

图3-92　“切除-放样”示例

3.6 参考几何体

参考几何体也叫基准特征，是指零件建模的参考特征，它的主要用途是为实体特征提供参考，也可以作为绘制草图时的参考面。草图、实体及曲面都需要一个或多个基准来确定其空间/平面的具体位置。基准可以分为：基准面、基准轴、坐标系及参考点等，如图 3-93 所示。

图 3-93 参考几何体

3.6.1 基准面

1. 默认基准面

Solidworks 自带前视基准面、上视基准面、右视基准面 3 个默认的正交基准面，用户可在此 3 个基准面上绘制草图。SolidWorks 默认的 3 个基准面如图 3-94 所示。

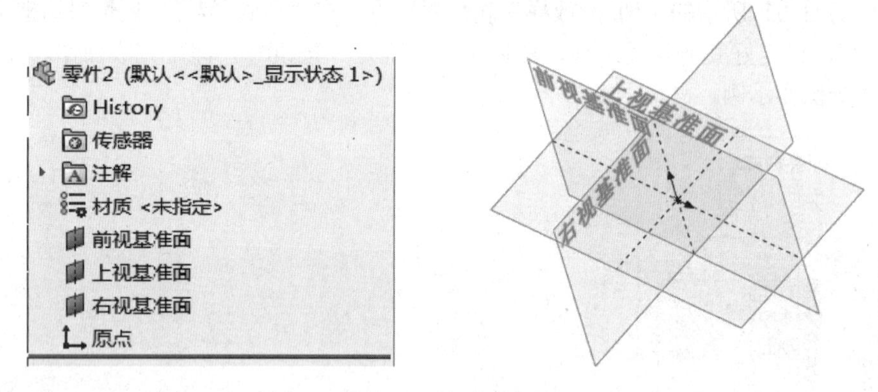

图 3-94 默认基准面

2. 新建基准面

新建基准面的操作步骤如下。

单击“特征”面板中的“参考几何体”中的“基准面”按钮，或选择“插入”→“参考几何体”→“基准面”命令，出现“基准面”属性对话框。选择不同的参考以后，在每一个“参考”选项卡中会出现不同的选项，如图 3-95 所示。SolidWorks 可以根据不同的参考智能地生成相应的基准面。基准面状态必须是“完全定义”，才能生成基准面。

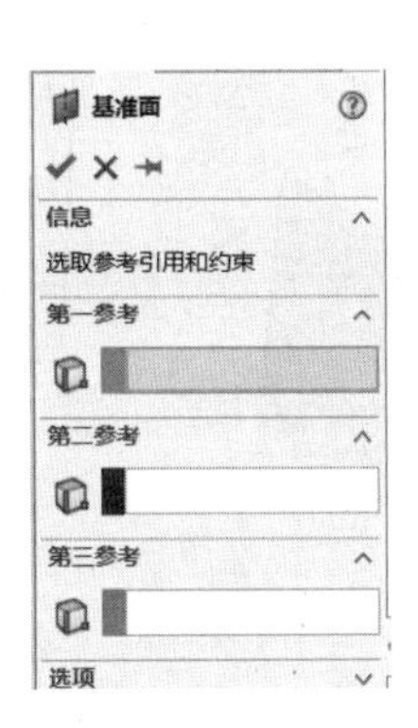

图 3-95 “基准面”属性对话框

（1）第一参考

选择第一参考来定义基准面。根据用户的选择，系统会显示其他约束类型。表 3-1 列出了常用的约束类型。

表 3-1 常用的约束类型

名称	图标	说　明
第一参考		选择第一参考来定义基准面。根据用户的选择，系统会显示其他约束类型
重合		生成一个穿过选定参考的基准面
平行		生成一个与选定基准面平行的基准面。例如，为一个参考选择一个面，为另一个参考选择一个点。软件会生成一个与这个面平行并与这个点重合的基准面
垂直		生成一个与选定参考垂直的基准面。例如，为一个参考选择一条边线或曲线，为另一个参考选择一个点或顶点。软件会生成一个与穿过这个点的曲线垂直的基准面。将原点设在曲线上会将基准面的原点放在曲线上。如果清除此选项，原点就会位于顶点或点上
投影		将单个对象（比如点、顶点、原点或坐标系）投影到空间曲面上
平行于屏幕		在平行于当前视图定向的选定顶点创建平面
相切		生成一个与圆柱面、圆锥面、非圆柱面及空间面相切的基准面
两面夹角		生成一个基准面，它通过一条边线、轴线或草图线，并与一个圆柱面或基准面成一定角度。用户可以指定要生成的基准面数
偏移距离		生成一个与某个基准面或面平行，并偏移指定距离的基准面。用户可以指定要生成的基准面数
反转法线		翻转基准面的正交向量
两侧对称		在平面、参考基准面及 3D 草图基准面之间生成一个两侧对称的基准面。对两个参考都选择两侧对称

（2）第二参考和第三参考

这两部分中包含与“第一参考”中相同的选项，具体情况取决于用户的选择和模型几何体。根据需要设置这两个参考来生成所需的基准面。

在 SolidWorks 2017 中，新建基准面的方式十分丰富，可以说，只要是理论上能够生成的基准面，都可以完成。如图 3-96 所示列出了几种常用的基准面创建方式。

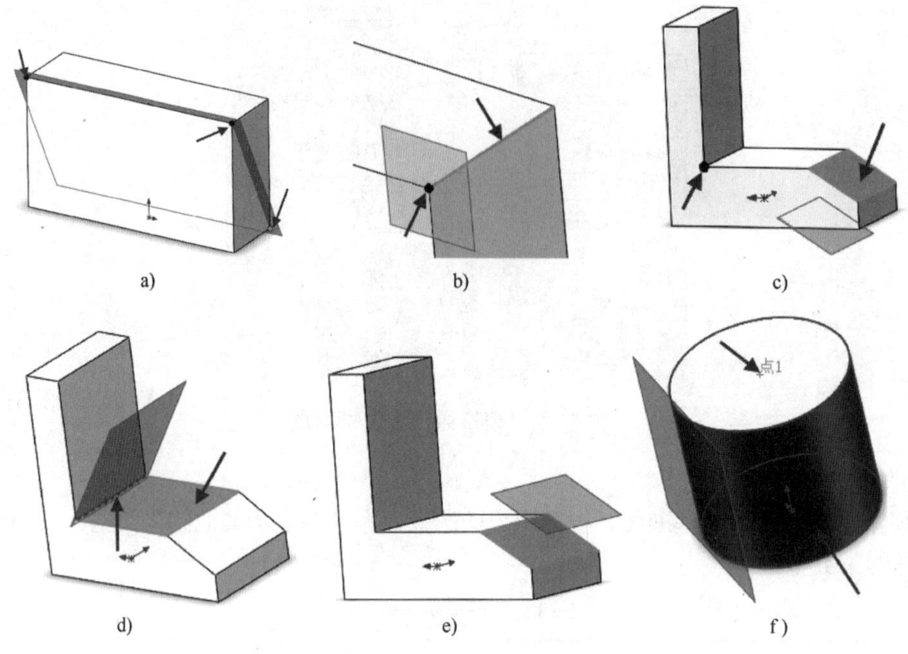

图 3-96　常见基准面的创建方式

a) 三点　b) 一直线和一端点 c) 面及面外一点　d) 面及面内一线　e) 一面　f) 曲面及面外一点的投影

3.6.2　基准轴

基准轴常用于创建特征的基准，在创建基准面、圆周阵列或同轴装配中使用基准轴。

1. 临时轴

每一个回转体都有一条默认轴线，称为临时轴。

选择“视图”→“隐藏/显示”→“临时轴”命令，或者单击前导视图工具栏中的“隐藏/显示”项目里的“临时轴”按钮，可以设置默认基准轴显示或者隐藏，如图 3-97 所示。如图 3-98 所示为显示临时轴示例。

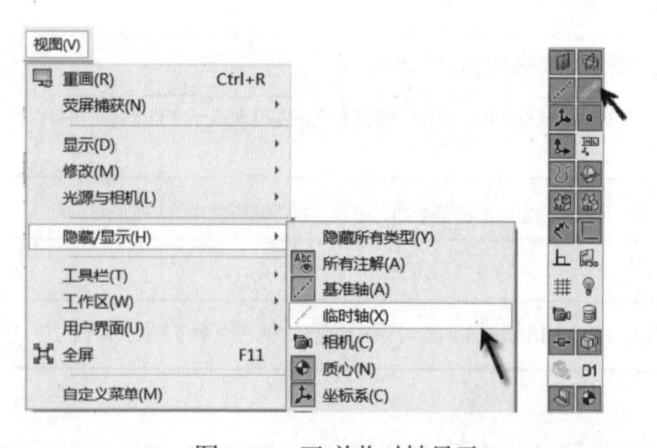

图 3-97　开/关临时轴显示

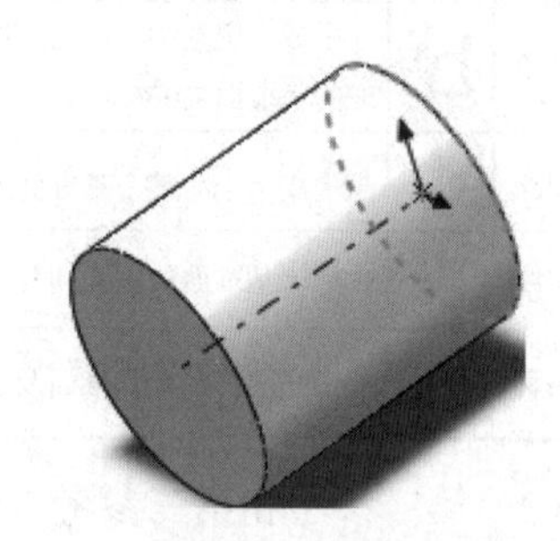

图 3-98　临时轴示例

2. 新建基准轴

除了自带的临时轴，用户可以自己创建基准轴。

单击“特征”面板中的“参考几何体”中的“基准轴”按钮，或选择“插入”→“参考几何体”→“基准轴”命令，出现“基准轴”属性对话框，如图 3-99 所示，可以用多种方式创建基准轴，如表 3-2 列出了常用的几种新建基准轴的方法。

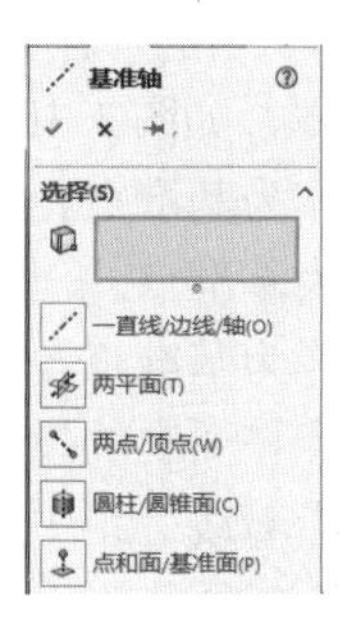

图 3-99 “基准轴”属性对话框

表 3-2 常用新建基准轴的方法

图标	名称	说明
	参考实体	显示所选实体
	一条直线/边线/轴	选择一条草图直线、边线，或选择“视图”→“隐藏/显示”→临时轴命令，然后选择所显示的轴
	两平面	选择两个平面，或选择“视图”→“隐藏/显示”→“基准面”命令，然后选择两个平面
	两点/顶点	选择两个顶点、点或中点
	圆柱面/圆锥面	选择一个圆柱或圆锥面
	点和面/基准面	选择一个曲面或基准面及顶点或中点。所产生的轴通过所选顶点、点或中点而垂直于所选曲面或基准面。如果曲面为非平面，点必须位于曲面上

3.6.3 坐标系

SolidWorks 中一般默认坐标系即可满足大多数要求，但是当需要和其他 CAD 软件进行交互时，或者进行 NC 处理及应用测量、质量属性等工具时，就需要用到新建坐标系。

单击“特征”面板中的“参考几何体”中的“坐标系”按钮，或选择“插入”→“参考几何体”→“坐标系”命令，出现“坐标系”属性对话框，如图 3-100 所示。分别选择坐标原点及几个坐标轴的方向，即可生成新的坐标系。如图 3-101 所示为新建坐标系示例。

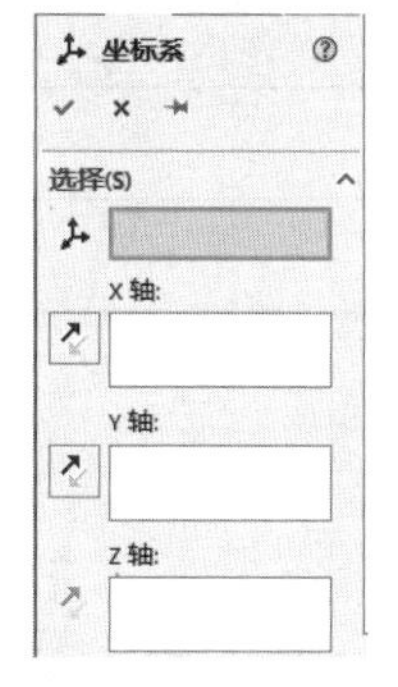

图 3-100 “坐标系”属性对话框

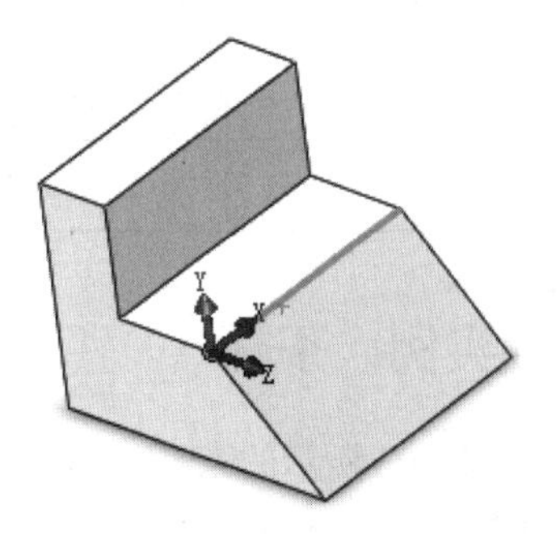

图 3-101 新建坐标系示例

3.6.4 基准点

基准点用于在绘制草图或者三维特征时作为定位参考。

单击“特征”面板中的“参考几何体”中的“点”按钮，或选择“插入”→“参考几何体”→“点”命令，出现“点”属性对话框，如图 3-102 所示。定义基准点有以下几种方式。

- 圆弧中心：选择圆弧，以其圆心作为基准点。
- 面中心：选择平面，以其中心作为基准点。
- 交叉点：选择两条线，以其交点作为基准点。
- 投影：选择一个点和一个面，以点在面上的投影作为基准点。
- 等距或等分点：等分一条线或者沿着线等距生成基准点。

如表 3-3 所示列出了创建基准点的各选项含义。

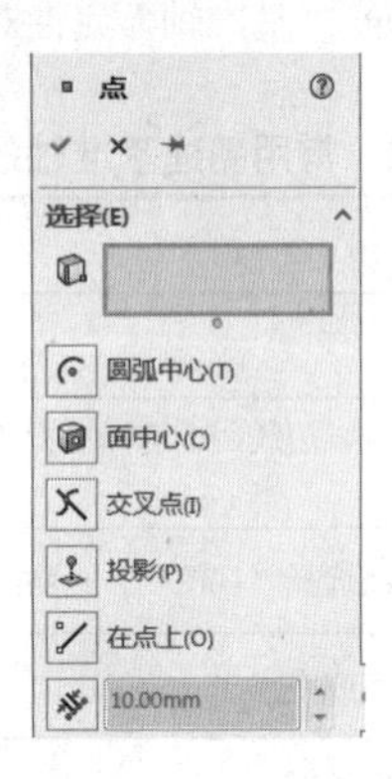

图 3-102 “点”属性对话框

表 3-3 创建基准点的方法

图标	名　称	说　明
	参考实体	显示用来生成参考点的所选实体。可在下列实体的交点处创建参考点：①轴和平面；②轴和曲面，包括平面和非平面；③两个轴
	圆弧中心	在所选圆弧或圆的中心生成参考点
	面中心	在所选面的质量中心生成参考点，可以选择平面或非平面
	交点	在两个所选实体的交点处生成一参考点，可选择边线、曲线及草图线段
	投影	生成一个从一个实体投影到另一实体的参考点
	在点上	可以在草图点和草图区域末端生成参考点
	沿曲线距离或多个参考点	沿边线、曲线或草图线段生成一组参考点

3.7 综合实例：茶杯

绘制如图 3-103 所示的茶杯，其尺寸见步骤中的数值。

综合实例较复杂，只列出主要步骤。

① 选择前视基准面，绘制草图 1，注意草图应该是封闭的，如图 3-104 所示。

图 3-103　茶杯

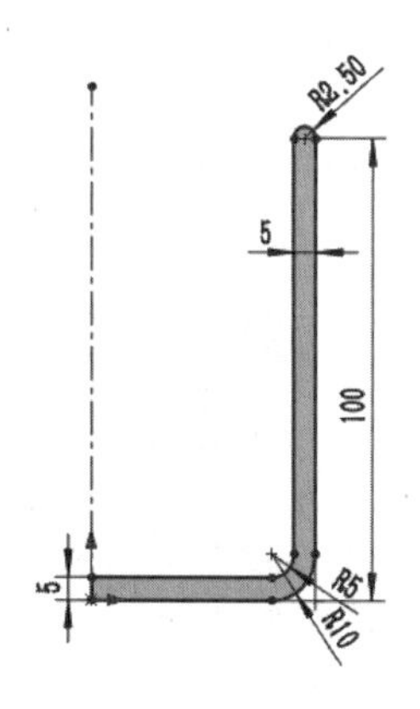

图 3-104　草图 1

② 使用“旋转凸台/基体”命令，利用草图 1 生成旋转实体，如图 3-105 所示。

③ 选择“前视基准面”，使用“样条曲线”命令绘制草图 2，作为把手的路径，尺寸自定，如图 3-106 所示。

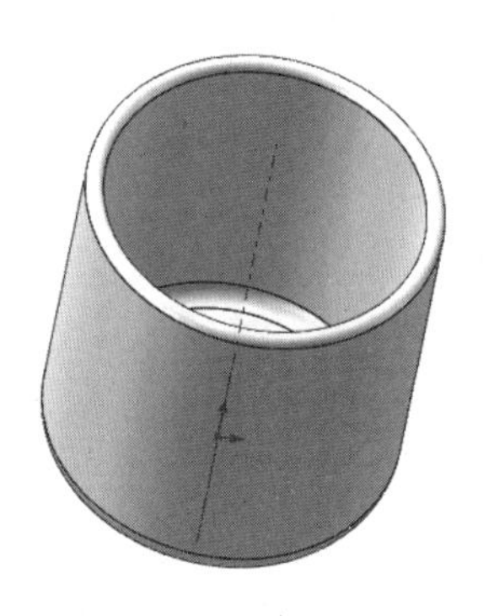

图 3-105　旋转实体

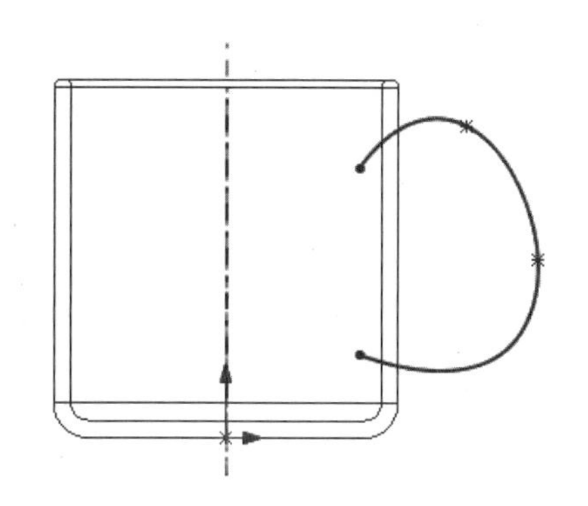

图 3-106　草图 2

④ 新建基准面过草图 2 的端点并且与样条曲线垂直，如图 3-107 所示。

⑤ 在新建基准面上绘制一个小圆作为草图 3，尺寸自定，如图 3-108 所示。

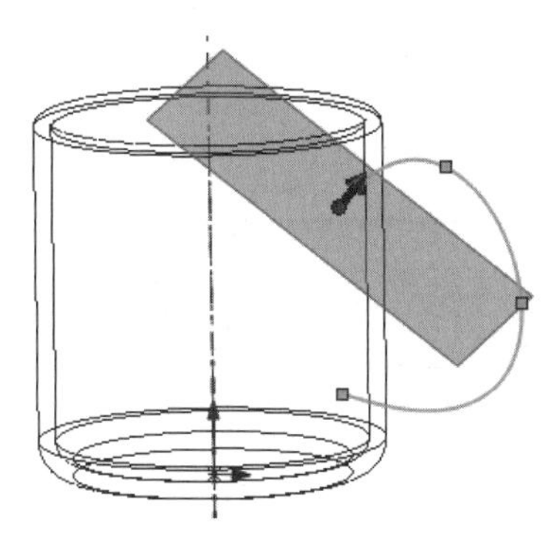

图 3-107　新建基准面

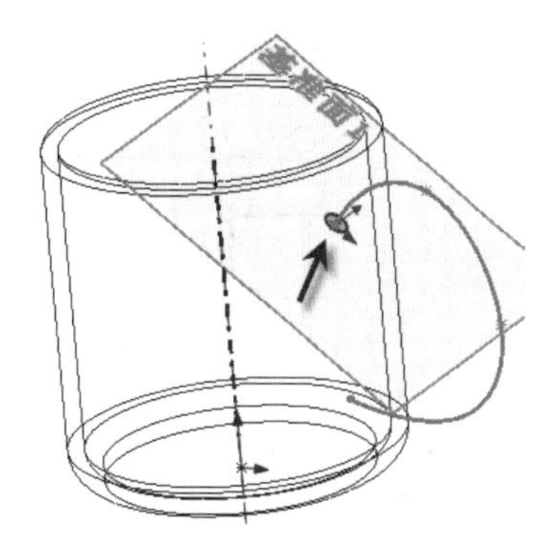

图 3-108　草图 3

⑥ 使用“扫描”命令，以草图 3 为轮廓、草图 2 为路径，扫描生成手柄实体，如图 3-109 所示。

⑦ 选择“前视基准面”，绘制草图 4，注意草图应该是封闭的，而且左侧竖线应与茶杯体轴线重合，如图 3-110 所示。

图 3-109 生成手柄

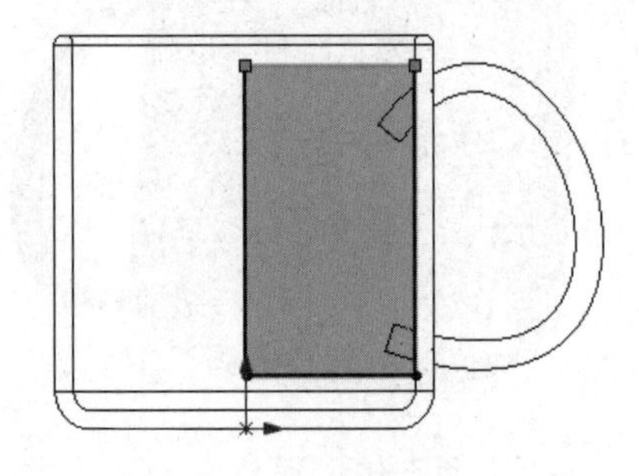

图 3-110 草图 4

⑧ 使用“切除-旋转”命令，选择草图 4 作为截面，最左侧竖线作为旋转轴，将手柄多余部分切除，如图 3-111 所示。

⑨ 使用“圆角”命令对手柄两端倒圆角，结果如图 3-103 所示。

图 3-111 修剪手柄

3.8 课后练习

1. 创建如图 3-112 所示轴的三维特征。

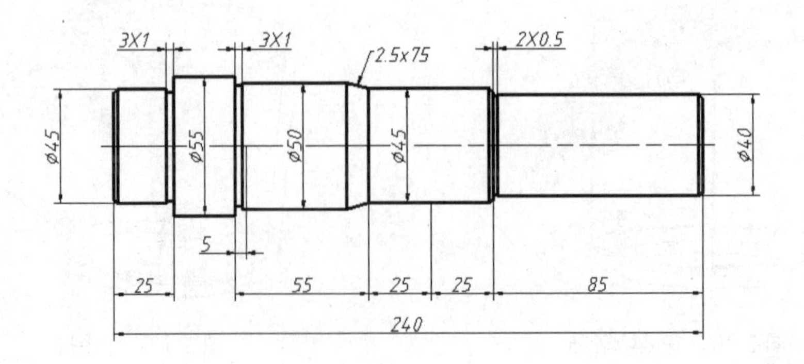

图 3-112 轴

2. 创建如图 3-113 所示组合体的三维特征。

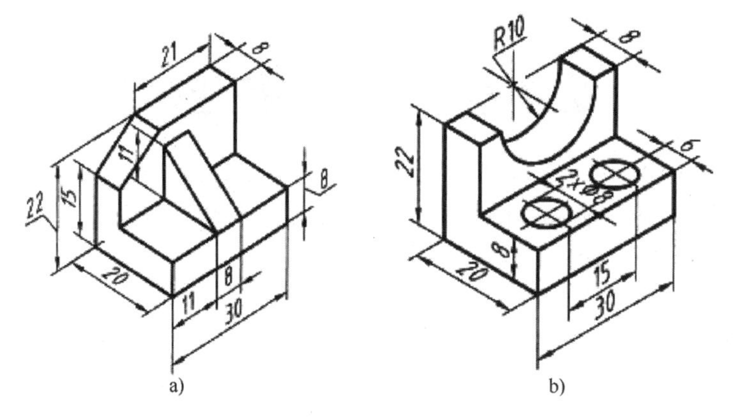

图 3-113　组合体

第 4 章　辅助特征建模

辅助特征是依附于主特征之上的几何形状特征，是对主特征的局部修饰，反映了零件几何形状的细微结构。例如：圆角、倒角、筋、抽壳、孔、异型孔等特征的创建方法。辅助特征的创建对于实体特征的完整性是必不可少的。

本章重点：

- 掌握圆角特征的建立方法
- 掌握倒角特征的建立方法
- 掌握筋特征的建立方法
- 掌握抽壳特征的建立方法
- 掌握孔特征的建立方法
- 掌握异型孔特征的建立方法
- 掌握圆顶特征的建立方法
- 掌握包覆特征的建立方法

4.1　圆角特征

圆角特征在零件设计中有重要作用，在零件上加入圆角特征，有助于在其上产生平滑变化的效果。圆角特征可以为一个面的所有边线、所选的多组面、边线或者边线环生成圆角特征，如图 4-1 所示。

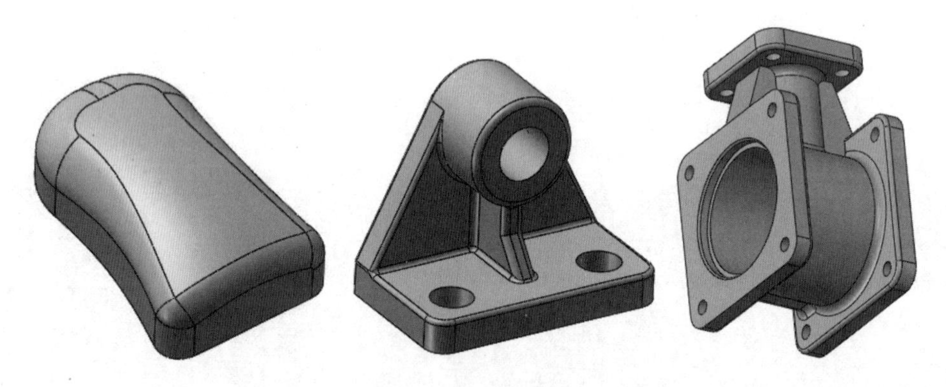

图 4-1　圆角的应用

SolidWorks 2017 根据不同的参数设置可以生成以下几种圆角特征，如图 4-2 所示。

- 等半径圆角：选中此类型，可以生成整个圆角都有等半径的圆角。
- 变半径圆角：选中此类型，可以生成变半径的圆角。
- 面圆角：选中此类型，可以在两个相邻面的相交处进行倒圆角。
- 完整圆角：选中此类型，可以在 3 个首尾相邻的面的中间面倒圆角，倒圆角后长度不变。

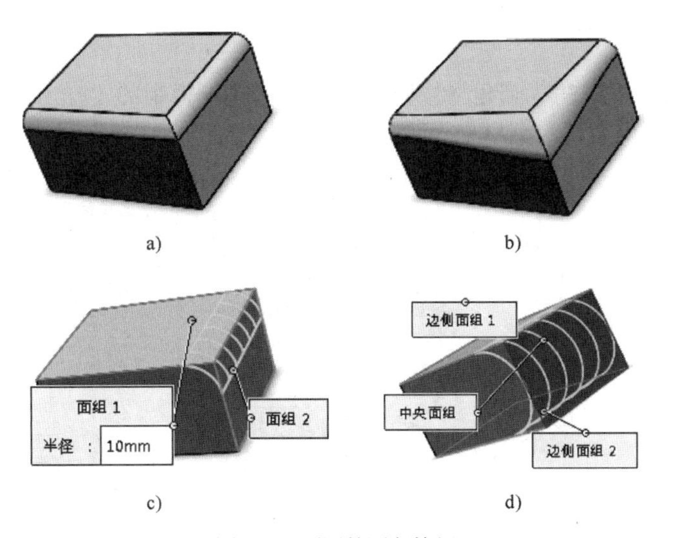

图 4-2　不同的圆角特征

a) 等半径　b) 变半径　c) 面圆角　d) 完整圆角

4.1.1　等半径圆角

等半径圆角特征是指对所选边线以相同的圆角半径进行倒圆角的操作，这是圆角特征中最常用的方式，等半径圆角的操作步骤如下。

单击“特征”面板中的“圆角”按钮，或选择菜单栏中的“插入”→“特征”→“圆角”命令。弹出如图 4-3 所示的“圆角”属性对话框，在“圆角类型”选项卡中选择“等半径”选项，在“圆角参数”选项卡中给定圆角半径，在“要圆角化的项目”选项卡中选择需倒圆角的边线，设置好其他选项卡中的参数，单击“确定”按钮，完成操作。

图 4-3　“圆角”属性对话框

4.1.2　变半径圆角

变半径圆角特征通过对圆角处理的边线上的多个点设定不同的圆角半径来生成圆角，从而制造出另类的效果。

单击“特征”面板中的“圆角”按钮，或选择菜单栏中的“插入”→“特征”→“圆角”命令。在“圆角”属性对话框中设置“圆角类型”为“变半径”，如图4-4所示。

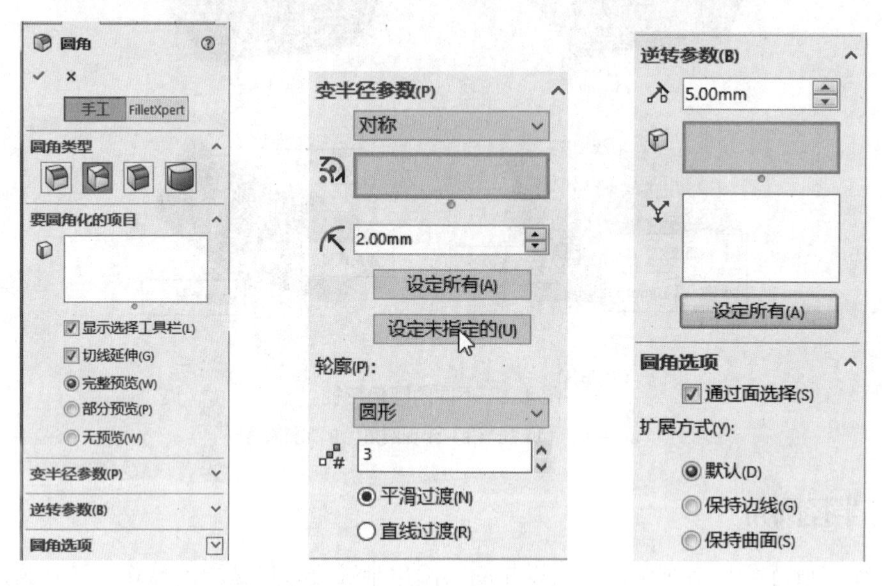

图4-4 “圆角”属性对话框

选择要进行变半径圆角处理的边线。此时在图形区系统会默认使用3个变半径控制点，分别位于边线的25%、50%和75%的等距离处，如图4-5所示。如果要改变控制点的数量，可以在图标右侧的微调框中设置控制点的数量。

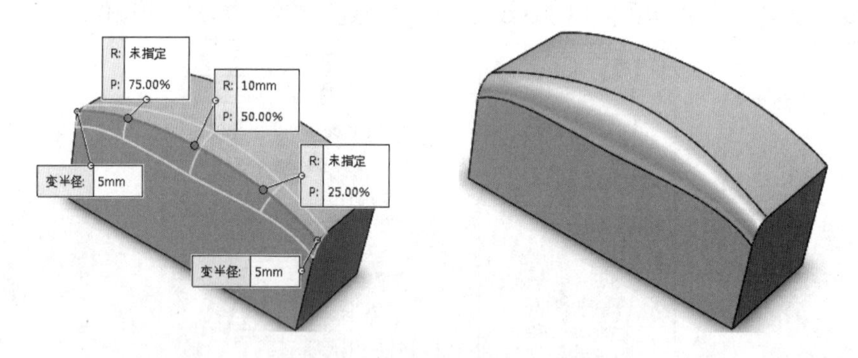

图4-5 变半径圆角示例

在“变半径参数”选项卡中右侧的显示框中选择变半径控制点，然后在“半径”右侧的微调框中输入圆角半径值。如果要更改变半径控制点的位置，可以用鼠标拖动控制点到新的位置。

圆角过渡类型有两种。

- “平滑过渡”单选按钮：生成一个圆角，当一个圆角边线与一个邻面结合时，圆角半径从一个半径平滑地变化为另一个半径。
- “直线过渡”单选按钮：生成一个圆角，圆角半径从一个半径线性地变化成另一个半径，但是不与邻近圆角的边线相结合。

4.1.3 面圆角

面圆角是通过选择两个相邻的面来定义圆角的。

单击“特征”面板中的“圆角”按钮，弹出“圆角”属性对话框，在“圆角类型”选项卡中选中“面圆角”，在“半径”文本框内输入圆角半径，激活“面组 1”列表框，在图形区中选择“面组 1”，激活“面组 2”列表框，在图形区中选择“面组 2”，如图 4-6 所示，单击“确定”按钮✔，即可生成圆角，如图 4-7 是面圆角操作示例。

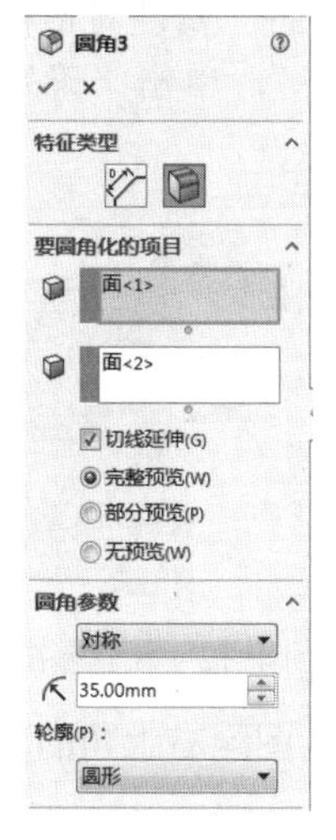

图 4-6 “圆角”属性对话框

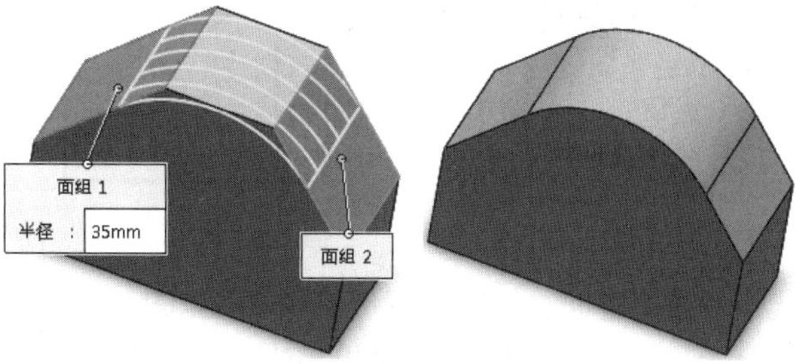

面组 1
半径 ： 35mm
面组 2

图 4-7 面圆角示例

4.1.4 完整圆角

完整圆角可以选择三个相邻的面来定义圆角，该方式不需要指定圆角半径。

单击“特征”面板中的“圆角”按钮，弹出“圆角”属性对话框，在“圆角类型”选项卡中选中“完整圆角”，激活“面组 1”列表框，在图形区域选择“面组 1”，激活“中央面组”列表框，在图形区中选择“中央面组”，激活“面组 2”列表框，在图形区中选择“面组 2”，如图 4-8 所示，单击“确定”按钮✔，即可生成完整圆角，如图 4-9 是完整圆角操作示例。

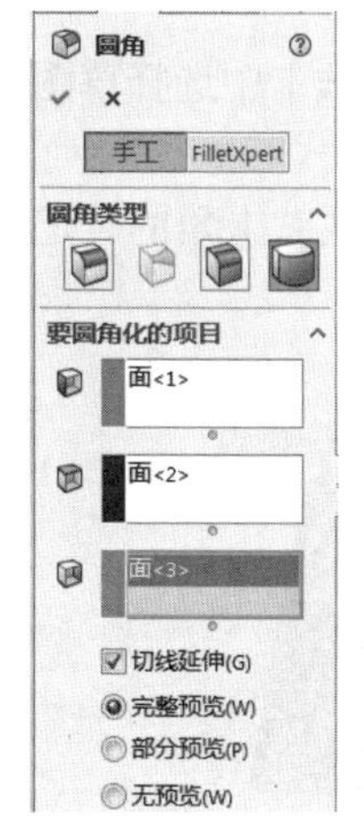

图 4-8 “圆角”属性对话框

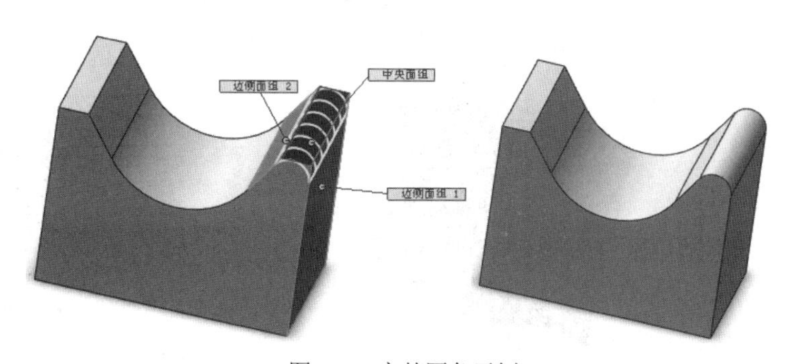

图 4-9 完整圆角示例

📖 提示：中央面组必须位于“面组 1”和“面组 2”之间。

4.1.5 实例：键帽

创建如图 4-10 所示的键帽，其尺寸见步骤中的数值。

① 选择“上视基准面”，绘制正方形草图 1，如图 4-11 所示，单击绘图区右上角的“退出草图”按钮，退出草图。

② 单击“特征”面板中的“基准面”按钮，系统弹出“基准面”属性对话框，选择“上视基准面”作为参考，选择“平行”方式，将“距离”设为“15”，单击“确定”按钮，生成一个与上视基准面平行、距离为 15 的基准面，如图 4-12 所示。

图 4-10 键帽

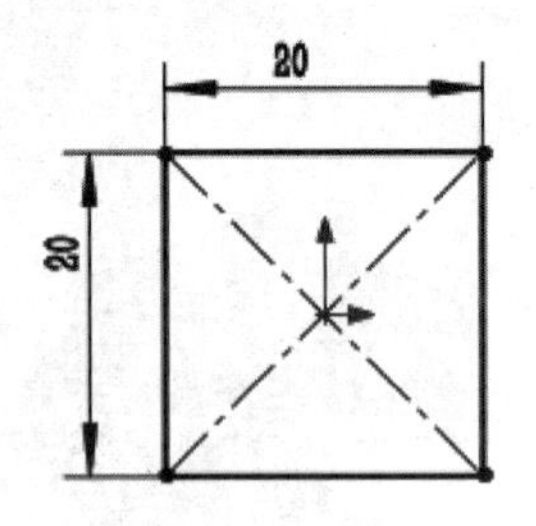

图 4-11 草图 1

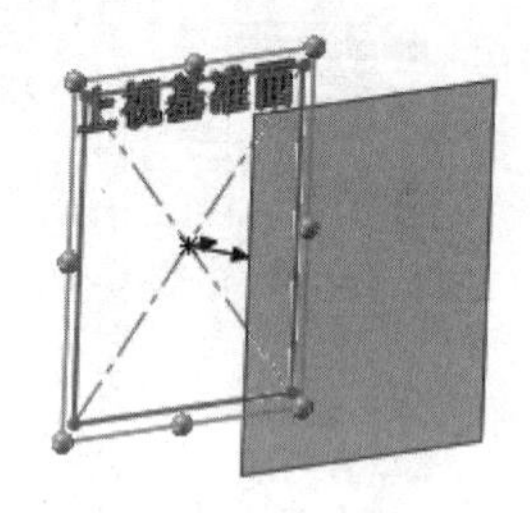

图 4-12 新建基准面

③ 选择新建基准面，绘制正方形草图 2，如图 4-13 所示，单击绘图区右上角的“退出草图”按钮，退出草图。两草图之间的位置关系如图 4-14 所示。

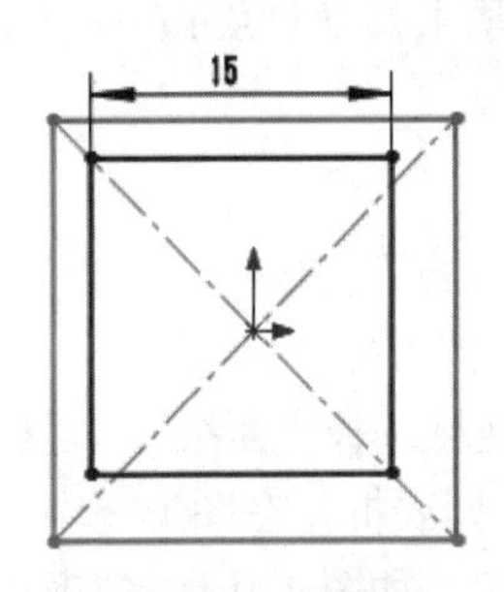

图 4-13 草图 2

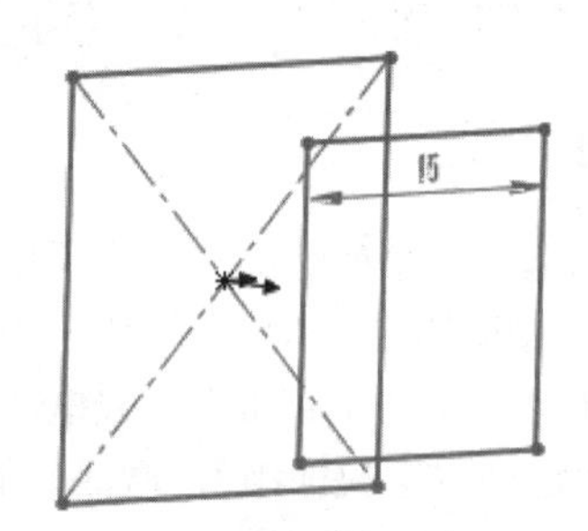

图 4-14 草图位置

④ 单击“特征”面板中的“放样基体/凸台”按钮，在“轮廓”选项卡中选择草图 1 和草图 2，单击“确定”按钮，生成如图 4-15 所示的放样实体。

⑤ 选择“前视基准面”，绘制草图 3，如图 4-16 所示。单击绘图区右上角的“退出草图”按钮，退出草图。

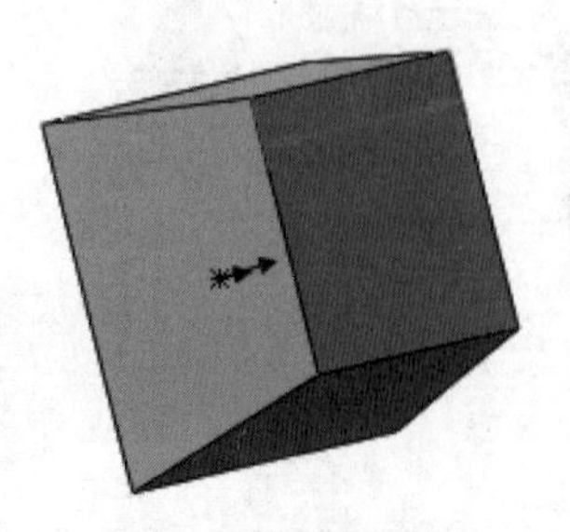

图 4-15 放样实体

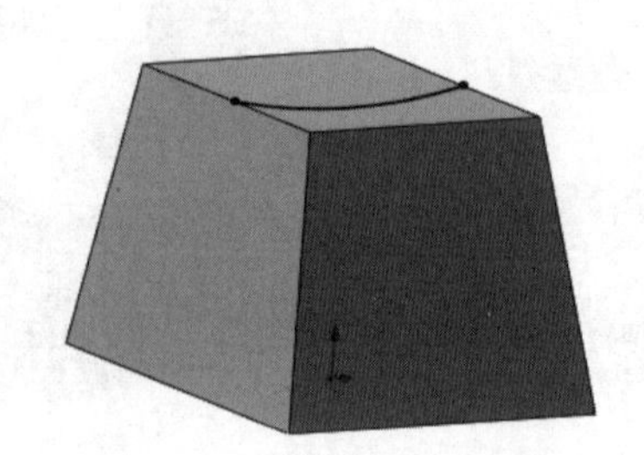

图 4-16 草图 3

⑥ 单击“特征”面板中的“切除-拉伸”按钮，选择草图 3，“方向 1”和“方向 2”均选择“完全贯穿”方式，单击“确定”按钮，双向切割生成一个凹面，如图 4-17 所示。

⑦ 单击“特征”面板中的“圆角”按钮，将“半径”设置为 1，用“等半径”方式对顶部边线倒圆角，单击“确定”按钮，结果如图 4-18 所示。

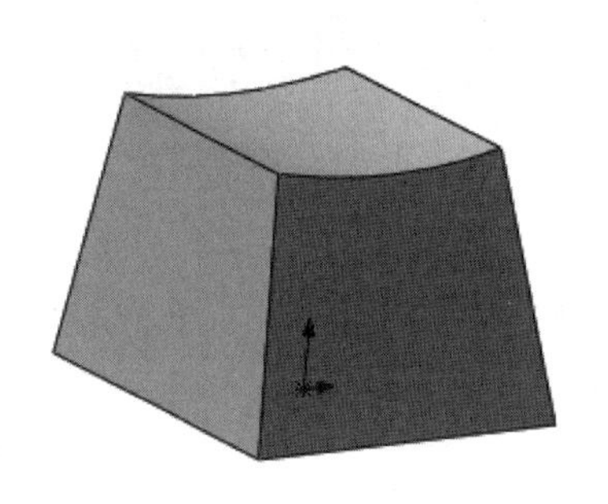

图 4-17　拉伸切除

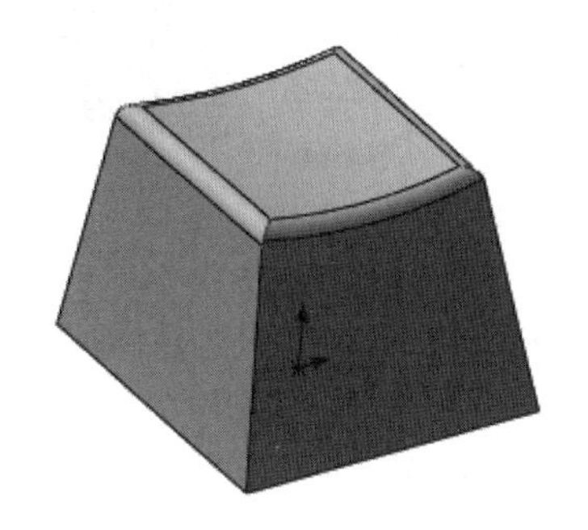

图 4-18　顶部倒圆角

⑧ 单击“特征”面板中的“圆角”按钮，选择“变半径”方式，将“半径”分别设置为 1 和 2，单击“确定”按钮，对 4 条侧棱倒圆角，如图 4-19 所示。即可完成如图 4-10 所示的特征。

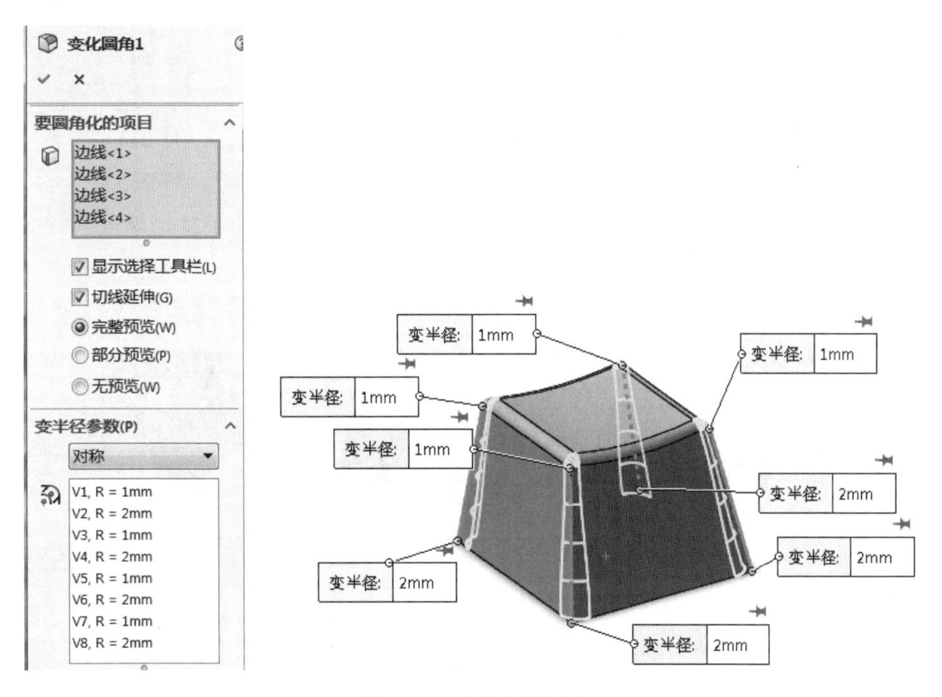

图 4-19　变半径倒圆角

4.2　倒角特征

“倒角”命令是在两个面之间沿公共边构造斜角平面，如图 4-20 所示。在设计零件时，最好在模型接近完成时构造倒角特征。

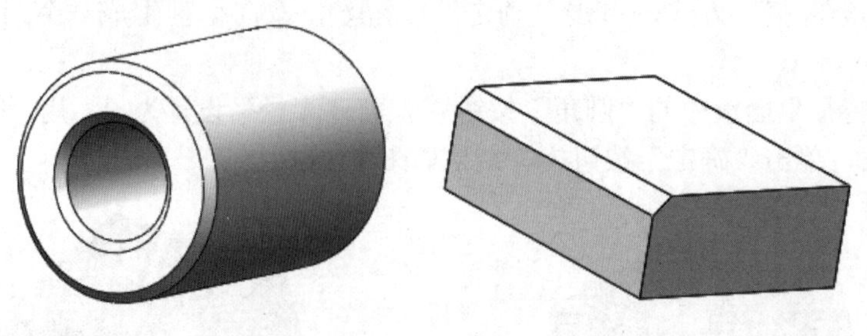

图 4-20　倒角

单击“特征”面板中的“倒角”按钮，或选择菜单栏中的“插入”→“特征”→“倒角”命令，弹出“倒角”属性对话框，如图 4-21 所示。

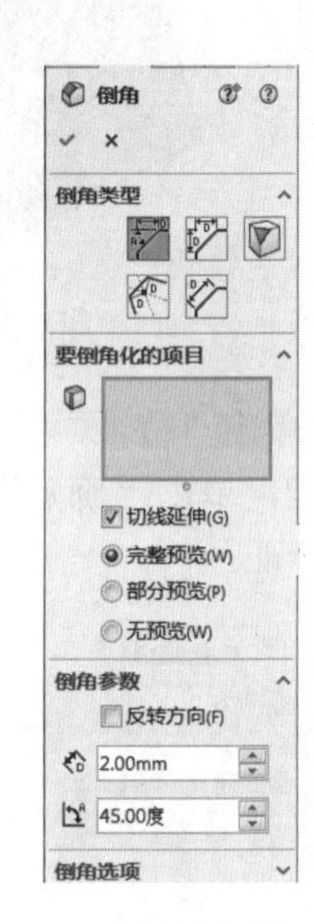

图 4-21　“倒角”属性对话框

“倒角”属性对话框中的各个参数含义如下。

1．倒角类型

- “角度-距离”：设置距离和角度。
- “距离-距离”：输入选定倒角边线上每一侧的距离的非对称值，或选择对称以指定单个值。
- “顶点”：在所选顶点每侧输入 3 个距离值，或单击相等距离并指定一个数值。
- “等距面”：通过偏移选定边线相邻的面来求解等距面倒角。
- “面-面”：混合非相邻、非连续的面，可创建对称、非对称、包络控制线和弦宽度倒角。

如图 4-22 所示列出了几种常见的倒角形式。

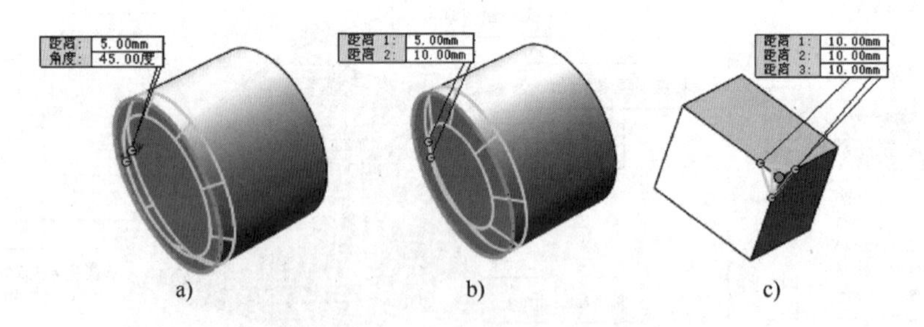

图 4-22　几种常见的倒角方式

a) 角度-距离　b) 距离-距离　c) 顶点

2．要倒角化的项目

显示的选项会根据倒角类型而发生变化的，可以选择适当的项目来进行倒角操作。

- 切线延伸：将倒角延伸到与所选实体相切的面或边线。
- 选择预览模式：可以选择“完整预览”“部分预览”和“无预览”。

3．倒角参数

显示的选项会根据倒角类型而发生变化。

- 弦宽度：在用户设置的弦距离处为宽度创建面-面倒角。
- 包络控制线：为面-面倒角设置边界。
- 等距：为从顶点的距离应用单一值。
- 多距离倒角：适用于带对称参数的等距面倒角。选择多个实体，然后编辑距离标注至所需的值。

4．倒角选项

- 通过面选择：启用通过隐藏边线的面选择边线。
- 保持特征：保持特征来保留诸如切除或拉伸之类的特征，这些特征在应用倒角时通常被移除。如图 4-23 所示。

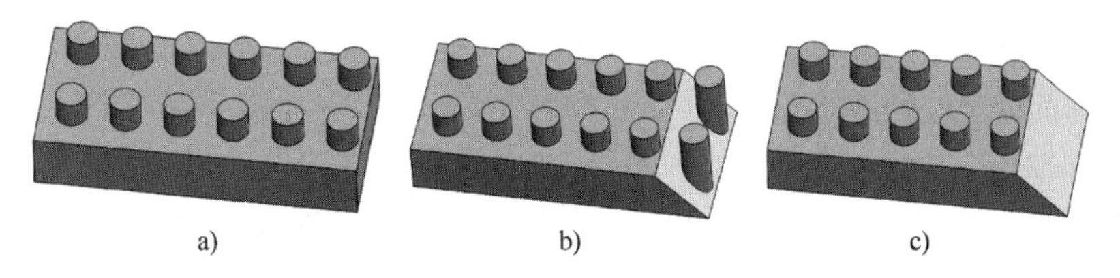

图 4-23　保持特征

a) 倒角之前的特征　b) 保持特征　c) 不选择保持特征

4.3　抽壳特征

抽壳特征是从零件内部去除多余材料而形成的内空实体特征。创建抽壳特征时，一般首先需要选取开口平面，系统允许选取多个开口平面，然后输入薄壳厚度，即可完成抽壳特征的创建。抽壳时通常指定各个表面厚度相等，也可对某些表面厚度单独进行指定，这样抽壳特征完成后，各个零件表面厚度不相等。

4.3.1　抽壳特征的创建

单击特征工具栏中的“抽壳”按钮，系统显示“抽壳”属性对话框，如图 4-24 所示。属性管理器中各选项含义如下。

- “抽壳厚度”选项：确定抽壳完成后壳体的厚度。
- “移除的面”选项：抽壳参考平面，抽壳操作从这个平面开始。
- “壳厚朝外”选项：以抽壳面侧面为基准，抽壳厚度从基准面向外延伸。
- “显示预览”选项：在抽壳过程中显示特征，在选择面之前最好关闭显示预览，否则每次选择面都将更新预览，导致操作速度变慢。
- “多厚度”选项：单独指定的表面厚度。
- “多厚度面”选项：单独指定厚度的表面。

选择合适的实体表面，设置抽壳操作的厚度，完成特征创建。选择不同的表面，会产生不同的抽壳效果，如图 4-25 所示。

图 4-24 “抽壳”属性对话框

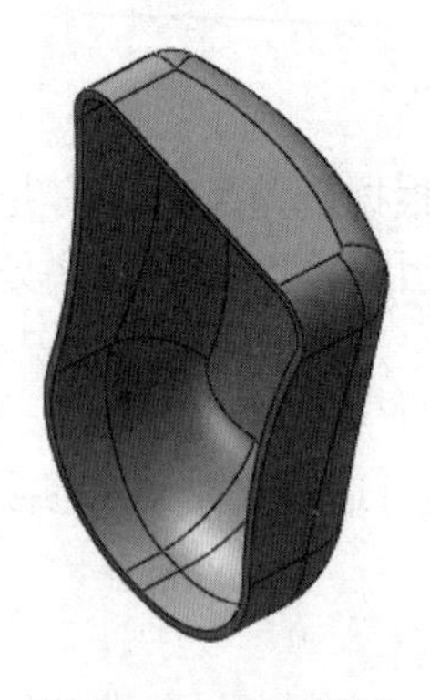

图 4-25 抽壳特征

4.3.2 实例：键帽抽壳

创建如图 4-27 所示的键帽壳体。

① 打开前面创建好的键帽实体。

② 执行“抽壳”命令，在弹出的如图 4-26 所示的“抽壳”属性对话框中，指定厚度为 0.5，选择键帽实体的底面为开放面，单击“确定”按钮，即可生成键帽壳体，如图 4-27 所示。

图 4-26 “壳体”属性对话框

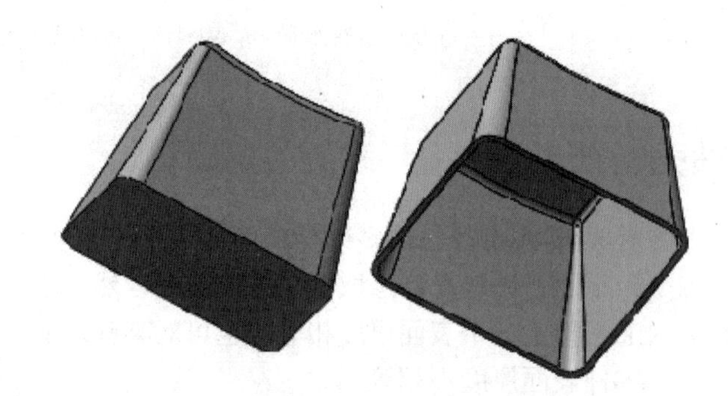

图 4-27 键帽壳体

4.4 筋特征

“筋”（也称肋板）特征用于对制造的零件起加强和增加刚性作用，如图 4-28 所示为不同的筋特征。

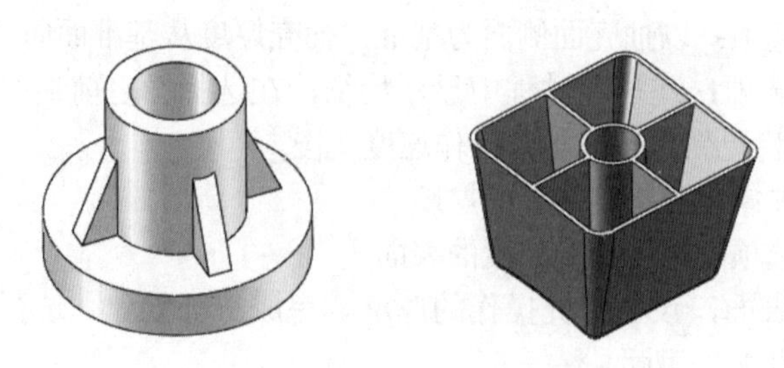

图 4-28 筋特征

4.4.1 筋特征的创建

创建筋特征时，首先要创建决定筋形状的草图，然后需要指定筋的厚度、位置、筋的方向和拔模角度。

单击“特征”面板中的“筋”按钮，或选择菜单栏中的“插入”→“特征”→“筋”命令，弹出如图 4-29 所示的“筋”属性对话框。

选择相应的基准面作为绘图平面，绘制筋的草图，如图 4-30 所示。单击绘图区右上角的“退出草图”按钮，退出草图。

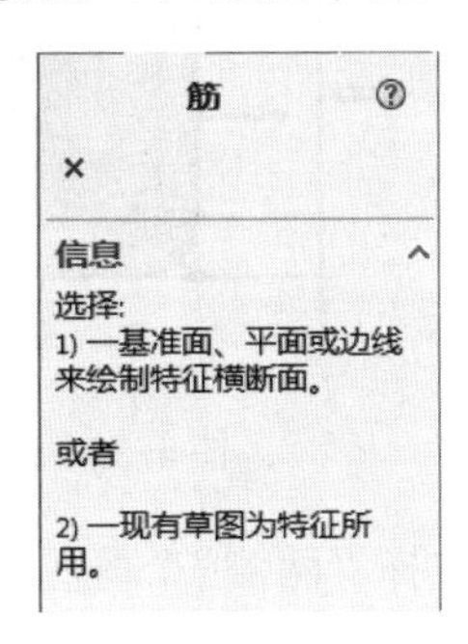

图 4-29 “筋”属性对话框

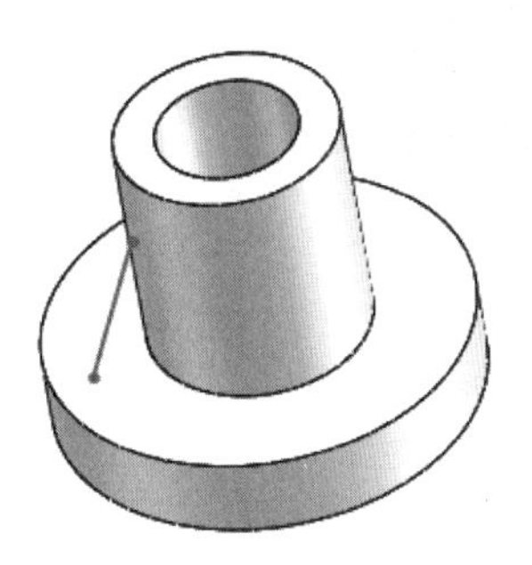

图 4-30 “筋”草图

系统弹出如图 4-31 所示的“筋”属性对话框。输入筋板厚度，设定拉伸方向，单击“确定”按钮，即可生成如图 4-32 所示的筋特征实体。

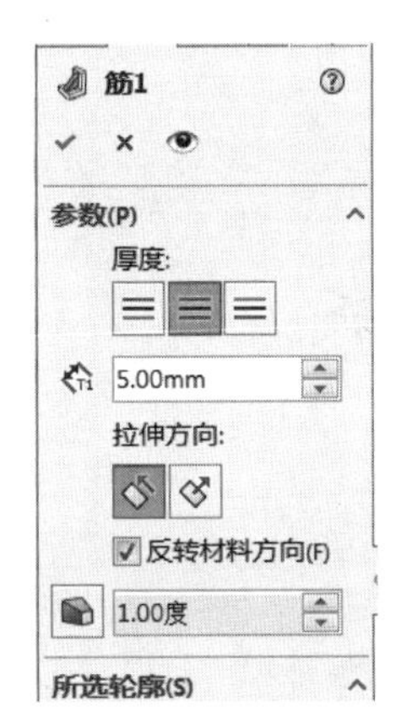

图 4-31 “筋”属性对话框

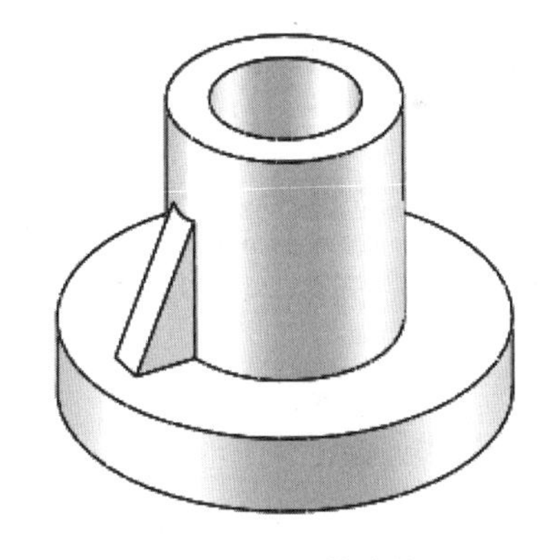

图 4-32 筋实体

筋的草图可以简单，也可以很复杂。既可以简单到只有一条直线来形成筋的中心，也可以复杂到详细描述筋的外形轮廓。根据所绘制的草图不同，所创建的筋特征既可以垂直于草图平面，也可以平行于草图平面进行拉伸。简单的筋草图既可以垂直于草图平面拉伸，也可以平行于草图平面拉伸；而复杂的筋草图只能垂直于草图平面拉伸。

4.4.2 实例：键帽筋结构

绘制如图 4-33 所示的键帽筋，其尺寸见步骤中的数值。

① 单击“特征”面板中的“基准面”按钮，系统弹出“基准面”属性对话框，选择

“上视基准面”作为参考，选择“平行”方式，将“距离”设置为 2，单击“确定”按钮✔，生成一个与上视基准面平行、距离为 2 的基准面，如图 4-34 所示。

② 选择新建的基准面作为草图面，绘制如图 4-35 所示的草图，应使草图的中心和原点重合。

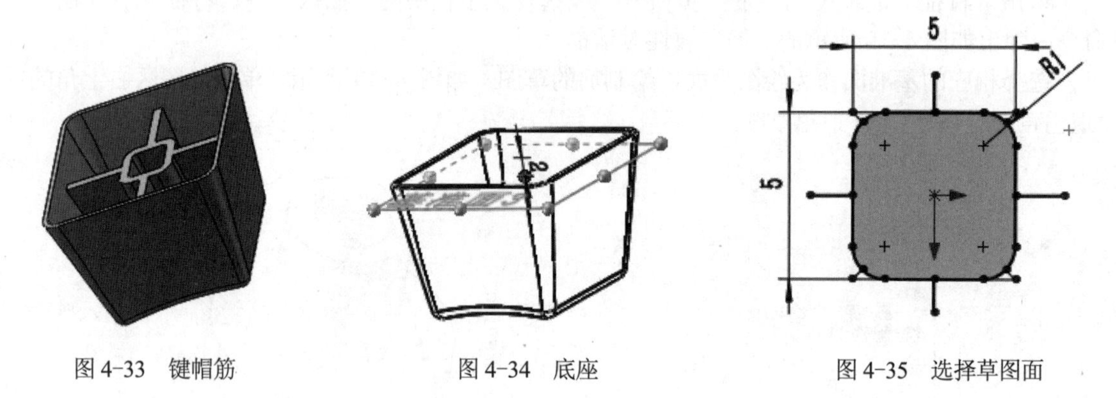

图 4-33　键帽筋　　图 4-34　底座　　图 4-35　选择草图面

③ 选择“筋”命令，在弹出的“筋”属性对话框中，选择“两侧”“垂直于草图”，将厚度设置为 1，选中“反转材料方向”复选框，如图 4-36 所示，单击“确定”按钮✔，即可完成如图 4-33 所示的键帽筋。

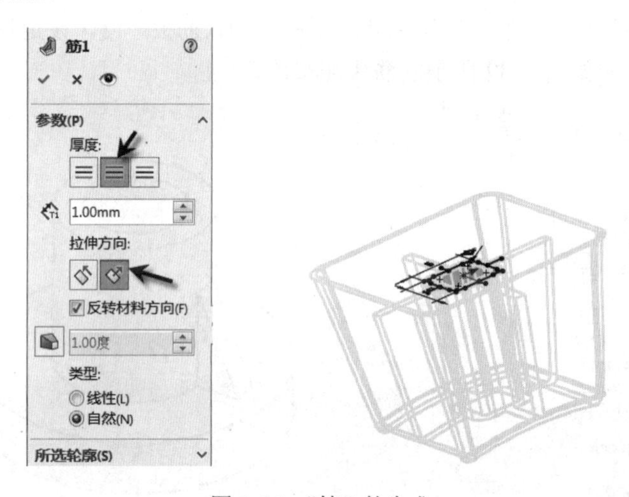

图 4-36 “筋”的生成

4.5　拔模特征

拔模特征是铸件上普遍存在的一种工艺结构，是指在零件指定的面上按照一定的方向倾斜一定角度，使零件更容易从模型腔中取出。在 SolidWorks 中，可以在拉伸特征操作中同时设置拔模斜度，也可使用“拔模”命令创建一个独立的特征。

单击“拔模”按钮；系统会弹出“拔模”属性对话框，如图 4-37 所示。在“拔模角度”组合框中输入拔模角度，定义中性面，一般选择底面为中性面，选择需要拔模的面或者面链（一般是侧面）。单击“确定”按钮✔，即可生成拔模实体。

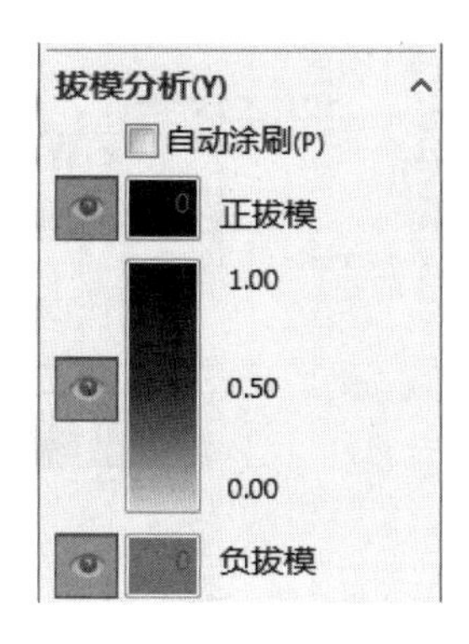

图 4-37 “拔模”属性对话框

常用参数含义如下。

1．要拔模的项目

- 拔模角度：设置拔模角度（垂直于中性面进行测量）。
- 中性面：选择一个平面或基准面特征。如果有必要，单击“反向”按钮向相反的方向倾斜拔模。
- 拔模面：选择图形中要拔模的两个面。

2．拔模分析

- 自动涂刷：启用模型的拔模分析，必须为中性面选择一个面。
- 颜色轮廓映射：通过颜色和数值显示模型中拔模的范围，以及带有正拔模、需要拔模和带有负拔模的面数。黄色面是最可能需要拔模的面。

4.6 异型孔特征

异型孔的类型包括：柱形沉头孔、锥形沉头孔、孔、直螺纹孔、锥形螺纹孔、旧制孔、柱孔槽口、锥孔槽口和槽口，如图 4-38 所示，根据需要可以选定异型孔的类型。

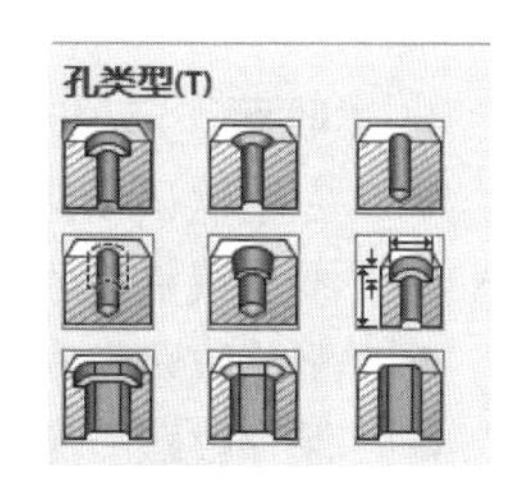

图 4-38 异型孔类型

通过使用异形孔向导可以生成基准面上的孔，或者在平面和非平面上生成孔。生成异型孔步骤：设定孔类型参数、定位孔及确定孔的位置 3 个过程。

本节介绍一下常见的几种异型孔的创建方法。

4.6.1 柱形沉头孔特征

单击“特征”面板中的“异型孔向导”按钮，或选择菜单栏中的“插入”→“特征”→“孔”→“向导”命令，此时弹出“孔规格”属性对话框。

单击“孔规格”属性管理器中的“柱形沉头孔”按钮，此时的“孔规格”属性管理器如图 4-39 所示，下面介绍常用选项的含义。

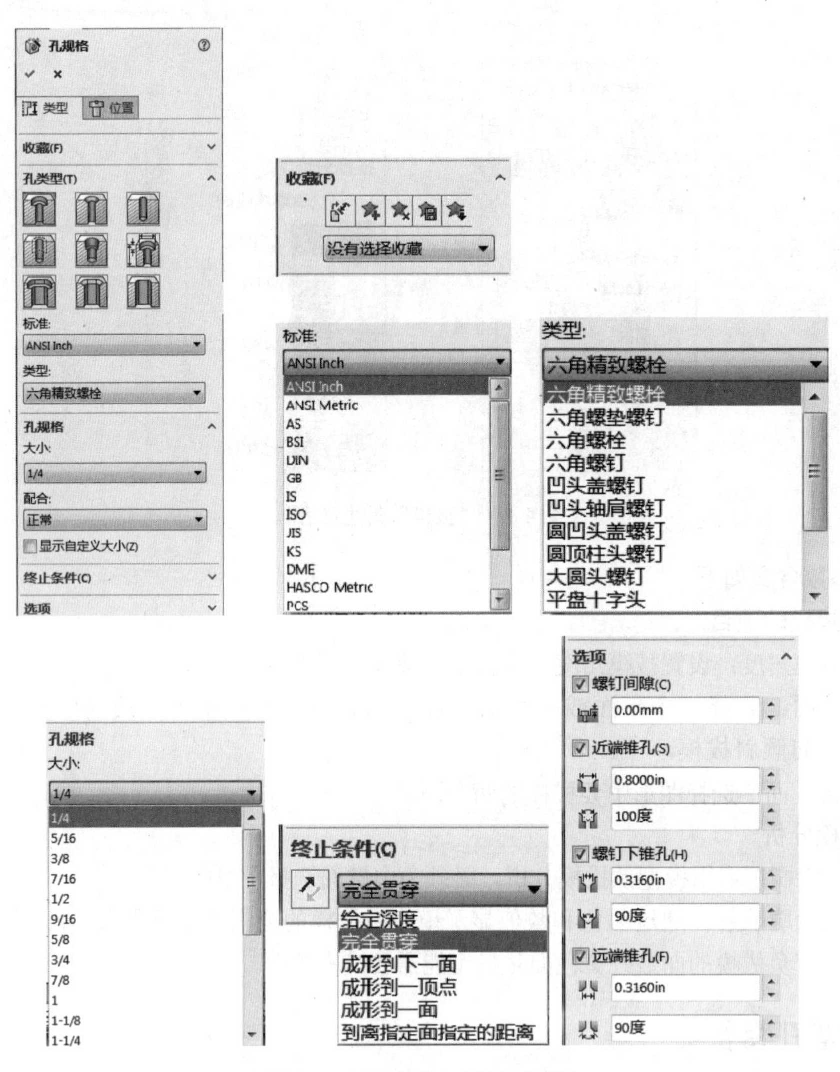

图 4-39 “孔规格”属性对话框

1. “收藏”选项卡

- “应用默认/无收藏”：默认设置为没有选择常用类型。
- “添加或更新收藏”：添加常用类型。
- “删除收藏”：删除所选的常用类型。
- “保存收藏”：单击此按钮，保存收藏。
- “装入收藏”：单击此按钮，可选择一常用类型。

2. “孔类型”选项卡

- “标准”下拉列表框：利用该下拉列表框，可以选择与柱形沉头孔连接的紧固件的标准，如 ISO、ANSI Metric、JIS 等。
- “类型”下拉列表框：利用该下拉列表框，可以选择与柱形沉头孔对应紧固件的螺栓类型，如六角凹头、六角螺栓、凹肩螺钉、六角螺钉、平盘头十字切槽等。一旦选择了紧固件的螺栓类型，异型孔向导会立即更新对应参数栏中的项目。

3. “孔规格”选项卡

- “大小”下拉列表框：在下拉列表框中可以选择柱形沉头孔对应坚固件的尺寸，如 M5～M64 等。
- “配合”下拉列表框：用来为扣件选择套合，包括“紧密”“正常”和“松弛”3 种，分别表示柱孔与对应的紧固件配合较紧、正常范围或配合较松散。

4. “终止条件”选项卡

“终止条件”下拉列表框中的终止条件主要包括：“给定深度”“完全贯穿”“成形到下一面” “成形到一顶点”“成形到一面”“到离指定面指定的距离”。

5. “选项”选项卡

- “螺钉间隙”：选择此选项可用来设定螺钉间隙值，将使用文档单位把该值添加到扣件头之上。
- “近端锥孔”：选择此选项可用于设置近端锥形沉头孔的直径和角度。
- “螺钉下锥孔”：选择此选项可用于设置下头锥形沉头孔的直径和角度。
- “远端锥孔”：选择此选项可用于设置远端锥形沉头孔直径和角度。

根据标准选择柱孔对应于紧固件的螺栓类型，如 ISO 对应的六角凹头、六角螺栓、凹肩螺钉、六角螺钉、平盘头十字切槽等。

根据需要和孔类型在“终止条件”选项卡中设置终止条件选项。

根据需要在“选项”选项卡中设置各参数，设置好柱形沉头孔的参数后，选择“位置”，通过鼠标拖动孔的中心到适当的位置，在模型上选择孔的大致位置。

如果需要定义孔在模型上的具体位置，则需要在模型上插入草绘平面，在草图上定位，单击“草图”面板中的“智能尺寸”按钮，像标注草图尺寸那样对孔进行定位。

单击“绘制”面板中的“点”按钮，将鼠标移动到孔的位置，此时鼠标指针变为形状，按住鼠标移动其到想要移动的点，如图 4-40 所示，重复上述步骤，便可生成指定位置的柱孔特征。

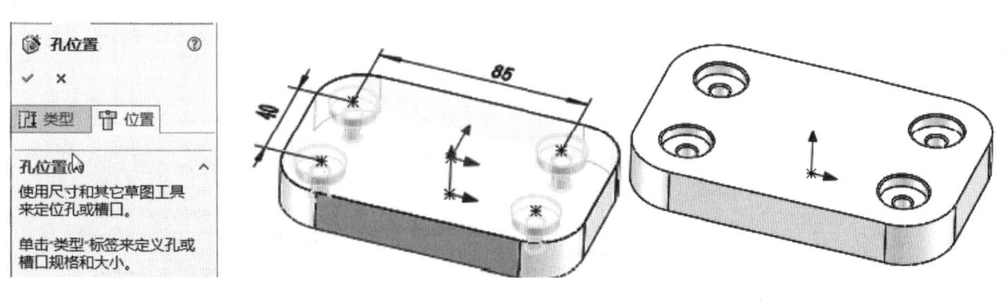

图 4-40　孔位置定义

4.6.2　锥形沉头孔特征

锥孔特征基本与柱孔类似，锥孔特征的生成可以采用下面的操作步骤。

单击“特征”面板中的“异型孔向导”按钮，或选择菜单栏中的“插入”→“特征”→“孔”→“向导”命令，弹出“孔规格”属性对话框。

单击“孔规格”属性对话框的“锥形沉头孔”按钮，此时的“孔规格”属性对话框如图 4-41 所示，从参数栏中选择与锥孔连接的紧固件标准，如 ISO、ANSI Metric、JIS 等。

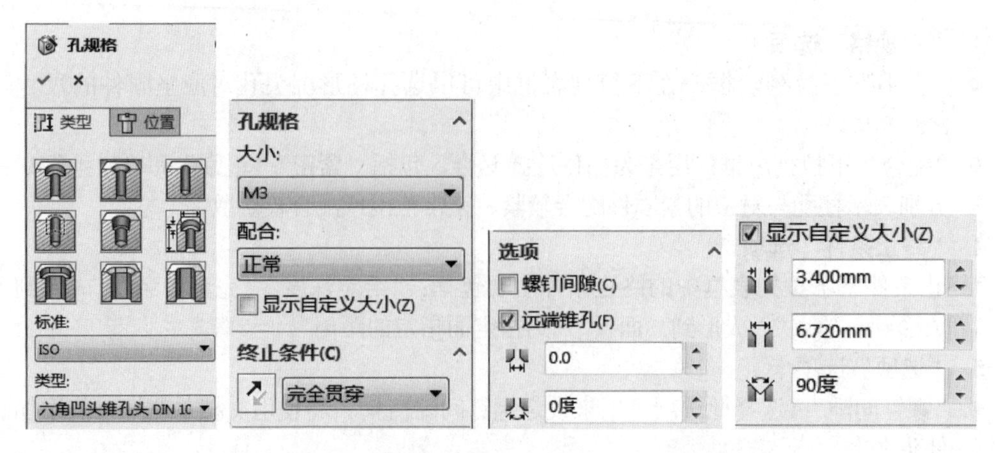

图 4-41 “锥形沉头孔”的“孔规格”属性对话框

根据标准在“孔规格”属性对话框中选择锥孔对应于紧固件的螺栓类型，如 ISO 对应的六角凹头锥孔头、锥孔平头、锥孔提升头等。

根据条件和孔的类型在“终止条件”选项卡中设置终止条件选项。

根据需要在“选项”选项卡中设置各参数。

如果想自己确定孔的特征，在“显示自定义大小”选项卡中设置相关参数。

设置好锥孔的参数后，选择“位置”，通过鼠标拖动孔的中心到适当的位置，此时鼠标指针变为形状。可用与上一节类似的方式定义孔的具体位置，这里不再赘述。

4.6.3 孔特征

孔特征操作过程与上述柱孔、锥孔基本一样，其操作步骤如下。

单击“特征”面板中的“异型孔向导”按钮，或选择菜单栏中的“插入”→“特征”→“孔”→“向导”命令，即可打开“孔规格”属性对话框。单击“孔规格”属性对话框下的“孔”按钮，此时的“孔规格”属性对话框如图 4-42 所示，设置其中的各个选项。

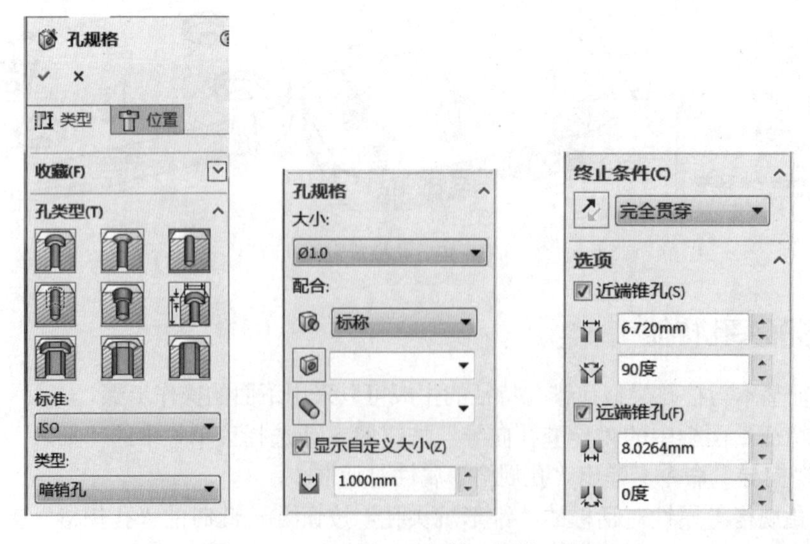

图 4-42 “孔”的“孔规格”属性对话框

根据条件和孔类型在“终止条件”选项卡中设置终止条件选项。

根据需要在“选项”选项卡中确定选择“近端锥孔”复选框，用于设置近端处的直径和角度。设置好参数后，选择“位置”，单击要放置孔的平面，此时鼠标指针变为形状，通过鼠标拖动孔的中心到适当的位置，单击“确定”按钮，完成孔的生成与定位。

4.6.4 直螺纹孔特征

在模型上插入螺纹孔特征，其操作步骤如下。

单击“特征”面板中的“异型孔向导”按钮，或选择菜单栏中的“插入”→“特征”→“钻孔”→“向导”命令，弹出“孔规格”属性设置对话框。单击“孔规格”属性对话框下的“直螺纹孔”按钮，在参数栏中对螺纹孔的参数进行设置，如图 4-43 所示。

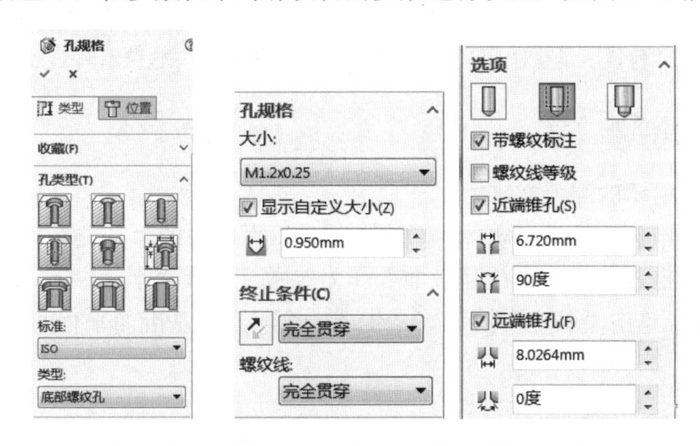

图 4-43 “直螺纹孔”的“孔规格”属性对话框

根据标准在“孔规格”属性对话框的参数栏中选择与螺纹孔连接的紧固件标准，如 ISO、DIN 等。选择螺纹类型，如螺纹孔和底部螺纹孔，并在“大小”属性对应的参数文本框中输入钻头直径。

在“终止条件”选项卡对应的参数中设置螺纹孔的深度，在“螺纹线”属性对应的参数中设置螺纹线的深度，设置要符合国家标准。

在“选项”选项卡中可选择“装饰螺纹线”或“移除螺纹线”，确定“螺纹线等级”。

设置好螺纹孔参数后，单击“位置”按钮，选择螺纹孔安装位置，其操作步骤与柱孔一样，对螺纹孔进行定位和生成螺纹孔特征。设置好各选项后，单击“确定”按钮。

4.7 包覆特征

包覆特征用于将草图包覆到平面或非平面上。

4.7.1 包覆特征的创建

单击“特征”面板中的“包覆”按钮，或者选择“插入”→“特征”→“包覆”命令，弹出“包覆”属性对话框，如图 4-44 所示。选择包覆面、源草图及包覆方式，设定好其他选项，单击“确定”按钮，即可生成包覆特征，示例如图 4-45 所示。

图 4-44 “包覆”属性对话框

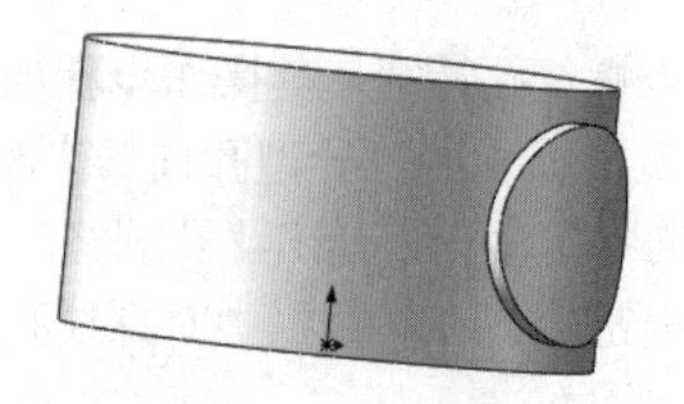

图 4-45 包覆示例

4.7.2 实例：键帽浮雕文字

创建如图 4-46 所示的浮雕文字。

① 打开 4.4.2 节创建的键帽实体，单击“特征”面板中的“基准面”按钮，系统弹出“基准面”属性对话框，选择“上视基准面”作为参考，选择“平行”方式，将“距离”设置得稍高于键帽顶面，单击“确定”按钮，生成一个与上视基准面平行的基准面，如图 4-47 所示。

图 4-46 浮雕文字

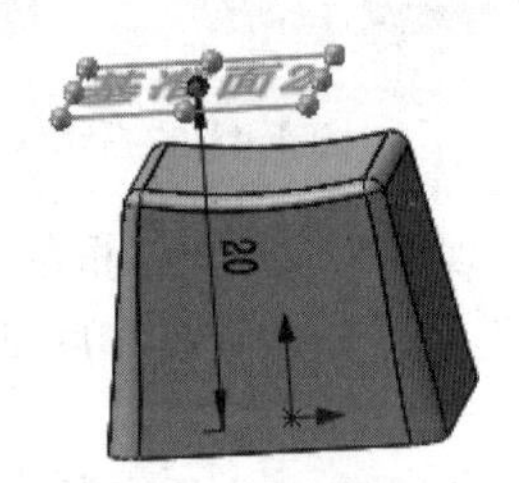

图 4-47 创建基准面

② 在新基准面上用“文字”命令绘制如图 4-48 所示的文字草图，单击绘图区右上角的“退出草图”按钮，退出草图。

③ 选择“包覆”命令，在“包覆”属性管理器中选择“浮雕”方式，选择圆柱面作为“包覆面”，选择文字草图为“源草图”，设置“厚度”为 0.5，单击“确定”按钮，如图 4-49 所示，即可完成浮雕文字。

图 4-48 文字草图

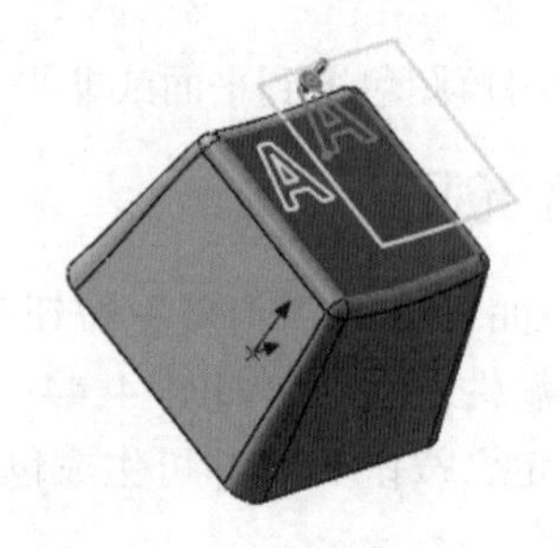

图 4-49 包覆文字

📖 有时候文字草图会造成自相交的轮廓图形，此时在草图状态选中文字，单击鼠标右键，弹出如图 4-50 所示的快捷菜单，选择“解散草图文字”命令，用鼠标拖动相交的关键点修改位置，使得自相交的图形改正，如图 4-51 所示。将所有自相交的位置改正，即可生成浮雕文字了。

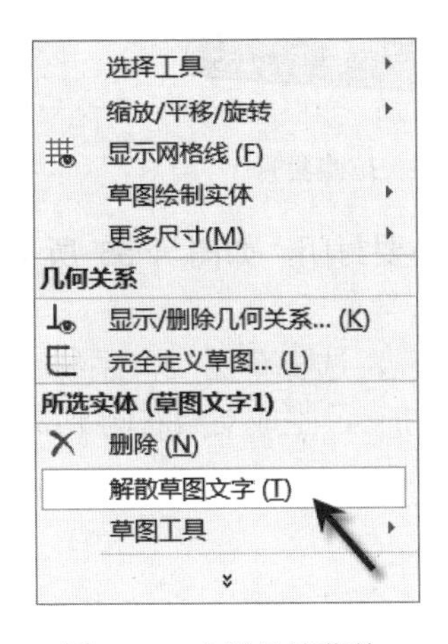

图 4-50　右键快捷菜单

图 4-51　修改自相交文字

4.8　综合实例

4.8.1　支架

按照如图 4-52 所示的要求创建支架的三维实体。

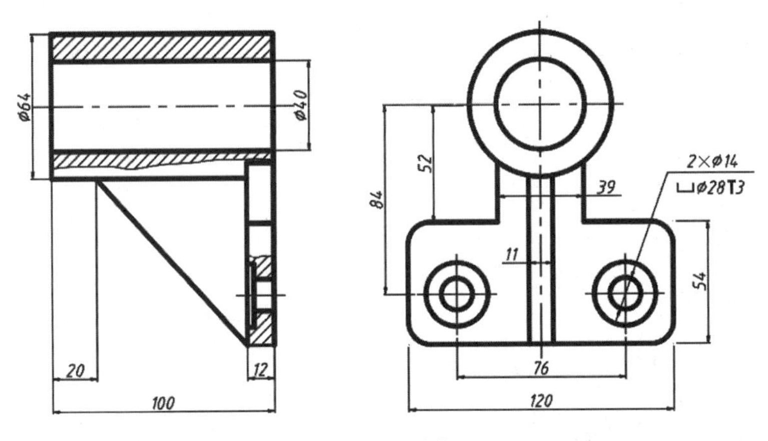

图 4-52　支架

① 选择“右视基准面”，绘制草图 1，如图 4-53 所示，单击绘图区右上角的“退出草图”按钮，退出草图。

② 单击“特征”面板中的“拉伸凸台/基体”按钮，选择草图 1，系统弹出“凸台拉伸”属性对话框，设置“深度”为 100，单击“确定”按钮✔，生成支架上部套筒，如图 4-54 所示。

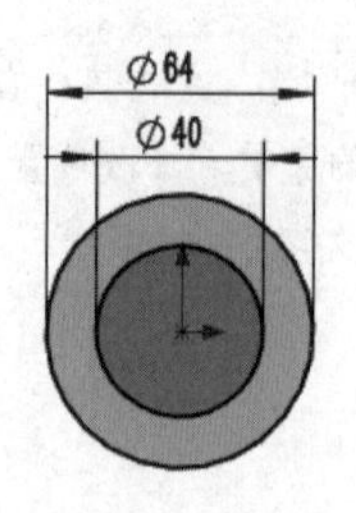

图 4-53　草图 1

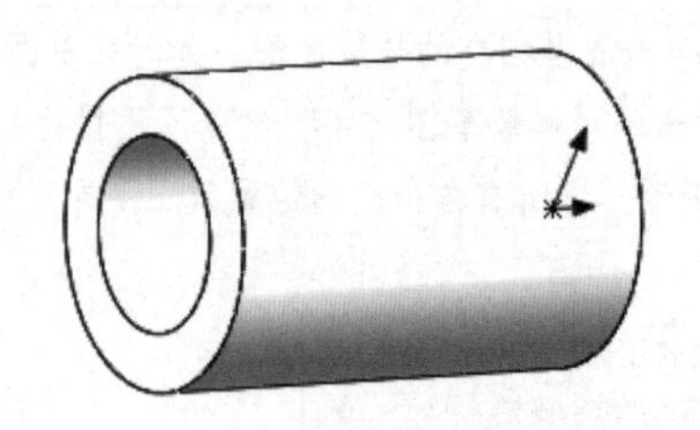
图 4-54　拉伸套筒

③ 选择“右视基准面”，绘制草图 2，注意上色部分要封闭，如图 4-55 所示，单击绘图区域右上角的“退出草图”按钮，退出草图。

④ 单击“特征”面板中的“拉伸凸台/基体”按钮，选择草图 2，系统弹出“凸台拉伸”属性对话框，设置“深度”为 12，单击“确定”按钮，生成支架右侧平板，如图 4-56 所示。

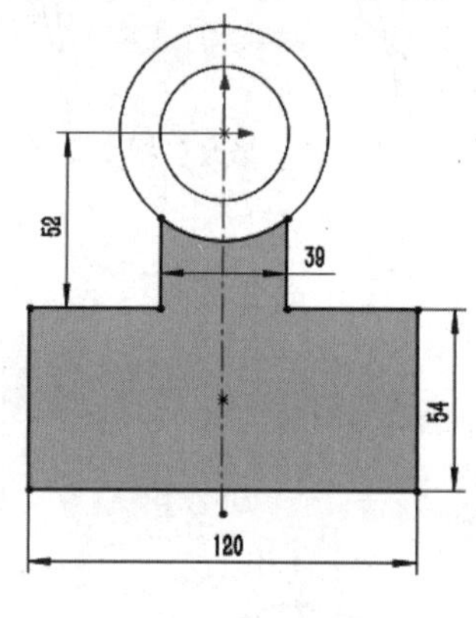

图 4-55　草图 2

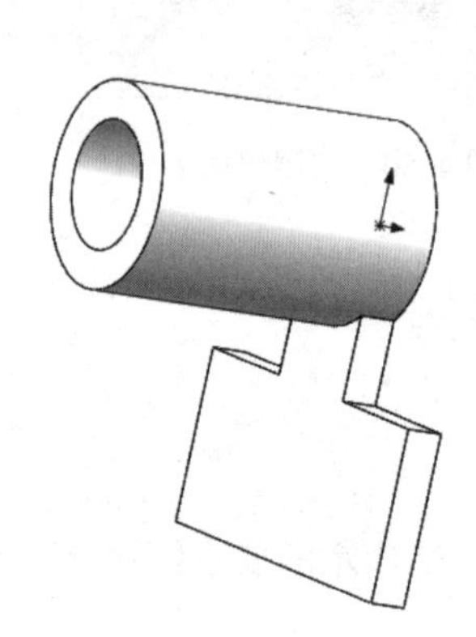
图 4-56　草图位置

⑤ 单击“特征”面板中的“圆角”按钮，选择底座的 4 条棱线，选择“等半径”，设置圆角半径为 10，单击“确定”按钮，生成如图 4-57 所示的倒圆角实体。

⑥ 选择“前视基准面”，绘制草图 3，如图 4-58 所示。单击绘图区域右上角的“退出草图”按钮，退出草图。

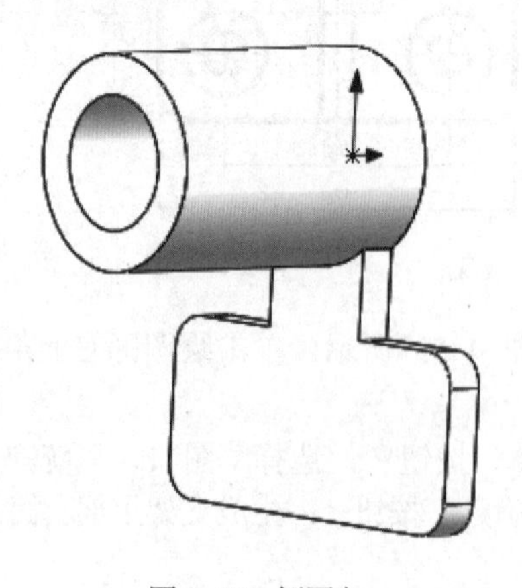
图 4-57　倒圆角

图 4-58　草图 3

⑦ 单击“特征”面板中的“筋”按钮，选择草图 3，设置筋厚度为 11，方向朝实体方向，单击“确定”按钮，生成筋特征，如图 4-59 所示。

⑧ 单击“特征”面板中的“异型孔向导”按钮，选择“孔规格”属性对话框中的“旧制孔”按钮，选择“柱形沉头孔”，按照图 4-60 所示进行参数设置，选择“位置”选项卡，然后单击底板正面放置沉头孔，并且按照图 4-61 所示设置定位尺寸，单击“确定”按钮，结果如图 4-62 所示。

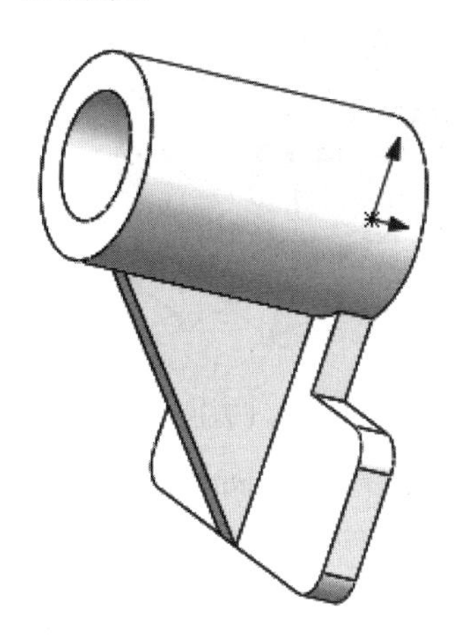

图 4-59　生成筋特征

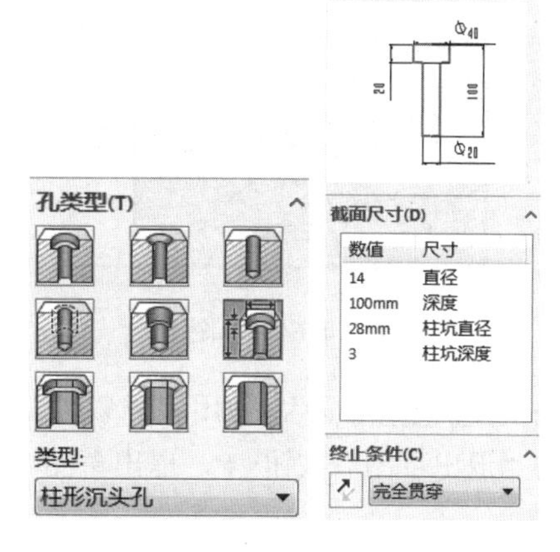

图 4-60　孔参数设置

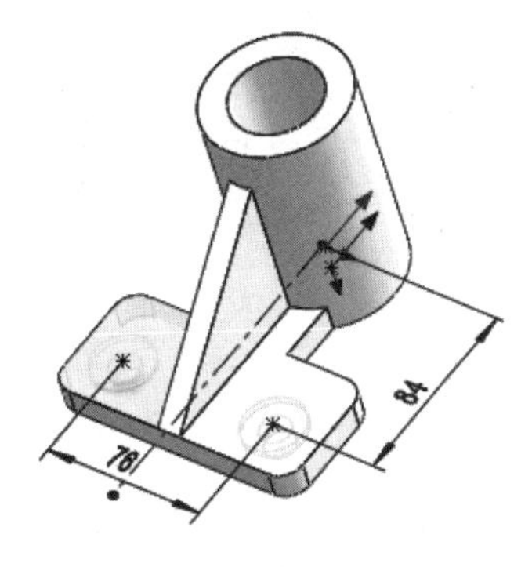

图 4-61　设置孔定位尺寸

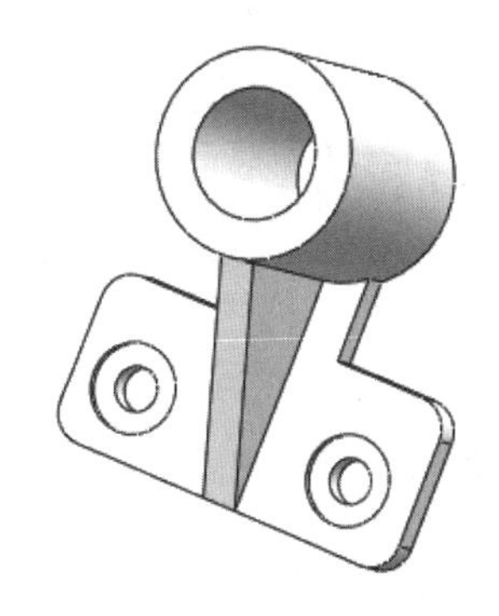

图 4-62　完成图

4.8.2　鼠标（上）

创建如图 4-63 所示的鼠标壳体。

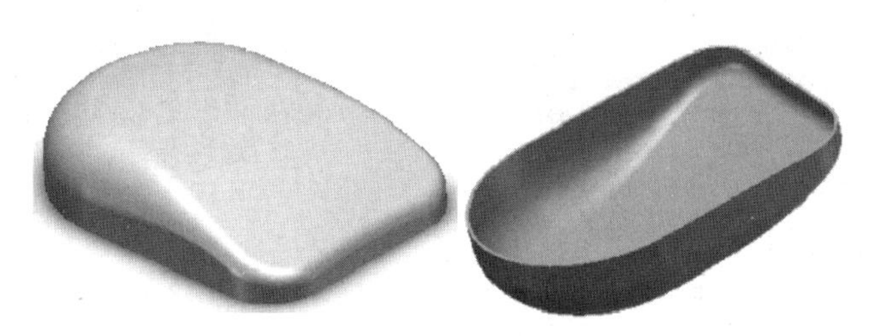

图 4-63　鼠标壳体

① 选择“上视基准面”，绘制草图 1，如图 4-64 所示，单击绘图区右上角的“退出草图”按钮，退出草图。

② 单击“特征”面板中的“拉伸凸台/基体”按钮，选择草图 1，系统弹出“凸台拉伸”属性对话框，设置“深度”为“50”，单击“确定”按钮，生成长方体特征，如图 4-65 所示。

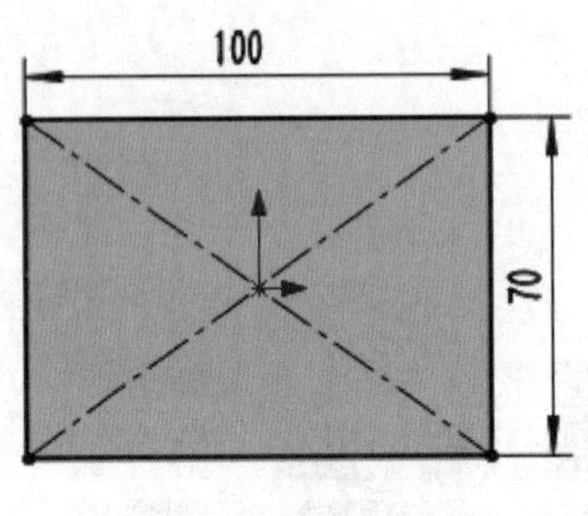

图 4-64　草图 1

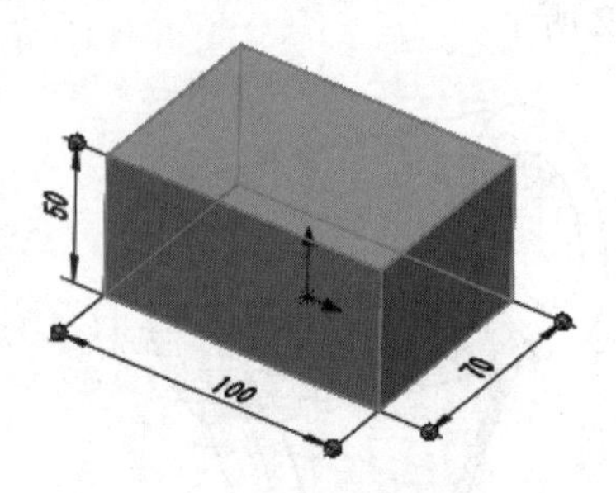

图 4-65　拉伸实体

③ 选择“前视基准面”，使用“样条线”命令，绘制草图 2，如图 4-66 所示，单击绘图区右上角的“退出草图”按钮，退出草图。

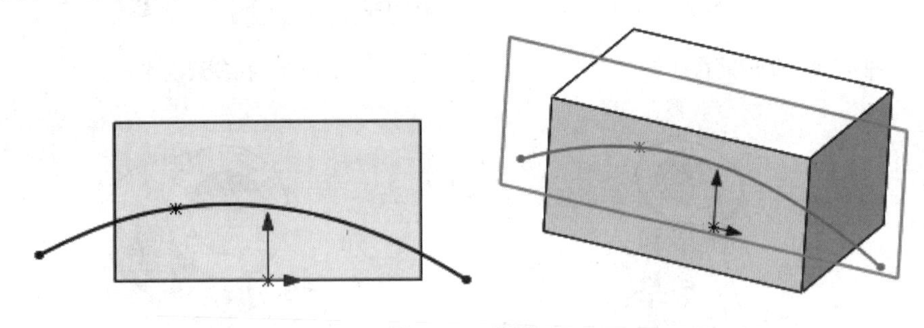
图 4-66　草图 2

④ 单击“特征”面板中的“基准面”按钮，系统弹出“基准面”属性对话框，选择样条线及样条线的端点作为参考，单击“确定”按钮，生成一个与样条线法向垂直的基准面，如图 4-67 所示。

⑤ 选择新基准面，使用“3 点圆弧”命令，绘制草图 3，单击绘图区右上角的“退出草图”按钮，退出草图，如图 4-68 所示。

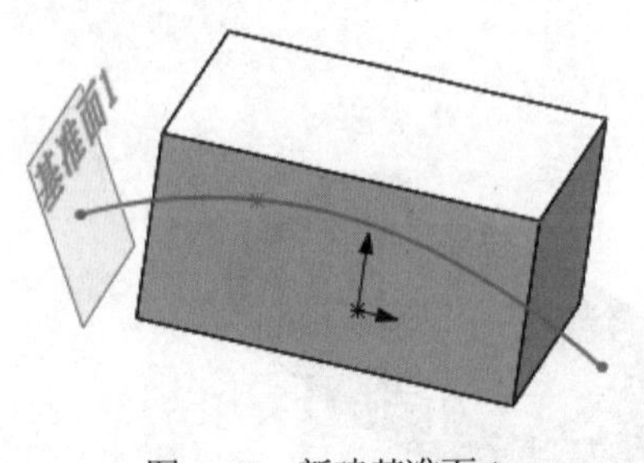

图 4-67　新建基准面 1

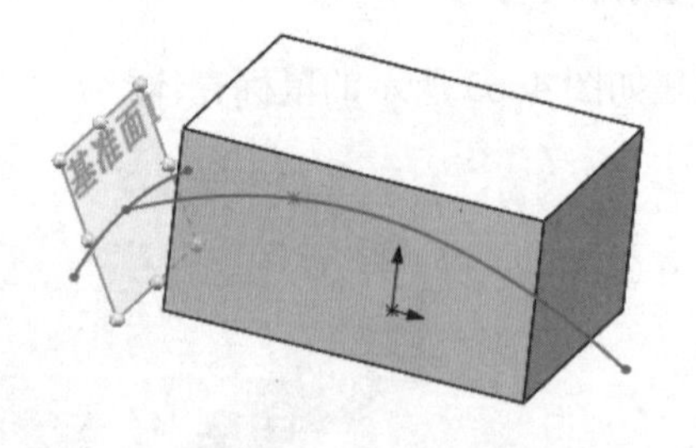

图 4-68　绘制草图 3

⑥ 选择“插入”→“曲面”→“扫描曲面”命令，在弹出的“曲面-扫描”属性对话框

中选择草图 3 作为截面，以草图 2 作为路径，生成一个扫描曲面, 单击“确定”按钮✔，如图 4-69 所示。

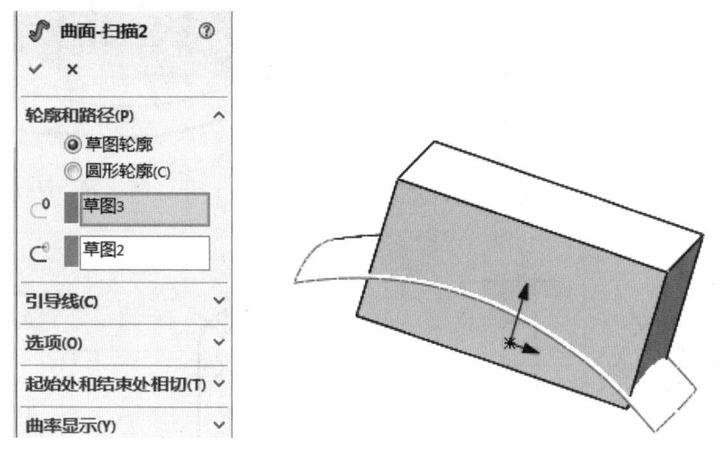

图 4-69　扫描曲面

⑦ 选择“插入”→“切除”→“使用曲面”命令，在弹出的“使用曲面切除”属性对话框中选择扫描面作为切除面，方向向上，单击“确定”按钮✔，结果如图 4-70 所示。

⑧ 使用“圆角”命令，将“半径”设置为 35，对后面两棱线倒圆角；将“半径”设置为 15，对前面两棱线倒圆角，结果如图 4-71 所示。

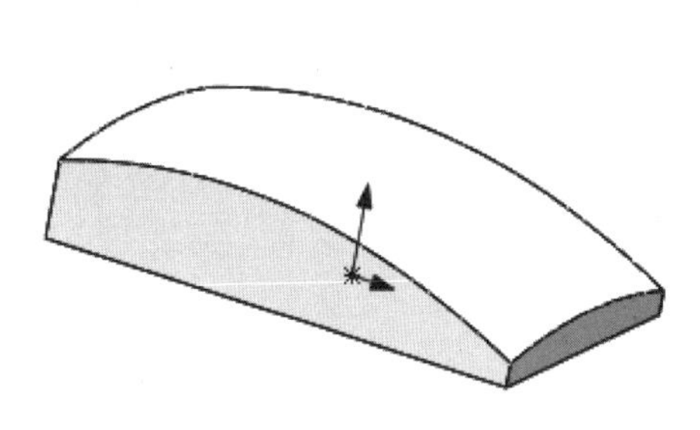

图 4-70　曲面切除

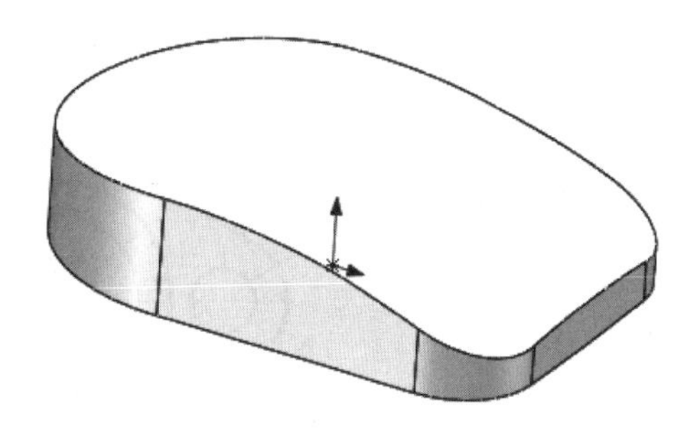

图 4-71　前后倒圆角

⑨ 使用“圆角”命令，以“变半径”方式，按照如图 4-72 所示的位置和尺寸设置圆角，结果如图 4-73 所示。

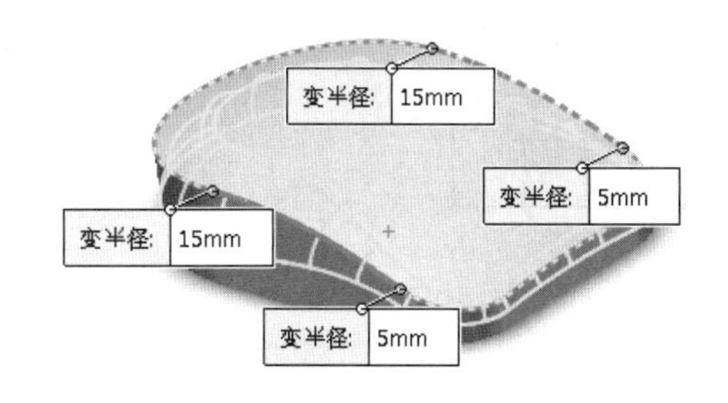

图 4-72　设置变半径圆角

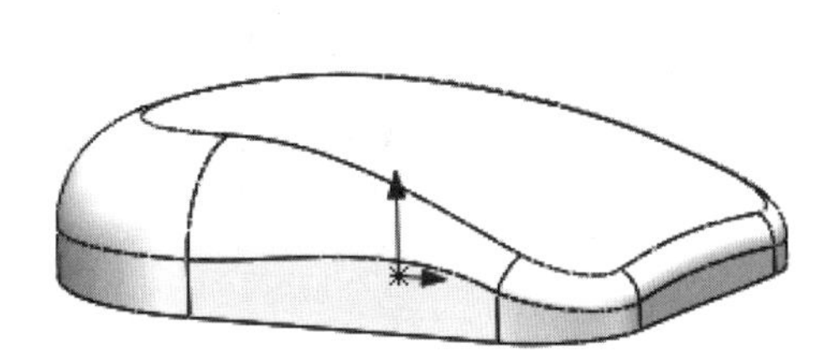

图 4-73　变半径圆角完成

⑩ 执行“抽壳”命令，在弹出的“抽壳”属性对话框中，指定“厚度”为 1，选择实体的底面作为开放面，单击“确定”按钮✓，即可生成鼠标壳体，最终结果如图 4-74 所示。

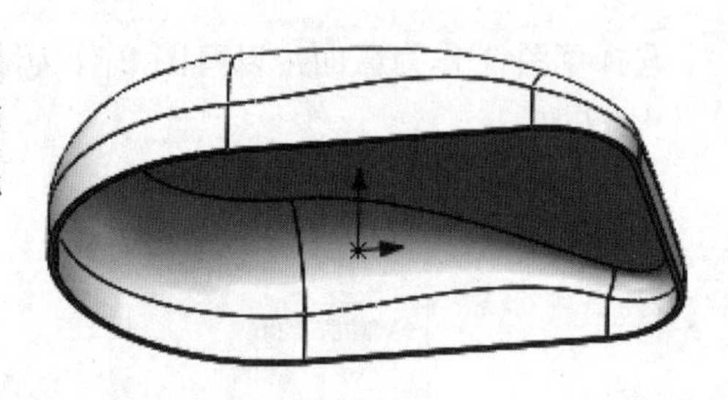

图 4-74　鼠标壳体

4.9　课后练习

根据二维工程图完成三维特征练习，如图 4-75 所示。

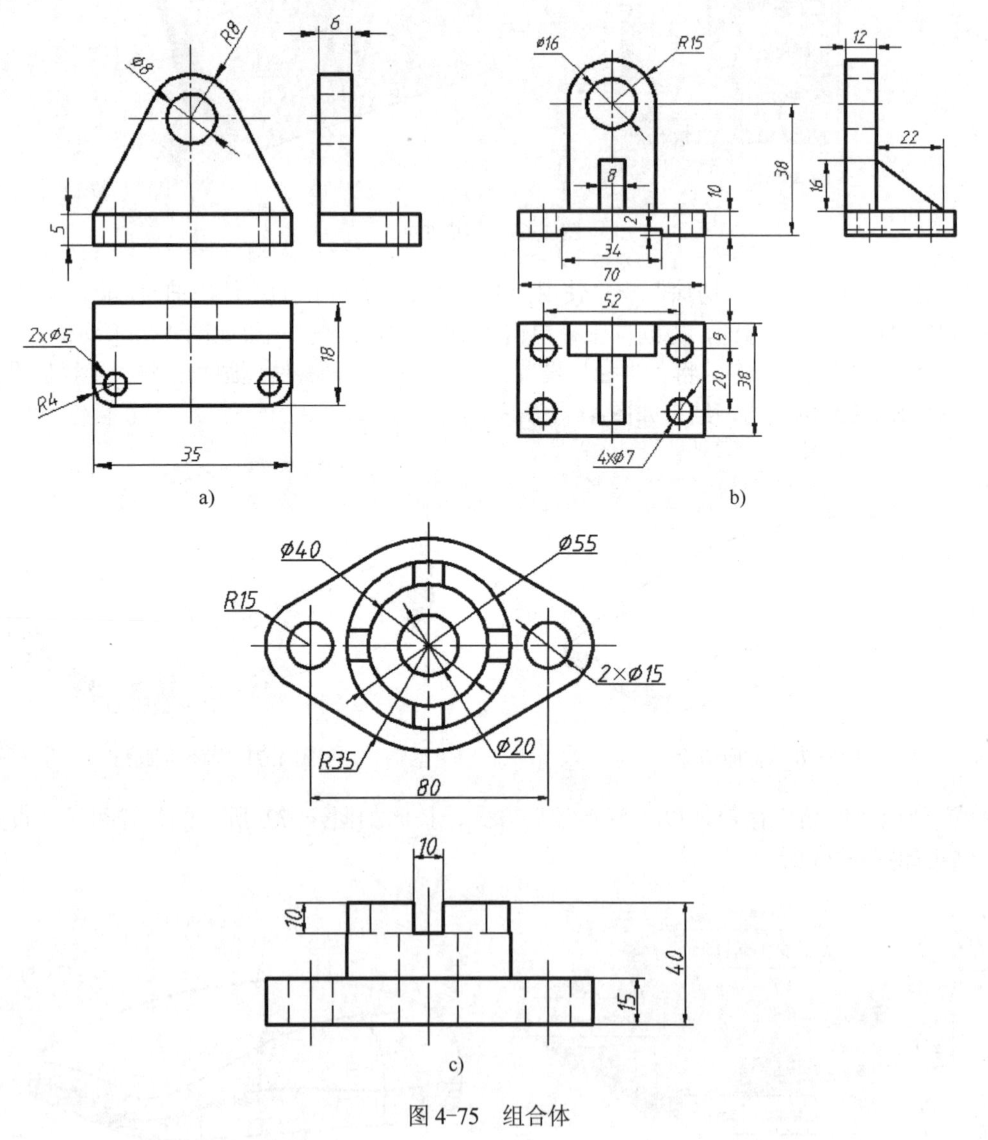

图 4-75　组合体

第 5 章　实体特征编辑

SolidWorks 2017 提供了强大的特征编辑功能。特征编辑是指在不改变已有特征的基本形态下，对其进行整体的复制、缩放、更改的方法，包括阵列特征、镜像特征、复制与删除特征、属性编辑等命令。运用特征编辑工具，可以更方便、更准确地完成零部件特征。

本章重点：

- 阵列特征
- 镜像特征
- 属性编辑

5.1　阵列特征

阵列特征是指将特征沿线性、圆周或者其他曲线进行均匀的复制。

5.1.1　线性阵列特征

线性阵列是指在一个方向或两个相互垂直的方向上生成的阵列特征。

单击“特征”面板中的“线性阵列”按钮，系统显示“线性阵列”属性对话框，如图 5-1 所示。

阵列对象可以是特征、面或者实体。在“方向 1”选项卡中，设置方向 1、间距和沿方向 1 的阵列数目；在“方向 2”选项卡中，设置方向 2、间距和沿方向 2 的阵列数目；选择要阵列的特征、面或者实体。设置好各选项后，单击“确定”按钮，最终生成的线性阵列特征效果如图 5-2 所示。

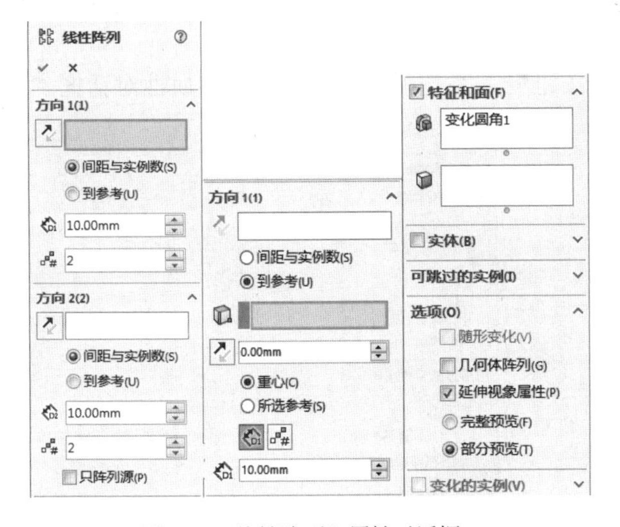

图 5-1 “线性阵列”属性对话框

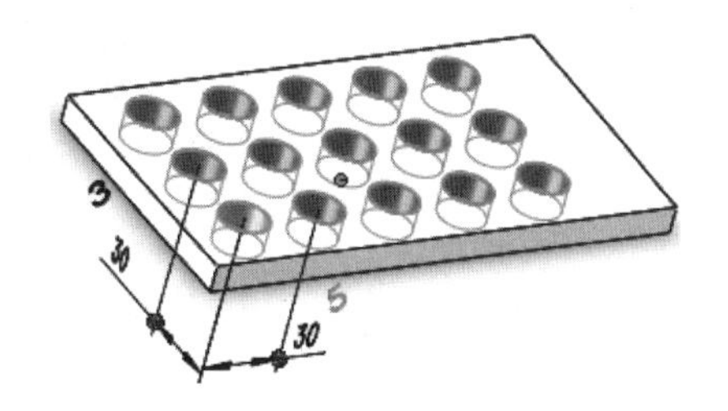

图 5-2　线性阵列示例

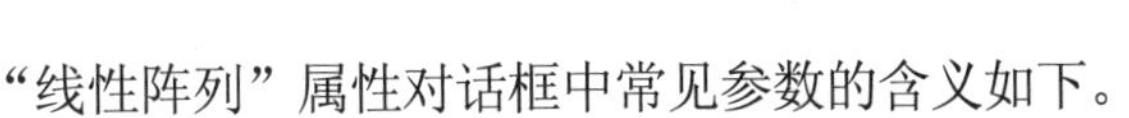

“线性阵列”属性对话框中常见参数的含义如下。

- 阵列方向：为方向 1 的阵列设置方向。选择线性边线、直线、轴、尺寸、平面的面和曲面、圆锥面和曲面、圆形边线和参考平面。

间距与实例数：单独设置实例数和间距。

- 到参考：根据选定参考几何图形设置实例数和间距。
- “间距”：设置阵列实例之间的间距。
- “实例数”：设置阵列实例数。此数量包括原始特征。
- “参考几何体”：设置控制阵列的参考几何图形。
- 偏移距离：从参考几何图形设置上一个阵列实例的距离。
- “反转等距方向”：反转从参考几何图形偏移阵列的方向。
- 重心：计算从参考几何图形到阵列特征重心的偏移距离。
- 所选参考：计算从参考几何图形到选定源特征几何图形参考的偏移距离。
- “要阵列的特征”：使用用户所选择的特征作为源特征来生成阵列。
- “要阵列的面”：使用构成特征的面生成阵列。在图形区域中选择特征的所有面。这对于只输入构成特征的面而不是特征本身的模型很有用。
- “要阵列的实体/曲面实体”：使用用户在多实体零件中选择的实体生成阵列。
- “可跳过的实例”：在生成阵列时跳过在图形区域中选择的阵列实例。
- 随形变化：允许重复时执行阵列更改。
- 几何体阵列：只使用对特征的几何体（面和边线）来生成阵列，而不阵列和求解特征的每个实例。
- 延伸视象属性：将颜色、纹理和装饰螺纹数据延伸给所有阵列实例。

说明：阵列方向（方向 1 和方向 2）可选择模型边线。阵列的方向可通过阵列的方向箭头调整。

5.1.2 圆周阵列特征

圆周阵列是指阵列特征绕着一个基准轴进行特征复制，它主要用于圆周方向特征均匀分布的情形。

单击“特征”面板中的“圆周阵列”按钮，系统弹出“圆周阵列”属性对话框，如图 5-3 所示。

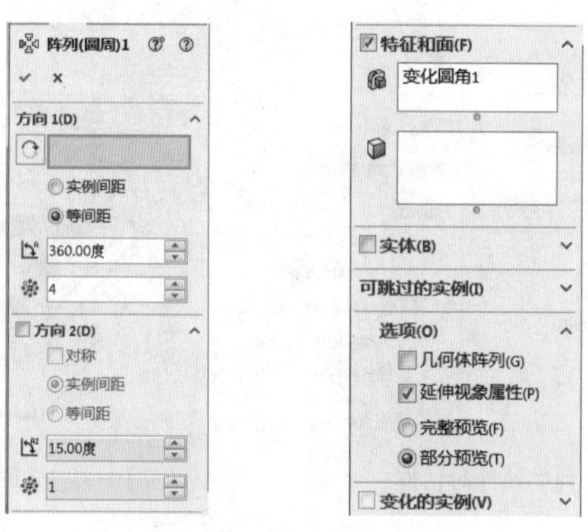

图 5-3 “圆周阵列”属性对话框

在“参数”选项卡中，设置阵列轴、阵列的角度和阵列数目，在“要阵列的特征”选项卡中，选择要阵列的特征，设置好各选项后，单击“确定”按钮✔，最终生成的圆周阵列特征效果如图 5-4 所示。

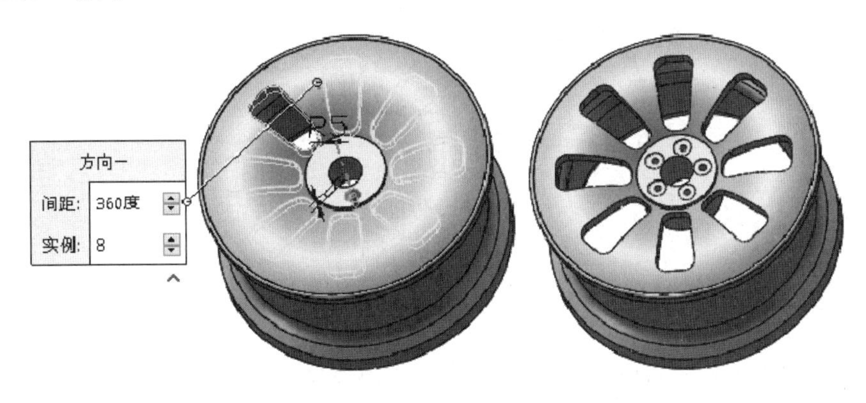

图 5-4 圆周阵列示例

5.1.3 曲线驱动的阵列特征

曲线驱动的阵列是指特征沿着指定曲线的方向进行特征复制。下面以一个实例来讲述命令的执行步骤。

① 创建一个平板特征，并在其上创建一个小孔。然后在平板上表面绘制一条曲线草图，如图 5-6 所示。

② 单击“特征”面板中的“曲线驱动的阵列”按钮，系统弹出“曲线阵列”属性对话框，如图 5-5 所示。选择曲线为方向 1，指定数量为 5，选中“等间距”复选框；选择上边线为方向 2，指定数量为 5，选择小孔为“要阵列的特征”，其他参数保持默认，单击“确定”按钮✔，即可完成如图 5-6 所示的阵列特征。

图 5-5 “曲线阵列”属性对话框

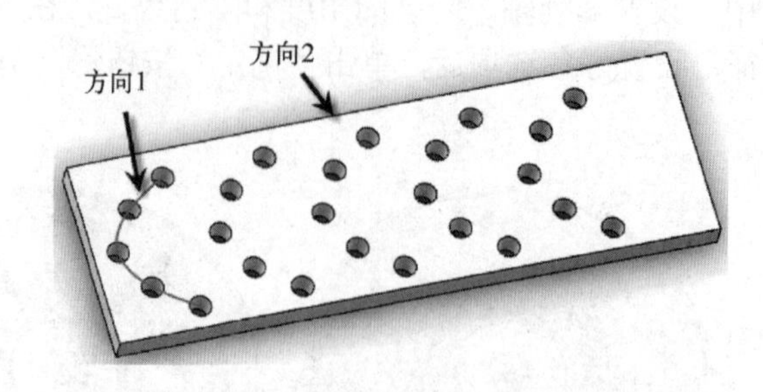

图 5-6　曲线阵列

5.1.4　草图驱动的阵列特征

草图驱动的阵列是指特征沿着草图给定的关键点进行特征复制。下面以一个实例来讲述命令的执行步骤。

① 创建一个圆盘特征，并在其上创建一个小柱体。然后在平板上表面绘制一个由若干关键点组成的草图，如图 5-7a 所示。

② 单击“特征”面板中的“草图驱动的阵列”按钮，系统弹出“草图阵列”属性对话框，如图 5-8 所示。选择新绘制的草图为关键草图，选择小柱体作为“要阵列的特征”，其他参数保持默认，单击“确定”按钮，即可完成如图 5-7b 所示的阵列特征。

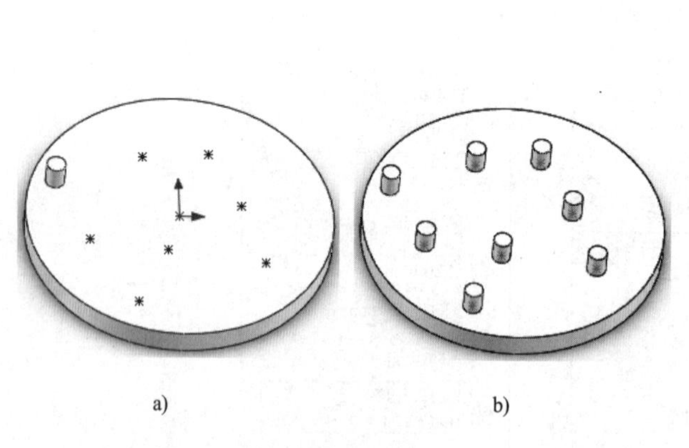

图 5-7　草图驱动的阵列

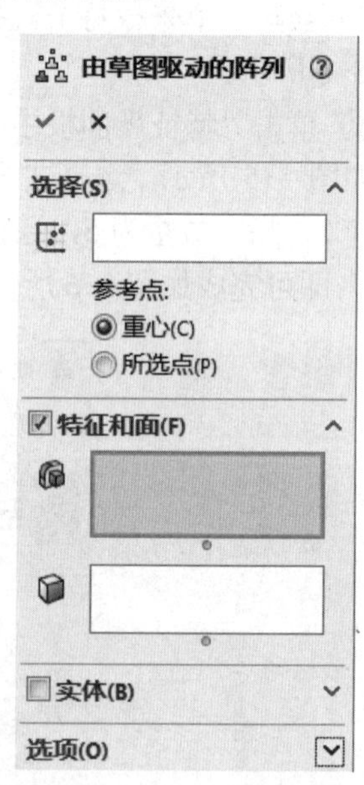

图 5-8 “草图阵列”属性对话框

5.1.5　实例：轮胎

创建如图 5-9 所示的轮胎，尺寸自定。

图 5-9　轮胎

① 选择“前视基准面”，使用“样条曲线”命令，结合对称约束及相切约束等工具，绘制如图 5-10 所示的草图 1。单击绘图区域右上角的“退出草图”按钮，退出草图。

② 单击“特征”面板中的“旋转凸台/基体”按钮，弹出“旋转”属性对话框，选择水平过渡线作为旋转轴，单击“确定”按钮，即可生成旋转实体，如图 5-11 所示。

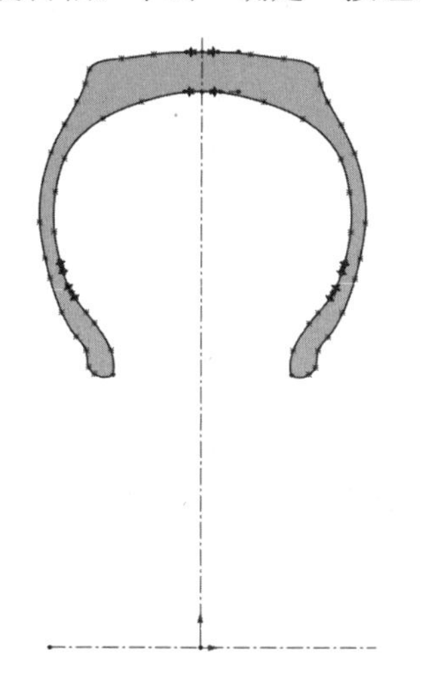

图 5-10　草图 1

图 5-11　旋转实体

③ 退出选择“上视基准面”，绘制草图 2，位置如图 5-12 所示。单击绘图区域右上角的“退出草图”按钮，退出草图。

④ 单击“特征”面板中的“包覆”按钮，选择草图 2 作为源草图，选择轮胎外表面作为目标面，选择“蚀雕”方式，单击“确定”按钮，即可生成轮胎横向凹槽，如图 5-13 所示。

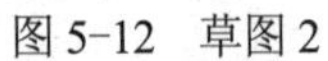

图 5-12　草图 2

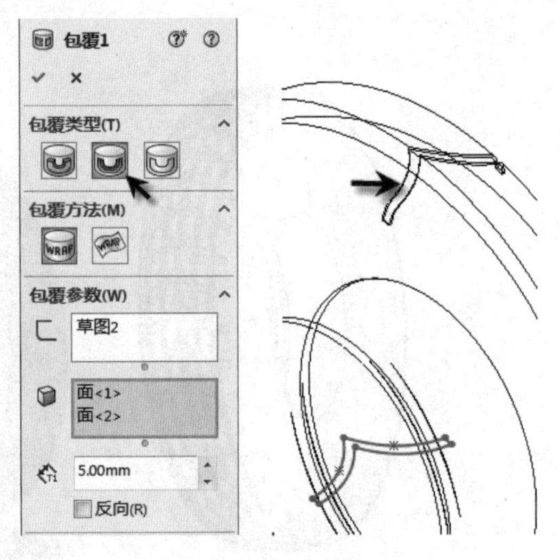

图 5-13　包覆

⑤ 选择“前视基准面”，绘制草图 3，注意要加上一根轴线，位置如图 5-14 所示。单击绘图区域右上角的“退出草图”按钮，退出草图。

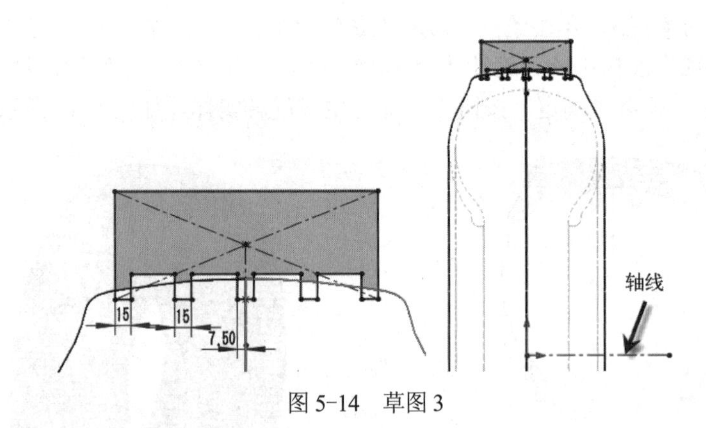

图 5-14　草图 3

⑥ 单击“特征”面板中的“旋转切除”按钮，系统弹出“切除-旋转”属性对话框，设置好截面草图及旋转轴，单击“确定”按钮，切除生成实体，如图 5-15 所示。

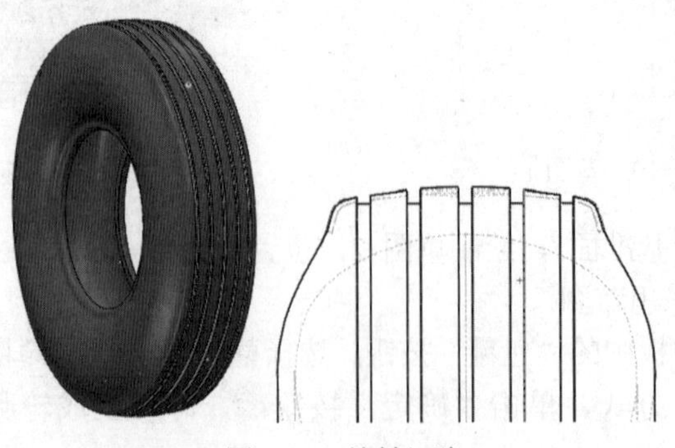

图 5-15　旋转切除

⑦ 单击“特征”面板中的“圆周阵列”按钮，系统弹出“圆周阵列”属性对话框，选择

第④步使用“包覆”命令创建的凹槽作为阵列特征，以轮胎轴线作为阵列轴，设置适当的阵列数量，单击“确定”按钮✔，即可完成轮胎花纹的创建。最终结果如图 5-9 所示。

5.2 镜像特征

镜像特征是以基准面作为参考生成镜像复制特征，一般用于零件上的对称结构，如图 5-16 所示。

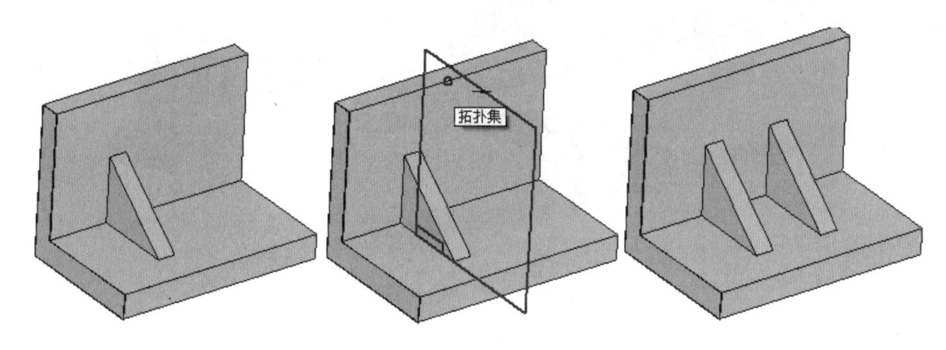

图 5-16　镜像特征

5.2.1 镜像特征的创建

镜像后的特征与原始特征相关联，如果原始特征被更改或者删除，则镜像复制特征也会相应更新，不能直接修改镜像特征。

单击“特征”面板中的“镜像”按钮，系统显示“镜像”属性对话框，如图 5-17 所示。

在“镜像”属性对话框中，指定镜像面；选取一个或多个要镜像的特征，设置好各选项后，单击“确定”按钮✔，即可完成镜像特征操作，示例如图 5-18 所示。

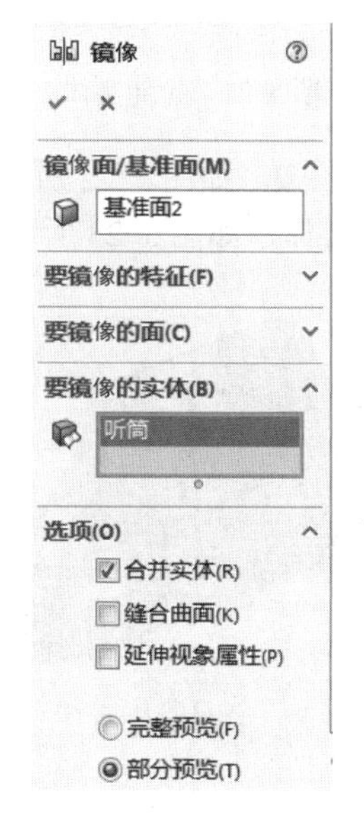

图 5-17 “镜像”属性对话框

图 5-18　镜像特征

5.2.2 实例：千斤顶底座

创建如图 5-19 所示的千斤顶底座，其尺寸见步骤中的数值。

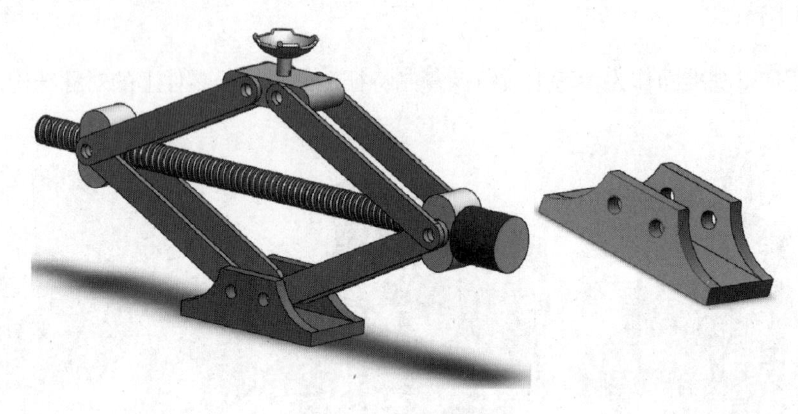

图 5-19　千斤顶及底座

① 选择“前视基准面”，绘制草图 1，形状及尺寸如图 5-20 所示。

② 使用“拉伸基体/凸台”命令，设置拉伸深度为 13，生成实体，如图 5-21 所示。

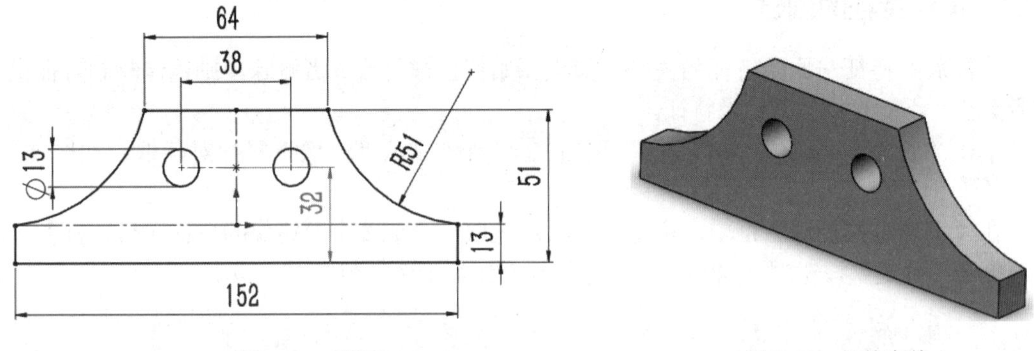

图 5-20　草图 1　　图 5-21　拉伸实体 1

③ 选择实体的侧面作为草图面，绘制一个细长的矩形作为草图 2，如图 5-22 所示。

④ 使用“拉伸基体/凸台”命令，设置拉伸深度为 25，生成实体，如图 5-23 所示。

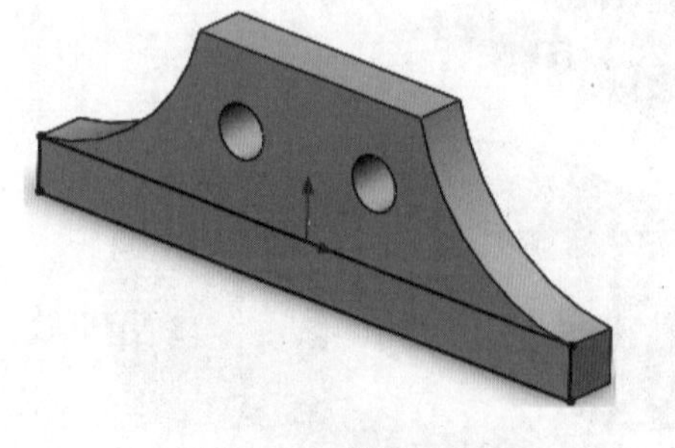

图 5-22　草图 2

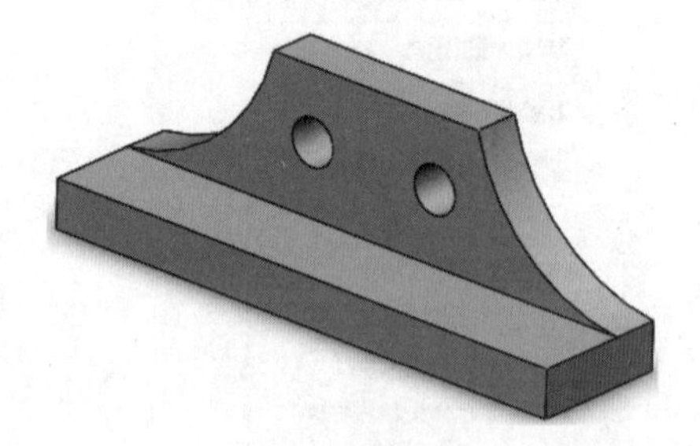

图 5-23　拉伸实体 2

⑤ 选择“镜像”命令，然后选择图 5-24 中箭头所指的平面作为镜像面，将前面的实体

进行镜像处理，即可完成千斤顶底座。

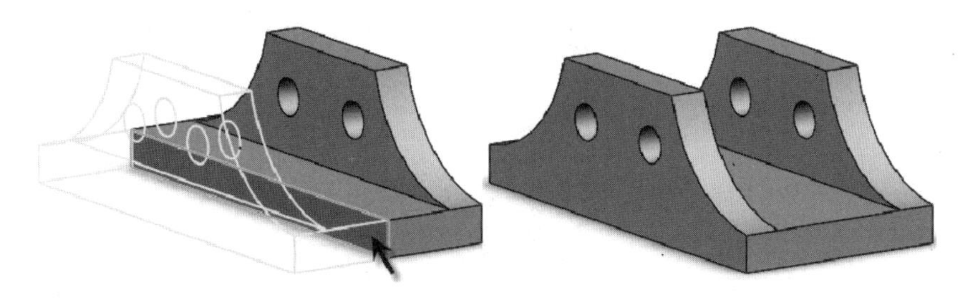

图 5-24　镜像实体

5.3　属性编辑

属性编辑不仅包括整个模型的属性编辑，还包括对模型中的实体和组成实体的特征进行编辑。属性编辑主要包括材质属性、外观属性、特征参数修改、修改特征创建顺序和信息统计等方面内容。

5.3.1　材质属性

在默认情况下，系统并没有为模型指定材质，可以根据加工实际零件所使用的材料，为模型指定材质。操作步骤如下。

① 打开任意一个零件，如图 5-25 所示。

② 在设计树中选择“材质”选项，如图 5-25 箭头所示。

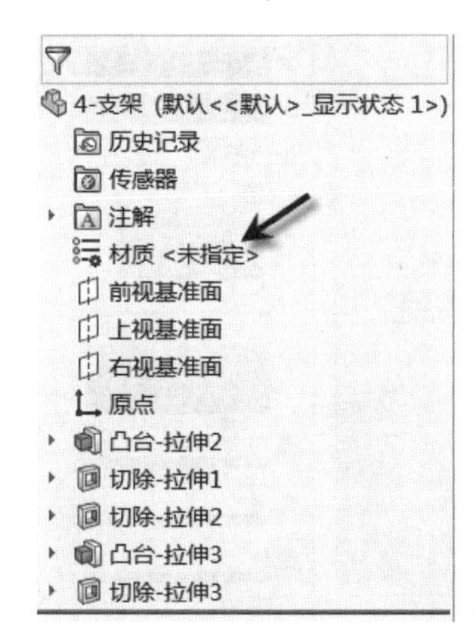

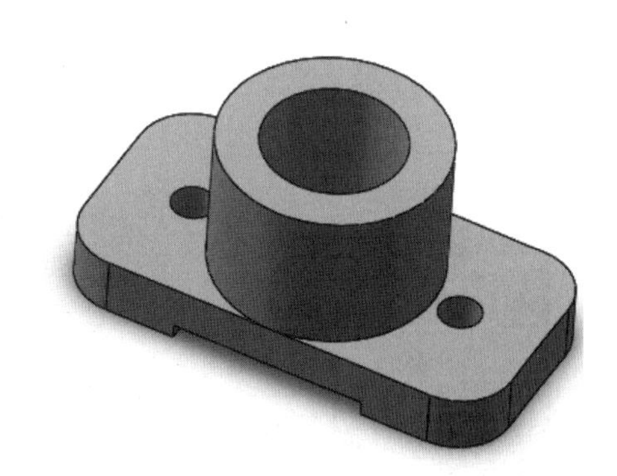

图 5-25　零件及设计树

③ 单击鼠标右键，弹出如图 5-26 所示的快捷菜单，选择“可锻铸铁”命令，查看赋予材质后的模型。

④ 如果需要编辑修改材料，选择设计树中的“可锻铸铁”选项，单击鼠标右键，选择“管理收藏”命令，弹出如图 5-27 所示的“材料”对话框，选择新材料，例如“灰铸铁”，单击“应用”和“关闭”按钮可以查看赋予新材质后的模型。

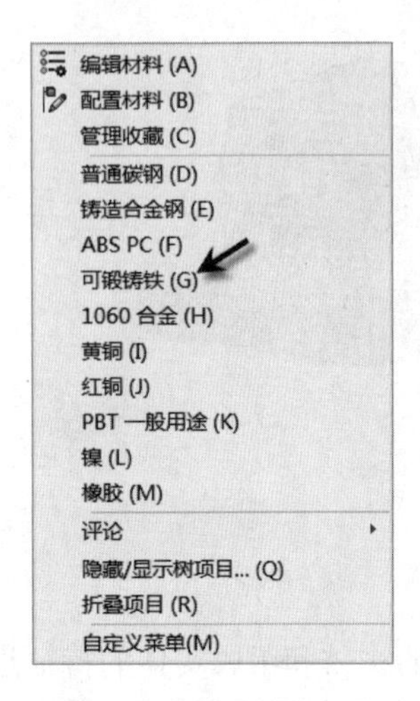

图 5-26　材质快捷菜单

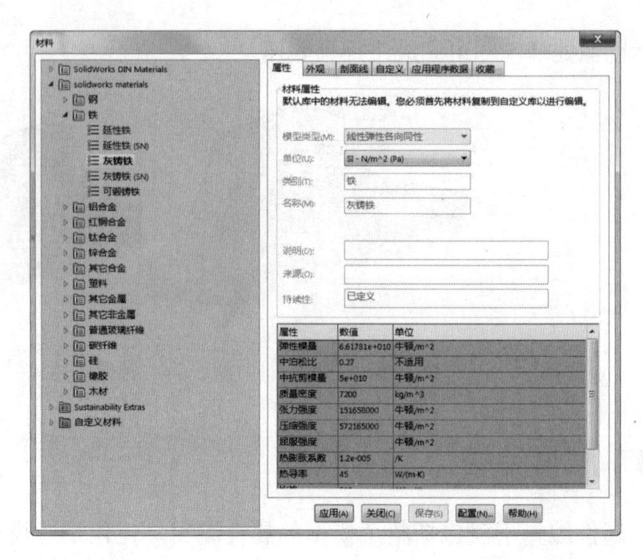

图 5-27　“材料”对话框

5.3.2　外观属性

无论是模型，还是实体或单个特征，都可以修改其表面的外观属性，如需修改颜色，操作步骤如下。

① 单击设计树中的“显示管理”按钮，然后双击材料处，如图 5-28 所示，或者单击前导视图工具栏中的按钮，系统弹出如图 5-29 所示的“外观”属性对话框。

图 5-28　设计树

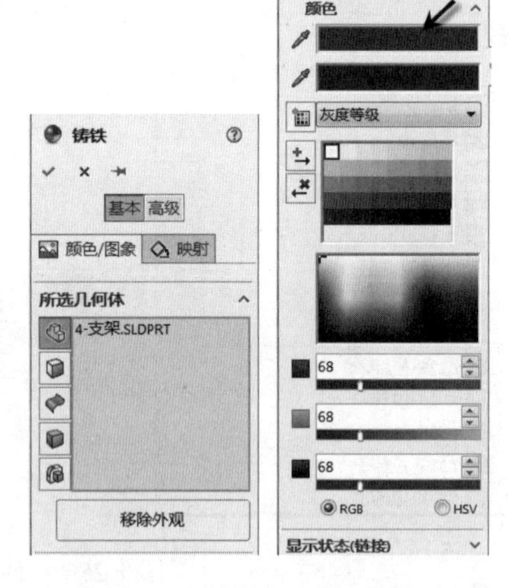

图 5-29　“外观”属性对话框

② 在“外观”属性对话框中的“所选几何体”选项卡中，可以分别选择不同的零件、面、实体或特征来修改不同的颜色。

③ 单击“颜色”选项卡中的“主要颜色”框，如图 5-29 箭头所指处，弹出如图 5-30 所示的“颜色”对话框，选择色块，单击“确定”按钮，即可修改实体的颜色。

如需对模型外观进行高级设置，可以在界面右侧的“外观、布景和贴图”任务窗格中进行设置，如图 5-31 所示。

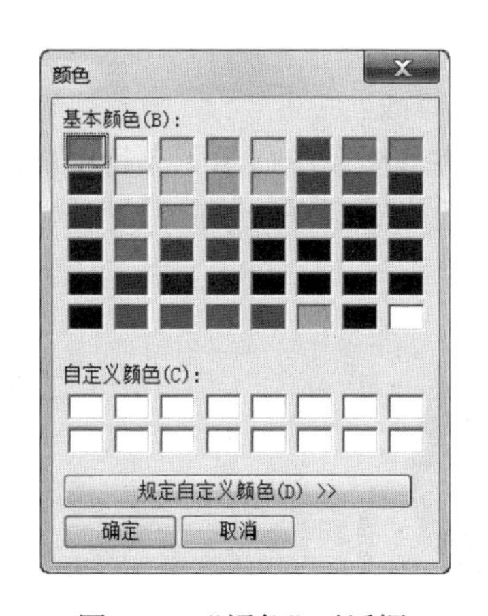

图 5-30 “颜色”对话框

图 5-31 “外观、布景和贴图”任务窗格

5.3.3 特征属性

对于已经建立的特征，可以修改特征的名称、说明和压缩等属性。操作步骤如下。

在设计树中的特征上单击鼠标右键，弹出如图 5-32 所示的快捷菜单，选择“特征属性”命令，弹出如图 5-33 所示的“特征属性”对话框。在其中可以修改“名称”“说明”等内容。

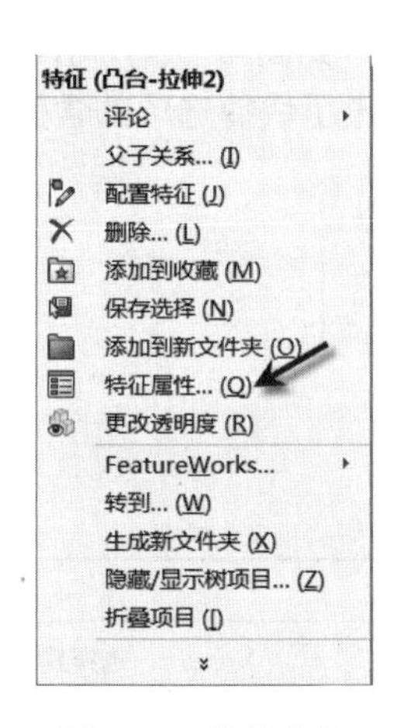

图 5-32 快捷菜单

图 5-33 “特征属性”对话框

“特征属性”对话框中各选项的含义如下。

- 名称：列出所选特征的名称。
- 说明：用于对特征做进一步的解释或注释。
- 压缩：选中该复选框后，表示当前特征将被压缩。是将对象（包括特征和零件等）暂时从当前环境中消除，从而降低模型的复杂程度，提高操作速度。
- 创建者：创建特征者的名称。

- 创建日期：创建特征的日期和时间。
- 上次修改时间：最后保存零件的日期和时间。

5.3.4 特征参数的修改

特征创建完成后，可以对特征的参数或草图进行修改。

在设计树中选择要修改的特征，则在绘图区的实体模型中显示了该特征的几何参数，如图 5-34 所示。双击要修改的尺寸参数，激活“修改”对话框，修改尺寸，单击“确定”按钮。

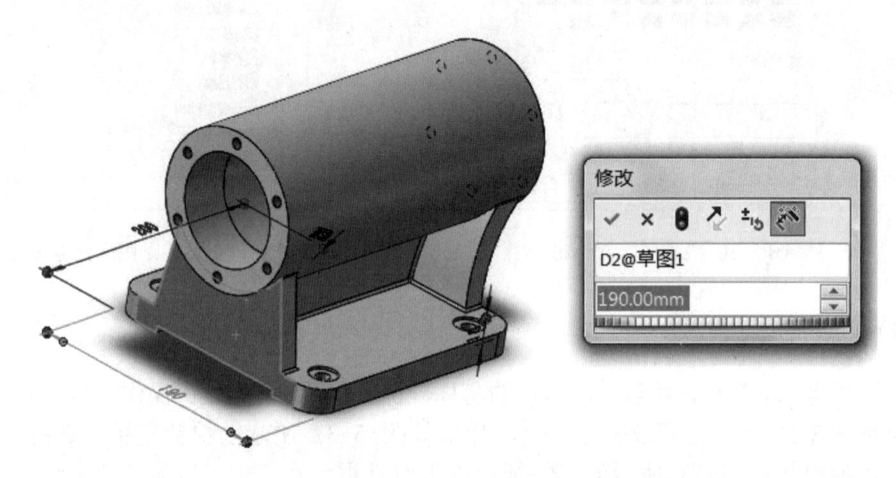

图 5-34 修改特征参数

选择要修改的特征，在该特征的上方出现一些快捷选项，如图 5-35 所示。分别选择相应的选项，即可进行特征和草图的编辑修改。如表 5-1 所示列出了快捷选项的含义。

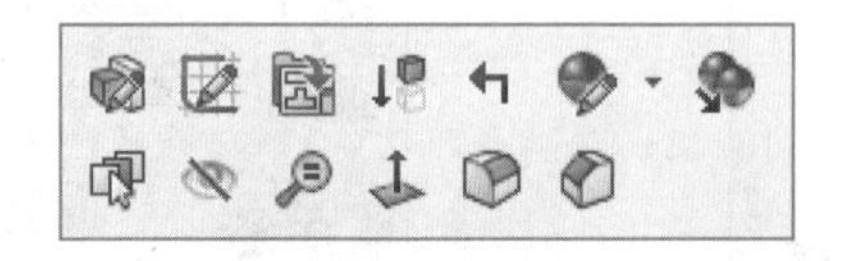

图 5-35 快捷选项

表 5-1 快捷选项含义

图标	含　义	图标	含　义
	编辑特征		选择其他
	编辑草图		隐藏
	打开工程图		放大所选范围
	压缩		正视于
	退回		圆角
	外观		倒角
	复制外观		

5.4 综合实例

5.4.1 鼠标（下）

打开 4.8.2 节创建的鼠标壳，如图 5-36 所示。

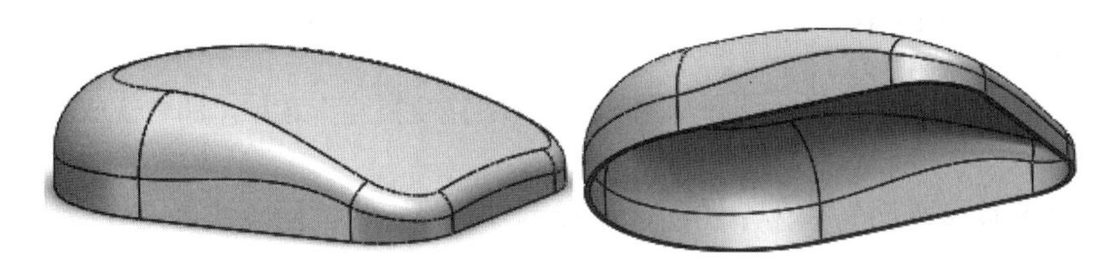

图 5-36　鼠标壳

① 选择“上视基准面”作为草图面进入草图环境，选择“转换实体引用”命令，在弹出的属性对话框中选中“逐个内环面”复选框，如图 5-37 所示，然后单击鼠标上表面的中心区域，即可将封闭的轮廓环图线投影到草图面上，如图 5-38 所示。

图 5-37 “转换实体引用”属性对话框

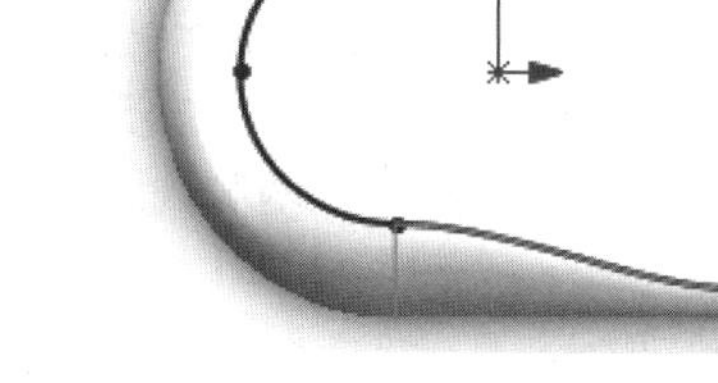

图 5-38　转换实体引用

② 参考图 5-39 所示编辑修改草图。完成草图后，选择“插入”→“曲面”→“拉伸曲面”命令，选择草图 1，设置适当的拉伸距离，拉伸曲面，结果如图 5-40 所示。（注：下一章讲述该命令。）

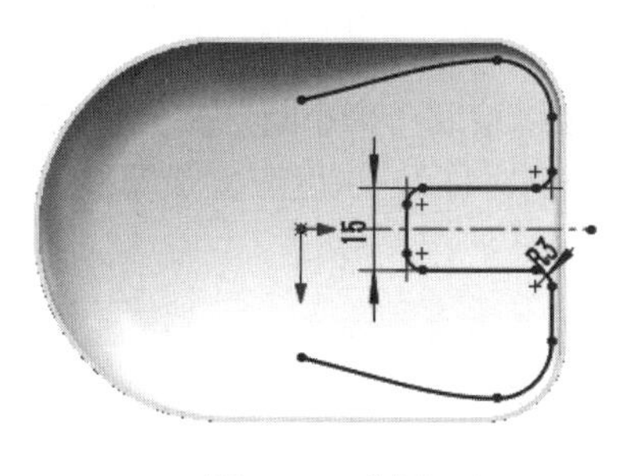

图 5-39　草图 1

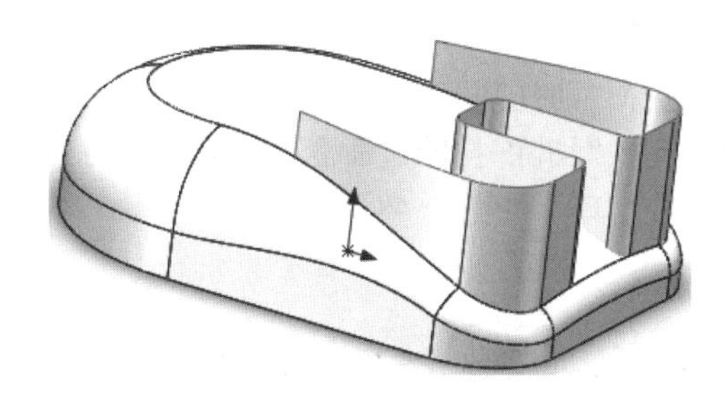

图 5-40　拉伸曲面

③ 选择“插入”→“切除”→“加厚”命令，设置“厚度”为 1，其他参数保持默认，即可生成如图 5-41 所示的凹槽。

④ 选择“上视基准面”作为草图面，绘制如图 5-42 所示的草图 2。

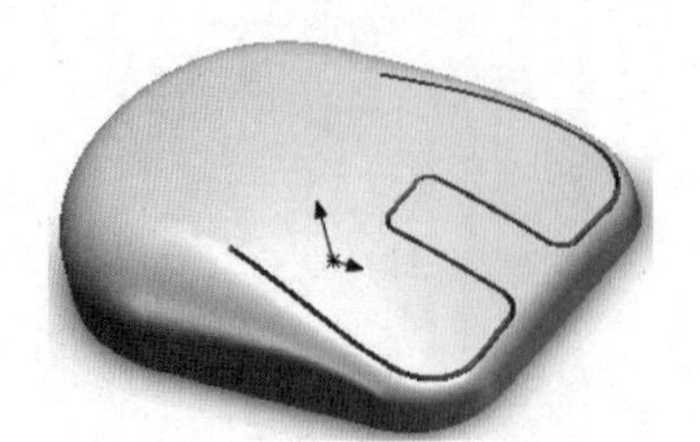

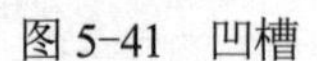

图 5-41　凹槽

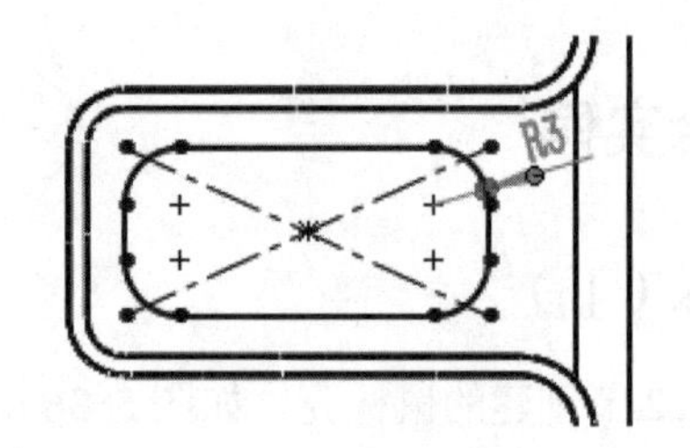

图 5-42　草图 2

⑤ 选择“切除-拉伸”命令，选择草图 2，选择“完全贯穿”选项，即可生成如图 5-43 所示的开孔特征。

⑥ 选择“前视基准面”作为草图面，将显示方式设置为“隐藏线可见”，绘制如图 5-44 所示的草图 3。

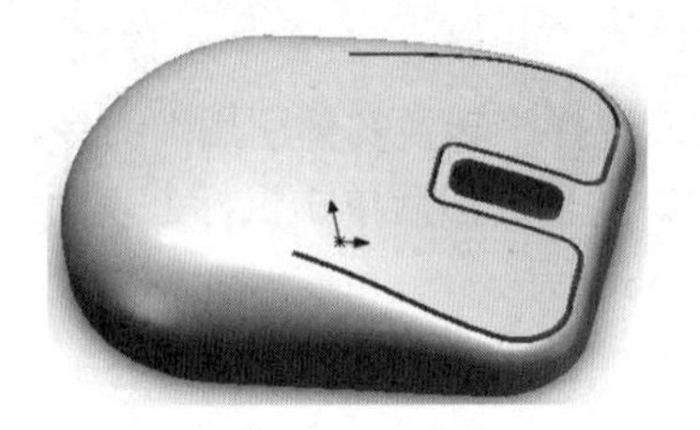

图 5-43　开孔特征

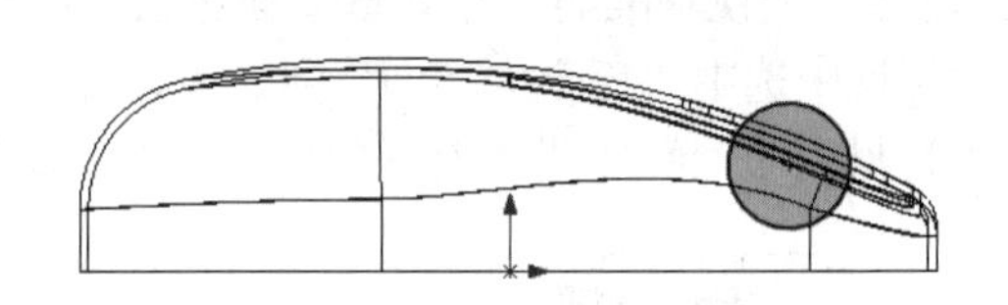

图 5-44　草图 3

⑦ 选择“拉伸凸台/基体”命令，选择草图 3，设置拉伸方式为“两侧对称”，深度应小于孔的宽度，生成一个小圆柱实体，如图 5-45 所示。

⑧ 使用“圆角”命令，将小圆柱两侧倒圆角，如图 5-46 所示。

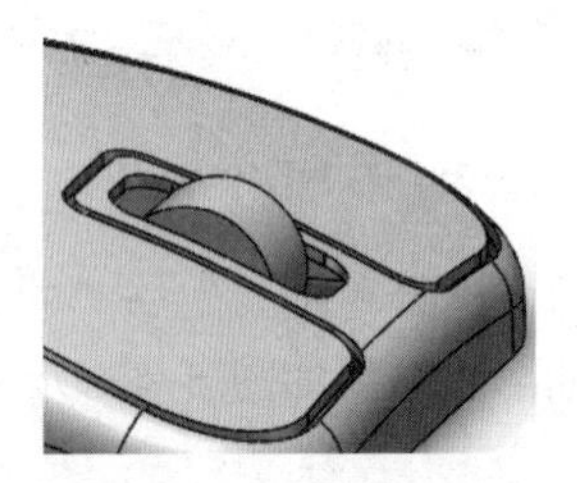

图 5-45　拉伸小圆柱

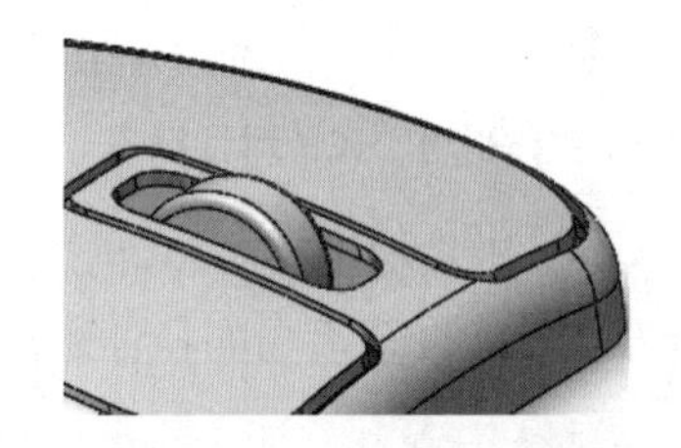

图 5-46　倒圆角

⑨ 选择“前视基准面”作为草图面，在小圆柱的边缘绘制一个小圆，如图 5-47 所示。

⑩ 选择“切除-拉伸”命令，设置拉伸方式为“两侧对称”，深度应大于圆柱的高，生成一个小圆柱切口，如图 5-48 所示。

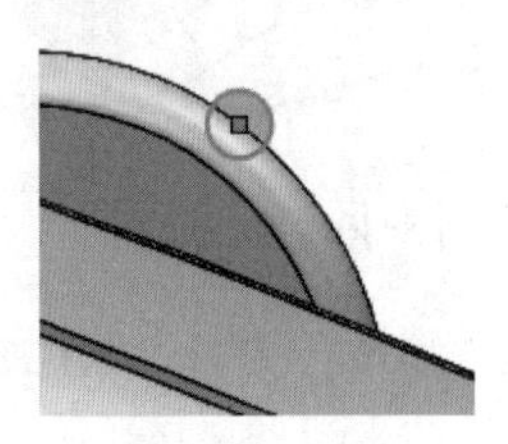

图 5-47　草图 4

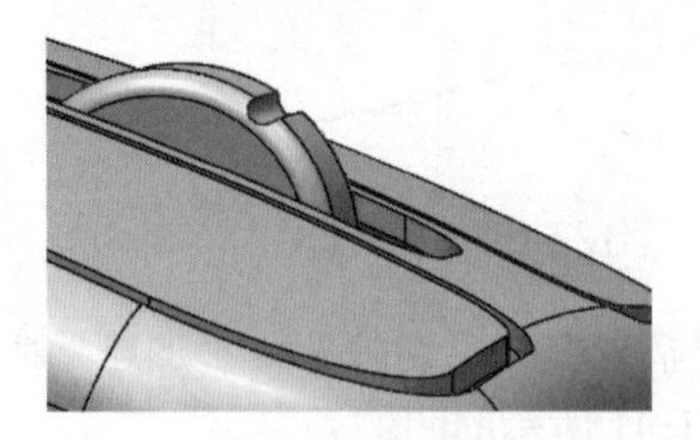

图 5-48　圆柱切口

⑪ 选择“圆周阵列”命令，选择小圆柱的轴线作为阵列轴线，阵列数量可以根据预览效果自行调整，将小圆柱切口阵列后，结果如图 5-49 所示。

最终结果如图 5-50 所示。

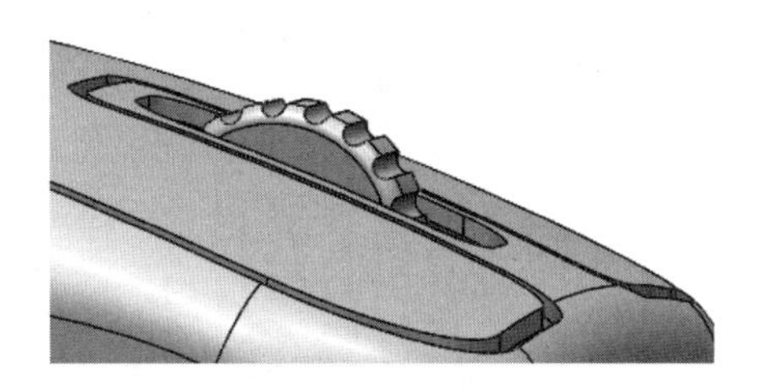

图 5-49　阵列切口

图 5-50　完成图

5.4.2　叉架

根据如图 5-51 所示的叉架工程图，创建其三维特征。

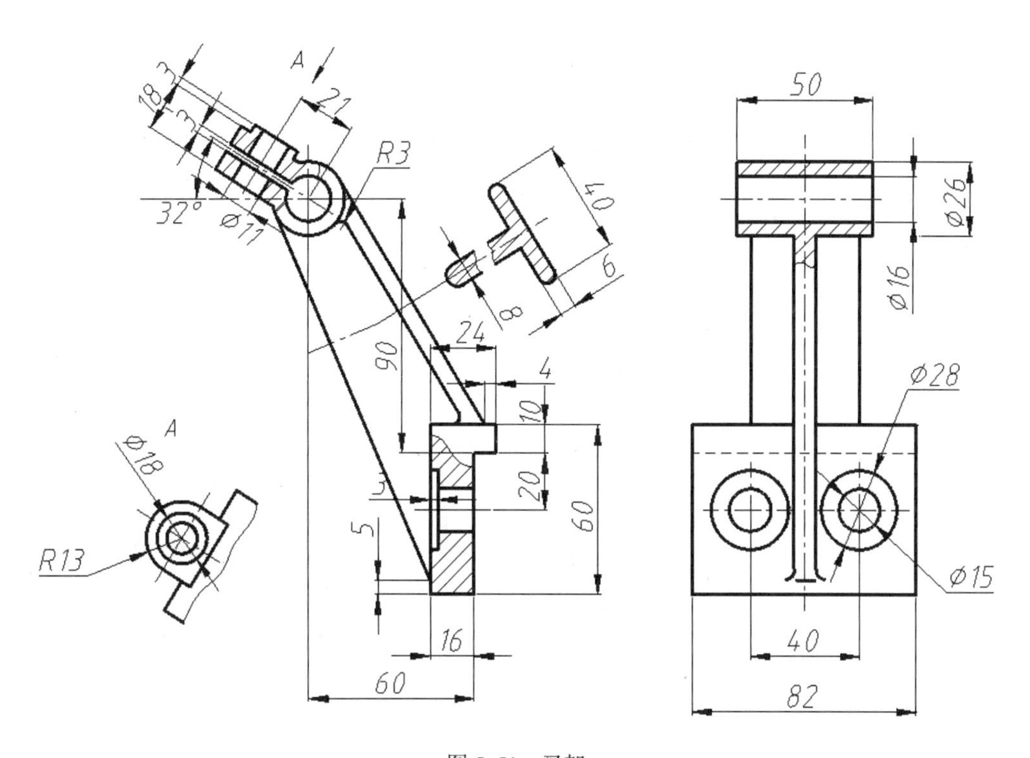

图 5-51　叉架

叉架类零件千姿百态，多数形状和结构并不端正，但一般都大致可以分为 3 部分：工作部分、固定部分和连接部分。一般这类零件应该从固定部分开始创建。

1. 固定部分

① 单击“新建”按钮，选择零件模块。

② 选择“前视基准面”，绘制如图 5-52 所示的草图，单击绘图区域右上角的“退出草

图”按钮，退出草图。

③ 单击“特征”面板中的“拉伸凸台/基体”按钮，打开“凸台-拉伸”属性对话框，选择“两侧对称”方式，输入距离值 82，单击“确定”按钮，生成如图 5-53 所示的实体。

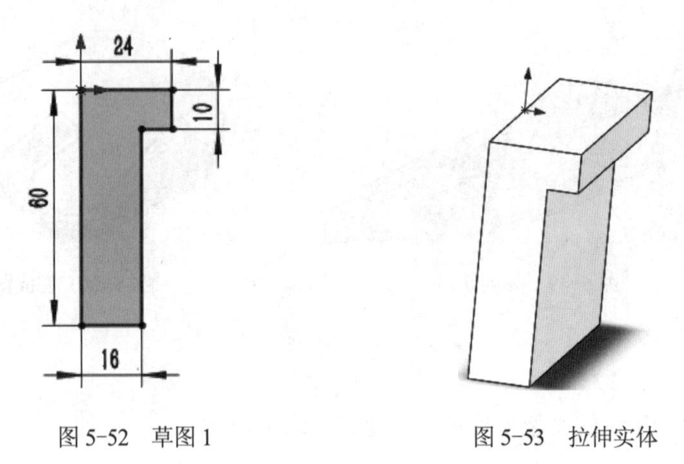

图 5-52 草图 1　　图 5-53 拉伸实体

④ 单击“特征”面板中的“异形孔向导”按钮，打开“孔规格”属性对话框，设置“孔类型”为“旧制孔”，相关尺寸设置如图 5-54 所示。打开“位置”选项卡，选择放置面并设置尺寸，如图 5-55 所示，单击“确定”按钮，完成孔的创建。

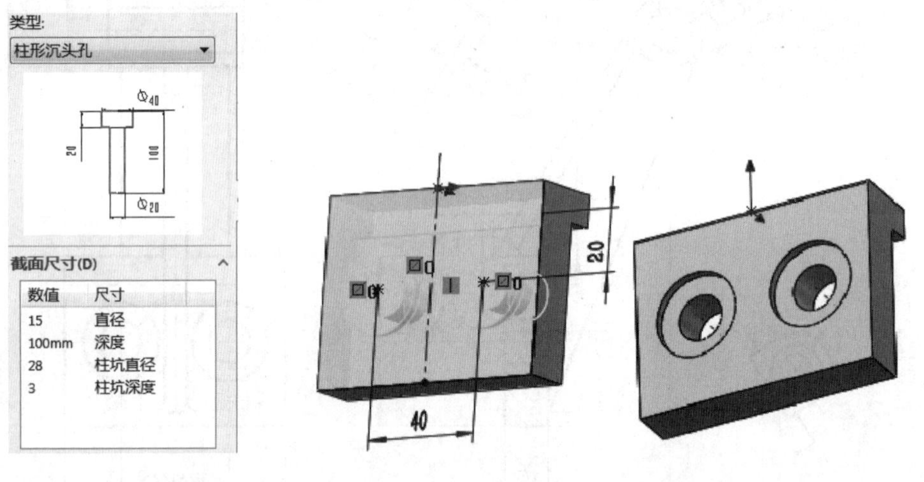

图 5-54 设置孔尺寸　　图 5-55 确定孔位置

2. 工作部分

① 选择“前视基准面”，绘制如图 5-56 所示的两个同心圆的草图，单击绘图区域右上角的“退出草图”按钮，退出草图。

② 单击“特征”面板中的“拉伸凸台/基体”按钮，打开“凸台-拉伸”属性对话框，选择草图 2，选择“两侧对称”方式，输入距离值 50，单击“确定”按钮，生成如图 5-57 所示的工作部分主体特征。

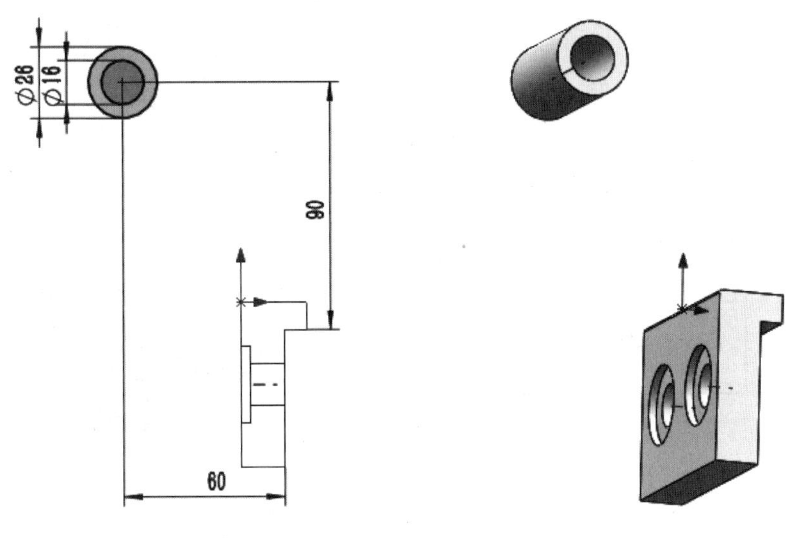

图 5-56　草图 2　　　　图 5-57　工作部分主体特征

③ 在“特征”面板中单击“基准面”按钮，第一参考选择圆柱轴线，第二参考选择上视基准面，将角度设置为 32°，如图 5-58 所示，单击“确定”按钮，完成基准面的创建，如图 5-59 所示。

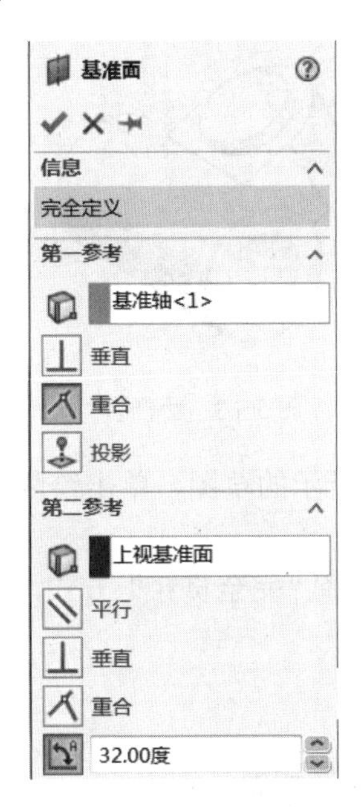

图 5-58 “基准面”属性对话框

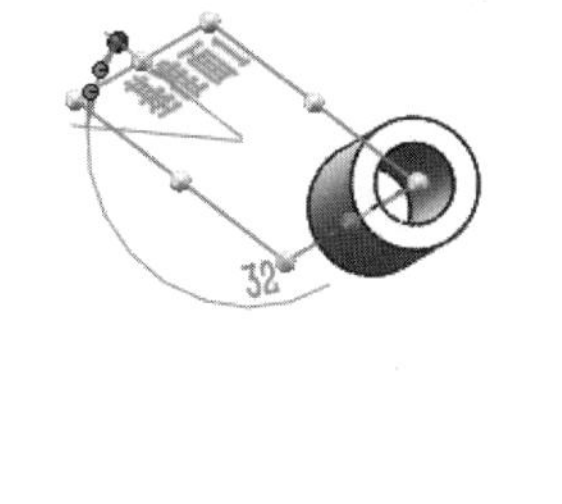

图 5-59　新建基准面

④ 选择“新建基准面”，绘制如图 5-60 所示的草图，单击绘图区域右上角的“退出草图”按钮，退出草图。

⑤ 单击“特征”面板中的“拉伸凸台/基体”按钮，打开“凸台-拉伸”属性对话框，选择草图 3，选择“两侧对称”方式，输入距离值 18，单击“确定”按钮，生成如图 5-61 所示的工作部分凸缘特征。

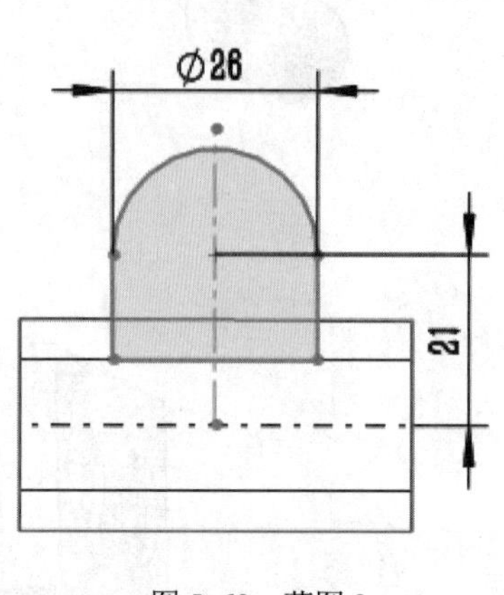

图 5-60　草图 3

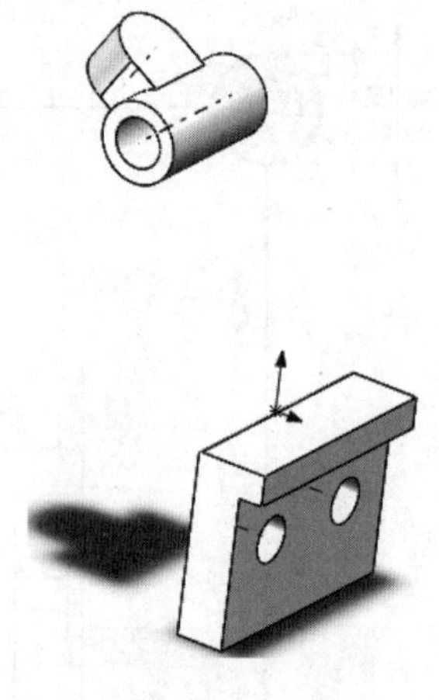

图 5-61　凸缘

⑥ 选择凸缘上表面作为草图面，绘制如图 5-62 所示的草图，单击绘图区域右上角的“退出草图”按钮，退出草图。

⑦ 单击“特征”面板中的“拉伸凸台/基体”按钮，设置拉伸深度为 3，单击“确定”按钮，完成小凸台的创建，如图 5-63 所示。

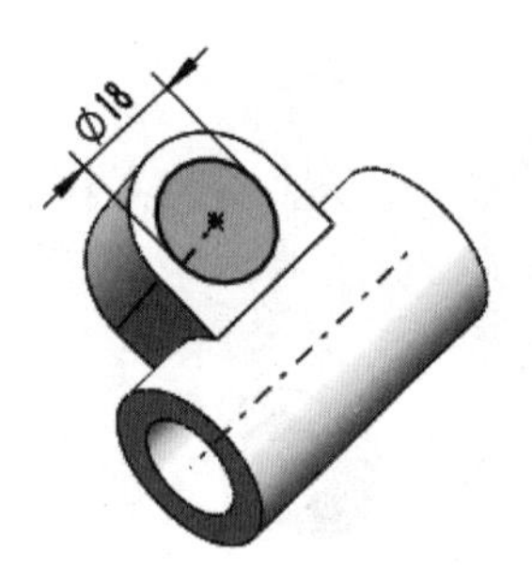

图 5-62　草图 4

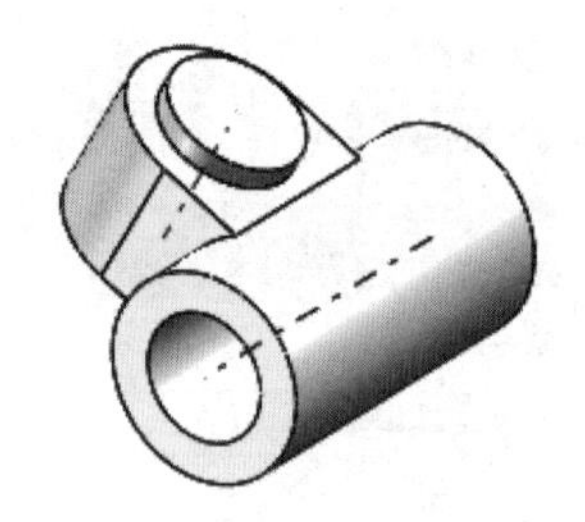

图 5-63　小凸台

⑧ 选择凸台上表面作为草图面，绘制如图 5-64 所示的草图，单击绘图区域右上角的“退出草图”按钮，退出草图。

⑨ 单击“特征”面板中的“切除-拉伸”按钮，选择“完全贯穿”方式，单击“确定”按钮，完成孔的创建，如图 5-65 所示。

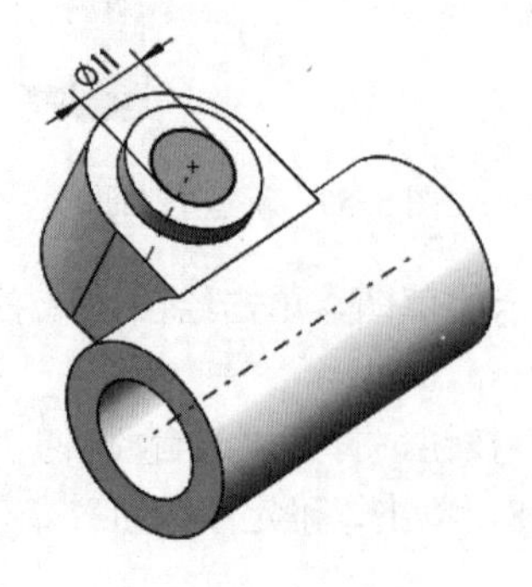

图 5-64　草图 5

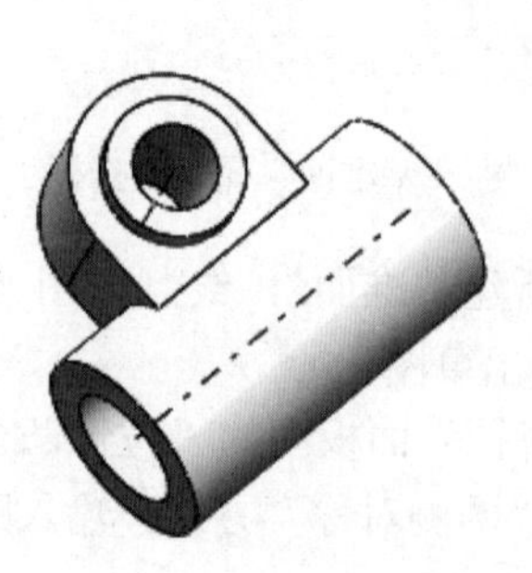

图 5-65　孔

⑩ 选择“前视基准面”，绘制如图 5-66 所示的草图，单击绘图区域右上角的“退出草图”按钮，退出草图。

⑪ 单击“特征”面板中的“拉伸切除”按钮，选择“完全贯穿”方式，单击“确定”按钮，完成切口的造型，如图 5-67 所示。

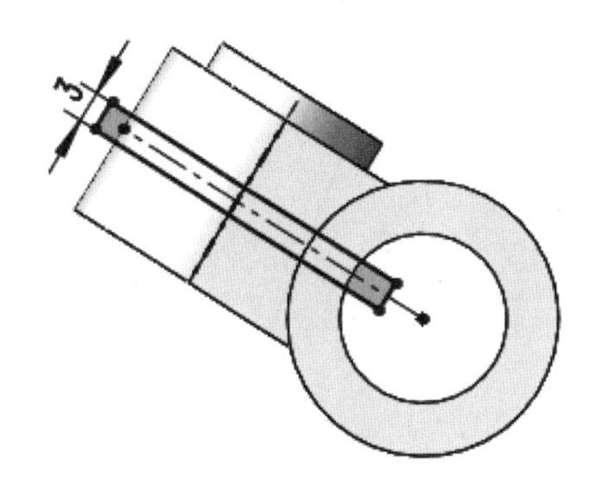

图 5-66　草图 6

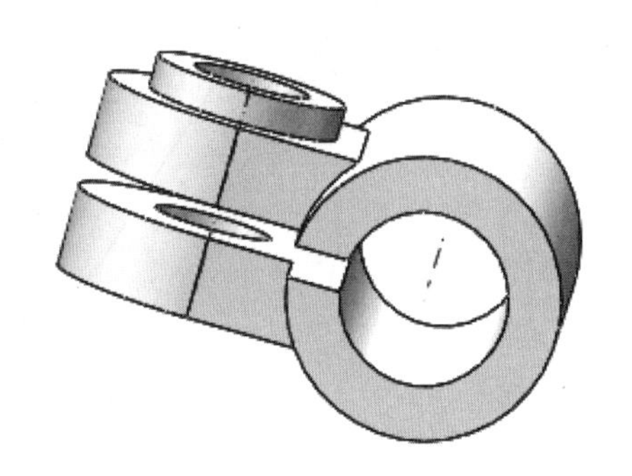

图 5-67　完成切口

3. 连接部分

① 完成固定部分和工作部分后，结果如图 5-68 所示。选择“前视基准面”，绘制如图 5-69 所示的草图，注意轮廓要封闭，单击绘图区域右上角的“退出草图”按钮，退出草图。

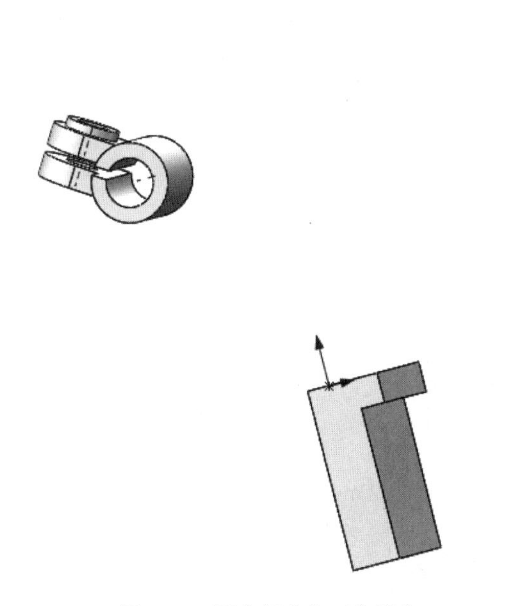

图 5-68　固定部分和工作部分

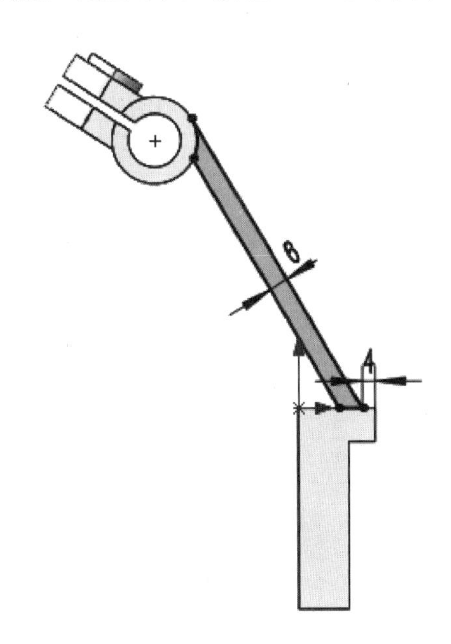

图 5-69　草图 7

② 单击“特征”面板中的“拉伸凸台/基体”按钮，打开“凸台-拉伸”属性对话框，选择草图 7，选择“两侧对称”方式，输入距离值 40，单击“确定”按钮，生成如图 5-70 所示的筋特征。

③ 选择“前视基准面”，绘制如图 5-71 所示只有一条直线的草图，单击绘图区域右上角的“退出草图”按钮，退出草图。

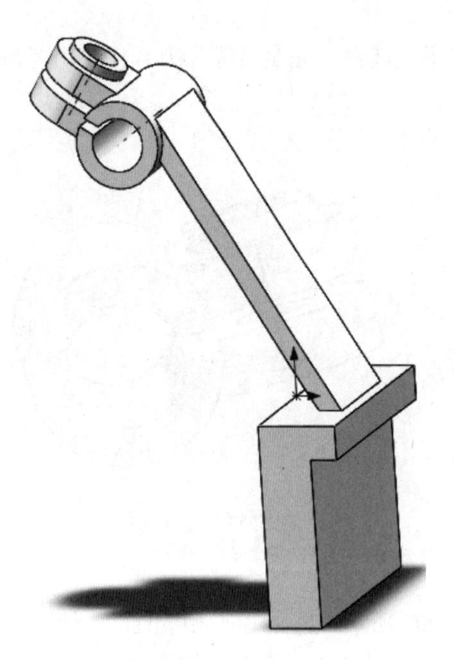

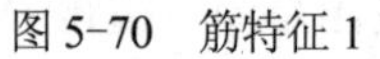

图 5-70　筋特征 1

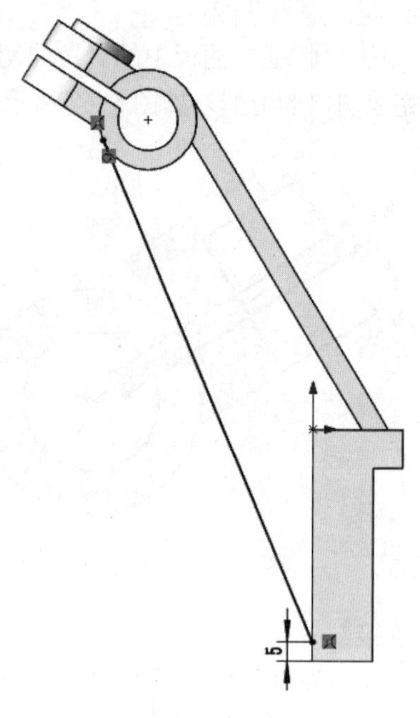

图 5-71　草图 8

④ 单击“特征”面板中的“筋”按钮，打开“凸台-拉伸”属性对话框，设置筋厚度为 8，方向朝向有材料的方向，单击“确定”按钮，生成如图 5-72 所示的筋特征。

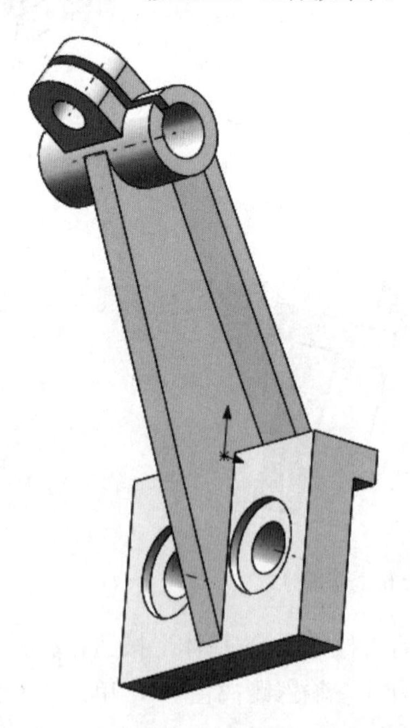

图 5-72　筋特征 2

⑤ 单击“特征”面板中的“圆角”命令，设置适当的圆角半径，选择需倒圆角的边，单

击“确定”按钮，最终结果如图 5-73 所示。

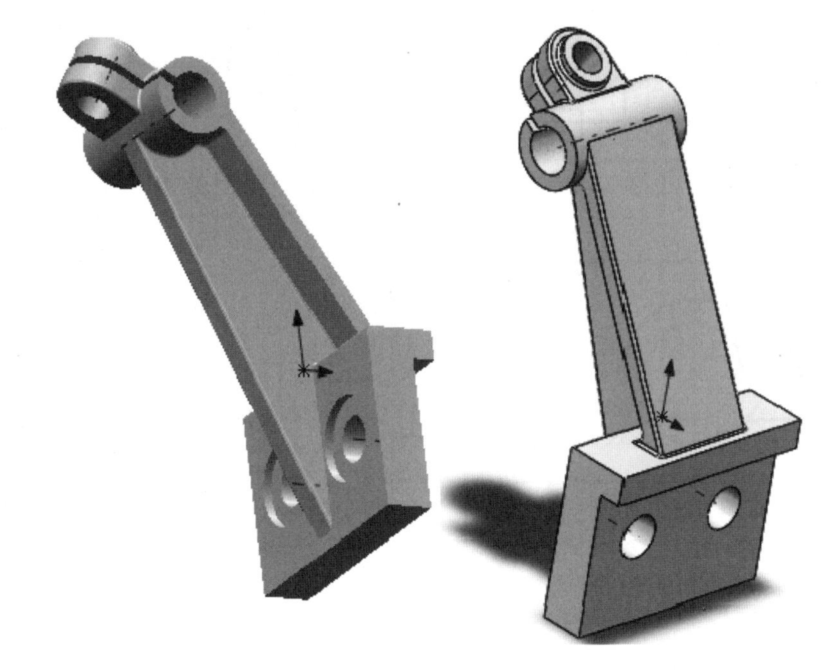

图 5-73　叉架完成

5.5　课后练习

1．根据如图 5-74 所示的轴测图创建三维特征。

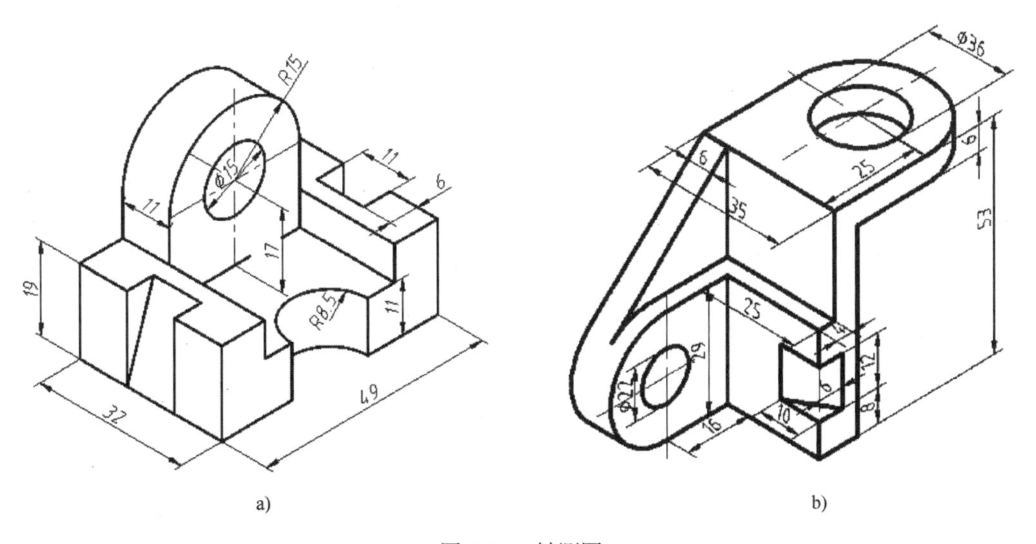

图 5-74　轴测图

2．根据如图 5-75 所示的工程图创建三维特征。

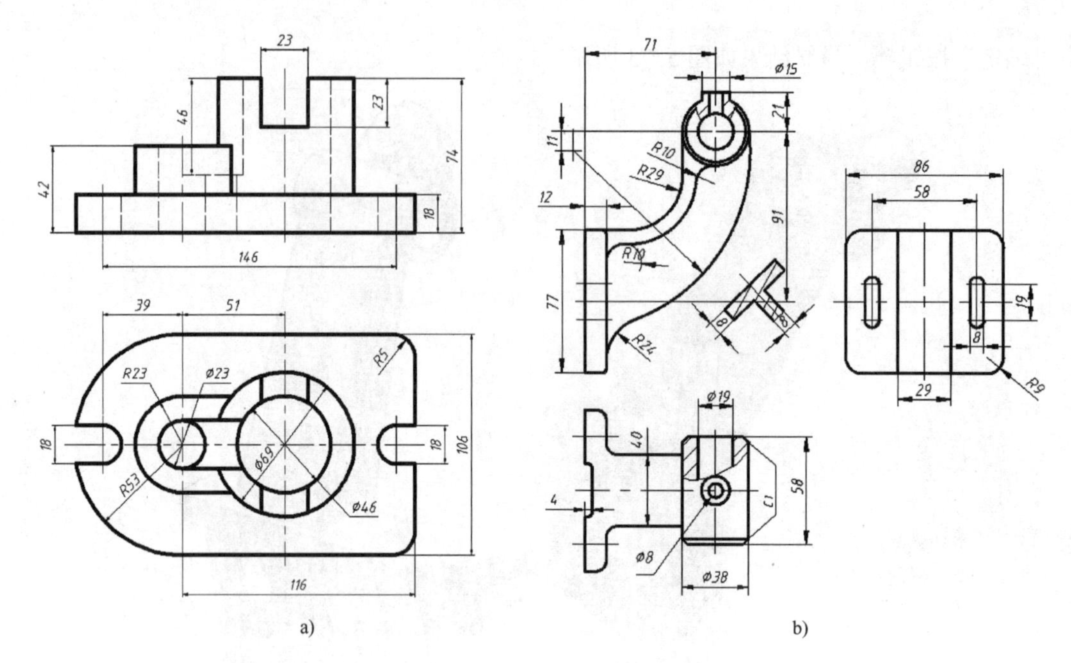
23
46
23
74
42
18
146
39
51
R5
R23
Φ23
18
18
106
Φ69
R53
Φ46
116
71
Φ15
21
11
R10
R29
12
91
86
58
R10
77
8
8
19
8
R24
R9
29
Φ19
40
4
C1
58
Φ8
Φ38

a) b)

图 5-75　工程图

第 6 章　曲线和曲面

在 CAD/CAM 系统中，CAD 特征多数以三维实体特征为主，CAM 系统特征则需要描述刀具轨迹，因此，三维曲线、曲面特征更为重要。SolidWorks 在提供了强大的三维实体特征功能的同时，也提供了丰富的曲线、曲面特征功能。

本章主要介绍常用曲线、曲面的创建及编辑，以及与之密切相关的 3D 草图。

本章重点：

- 3D 草图
- 常用曲线的创建及编辑
- 常用曲面的创建及编辑

6.1　3D 草图

二维草图绘制前都需要指定一个明确的草图平面，二维草图主要在创建三维实体时作为基础草图来使用，但是在有些场合比如扫描路径、扫描引线、放样路径或放样的引导线等，往往需要三维（3D）的曲线才能完成三维实体的创建，此时就要用到 3D 草图。

6.1.1　3D 草图的绘制步骤

绘制 3D 草图可按下面的操作步骤进行。

① 单击前导视图工具栏中的“视图定向”按钮，在其下拉列表中单击“等轴测”按钮，如图 6-1 所示。

② 单击“草图”面板中的“3D 草图”按钮，系统默认地打开一张 3D 草图。

或者先选择一个基准面，然后单击“草图”面板中的“3D 草图”按钮，或者单击“草图”面板中的“基准面上的 3D 草图”按钮，在正视于视图中添加一个 3D 草图。

“基准面上的 3D 草图”是 3D 草图的子功能，是为了方便定义几何关系。也就是说，绘制 3D 草图可以不需要基准面，但是为了准确定义某个草图的一部分，就设定这个草图是在已知的某基准面上。

3D 草图与 2D 草图的不同之处在于：在绘制 3D 草图时，可以捕捉主要方向（X、Y 或 Z），并且在绘制过程中通过鼠标右键菜单中的命令可以分别沿 X、沿 Y 和沿 Z 方向应用约束，如图 6-2 所示。

在基准面上绘制草图时，可以捕捉到基准面的水平或垂直方向，并且将约束应用于水平和垂直方向。这些是对基准面、平面等的约束。

③ 在使用 3D 草图绘制工具绘图时，系统会提供一个图形化的助手（即空间控标）帮助保持方向，如图 6-3 所示。在空间绘制直线或样条曲线时，空间控标就会显示出来。使用空间控标也可以沿坐标轴的方向进行绘制，如果要更改空间控标的坐标系，按〈Tab〉键即可。

④ 单击绘图区域右上角的“退出草图”按钮，即可退出 3D 草图。

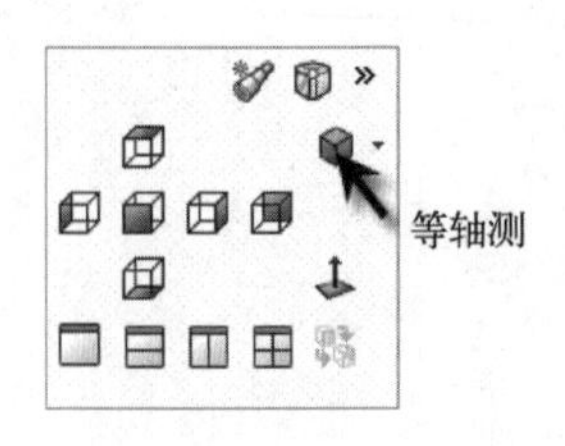

图 6-1　视图工具栏

图 6-2　右键命令按钮

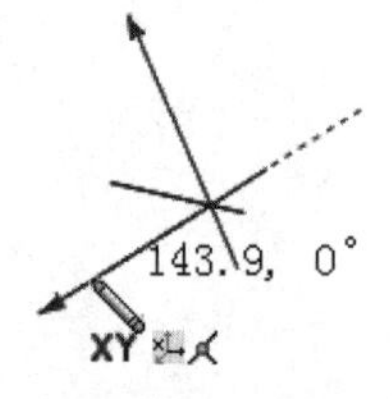

图 6-3　空间控标

6.1.2　实例：座椅

绘制 3D 草图一般需要有比较清晰的空间想象力，这里以如图 6-4 所示的座椅为例来简单介绍 3D 草图的绘制过程。

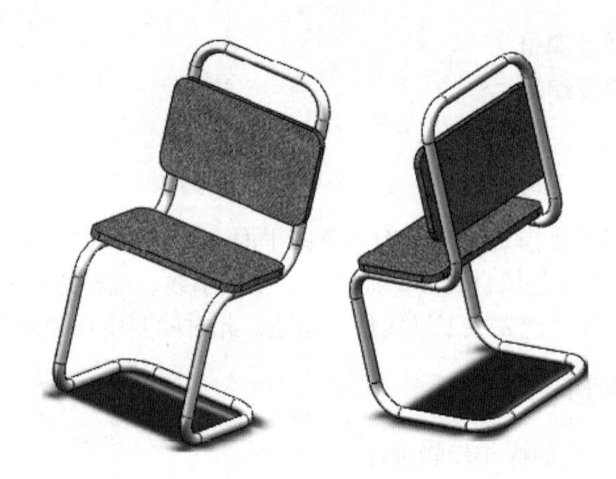

图 6-4　座椅

1. 绘制 3D 草图

① 单击前导视图工具栏中的“标准视图”按钮，在其下拉列表中选择“等轴测”按钮，切换到等轴测视图方向。

② 单击“草图”面板中的“3D 草图”按钮，然后选择“直线”命令，单击坐标原点作为起始点，然后按〈Tab〉键切换到 XY 绘图面，移动鼠标沿着 X 轴绘制一条直线，长度约为 100，如图 6-5a 所示。使用“智能尺寸”命令，将其长度约束为 100，如图 6-5b 所示。

③ 移动鼠标，沿着 Y 轴绘制第 2 条直线，长度约为 120，如图 6-5c 所示。

④ 按〈Tab〉键切换到 YZ 绘图面，移动鼠标，沿着 Z 轴绘制第 3 条直线，长度约为 100，如图 6-5d 所示。

⑤ 移动鼠标沿着 Y 轴绘制第 4 条直线，长度约为 100，如图 6-5e 所示。

⑥ 移动鼠标沿着 Z 轴绘制第 5 条直线，长度约为 100，如图 6-5f 所示。

⑦ 按〈Tab〉键切换到 XY 绘图面，移动鼠标，沿着 X 轴绘制第 6 条直线，长度约为 100，如图 6-5g 所示。

⑧ 按〈Tab〉键切换到 YZ 绘图面，移动鼠标，沿着 Z 轴绘制第 7 条直线，如图 6-5h 所示。

⑨ 移动鼠标沿着 Y 轴绘制第 8 条直线，长度约为 100，如图 6-5i 所示。

⑩ 移动鼠标沿着 Z 轴绘制第 9 条直线，长度约为 100，如图 6-5j 所示。

⑪ 移动鼠标沿着 Y 轴绘制第 10 条直线，封闭整个图形，如图 6-5k 所示。

⑫ 使用约束命令将对应的直线进行“平行”和“相等”约束，结果如图 6-51 所示。

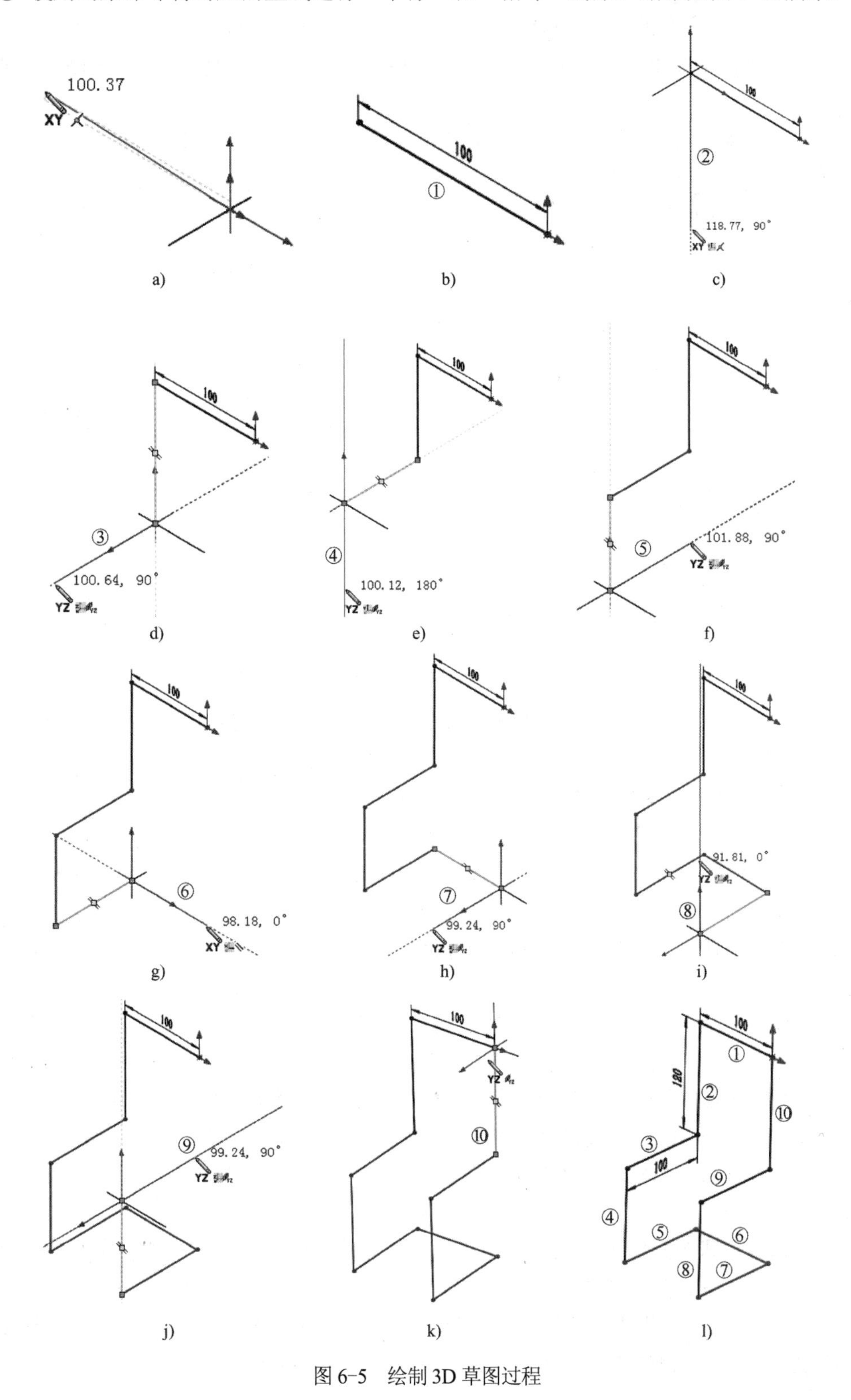

图 6-5　绘制 3D 草图过程

⑬ 单击“草图”面板中的“圆角”按钮，设置圆角半径为 20，依次选择所有直角的两图线进行圆角处理，结果如图 6-6 所示，单击绘图区域右上角的“退出草图”按钮，即可退出 3D 草图。

倒圆角时，系统会弹出提示对话框，如图 6-7 所示，单击“是”按钮即可。

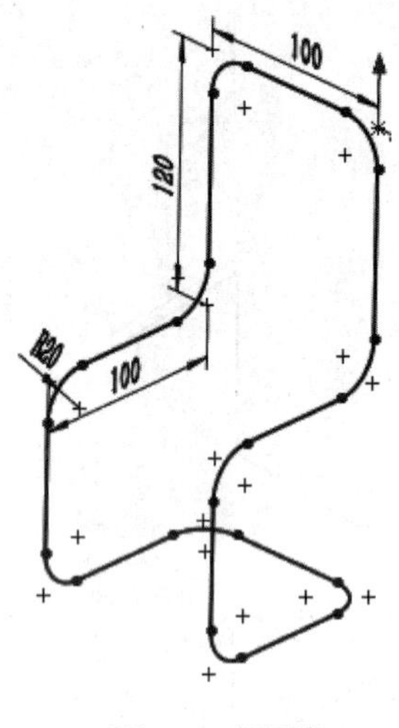

图 6-6　倒圆角

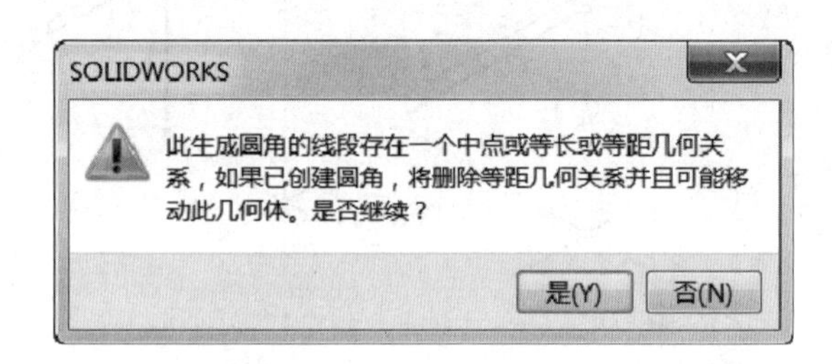

图 6-7　提示对话框

2. 创建座椅

① 单击“特征”面板中的“基准面”按钮，新建一个和右视基准面平行、距离为 50 的基准面，如图 6-8a 所示。

② 选择新建基准面作为草图面，绘制一个小圆，直径为 $\phi 8$，如图 6-8b 所示，单击绘图区域右上角的“退出草图”按钮，退出草图。

③ 单击“特征”面板中的“扫描”按钮，系统弹出“扫描”属性对话框，选择小圆作为轮廓，将 3D 草图作为路径，单击“确定”按钮，生成如图 6-8c 所示的座椅骨架。

④ 单击“特征”面板中的“基准面”按钮，新建一个和上视基准面平行的面，位置如图 6-8d 所示。

⑤ 选择新建基准面作为草图面，绘制草图，如图 6-8e 所示，单击绘图区域右上角的“退出草图”按钮，退出草图。

⑥ 单击“特征”面板中的“拉伸凸台/基体”按钮，系统弹出“凸台拉伸”属性对话框，设置距离为 5，单击“确定”按钮，生成如图 6-8f 所示的座椅平板。

⑦ 单击“特征”面板中的“基准面”按钮，新建一个和前视基准面平行的面，位置如图 6-8g 所示。

⑧ 选择新建基准面作为草图面，绘制草图，如图 6-8h 所示，单击绘图区域右上角的“退出草图”按钮，退出草图。

⑨ 单击“特征”面板中的“拉伸凸台/基体”按钮，系统弹出“凸台拉伸”属性对话框，设置距离为 5，单击“确定”按钮，完成如图 6-8i 所示的座椅。

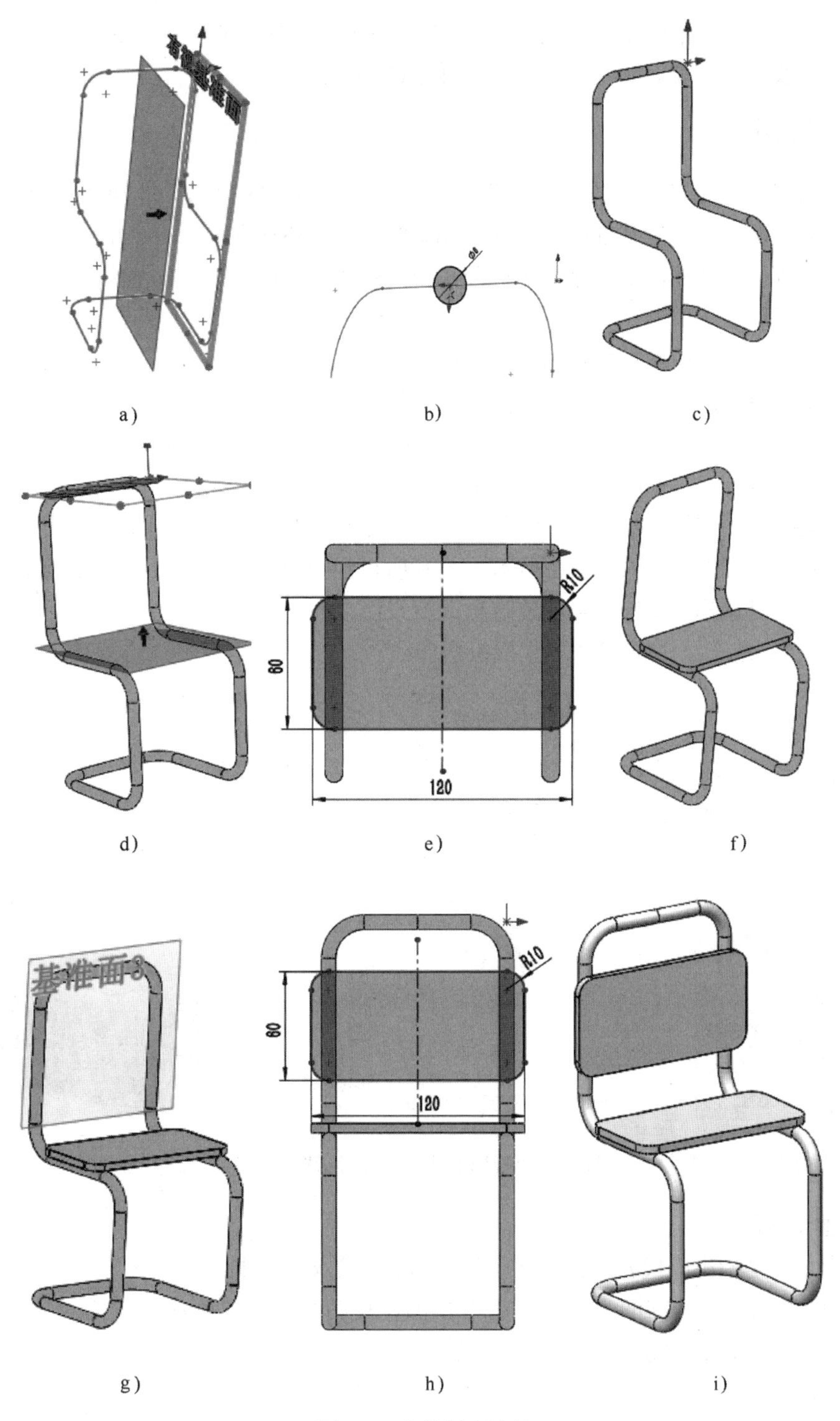

图 6-8　座椅创建过程

6.2 创建曲线

曲线特征是创建曲面特征的基础，本节主要介绍几种常用的生成曲线的方法，包括投影曲线、组合曲线、螺旋和涡状线、分割线及样条曲线等。

6.2.1 投影曲线

投影曲线是将绘制的曲线投影到模型面上来生成一条 3D 曲线。也可以用另一种方法生成曲线，首先在两个相交的基准面上分别绘制草图，此时系统会将每一个草图沿所在平面的垂直方向投影得到一个曲面，最后这两个曲面在空间中相交生成一条 3D 曲线。

1. 面上草图

SolidWorks 可以将草图曲线投影到模型面上得到曲线。

① 在基准面或模型面上，生成一个包含一条闭环或开环曲线的草图。

② 单击“特征”面板中“曲线”下拉列表中的“投影曲线”按钮，如图 6-9 所示，或选择菜单栏“插入”→“曲线”→“投影曲线”命令。

③ 系统弹出“投影曲线”属性对话框，如图 6-10 所示，选中“面上草图”单选按钮，然后选择草图和目标面，此时在图形区域中显示所得到的投影曲线，如图 6-11 所示。如果投影的方向错误，可选择“反向投影”复选框改变投影方向。

④ 单击“确定”按钮，即可生成投影曲线。

图 6-9 “曲线”下拉列表

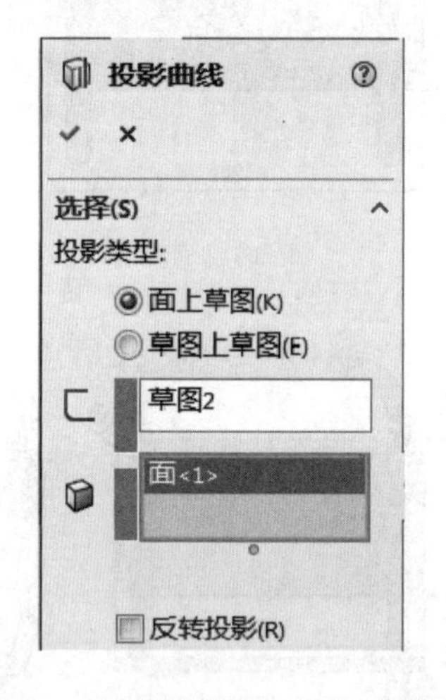

图 6-10 “投影曲线”属性对话框

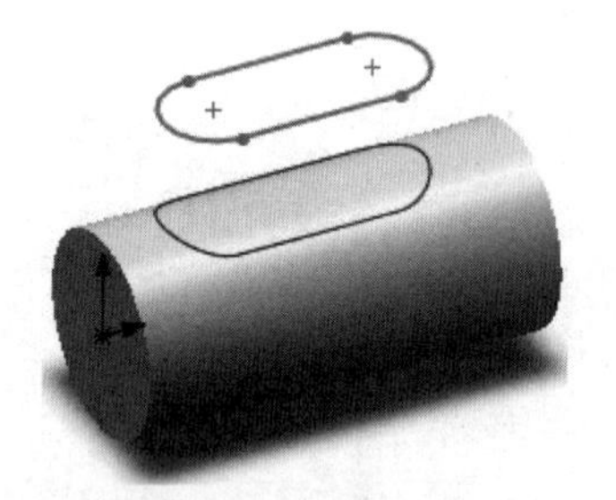

图 6-11 面上草图

2. 草图上草图

草图上草图是指生成代表草图自两个相交基准面交叉点的曲线。

① 在两个相交的基准面上各绘制一个草图，这两个草图轮廓所隐含的拉伸曲面必须相交，才能生成投影曲线，完成后关闭每个草图。

② 单击“特征”面板中“曲线”下拉列表中的“投影曲线”按钮，或选择菜单栏“插入”→“曲线”→“投影曲线”命令。

③ 系统弹出“投影曲线”属性对话框，如图 6-12 所示，选中“草图上草图”单选按

钮，然后选择两草图，此时在图形区域中显示所得到的投影曲线，如图 6-13 所示。

④ 单击“确定”按钮✔，即可生成投影曲线。

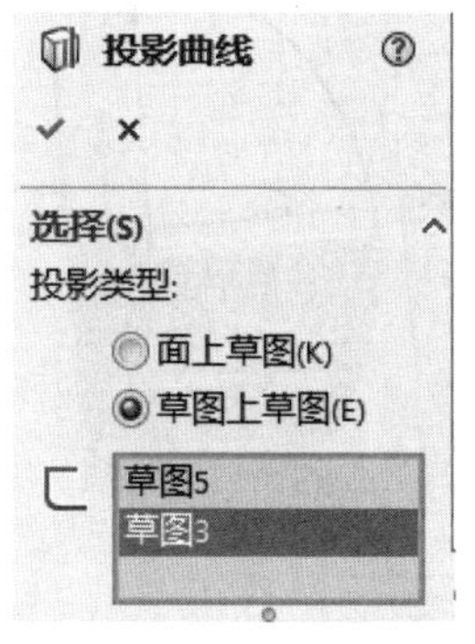

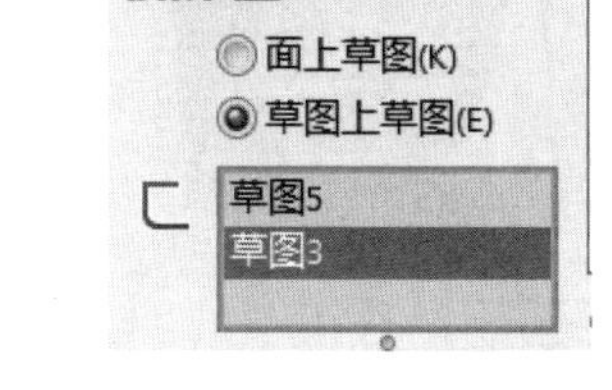

图 6-12 “投影曲线”属性对话框　　　　图 6-13　草图上草图

6.2.2　分割线

将草图投影到曲面或平面，可以将所选的面分割为多个分离的面，从而允许选取每一个面。也可以将草图投影到曲面实体。分割线可以进行分割线放样、分割线拔模等操作。

如果要生成分割线，其具体操作步骤如下。

① 单击“曲线”下拉列表中的“分割线”按钮，或选择“插入”→“曲线”→“分割线”命令，弹出“分割线”属性对话框。

② 在“分割类型”选项卡中，有 3 种类型：轮廓、投影和交叉点。

③ 设置相关参数，就会出现分割曲线的预览。

④ 单击“确定”按钮✔，生成分割曲线。

如图 6-14～图 6-16 为 3 种方式生成的分割线。

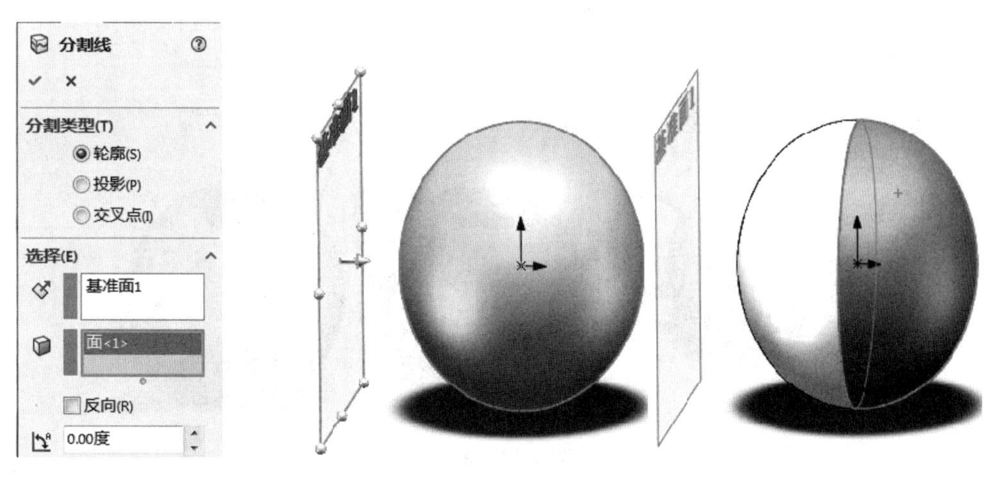

图 6-14　轮廓方式

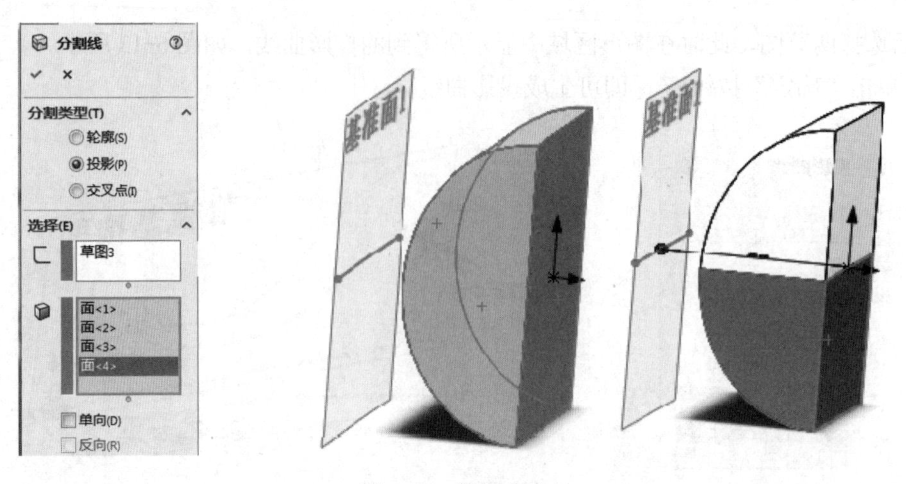

图 6-15　投影方式

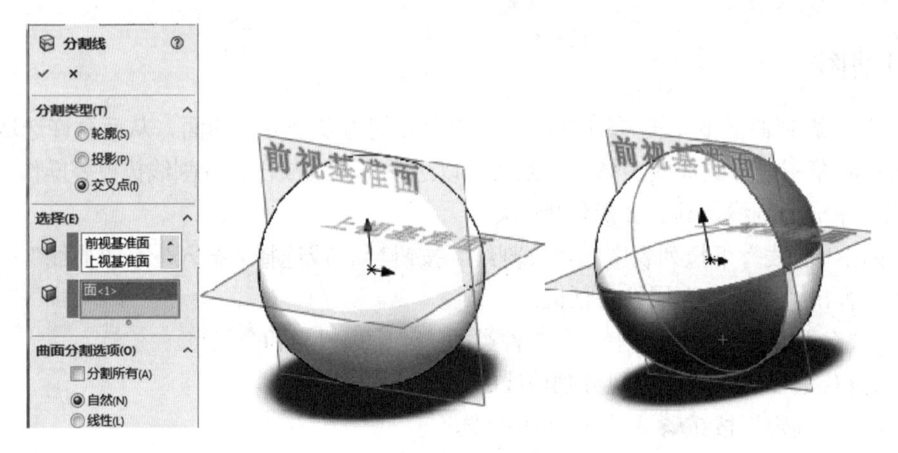

图 6-16　交叉点方式

6.2.3 实例：茶壶

创建如图 6-17 所示的茶壶，尺寸自定。

图 6-17　茶壶

① 选择“前视基准面”，绘制草图 1，如图 6-18 所示。
② 使用“旋转凸台/基体”命令，生成旋转实体，如图 6-19 所示。
③ 创建一个与上视基准面平行，且位于主体上方的基准面，在新基准面上绘制一个圆

作为草图 2，使用“分割线”命令，用“投影”方式在主体上创建一条分割线，如图 6-20 所示。

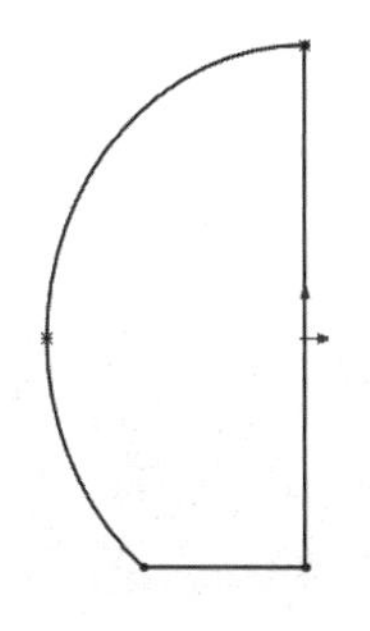

图 6-18　草图 1

图 6-19　旋转实体

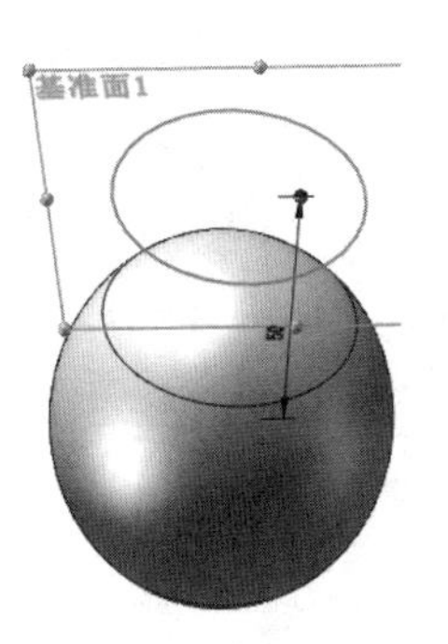

图 6-20　创建分割线

④ 选择“前视基准面”，绘制草图 2，如图 6-21 所示。

⑤ 创建一个新基准面，与右视基准面平行，并且过草图 2 的端点，如图 6-22 所示。

⑥ 选择新基准面，绘制一个小圆作为草图 3，如图 6-23 所示。

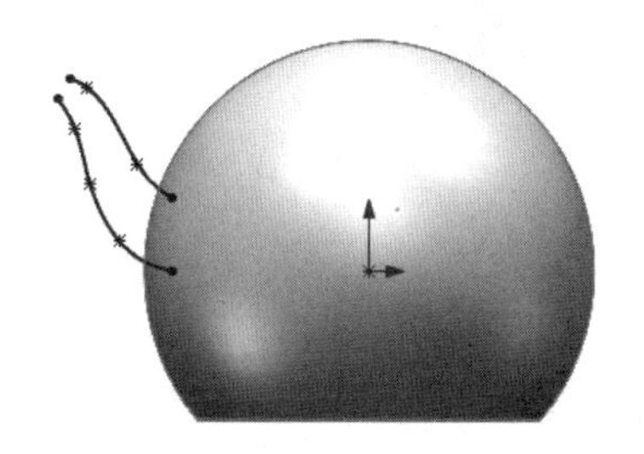

图 6-21　草图 2

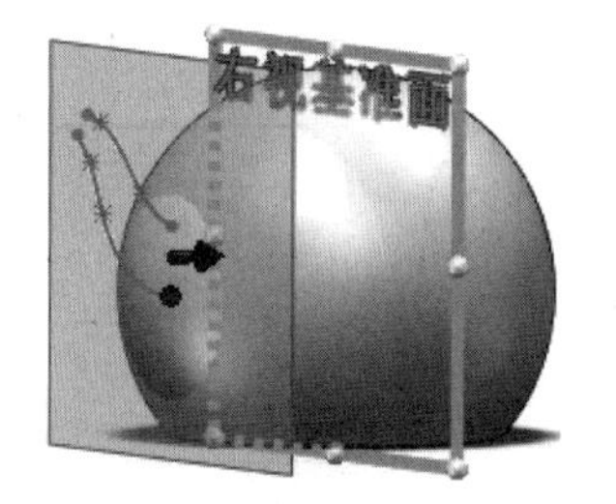

图 6-22　新基准面

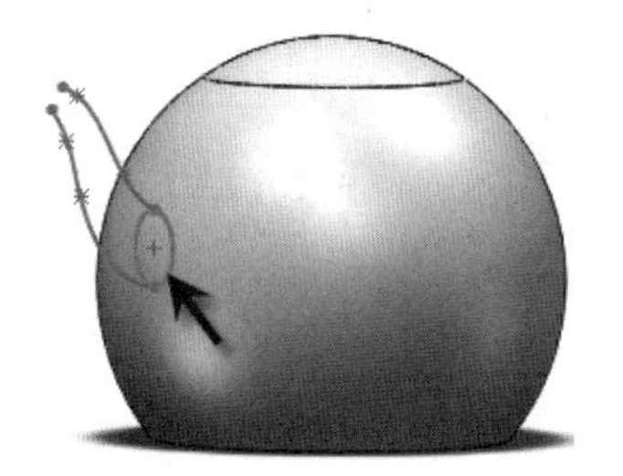

图 6-23　草图 3

⑦ 创建一个新基准面，过草图 2 两样条线的端点并且垂直于前视基准面，如图 6-24 所示。

⑧ 选择新基准面，绘制一个小圆作为草图 4，如图 6-25 所示。

⑨ 使用“放样凸台/基体”命令，在弹出的“放样”属性对话框中，选择草图 3 和草图 4 作为轮廓，将草图 2 中的两条样条线作为引导线，生成放样实体，如图 6-26 所示。

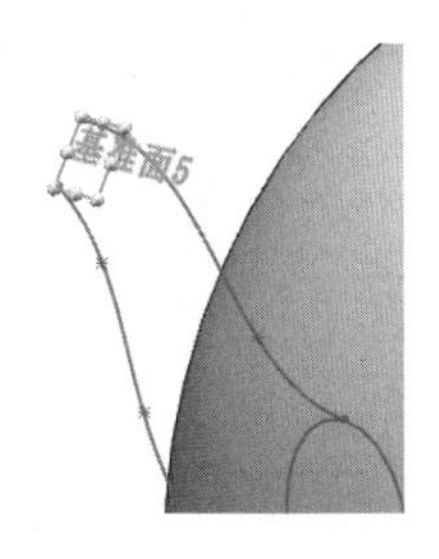

图 6-24　新基准面

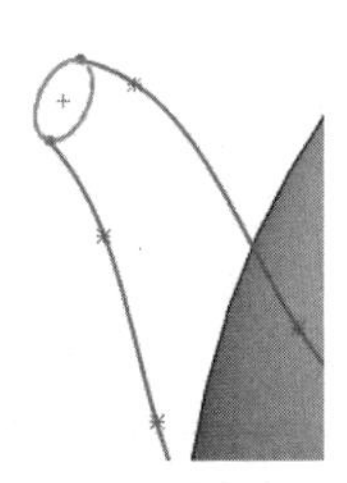

图 6-25　草图 4

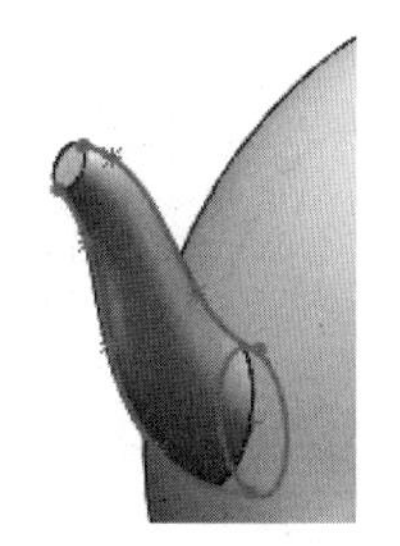

图 6-26　放样实体

⑩ 使用“圆角”命令，设置适当的圆角半径，将壶嘴和壶身的交线倒圆角，如图 6-27 所示。

⑪ 使用“圆角”命令，设置适当的圆角半径，将壶身底部的交线倒圆角，如图 6-28

所示。

⑫ 使用“抽壳”命令，设置适当的厚度，选择如图 6-29 所示箭头所指的两处为开放面，生成抽壳实体，如图 6-30 所示。

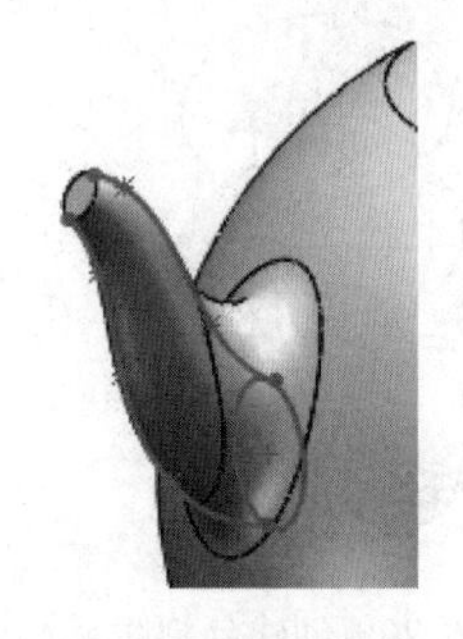

图 6-27　壶嘴倒圆角

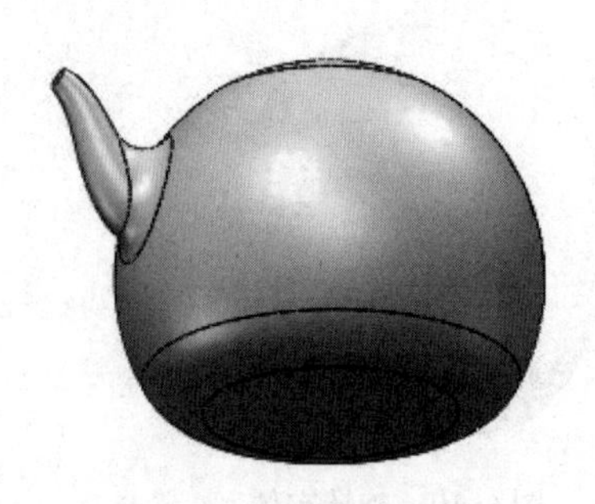

图 6-28　底部倒圆角

图 6-29　选择开放面

⑬ 选择适当的基准面，绘制路径草图及截面草图（具体方法见前面章节），如图 6-31 所示。

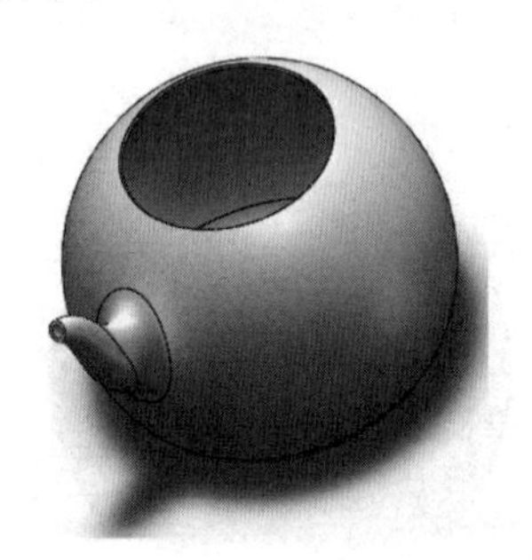

图 6-30　抽壳

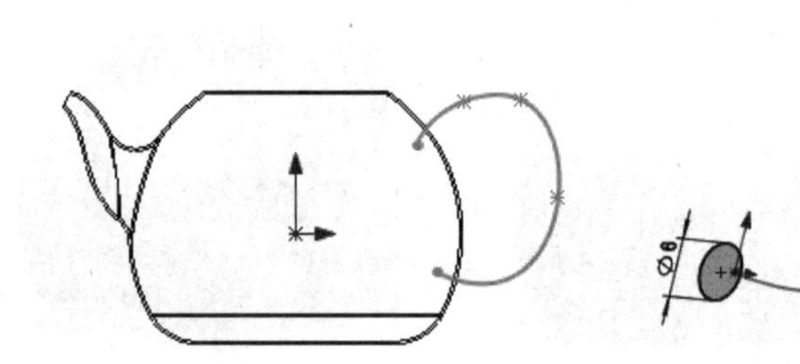

图 6-31　手柄草图 5 和草图 6

⑭ 使用“扫描”命令生成手柄，如图 6-32 所示。

⑮ 选择“前视基准面”，绘制草图 7，如图 6-33 所示。

⑯ 使用“切除-旋转”命令，切除多余部分，如图 6-34 所示。

⑰ 适当地倒圆角，最终结果如图 6-17 所示。

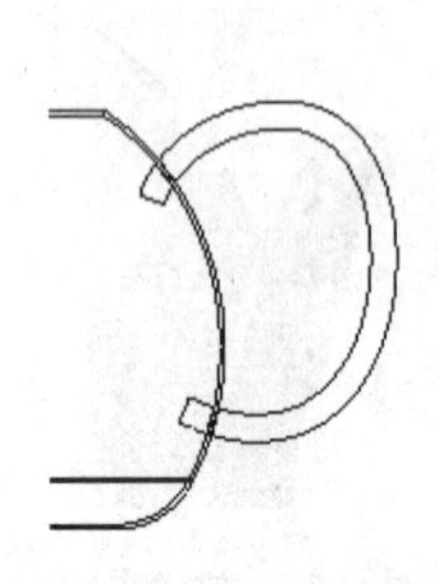

图 6-32　扫描手柄

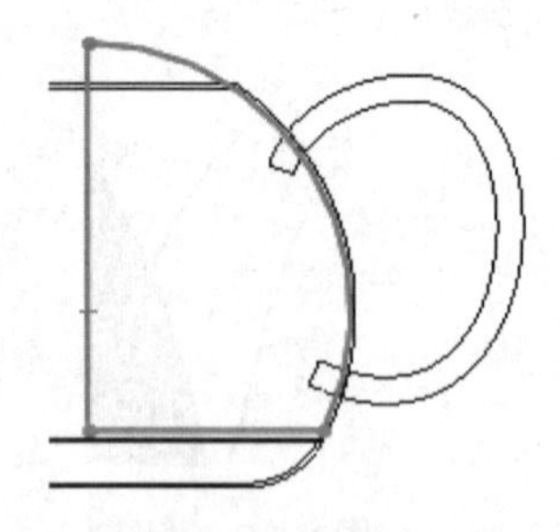

图 6-33　草图 7

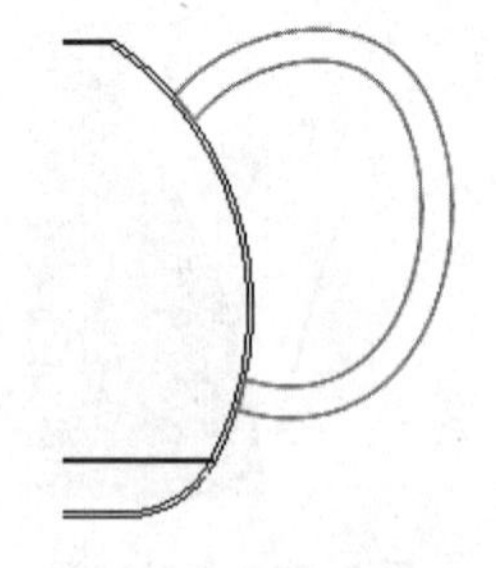

图 6-34　切除-旋转

6.2.4　组合曲线

通过组合曲线命令可以将首尾相连的曲线、草图线和模型的边线组合为单一的曲线，组合曲线经常用来生成放样或扫描的引导曲线。

要生成组合曲线可以采用下面的步骤进行。

① 单击“曲线”下拉列表中的“组合曲线”按钮，或选择菜单栏“插入”→“曲线”→“组合曲线”命令，此时会出现如图 6-35 所示的“组合曲线”属性对话框。

② 在图形区域选择要组合的曲线、直线或模型边线（这些线段必须连续），则所选项目在“组合曲线”属性对话框中的“要连接的实体”选项卡中显示出来。

③ 单击“确定”按钮，即可生成组合曲线，如图 6-36 所示。

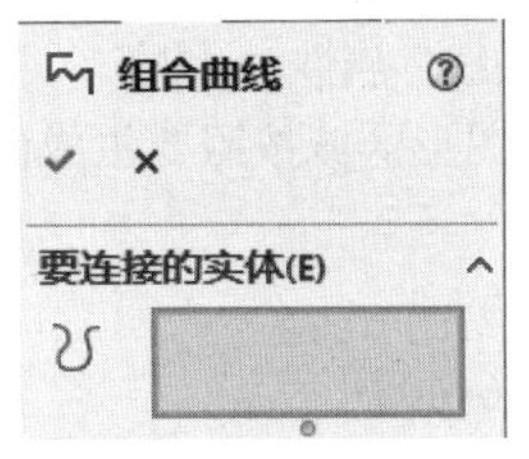

图 6-35 “组合曲线”属性对话框

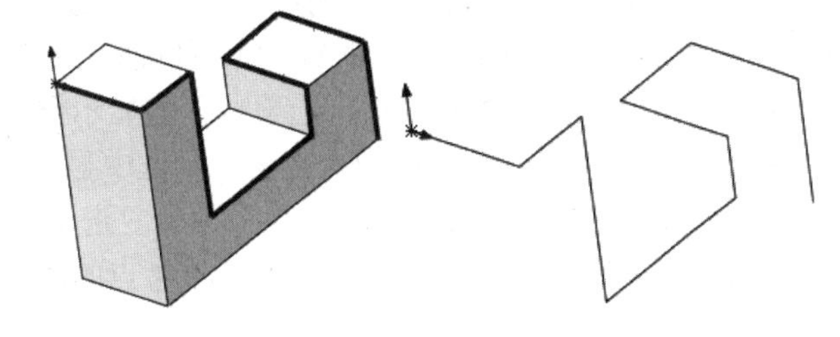

图 6-36 组合曲线

6.2.5 通过 XYZ 点的曲线

通过 XYZ 点的曲线是根据系统坐标系，分别给定曲线上若干点的坐标系，通过对这些点进行平滑过渡而形成的曲线。

坐标点可以通过手动输入，也可以通过外部文本文件给定并读入到当前文件中。利用通过 XYZ 点的曲线可以建立复杂的曲线，如函数曲线。

要想自定义样条曲线通过的点，可采用下面的操作。

① 单击“曲线”下拉列表中的“通过 XYZ 点的曲线”按钮，或选择菜单栏“插入”→“曲线”→“通过 XYZ 点的曲线”命令。在弹出的如图 6-37 所示的“曲线文件”对话框中，输入自由点空间坐标，同时在图形区可以预览生成的样条曲线。

② 当在最后一行的单元格中双击时，系统会自动增加一行。如果要在一行的上面再插入一个新的行，只要单击该行，然后单击“插入”按钮即可。

③ 如果要保存曲线文件，单击“保存”或“另存为”按钮，然后指定文件的名称（扩展名为.sldcrv）即可。

④ 单击“确定”按钮，即可按输入的坐标生成三维样条曲线，如图 6-38 所示。

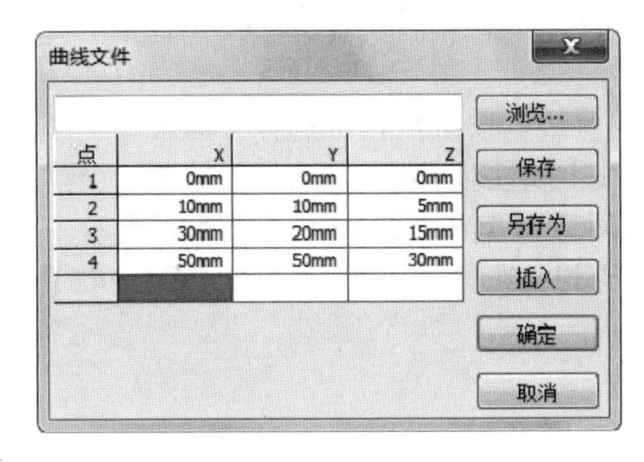

图 6-37 “曲线文件”对话框

图 6-38 生成三维样条曲线

除了在“曲线文件”对话框中输入坐标来定义曲线外，SolidWorks 2017 还可以将在文本编辑器、Excel 等应用程序中生成的坐标文件（扩展名为.sldcrv 或.txt）导入到系统，从而生成样样条曲线。

6.2.6 通过参考点的曲线

生成一条通过位于一个或多个平面上点的曲线，称为通过参考点的曲线。

采用该种方法时，其操作步骤如下。

① 单击“曲线”下拉列表中的“通过参考点的曲线”按钮，或选择菜单栏中的“插入”→“曲线”→“通过参考点的曲线”命令，弹出如图 6-39 所示的“曲线”属性对话框。

② 属性对话框中单击“通过点”选项卡下的显示框，然后在图形区域按照要生成曲线的次序来选择通过的模型点，此时模型点在该显示框中显示。

③ 如果想要将曲线封闭，选中“闭环曲线”复选框。

④ 单击“确定”按钮，即可生成通过参考点的曲线，如图 6-40 所示。

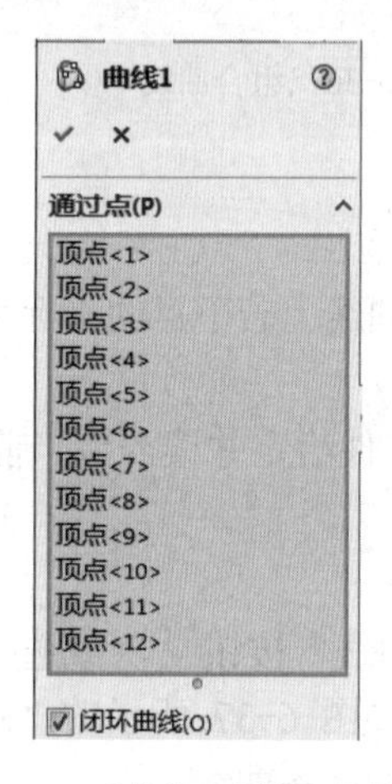

图 6-39 “曲线”属性对话框

图 6-40 通过参考点的曲线

6.2.7 螺旋线和涡状线

螺旋线和涡状线通常用于绘制螺纹、弹簧等零部件，在生成这些部件时，可以应用由螺旋线 / 涡状线工具生成的螺旋或涡状曲线作为路径或引导线。用于生成空间的螺旋线或者涡状线的草图必须只包含一个圆，该圆的直径将控制螺旋线的直径和涡旋线的起始位置。

要生成一条螺旋线，操作步骤如下。

① 单击“曲线”下拉列表中的“螺旋线/涡状线”按钮，或选择“插入”→“曲线”→“螺旋线/涡状线”命令，出现“螺旋线/涡状线”属性对话框，提示需要绘制一个草图圆以定义螺旋线横断面，绘制好之后退出草图，属性对话框变为如图 6-41 所示的状态。

② 在“螺旋线/涡状线”属性对话框中，设置相关参数，其中定义方式如图 6-42 所示。

- 螺距和圈数：指定螺距和圈数。
- 高度和圈数：指定螺旋线的总高度和圈数。
- 高度和螺距：指定螺旋线的总高度和螺距。
- 涡状线：用于生成涡状线。

③ 单击“确定”按钮✓，即可生成螺旋线/涡状线。

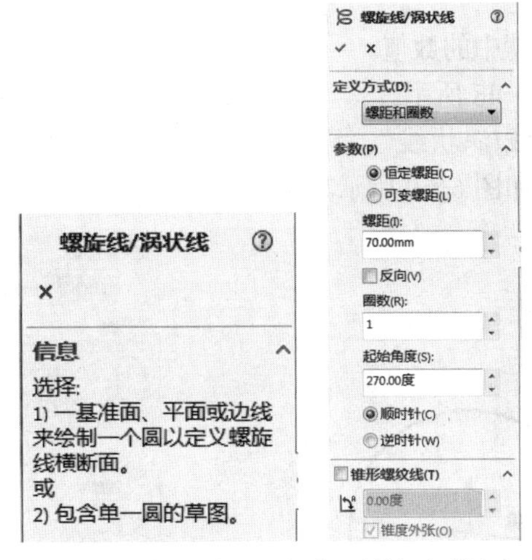

图 6-41 “螺旋线 / 涡状线”属性对话框

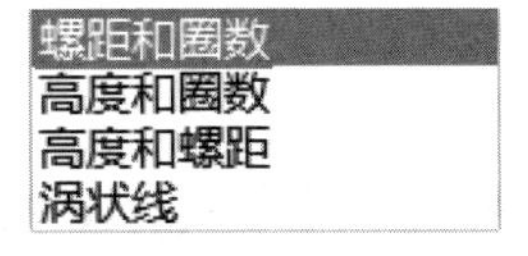

图 6-42 几种定义方式

如图 6-43～图 6-46 为几种常见生成方式的属性对话框及示例。

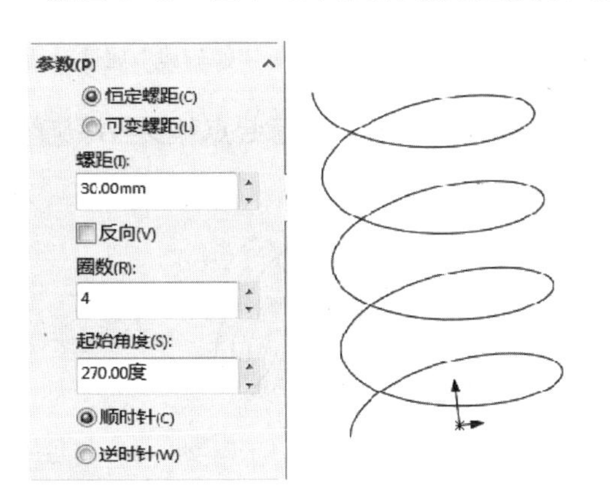

图 6-43 恒定螺距

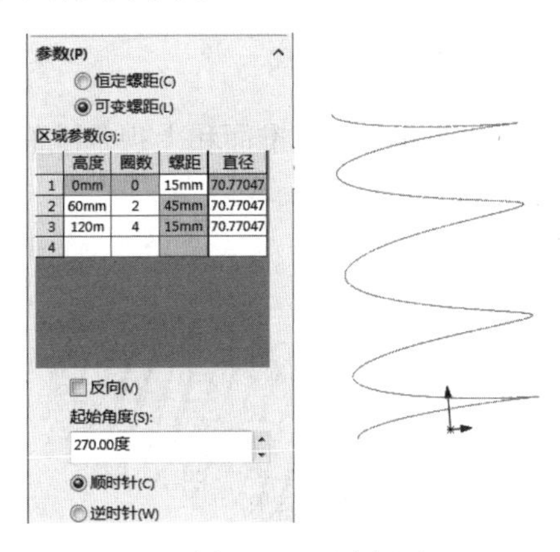

图 6-44 可变螺距

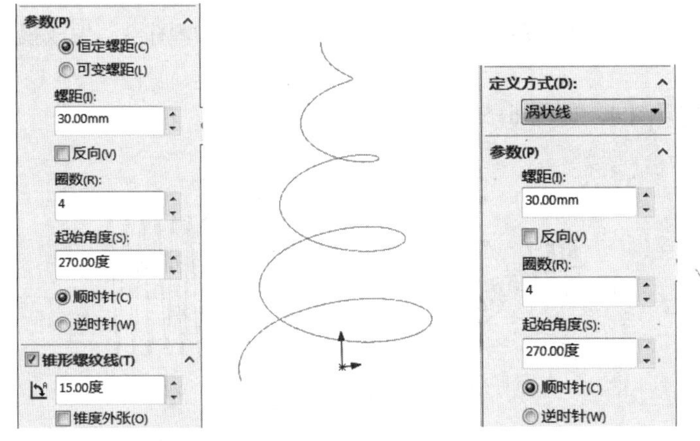

图 6-45 锥形螺旋线

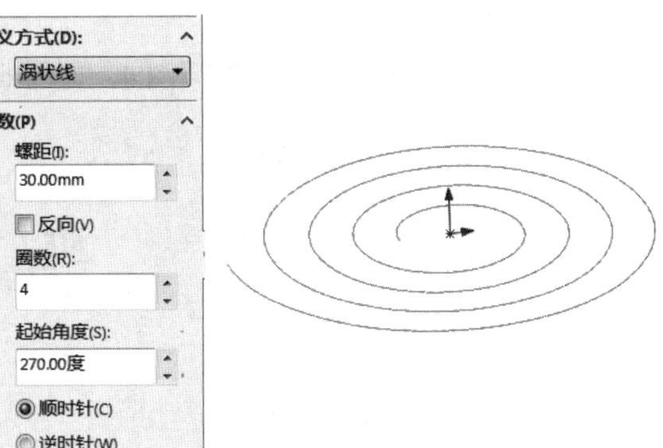

图 6-46 涡状线

6.2.8 实例：弹簧

创建如图 6-47 所示的弹簧，其尺寸见步骤中的数值。

① 选取右视基准面，绘制草图 1，如图 6-48 所示。

② 选择“曲线”下拉列表中的“螺旋线/涡状线”命令，在弹出的属性对话框中按如图 6-49 所示的参数进行设置，完成螺旋线，如图 6-50 所示。

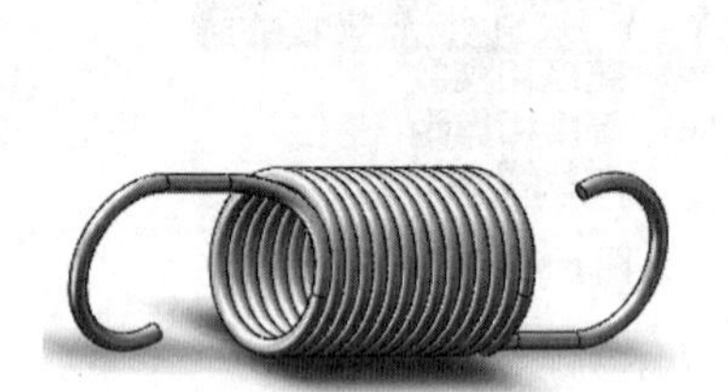

图 6-47　弹簧

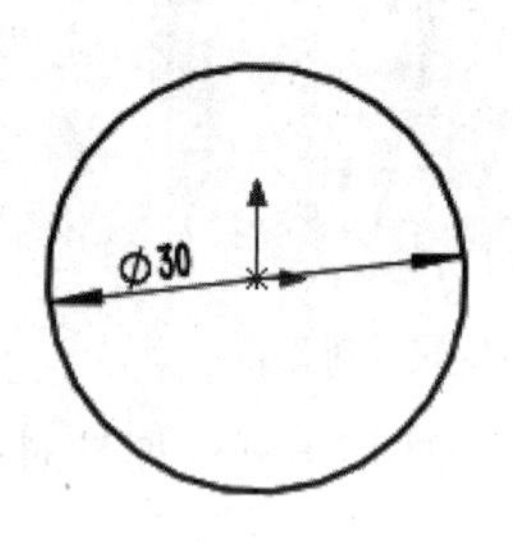

图 6-48　草图 1

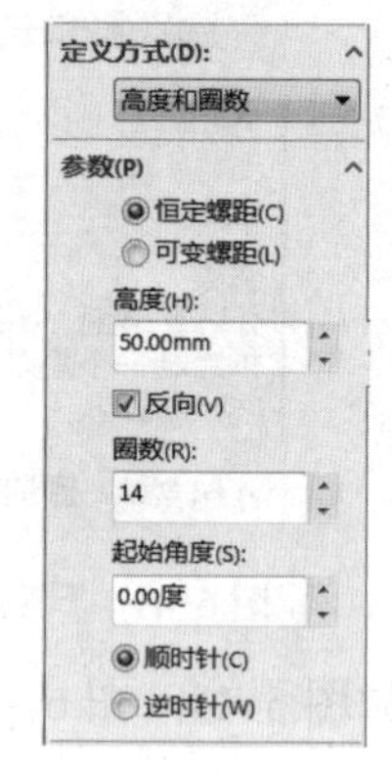

图 6-49　“螺旋线”属性对话框

③ 分别在右视基准面和上视基准面上绘制一个 $R15$ 的 1/4 圆，注意起点都要与螺旋线端点重合，如图 6-51 所示。

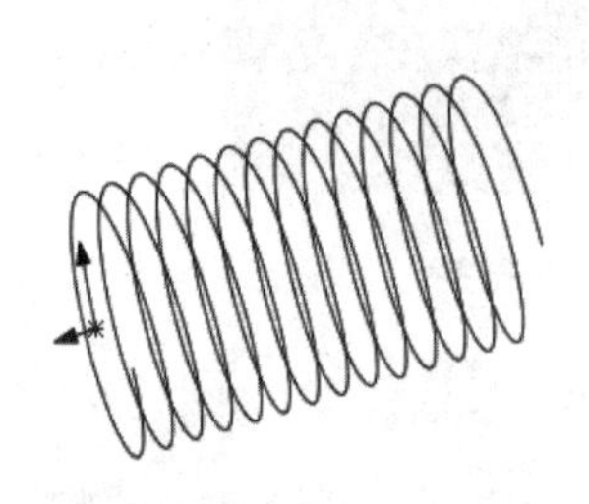

图 6-50　螺旋线

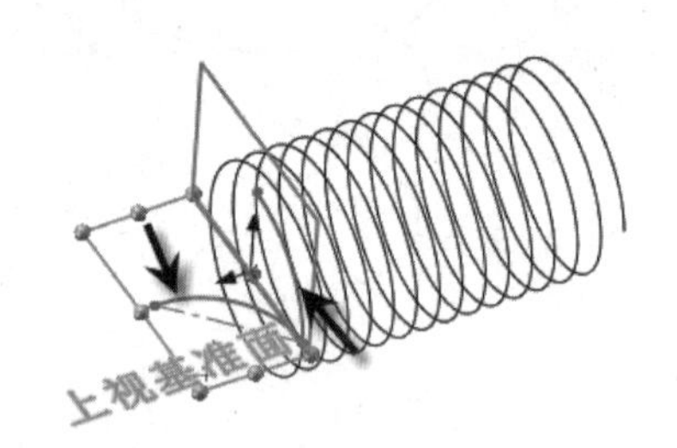

图 6-51　草图 2 和草图 3

④ 使用“投影曲线”命令，选取“草图上草图”方式，选择草图 2 和草图 3，生成投影曲线，如图 6-52 所示。

⑤ 选择“前视基准面”，绘制草图 4，如图 6-53 所示。

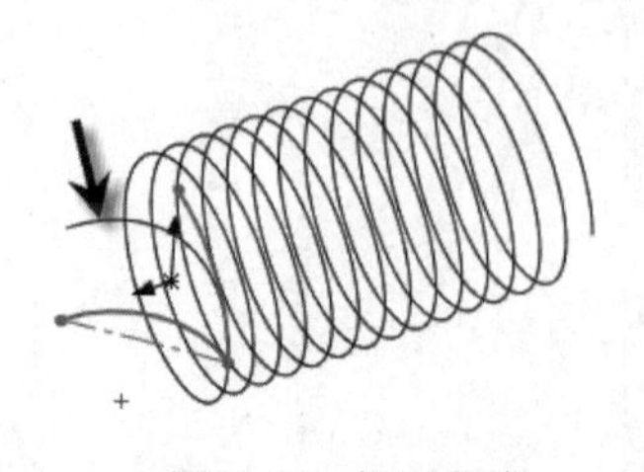

图 6-52　投影曲线

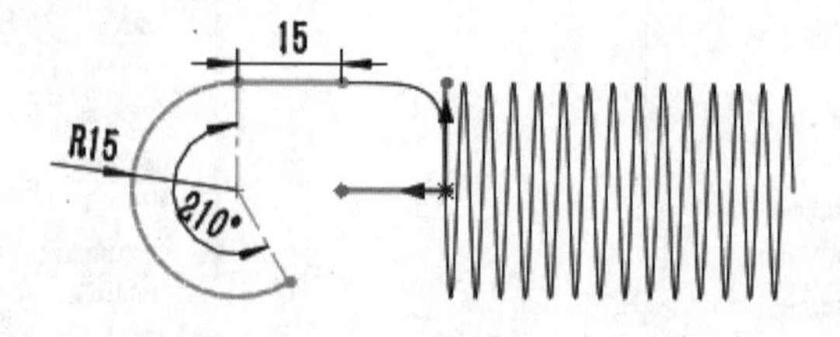

图 6-53　草图 4

⑥ 在螺旋线的另一端用相同的方式绘制草图，然后使用“组合曲线”命令，依次选择绘

制好的各段曲线，组合成一条完整的曲线，如图 6-54 所示。

⑦ 使用“基准面”命令，选择组合曲线和其中的一个端点作为参考，生成新基准面，并绘制一个ϕ2 的小圆作为截面草图，如图 6-55 所示。

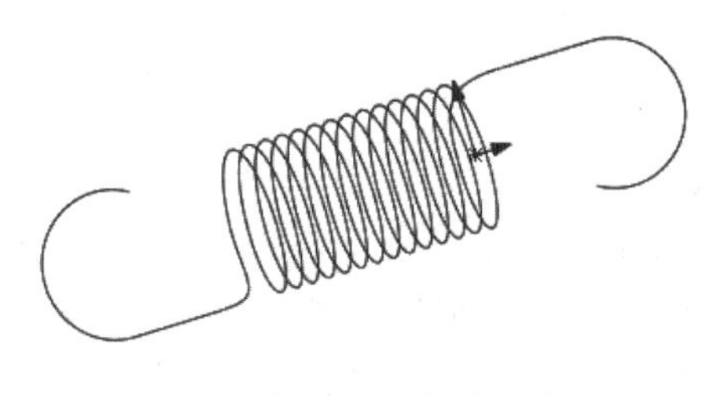

图 6-54　组合曲线

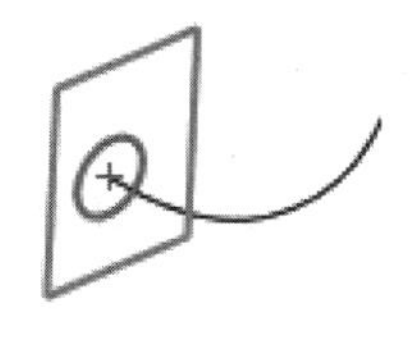

图 6-55　截面草图

⑧ 使用“扫描”命令，选取小圆作为截面，组合曲线为路径，生成扫描实体，最终结果如图 6-47 所示。

6.3　创建曲面

“曲面”面板并不出现在 SolidWorks 2017 的默认界面中，将鼠标光标放在面板工具栏的索引栏上，单击鼠标右键，系统弹出快捷菜单，如图 6-56 所示，选中“曲面”，即可打开“曲面”面板，如图 6-57 所示。

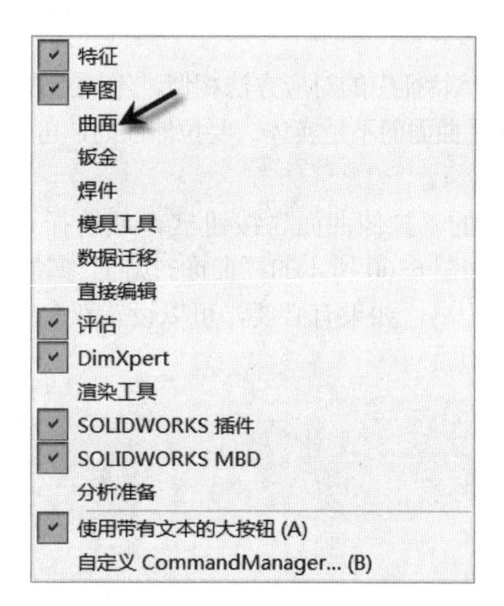

图 6-56　右键快捷菜单

图 6-57　“曲面”面板

本节主要介绍 SolidWorks 2017 中常用曲面的创建方法。

6.3.1　平面区域

“平面区域”的作用是使用草图或一组边线来生成平面区域。

可以从以下这些选项生成平面区域：非相交闭合草图、一组闭合边线、多条共有平面分型线，以及一对平面实体，如曲线或边线。

举例操作如下。

① 生成一个非相交、单一轮廓的闭环草图。

② 单击“曲面”面板中的“平面区域”按钮，或选择菜单栏“插入”→“曲面”→“平面区域”命令，系统弹出如图 6-58 所示的“曲面-基准面”属性对话框。

③ 在对话框中激活“边界实体”选项卡，然后在图形区域中选择零件上的一组闭环边线（注意：所选的组中所有边线必须位于同一基准面上），或者选择一个封闭的草图环。单击“确定”按钮，即可生成平面区域，如图 6-59 所示。

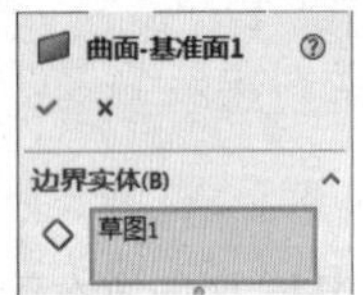
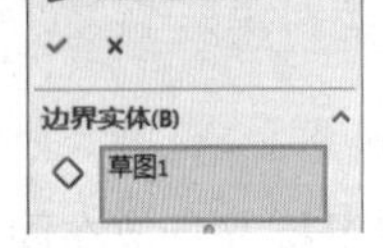

图 6-58 “曲面-基准面”属性对话框

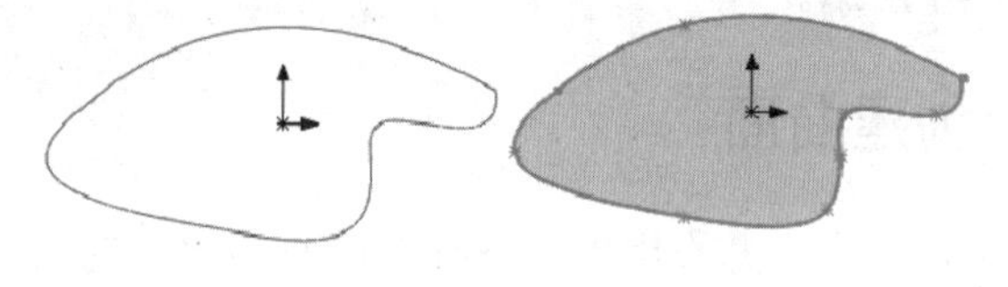

图 6-59　平面区域

6.3.2　拉伸曲面

拉伸曲面的创建方法和实体特征中的对应方法相似，不同点在于曲面拉伸操作的草图对象可以封闭也可以不封闭，生成的是曲面而不是实体。要拉伸曲面，可以采用下面的操作。

① 首先绘制一个草图。

② 单击“曲面”面板中的“拉伸曲面”按钮，或选择菜单栏“插入”→“曲面”→“拉伸曲面”命令，系统弹出如图 6-60 所示的“曲面-拉伸”属性对话框。

③ 设置拉伸方向和拉伸距离，如果有必要，可以设置双向拉伸，单击“确定”按钮，生成拉伸曲面，如图 6-61 所示。

图 6-60 “曲面-拉伸”属性对话框

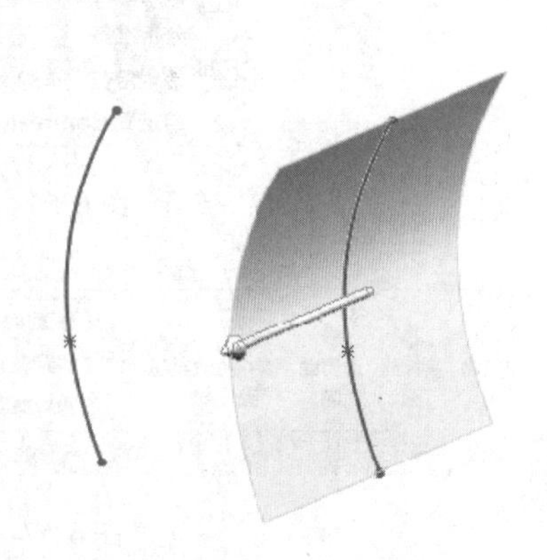

图 6-61　生成拉伸曲面

6.3.3 旋转曲面

旋转曲面的创建方法和实体特征中的对应方法相似，要旋转曲面，可以采用下面的操作。

① 绘制一个草图，如果草图中包括中心线，旋转曲面的时候旋转轴可以被自动选定，如果没有中心线，则需要手动选择旋转轴。

② 单击“曲面”面板中的“旋转曲面”按钮，或选择菜单栏中的“插入”→“曲面”→“旋转曲面”命令，系统弹出如图 6-62 所示的“曲面-旋转”属性对话框。

③ 设置旋转轴和旋转角度，单击“确定”按钮，完成曲面的生成，如图 6-63 所示。

图 6-62 “曲面-旋转”属性对话框

图 6-63 生成旋转曲面

6.3.4 扫描曲面

扫描曲面的方法同扫描特征的生成方法十分类似，也可以通过引导线扫描，在扫描曲面中，最重要的一点，就是引导线的端点必须贯穿轮廓图元。扫描曲面可以采取下面的操作。

① 一般首先绘制路径草图，然后定义与路径草图垂直的基准面，并在新基准面上绘制轮廓草图。

② 单击“曲面”面板中的“扫描曲面”按钮，或选择菜单栏中的“插入”→“曲面”→“扫描曲面”命令，系统弹出如图 6-64 所示的“曲面-扫描”属性对话框。

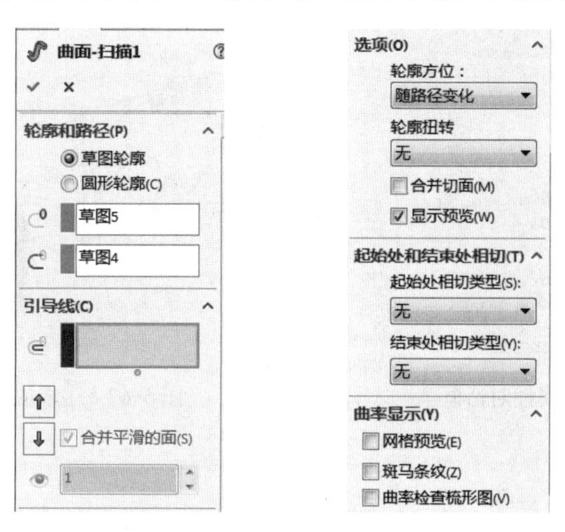

图 6-64 “曲面-扫描”属性对话框

③ 依次选择截面草图和路径草图，其他选项和实体扫描类似，在“方向 / 扭转控制”下拉列表框中，可以选择“随路径变化”“保持法向不变”“随路径和第一条引导线变化”及“随第一条和第二条引导线变化”等确定扭转类型。如果需要沿引导线扫描曲面，则激活“引导线”选项卡，然后在图形区域中选择引导线。进行相关设置后，单击“确定”按钮，完成扫描曲面的生成，如图 6-65 所示。

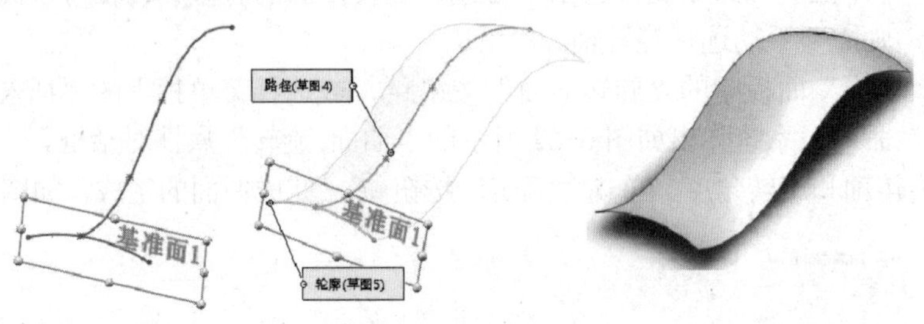

图 6-65　生成扫描曲面

6.3.5　放样曲面

放样曲面的创建方法和实体特征中的对应方法相似，放样曲面是通过曲线之间进行过渡而生成曲面的方法。

如果要放样曲面，可以采用下面的操作。

① 在一个基准面上绘制放样轮廓草图。

② 依次建立另外几个基准面，并在上面依次绘制另外的放样轮廓草图。这几个基准面不一定平行。如有必要，还可以生成引导线来控制放样曲面的形状。

③ 单击“曲面”面板中的“放样曲面”按钮，或选择菜单栏中的“插入”→“曲面”→“放样曲面”命令，系统弹出如图 6-66 所示的“曲面-放样”属性对话框。

④ 依次选择截面草图，其他选项和实体放样里的类似，进行相关设置后，单击“确定”按钮，完成放样曲面的生成，如图 6-67 所示。

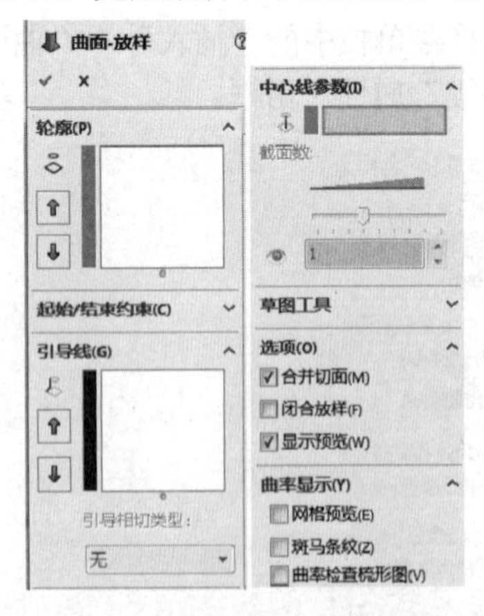

图 6-66　“曲面-放样”属性对话框

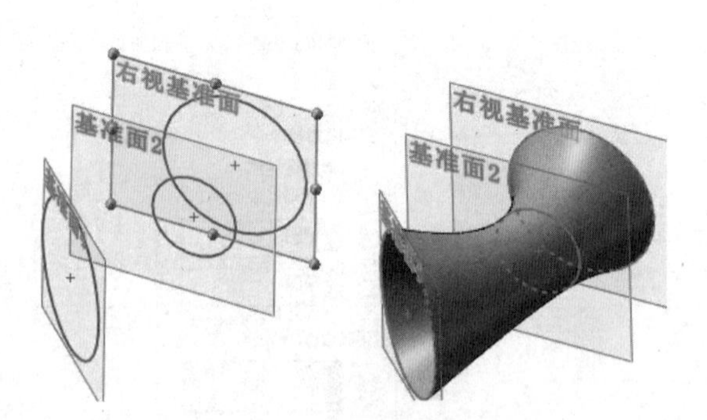

图 6-67　生成放样曲面

6.3.6　填充曲面

利用填充曲面特征可以在模型的边线、草图或曲线边界内形成带任意边数的曲面修补。

通常用于填补模型的“破面”，或在模具应用中用于填补一些孔，或应用于工业设计。

创建“填充曲面”的操作步骤如下。

① 首先准备好用于填充曲面的草图或者曲面特征。

② 单击“曲面”面板中的“填充曲面”按钮，或选择“插入”→“曲面”→“填充曲面”命令，系统弹出“曲面填充”属性对话框，如图 6-68 所示。

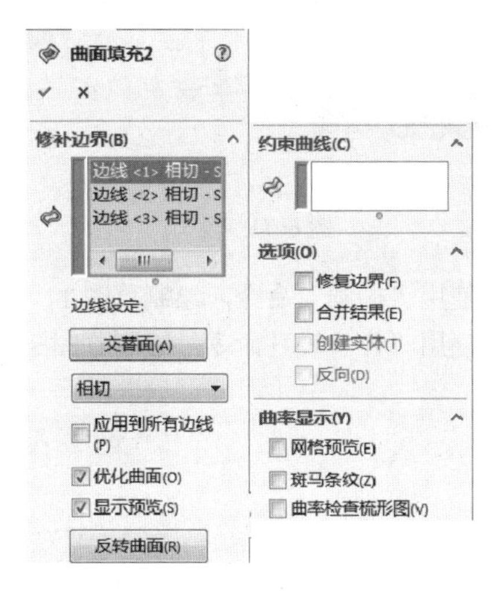

图 6-68 “曲面填充”属性对话框

③ 根据要生成的填充曲面类型设定属性对话框中的参数，单击“确定”按钮，生成填充曲面。

如图 6-69 所示为相触方式的填充曲面，如图 6-70 所示为相切方式的填充曲面。

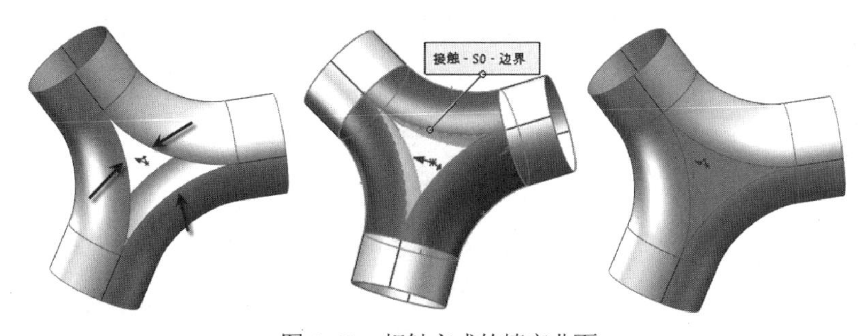

图 6-69 相触方式的填充曲面

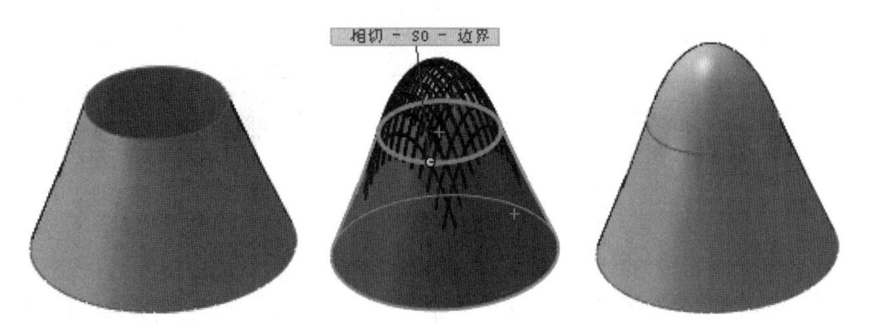

图 6-70 相切方式的填充曲面

6.3.7　实例：汤勺

创建如图 6-71 所示的汤勺，尺寸自定。

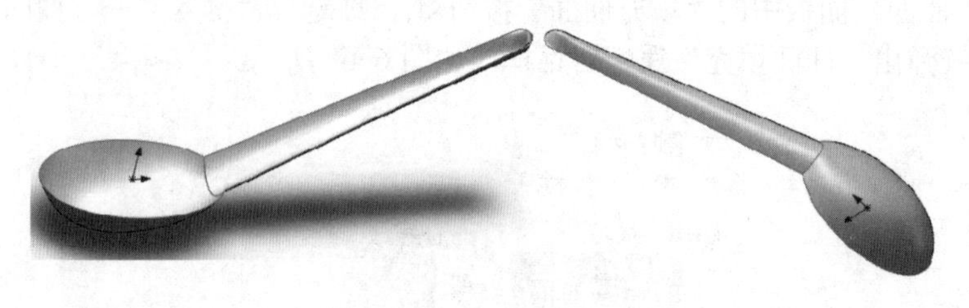

图 6-71　汤勺

① 选择“上视基准面”，使用“椭圆”命令，绘制草图 1，如图 6-72 所示。

② 选择“前视基准面”，使用“样条线”命令，绘制草图 2，如图 6-73 所示。

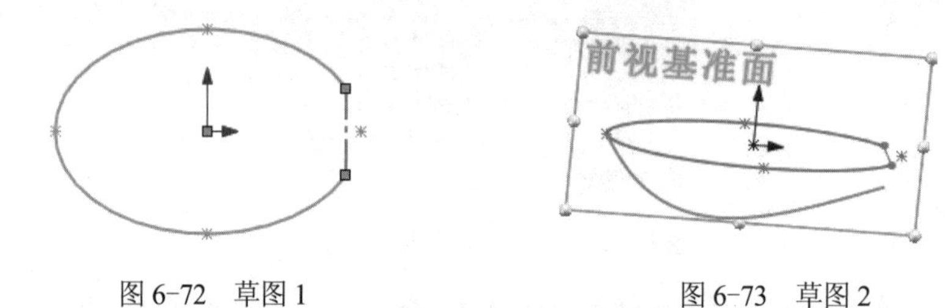

图 6-72　草图 1　　　　图 6-73　草图 2

③ 选择“3D 草图”命令，使用“样条线”命令，绘制 3D 草图 1，如图 6-74 所示。

④ 单击“曲面”面板中的“曲面填充”按钮，系统弹出“曲面填充”属性对话框，选择草图 1 和草图 1 作为“修补边界”，选择草图 2 作为“约束曲线”，其他参数保持默认设置，结果如图 6-75 所示。

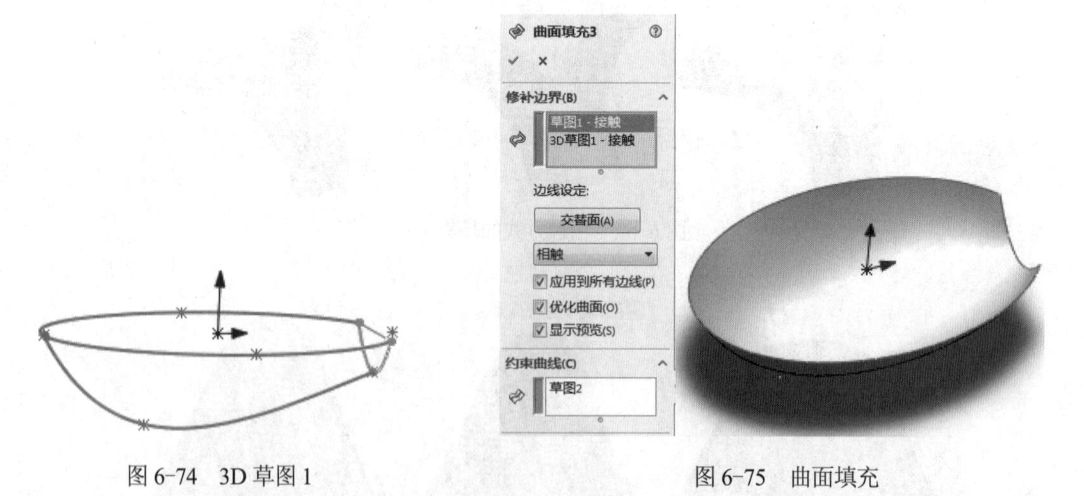

图 6-74　3D 草图 1　　　　图 6-75　曲面填充

⑤ 单击“特征”面板中的“基准面”按钮，依次选择图 6-76 中箭头所指直线和上视基准面作为参考，按照图中的参数进行设置，创建一个新基准面，与上视基准面的夹角为 20°，如图 6-76 所示。

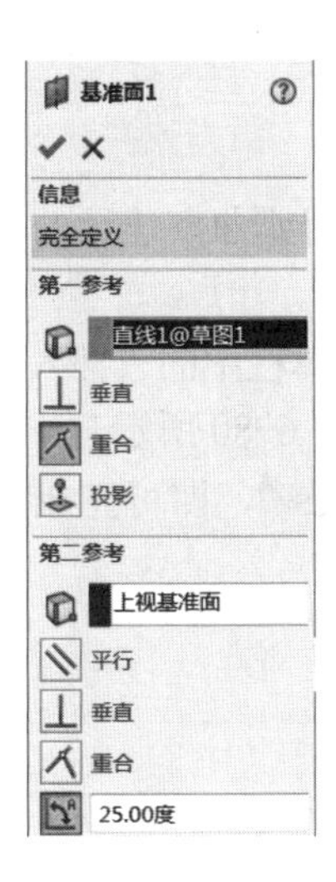

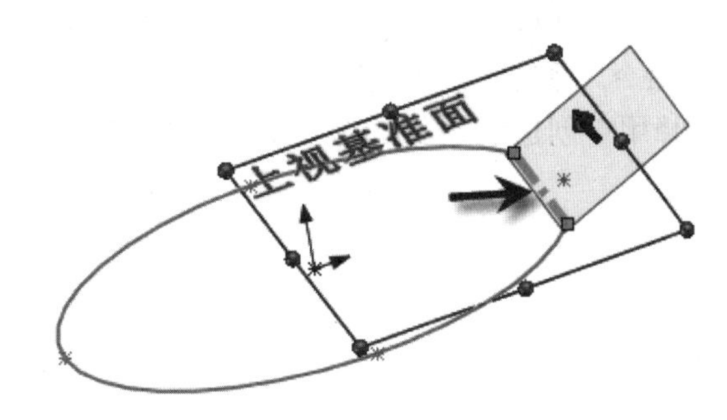

图 6-76　新建基准面

⑥ 在新建基准面上绘制草图 4，如图 6-77 所示。

⑦ 在前视基准面上绘制草图 5，如图 6-78 所示。

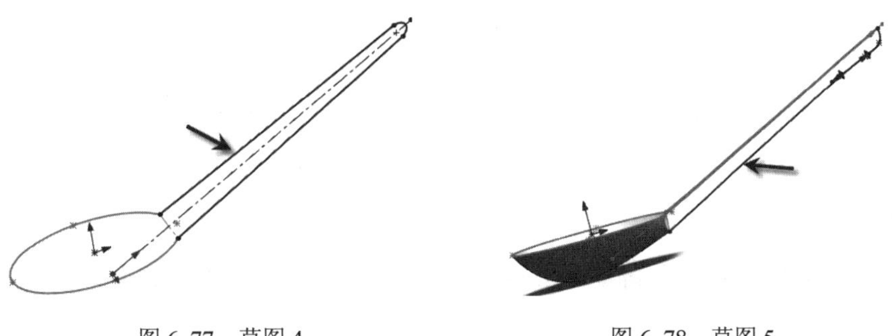

图 6-77　草图 4　　　　图 6-78　草图 5

⑧ 单击“曲面”面板中的“曲面填充”按钮，系统弹出“曲面填充”属性对话框，选择草图 4 和 3D 草图作为“修补边界”，选择草图 5 作为“约束曲线”，其他参数保持默认设置，如图 6-79 所示，即可得到最终结果，如图 6-71 所示。

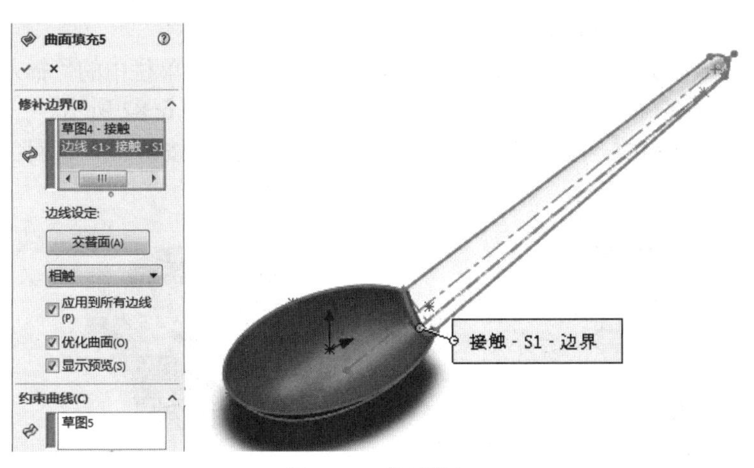

图 6-79　曲面填充

6.3.8 边界曲面

边界曲面特征可用于生成在两个方向上（曲面所有边）相切或曲率连续的曲面。大多数情况下，这样产生的结果比放样工具产生的结果质量更高。

① 单击“曲面”面板中的“边界曲面”按钮，或选择菜单栏中的“插入”→“曲面”→“边界曲面”命令。系统弹出“边界-曲面”属性对话框，如图 6-80 所示。

② 依次选择用于创建边界曲面的曲线，单击“确定”按钮，即可完成边界曲面，如图 6-81 所示。

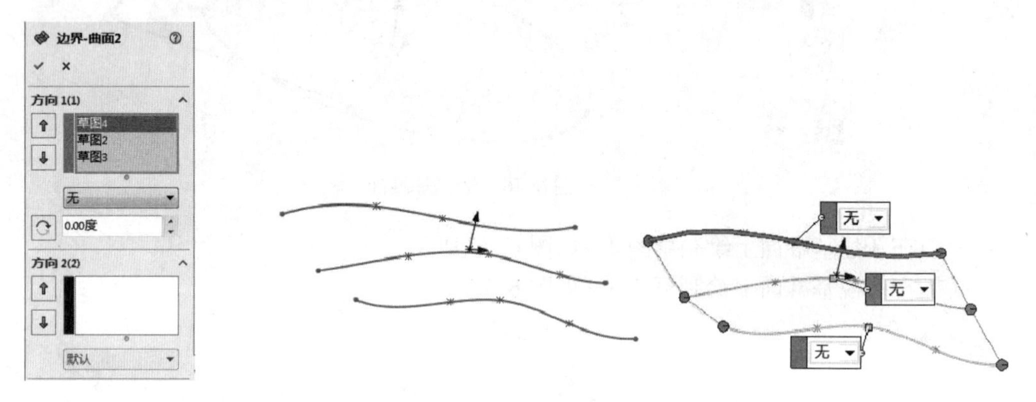

图 6-80 “边界-曲面”属性对话框　　图 6-81 边界曲面示例

6.4 编辑曲面

创建曲面以后，往往需要进一步编辑修改才能满足要求，本节介绍常用的曲面编辑修改命令。

6.4.1 等距曲面

等距曲面的创建方法和草图中的等距曲线的对应方法相似，对于已经存在的曲面（不论是模型的轮廓面，还是生成的曲面），都可以像等距曲线一样生成等距曲面。

如果要生成等距曲面，可以采用下面的操作。

① 单击“曲面”面板中的“等距曲面”按钮，或选择菜单栏中的“插入”→“曲面”→“等距曲面”命令，系统弹出“等距曲面”属性对话框，如图 6-82 所示。

② 选择需等距的曲面，并且指定等距距离，单击“确定”按钮，即可完成等距曲面，如图 6-83 所示。

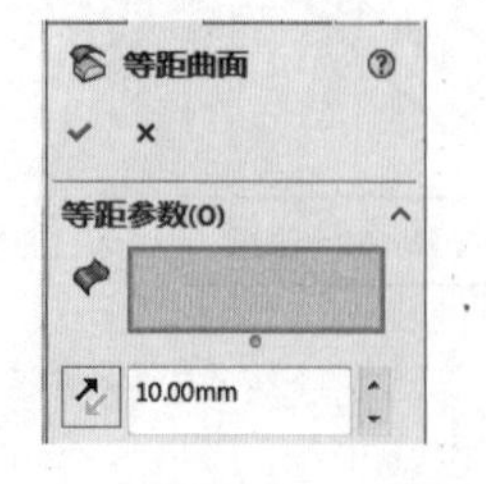

图 6-82 “等距曲面”属性对话框

图 6-83 等距曲面

6.4.2 延展曲面

利用“延展曲面”命令可以将分型线、边线、一组相邻的内张或外张边线延长一段距离，并在从边线开始到指定距离的范围内建立曲面。延展曲面在拆模时最常用。当零件进行模塑，产生公母模之前，必须先生成模块与分模面，延展曲面就是用来生成分模面的。

要延展曲面，可以采用下面的操作。

① 选择菜单栏中的“插入”→“曲面”→“延展曲面”命令，系统弹出“曲面-延展”属性对话框，如图 6-84 所示。

② 选择用于确定延展方向的基准面，然后选择要延展的边线。注意图形区域中的箭头方向（指示延展方向），如有错误，单击“反向”按钮。

③ 指定延展距离，如果希望曲面继续沿零件的切面延伸，选中“沿切面延伸”复选框。

④ 单击“确定”按钮，完成曲面的延展，如图 6-85 所示。

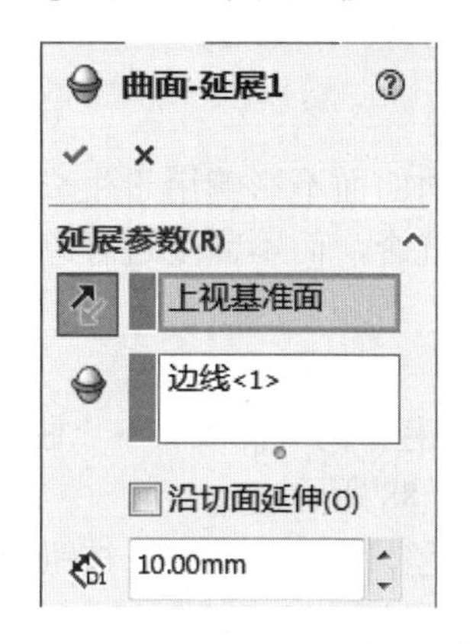

图 6-84 “曲面-延展”属性对话框

图 6-85 曲面的延展

6.4.3 延伸曲面

延伸曲面可以在现有曲面的边缘，沿着切线方向，以直线或随曲面的弧度产生附加的曲面。

如果要延伸曲面，可以采用下面的操作。

① 单击“曲面”面板中的“延伸曲面”按钮，或选择菜单栏中的“插入”→“曲面”→“延伸曲面”命令，系统弹出“延伸曲面”属性对话框，如图 6-86 所示，属性对话框中各参数含义如下。

- 距离：指定延伸曲面的距离。
- 成形到某一面：延伸曲面到选择的面。
- 成形到某一点：延伸曲面到选择的某一点。
- 同一曲面：沿曲面的几何体延伸曲面。
- 线性：沿边线相切于原来曲面来延伸曲面。

② 设置好相关参数，单击“确定”按钮，完成曲面的延伸，如图 6-87 所示。

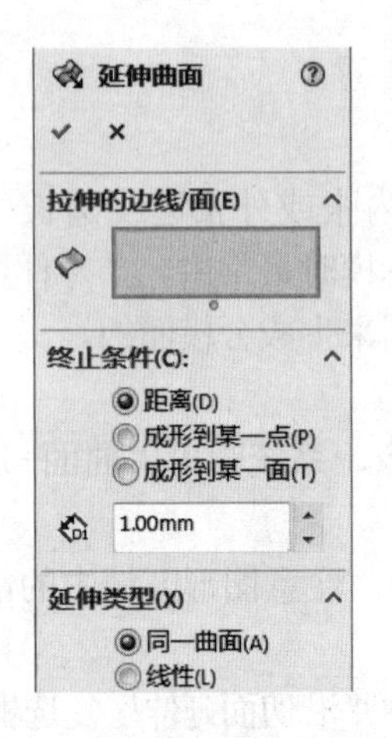

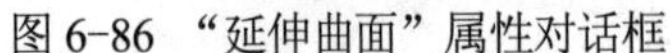

图 6-86 “延伸曲面”属性对话框

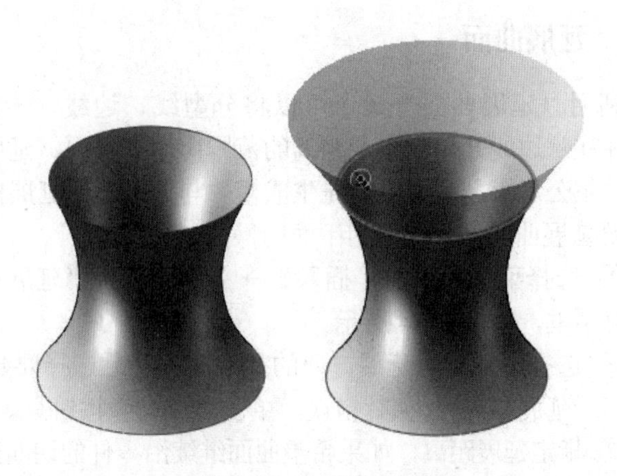

图 6-87 延伸曲面示例

6.4.4 缝合曲面

缝合曲面是将相连的两个或多个曲面连接成一体。缝合后的曲面不影响用于生成它们的曲面。空间曲面经过剪裁、拉伸和圆角等操作后，可以自动缝合，而不需要进行缝合曲面操作。

如果要将多个曲面缝合为一个曲面，可以采用下面的操作。

① 单击“曲面”面板中的“缝合曲面”按钮，或选择菜单栏中的“插入”→“曲面”→“缝合曲面”命令，系统弹出“缝合曲面”属性对话框，如图 6-88 所示。

② 在图形区域选择要缝合的面，如果需要，可以修改缝合公差，单击“确定”按钮，完成曲面的缝合。

缝合后的曲面外观没有任何变化，但是多个曲面已经可以作为一个实体来选择和操作了。

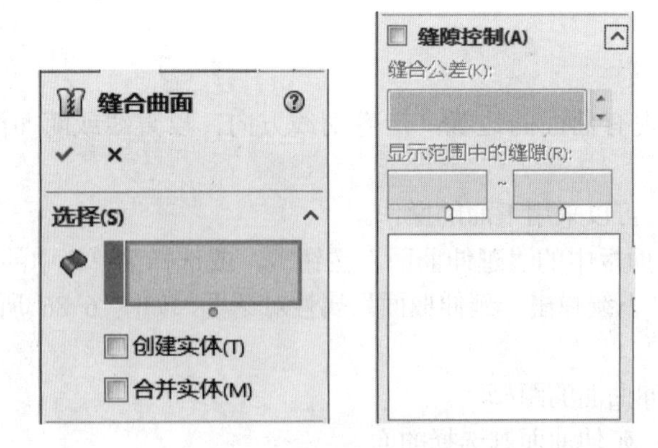

图 6-88 “缝合曲面”属性对话框

6.4.5 剪裁曲面

剪裁曲面是指采用布尔运算的方法在一个曲面与另一个曲面、基准面或草图交叉处修剪曲面，或者将曲面与其他曲面相互修剪的工具。

如果要剪裁曲面，可以采用下面的操作。

① 打开一个将要剪裁的曲面文件，如图 6-89 所示。

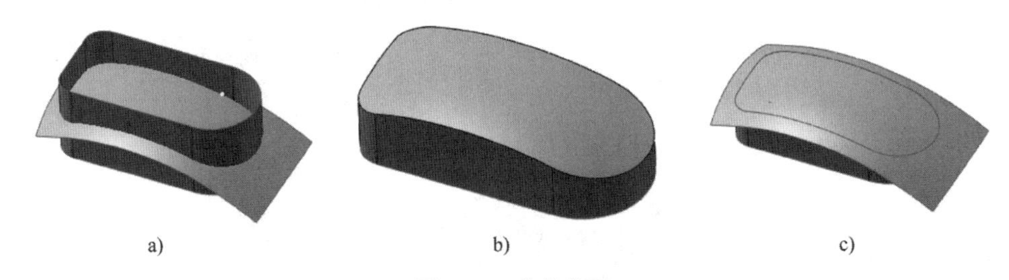

a)　　b)　　c)

图 6-89　剪裁曲面

a) 要剪裁的面　b) “标准”类型　c) “相互”类型

② 单击“曲面”面板中的“剪裁曲面”按钮，或选择菜单栏中的“插入”→“曲面”→“剪裁”命令，系统弹出“剪裁曲面”属性对话框，如图 6-90 所示。

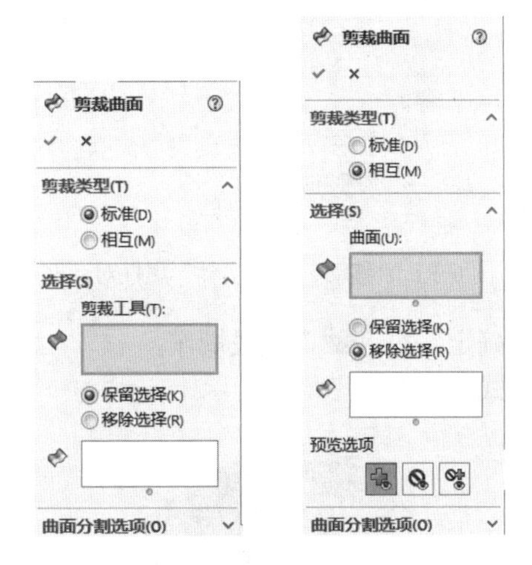

图 6-90 “剪裁曲面”属性对话框

③ 在“剪裁类型”选项卡中选择剪裁类型。

- 标准：使用曲面作为剪裁工具，在曲面相交处剪裁曲面。
- 相互：将两个曲面作为互相剪裁的工具。

④ 设置好其他选项，单击“确定”按钮，完成曲面的缝合。

如图 6-89b 和图 6-89c 所示为两种裁剪方式的效果。

6.4.6 移动 / 复制曲面

移动 / 复制曲面是指平移、旋转和复制曲面的操作。在 SolidWorks 2017 中，“移动 / 复制曲面”与“移动 / 复制实体”的属性对话框相同，均以“移动 / 复制实体”命名。

如果要移动 / 复制曲面，可以采用下面的操作。

① 选择菜单栏中的“插入”→“曲面”→“移动 / 复制”命令，系统弹出“移动 / 复制实体”属性对话框，如图 6-91 所示。

② 单击对话框下方的“平移/旋转”按钮，会显示“平移”和“旋转”选项卡。选择需要操作的曲面，“复制”复选框由于设置是移动还是复制方式，平移时可以给定平移方向或者坐

标值；旋转时可以指定旋转中心点或者旋转轴，然后给定旋转角度。

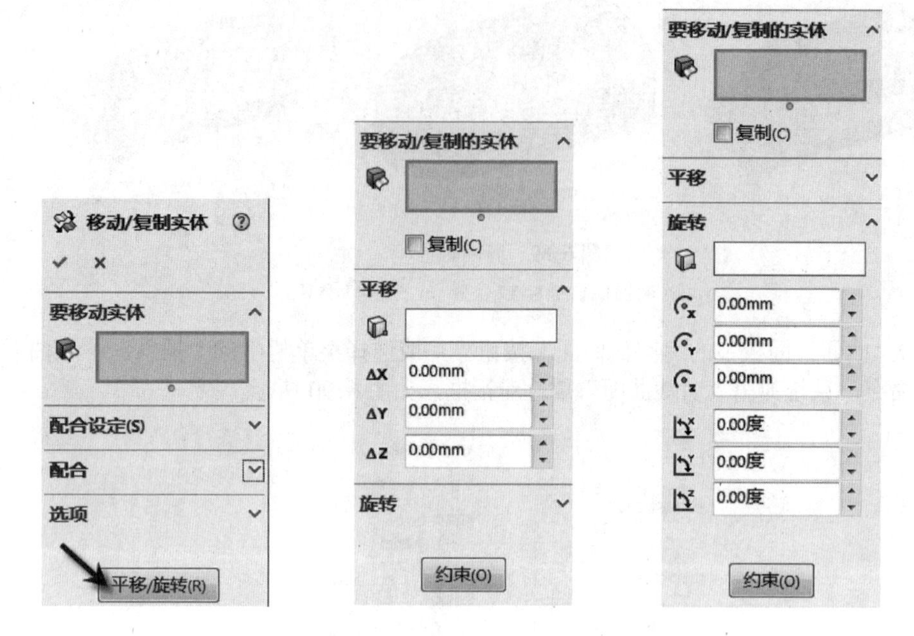

图 6-91 “移动 / 复制实体”属性对话框

③ 设置完成后，单击“确定”按钮，完成操作。

如图 6-92 所示为两种方式的示例。

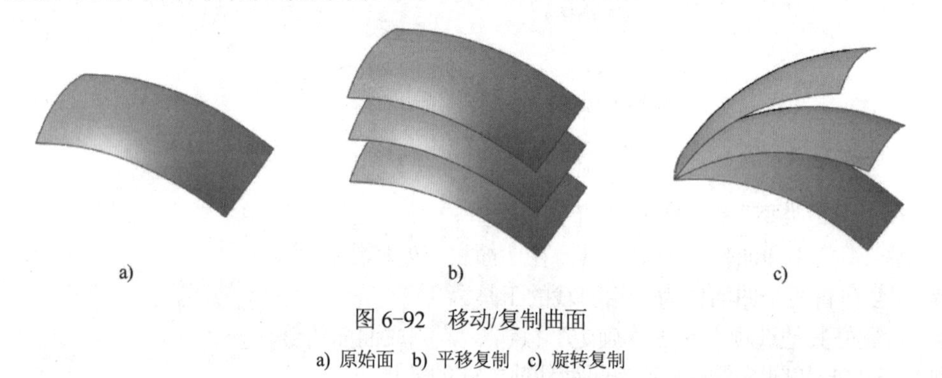

图 6-92 移动/复制曲面

a) 原始面 b) 平移复制 c) 旋转复制

6.4.7 删除面

利用“删除面”命令，可以从曲面实体或实体中删除一个面，并同时自动进行修补。

执行“删除面”命令，可以采用下面的操作。

① 单击“曲面”面板中的“删除面”按钮，或选择菜单栏中的“插入”→“面”→“删除”命令，系统弹出“删除面”属性对话框，如图 6-93 所示。

② 选择需删除的面，如果选中“删除”单选按钮，将删除所选曲面；如果选中“删除并修补”单选按钮，则在删除曲面的同时，对删除曲面后的曲面进行自动修补；如果选中“删除并填充”单选按钮，则在删除曲面的同时，对删除曲面后的曲面进行自动填充。如图 6-94 所示为示例原始图，如图 6-95 所示为几种情况的效果。

③ 设置完成后，单击“确定”按钮✔，完成操作。

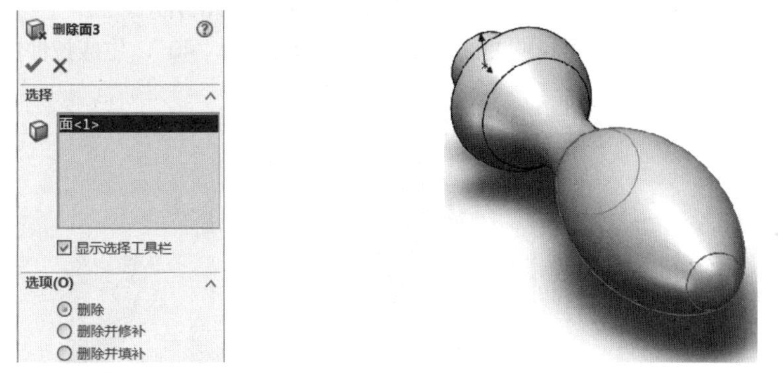

图 6-93 “删除面”属性对话框　　　　图 6-94 原始图

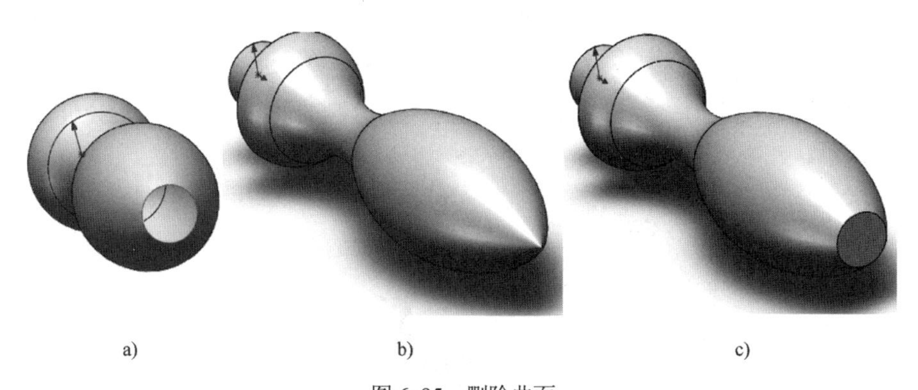

a)　　　　b)　　　　c)

图 6-95 删除曲面

a) 删除 b) 删除并修补 c) 删除并填补

6.5 综合实例

6.5.1 三通

创建如图 6-96 所示的三通，其尺寸见步骤中的数值。

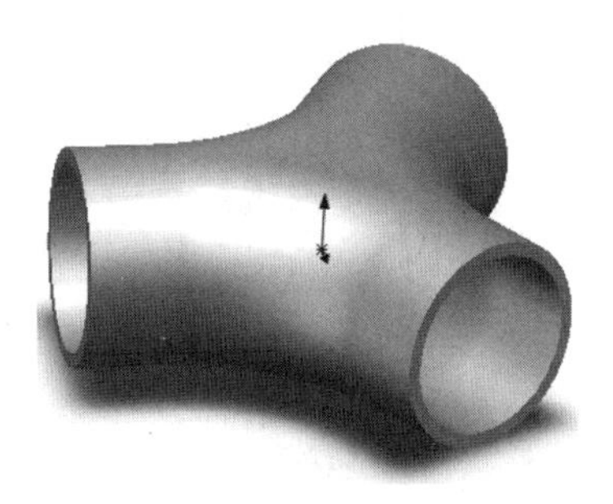

图 6-96 三通

① 创建一个与前视基准面平行、距离为 70 的新基准面。

② 创建一个基准轴，位置是前视基准面与右视基准面的交线，如图 6-97 所示。

③ 在新基准面上绘制一个ϕ80 的圆作为草图 1，如图 6-98 所示。

④ 使用“曲面”面板中的“拉伸曲面”命令，设置深度为“40”，生成拉伸曲面，如图 6-99 所示。

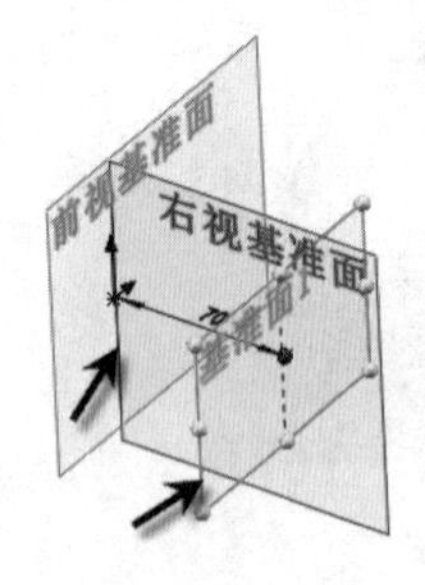

图 6-97　新基准面及新基准轴

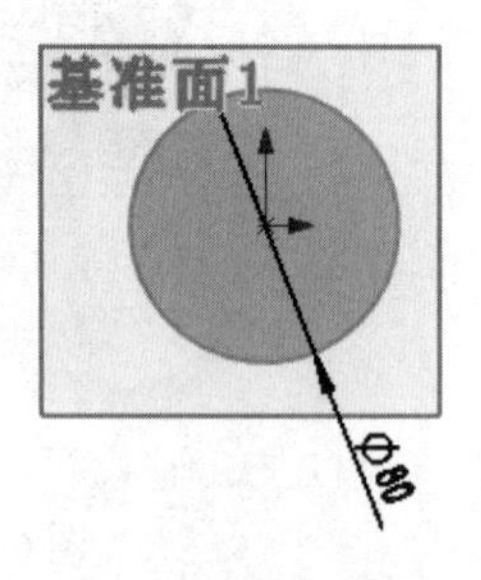

图 6-98　草图 1

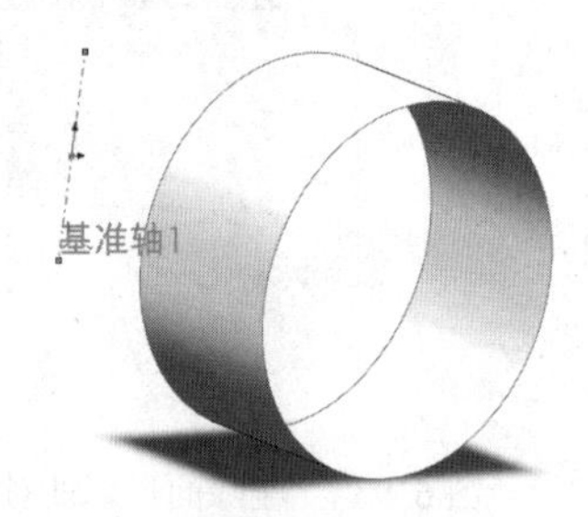

图 6-99　拉伸曲面

⑤ 使用“特征”面板中的“分割线”命令，系统弹出“分割线”属性对话框，如图 6-100 所示，选择“拔模方向”为“右视基准面”，选择“要分割的面”为刚创建的拉伸曲面，结果如图 6-101 所示。

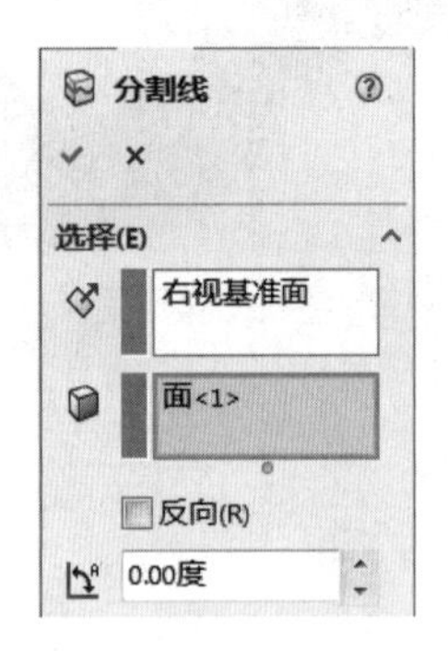

图 6-100 “分割线”属性对话框

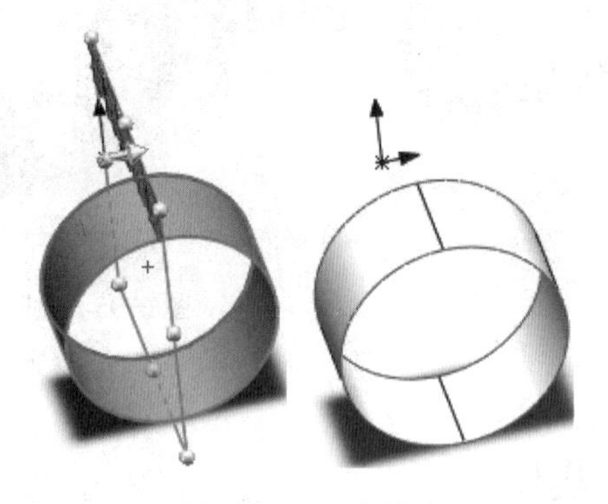

图 6-101　分割曲面

⑥ 单击“特征”面板中的“圆周阵列”按钮，系统弹出“圆周阵列”属性对话框，按照如图 6-102 所示进行设置，结果如图 6-103 所示。

图 6-102 “圆周阵列”属性对话框

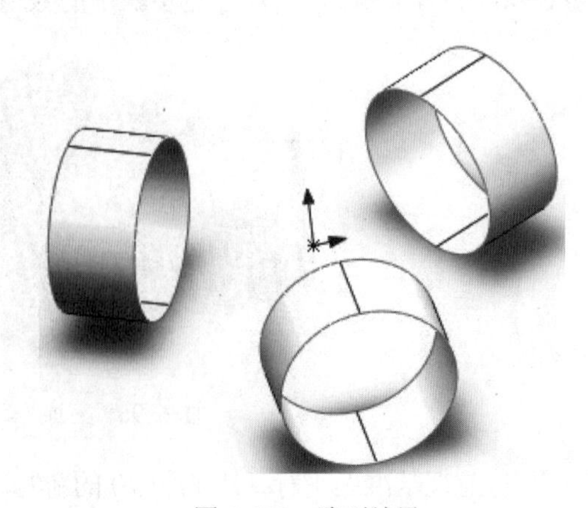

图 6-103　阵列结果

⑦ 单击“曲面”面板中的“放样曲面”按钮，系统弹出“曲面放样”属性对话框，选择两相邻拉伸曲面的外侧轮廓线，按照如图 6-104 所示进行设置，其他参数保持默认设置，结果如图 6-105 所示。

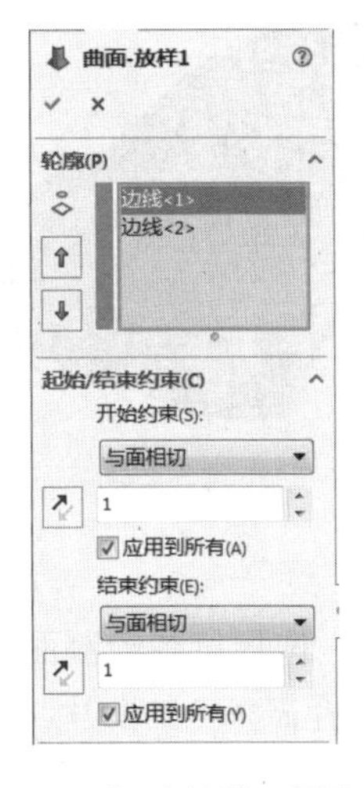

图 6-104 “曲面-放样”属性对话框

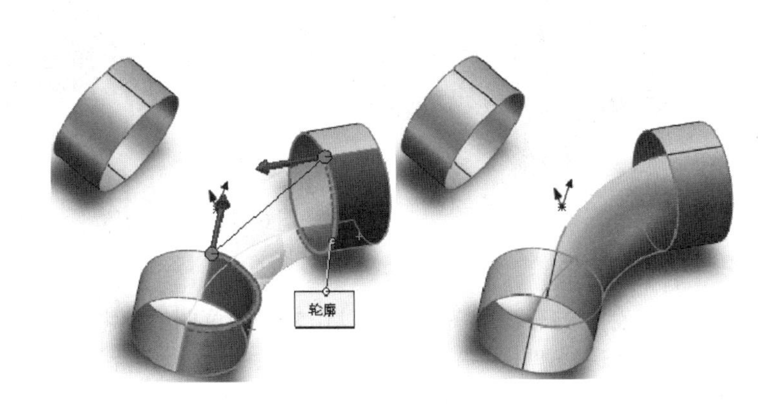

图 6-105 曲面放样结果

⑧ 重复上一步的曲面放样操作，生成剩余部分的放样特征，结果如图 6-106 所示。

⑨ 单击“曲面”面板中的“曲面填充”按钮，系统弹出“曲面填充”属性对话框，选择如图 6-107 中箭头所指的 3 条边线，适当设置其他参数，如图 6-107 所示，完成曲面填充。

⑩ 用相同的方式填充另一侧。

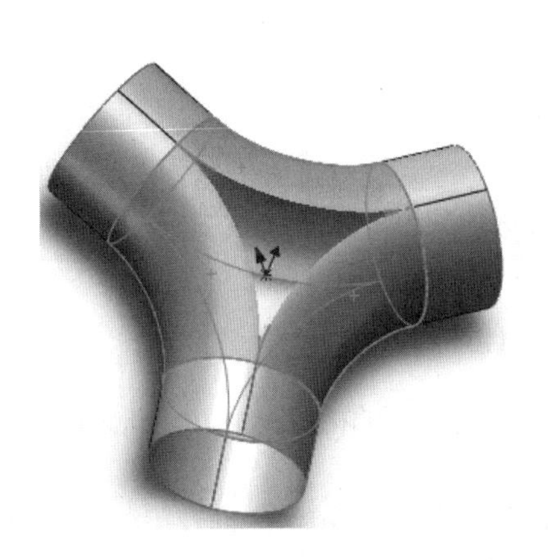

图 6-106 完成放样

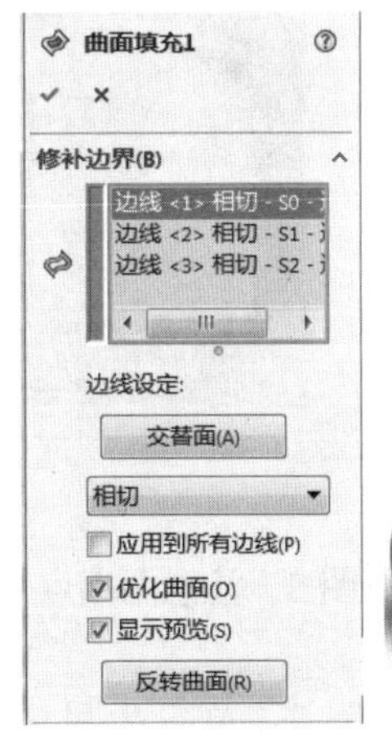

图 6-107 曲面填充

⑪ 单击“曲面”面板上的“缝合曲面”按钮，选择所有曲面，缝合成一个整体。

⑫ 单击“曲面”面板上的“加厚”按钮，选择缝合曲面，设置合适的厚度，即可完成三通的造型，最终结果如图 6-96 所示。

6.5.2 轿车壳体

创建如图 6-108 所示的轿车壳体曲面特征，尺寸自定。

轿车壳体结构比较复杂，步骤较多，讲述中主要列出操作流程，每个命令的具体用法可以参照前面的具体讲述，本实例不再赘述。

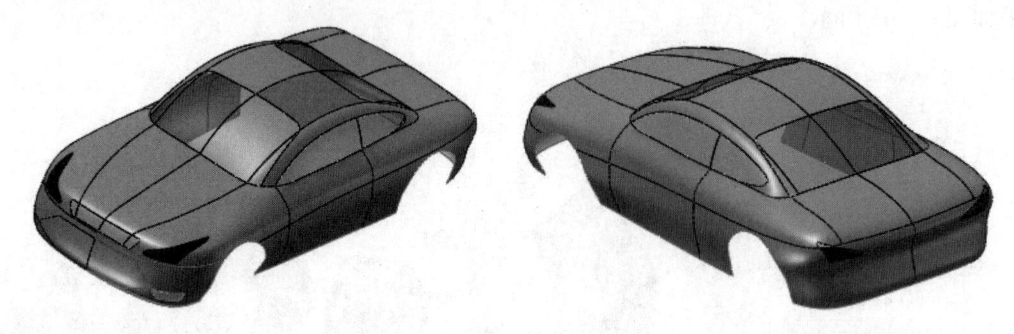

图 6-108　轿车壳体

1．车身创建

如果有车的三视图图片，可以作为绘制草图的参考，方法如下：选择草图绘制面，进入草图环境，选择“工具”→“草图工具”→“草图图片”命令，再选择需参考的图片，系统会弹出“草图图片”属性对话框，如图 6-109 所示，可以修改参数以调整图片的大小和角度，然后就可以根据绘图区的图片绘制草图了，如图 6-110 所示。

图 6-109　“草图图片”属性对话框

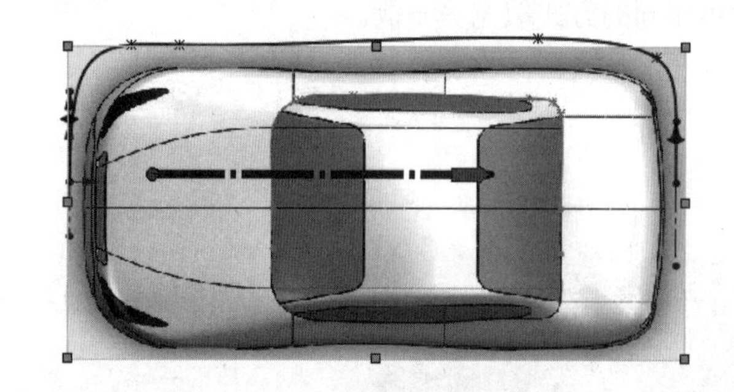

图 6-110　参考图片

① 选择“上视基准面”，绘制草图 1，注意两端点处应约束与竖直的构造线相切，如图 6-111 所示。

② 在上视基准面上方，绘制草图 2，草图 2 尺寸及形状与草图 1 相仿，推荐用 3D 草图方式，以方便调整图线的形状，如图 6-112 所示。

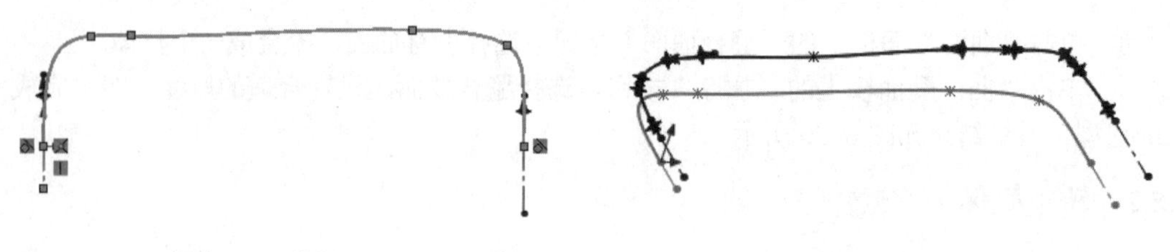

图 6-111　草图 1　　　　图 6-112　草图 2（3D）

③ 在草图 2 的上方新建一个基准面，绘制草图 3，形状如图 6-113 所示。

提示：3 个草图的两侧端点，均应落在前视基准面上，以方便后面两个 2D 草图均与前面 3 个草图相交。

④ 选择前视基准面，绘制草图 4，使得草图 4 与前面 3 个草图相交（用约束方式），如图 6-114 所示。

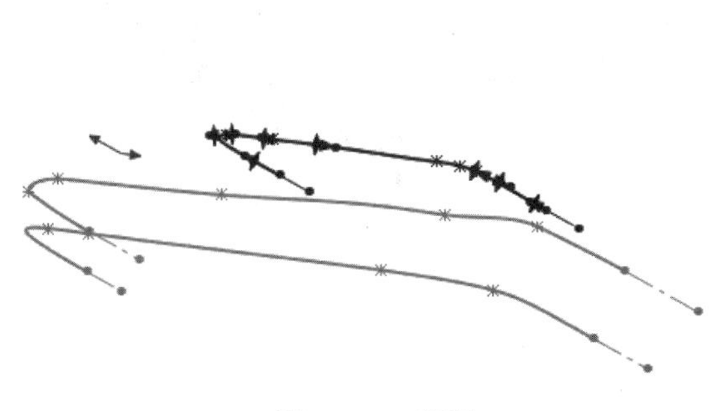

图 6-113　草图 3

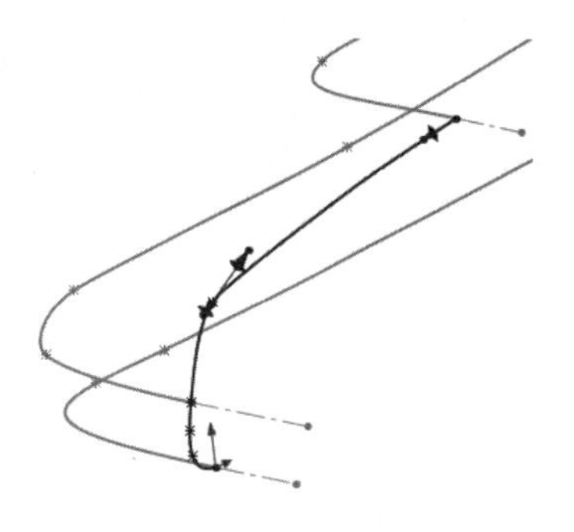

图 6-114　草图 4

⑤ 选择“前视基准面”，绘制草图 5，使得草图 5 与前面的 3 个草图相交（用约束方式），如图 6-115 所示。5 个草图绘制完成，如图 6-116 所示。

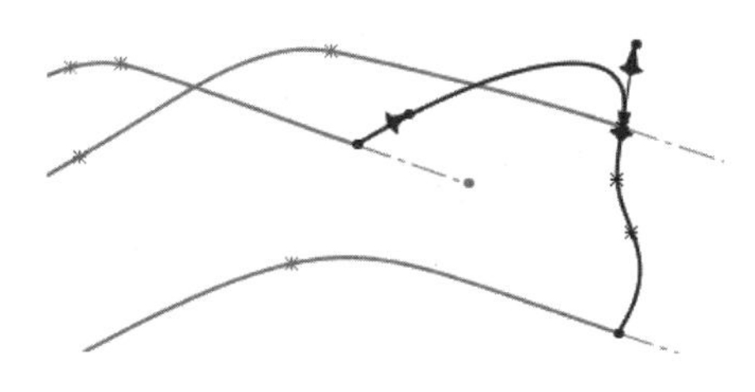

图 6-115　草图 5

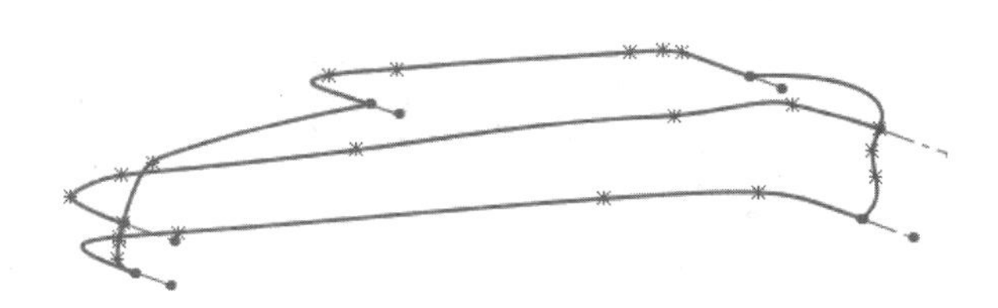

图 6-116　5 个草图

⑥ 使用“放样曲面”命令，以草图 4 和草图 5 为轮廓，以草图 1、草图 2、草图 3 为引导线，生成放样曲面，如图 6-117 所示。

⑦ 使用“镜像”命令，以前视基准面为镜像面，镜像完成主体特征，如图 6-118 所示。

图 6-117　放样曲面

图 6-118　镜像特征

2. 驾驶舱创建

① 绘制如图 6-119 所示的 4 个草图（草图 6～草图 9），使用“放样曲面”命令生成一侧顶棚，如图 6-120 所示。

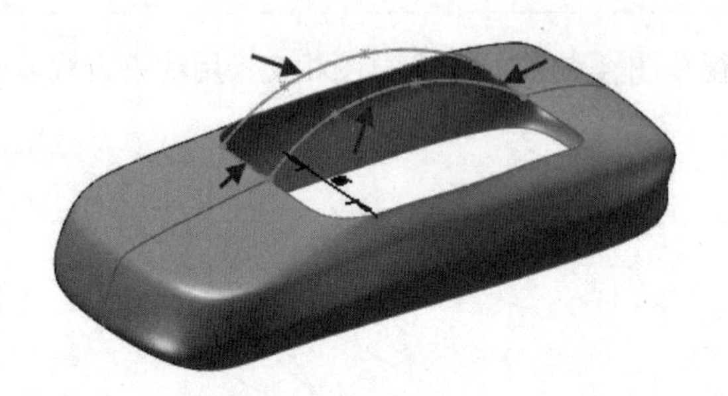

图 6-119　草图 6～草图 9

图 6-120　一侧顶棚

② 使用“镜像”命令，以前视基准面为镜像面，镜像完成顶棚特征，如图 6-121 所示。

③ 利用“转换实体引用”命令分别绘制草图 10 和草图 11，并使用“曲面放样”命令生成驾驶室一侧曲面，如图 6-122 所示。

图 6-121　镜像顶棚

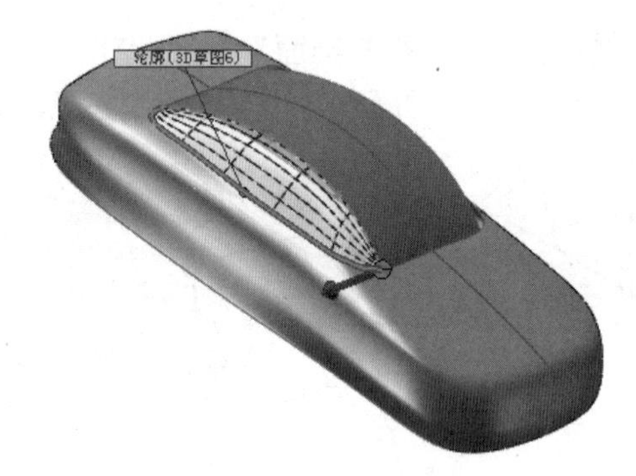

图 6-122　放样侧面

④ 使用“镜像”命令，以前视基准面为镜像面，镜像完成驾驶室两侧面，如图 6-123 所示。

3. 分割曲面

① 选择“前视基准面”，绘制草图 12，如图 6-124 所示。

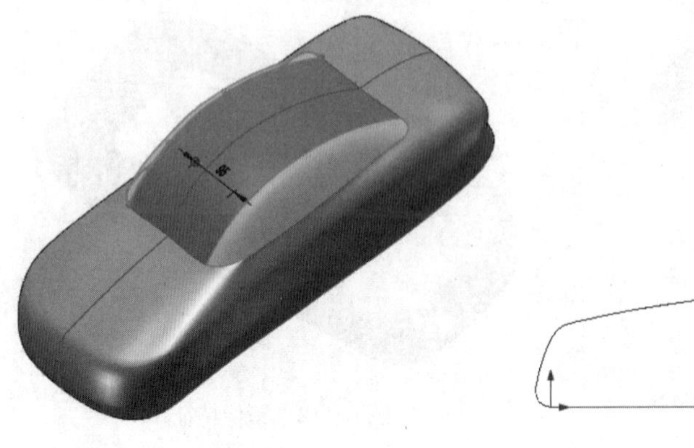

图 6-123　镜像驾驶室侧面

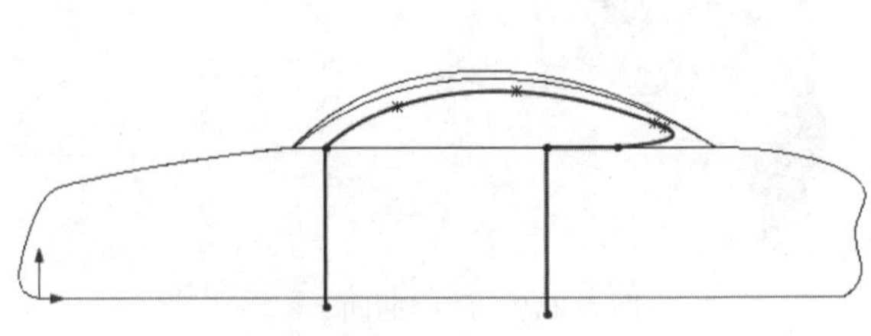

图 6-124　草图 12

② 使用“分割线”命令，向两侧将创建好的曲面进行分割，如图 6-125 所示。

③ 选择“上视基准面”，绘制草图 13，如图 6-126 所示。

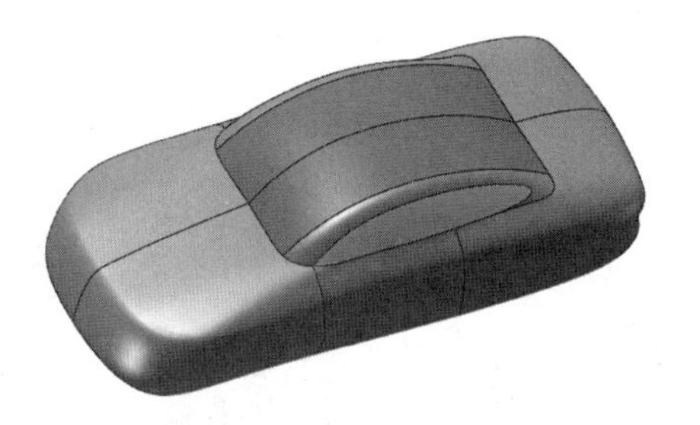

图 6-125　分割曲面

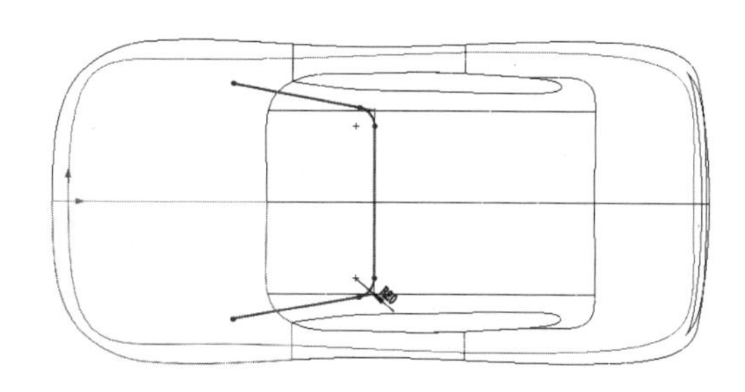

图 6-126　草图 13

④ 使用“分割线”命令，向上将创建好的曲面进行分割，生成前风挡，如图 6-127 所示。

⑤ 选择“上视基准面”，绘制草图 14，如图 6-128 所示。

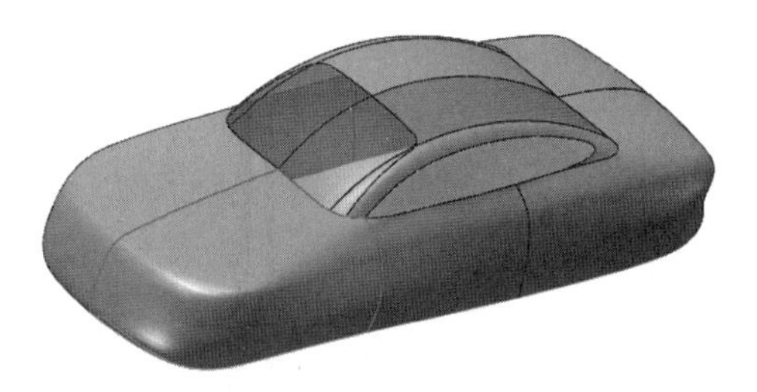

图 6-127　生成前风挡

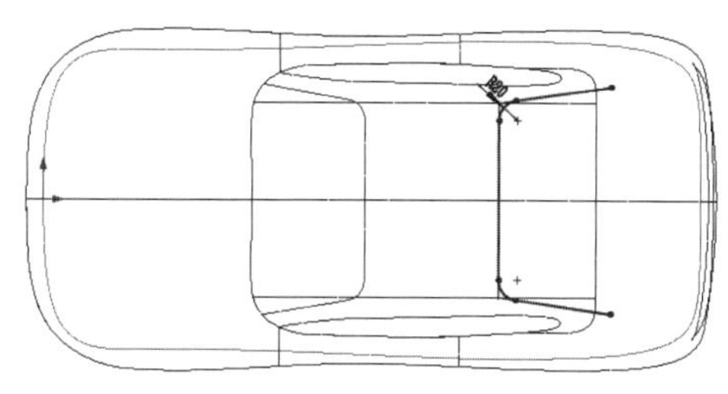

图 6-128　草图 14

⑥ 使用“分割线”命令，向上将创建好的曲面进行分割，生成后风挡，如图 6-129 所示。

⑦ 选择“前视基准面”，绘制草图 15，如图 6-130 所示。

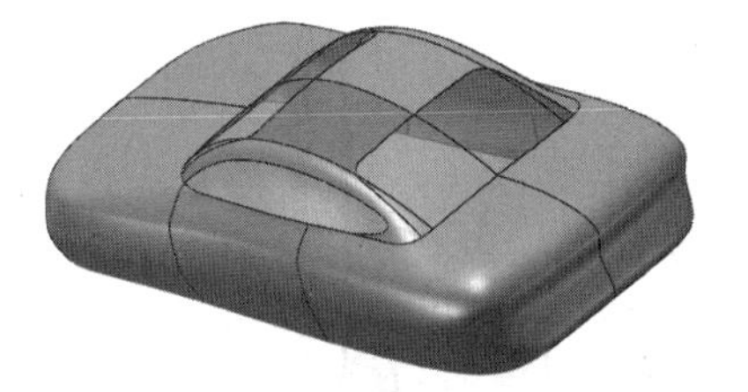

图 6-129　生成后风挡

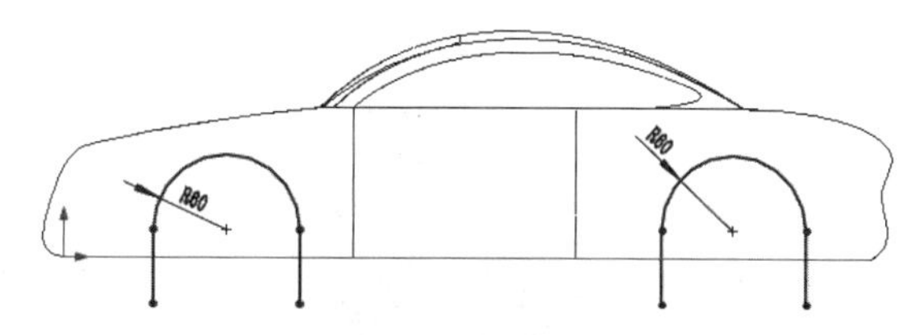

图 6-130　草图 15

⑧ 使用“曲面剪裁”命令，利用草图 15 向两侧剪裁，生成车轮空缺，如图 6-131 所示。

⑨ 使用“分割线”命令，用和前面相似的方式，生成车身上的轮廓线，如图 6-132 所示。

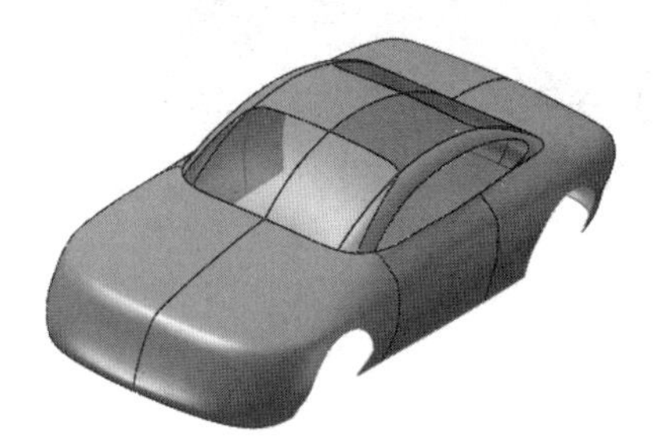

图 6-131　曲面剪裁

图 6-132　生成车身轮廓线

⑩ 新建平行于右视基准面的新基准面，绘制草图 16，如图 6-133 所示。

⑪ 使用“分割线”命令，向前后将创建好的曲面进行分割，生成车灯曲面，如图 6-134 所示。

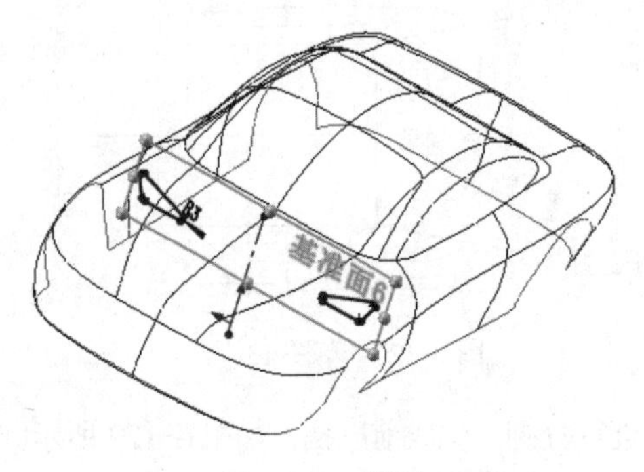

图 6-133　草图 16

图 6-134　生成车灯曲面

⑫ 适当设置颜色，最终结果参见图 6-108 所示。

6.6　课后练习

1. 思考题

（1）曲面和实体的差别是什么？

（2）创建曲面的草图和创建实体的草图有什么区别？

（3）说明延展曲面和延伸曲面的区别。

2. 操作题

创建图 6-135 所示的曲面特征。

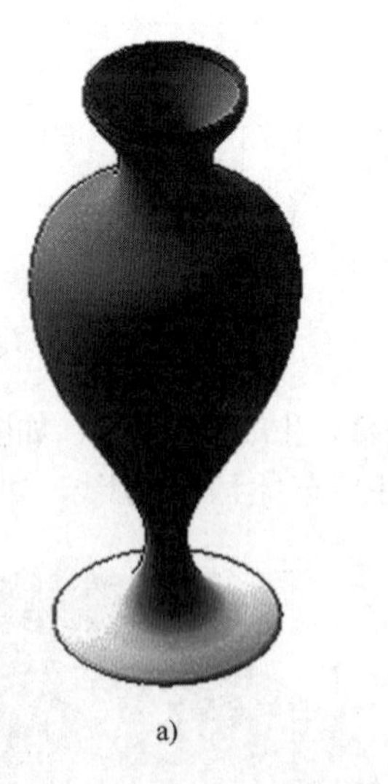

a)　　b)

图 6-135　曲面特征

第7章　装 配 设 计

SolidWorks 2017 提供了强大的装配设计功能，可以很方便地通过将零件设计和钣金设计环境中生成的零件按照一定的装配关系进行装配。SolidWorks 支持并行的装配工程，允许多个设计者对同一个装配项目进行操作，并且可以即时访问设计组内其他成员的当前设计。

本章重点：

- 掌握常用装配关系的用法
- 掌握装配环境中编辑零部件的基本方法
- 掌握装配爆炸视图的生成与操作

7.1　装配设计模块概述

在现实的工业生产中，机器或部件都是由零件按照一定的装配关系和技术要求装配而成的，如图 7-1 所示。本节主要介绍 SolidWorks 2017 中常用装配命令的基本用法。

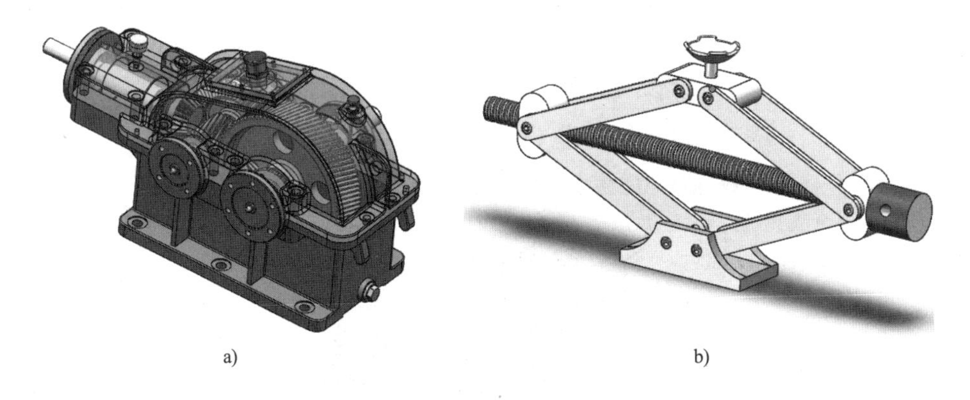

a)　　b)

图 7-1　装配体示例

进行零件装配时，首先应合理地选择第一个装配零件，第一个装配零件应满足如下两个条件。

- 是整个装配模型中最为关键的零件。
- 用户在以后的工作中不会删除该零件。

零件之间的装配关系也可形成零件之间的父子关系。在装配过程中，已存在的零件称为父零件，与父零件相装配的后来的零件称为子零件。子零件可以单独删除，而父零件则不行，删除父零件时，与之相关联的所有子零件将一起被删除，因此删除第一个零件就删除了整个装配模型。

进入装配环境有两种方法：第一种是新建文件时，在弹出的“新建 SolidWorks 文件”对话框中选择“装配体”模板，单击“确定”按钮，即可新建一个装配体文件，并进入装配环境，如图 7-2 所示。第二种则是在零件环境中，选择菜单栏中的“文件”→“从零件制作装配体”命令，切换到装配环境。

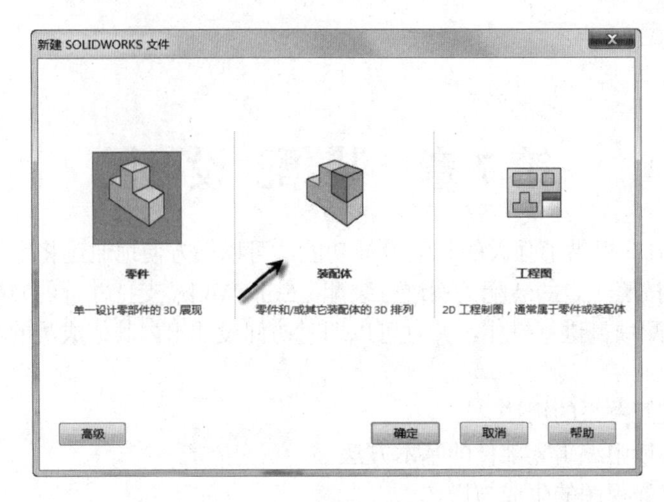

图 7-2　新建装配体文件

当新建一个装配体文件或打开一个装配体文件时，即进入 SolidWorks 的装配环境。SolidWorks 装配操作界面和零件模式的界面相似，装配体界面同样具有菜单栏、工具面板、设计树、控制区和零部件显示区。在左侧的控制区中列出了组成该装配体的所有零部件。在设计树最底端还有一个配合的列表，包含所有零部件之间的配合关系，如图 7-3 所示。“装配体”面板如图 7-4 所示。

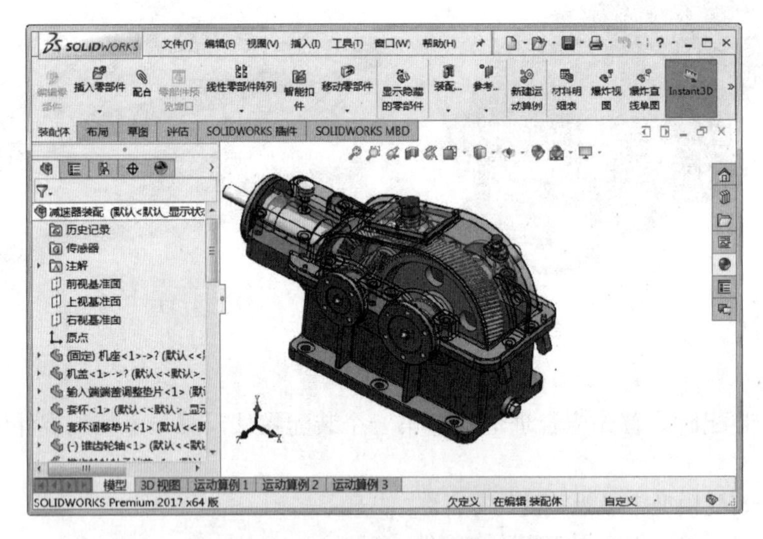

图 7-3　SolidWorks 装配模块界面

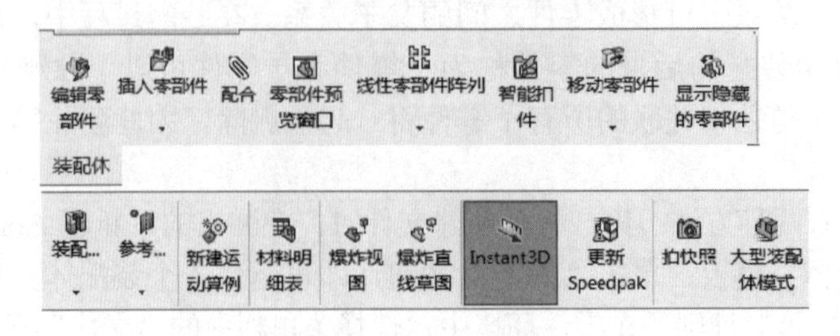

图 7-4　“装配体”面板

7.2 零部件的装配关系

SolidWorks 的装配关系综合解决了零件装配的各种情况，装配零件的过程实际就是定义零件与零件之间装配关系的过程。

7.2.1 配合概述

进入装配模块，系统弹出“开始装配体”属性对话框，如图 7-5 所示。

单击图 7-5 对话框中“要插入的零件/装配体”选项卡下的“浏览”按钮，弹出“打开”对话框，调入第一个零件模型并放置在装配体的原点处，即零件原点与装配原点重合，如图 7-6 所示。

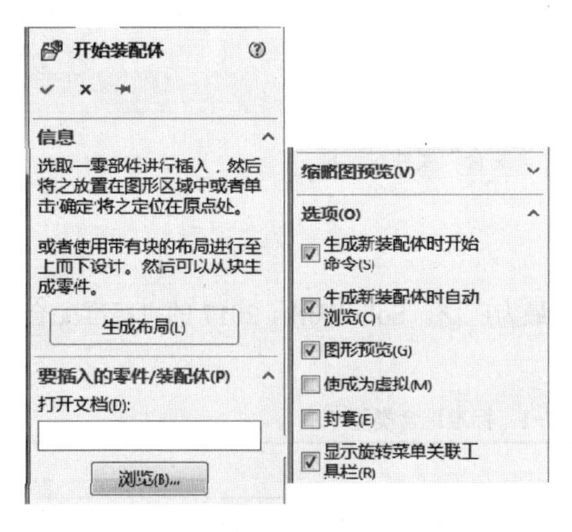

图 7-5 “开始装配体”属性对话框

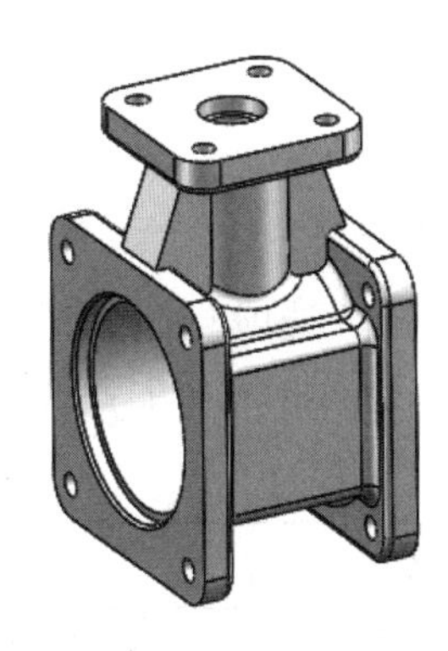

图 7-6 调入第一个零件

单击“装配体”面板中的“插入零部件”按钮，调入一个与第一个零件模型有装配关系的零件，在合适的位置单击以放置零件，如图 7-7 所示。

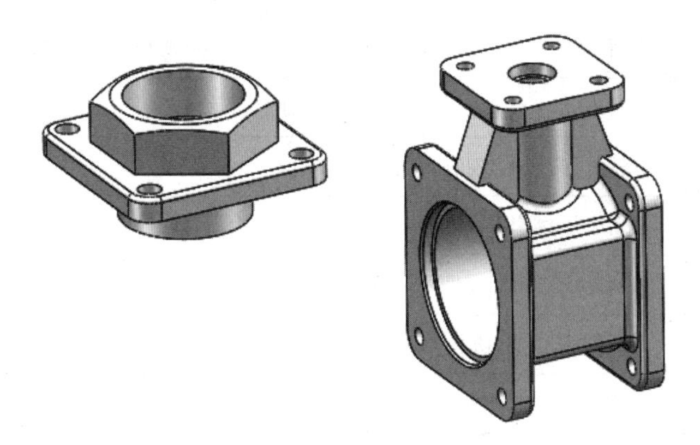

图 7-7 调入第二个零件

单击“装配体”面板中的“配合”按钮，系统弹出如图 7-8 所示“配合”属性对话框。其中有用于添加标准配合、机械配合和高级配合的选项。

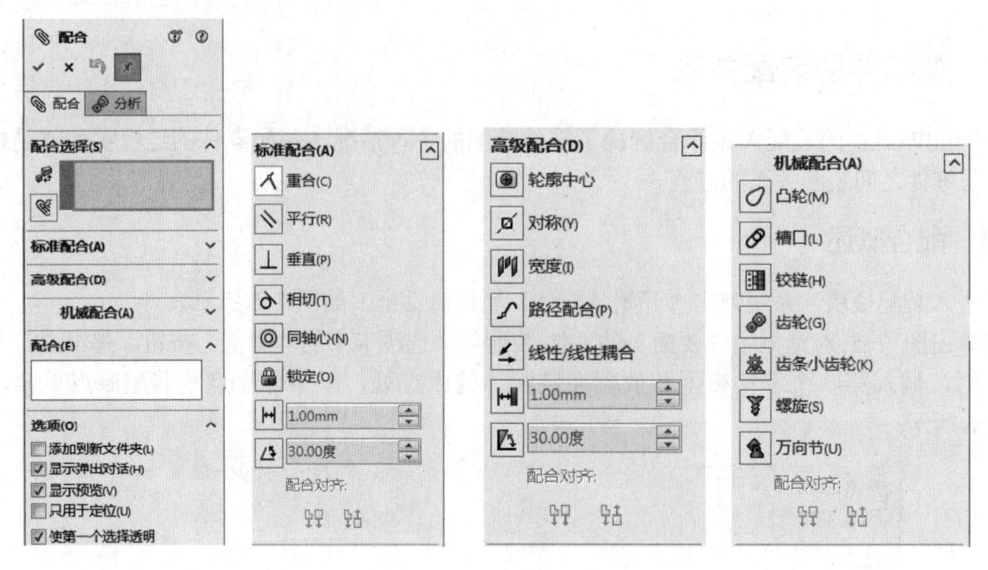

图 7-8 “配合”属性对话框

7.2.2 标准配合

“标准配合”选项卡中的参数的应用最为广泛。SolidWorks 2017 的“标准配合”选项卡中提供了表 7-1 所示的几种配合类型。

表 7-1 标准配合类型

图 标	名 称	说 明
	重合	将所选面、边线及基准面定位（相互组合或与单一顶点组合），使其共享同一个无限基准面。定位两个顶点使它们彼此接触
	平行	使所选的配合实体相互平行
	垂直	使所选配合实体以彼此呈 90° 角放置
	相切	使所选配合实体以彼此间相切放置（到少有一选项必须为圆柱面、圆锥面或球面）
	同轴	使所选配合实体放置于共享同一中心线的位置
	锁定	保持两个零部件之间的相对位置和方向
	距离	使所选配合实体以彼此间指定的距离放置
	角度	使所选配合实体以彼此间指定的角度放置
	同向对齐	与所选面正交的向量指向同一方向
	反向对齐	与所选面正交的向量指向相反方向

7.2.3 高级配合

“高级配合”选项卡提供了相对比较复杂的零部件配合类型，如表 7-2 所示列出了里面的选项。

表 7-2　高级配合类型

图　标	名　　称	说　　明
	轮廓中心	将矩形和圆形轮廓互相中心对齐，并完全定义组件
	对称	强制使两个零件各自选中面相对于零部件的基准面或平面或者装配体的基准面距离对称，如图 7-9 所示
	宽度	使零部件位于凹槽宽度内的中心，如图 7-10 所示
	路径配合	将零部件上所选的点约束到路径，如图 7-11 所示
	线性/线性耦合	在一个零部件的平移和另一个零部件的平移之间建立几何关系，如图 7-12 所示
	距离	允许零部件在距离配合一定数值范围内移动
	角度	允许零部件在角度配合一定数值范围内移动

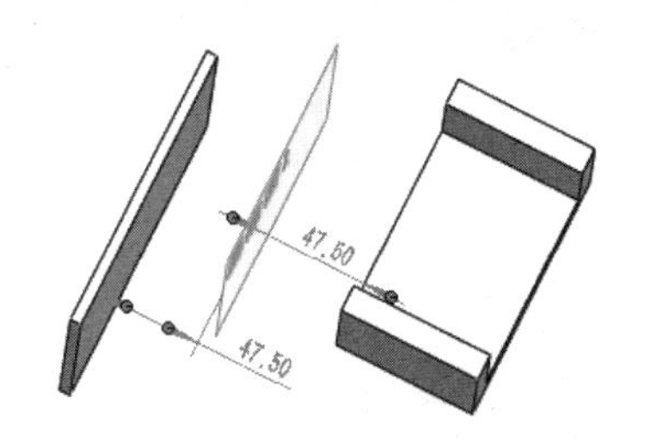

图 7-9　对称配合

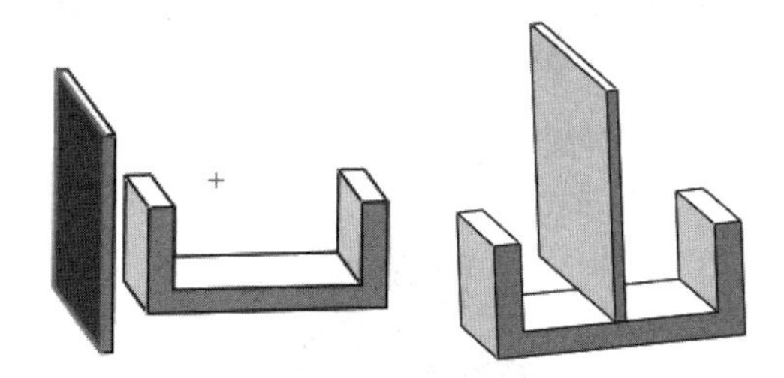

图 7-10　宽度配合

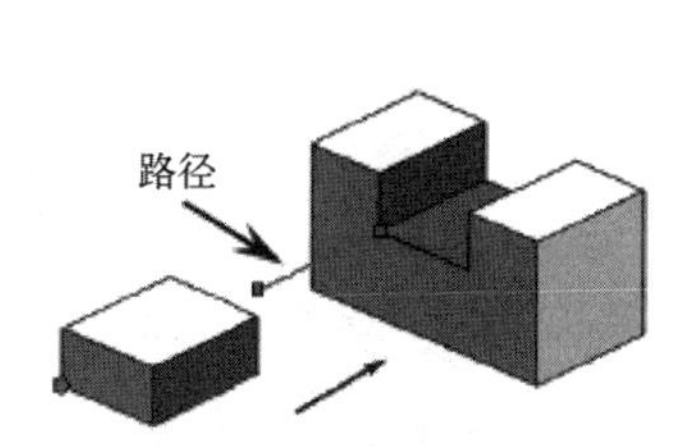

图 7-11　路径配合

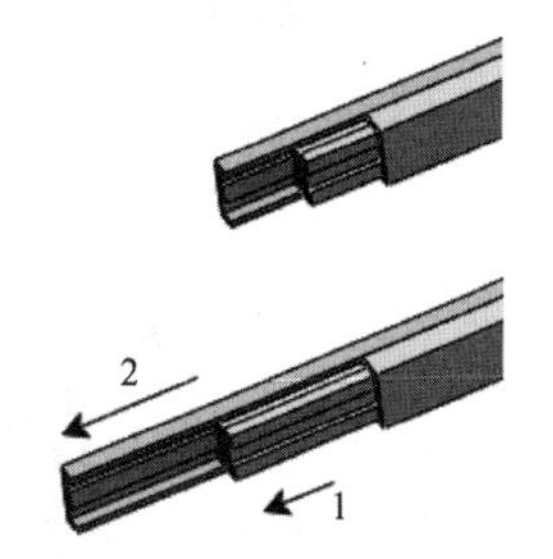

图 7-12　线性/线性耦合配合

7.2.4　机械配合

在“机械配合”选项卡中提供了 7 种用于机械零部件装配的配合类型，如表 7-3 所示。

表 7-3　机械配合类型

图 标	名　　称	说　　明
	凸轮	是一个相切或重合配合类型，它允许将圆柱、基准面，或点与一系列相切的拉伸曲面相配合，如图 7-13 所示
	槽口	将螺栓或槽口运动限制在槽口孔内
	铰链	将两个零部件之间的移动限制在一定的旋转范围内，其效果相当于同时添加同心配合和重合配合，如图 7-14 所示
	齿轮	会强迫两个零部件绕所选轴相对旋转，齿轮配合的有效旋转轴包括圆柱面、圆锥面、轴和线性边线，如图 7-15 所示

（续）

图标	名称	说明
	齿条小齿轮	通过齿条和小齿轮配合，某个零部件（齿条）的线性平移会引起另一零部件（小齿轮）做圆周旋转，反之亦然，如图 7-16 所示
	螺旋	将两个零部件约束为同心，并在一个零部件的旋转和另一个零部件的平移之间添加几何关系，如图 7-17 所示
	万向节	一个零部件（输出轴）绕自身轴的旋转是由另一个零部件（输入轴）绕其轴的旋转驱动，如图 7-18 所示

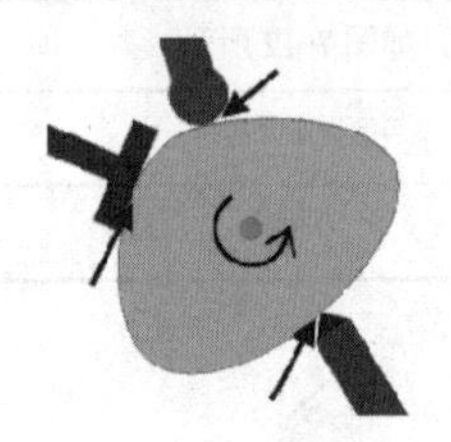

图 7-13　凸轮配合

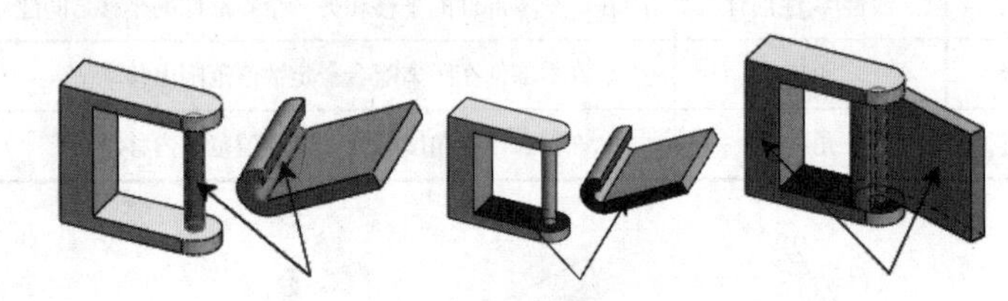

图 7-14　铰链配合

图 7-15　齿轮配合

图 7-16　齿条小齿轮配合

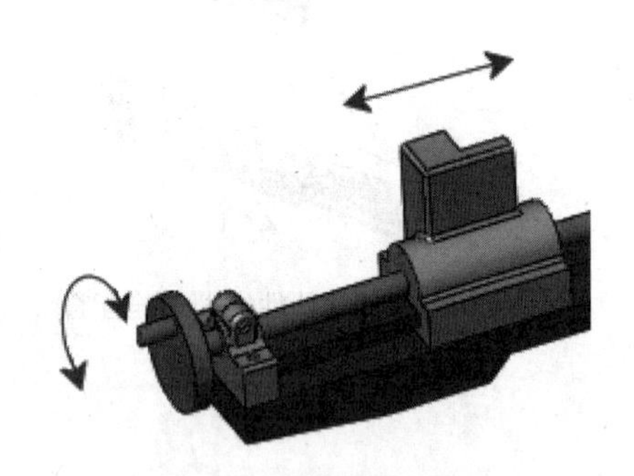

图 7-17　螺旋配合

图 7-18　万向节配合

7.3　零部件的操作

在使用 SolidWorks 进行零部件的装配过程中，当出现相同的多个零部件装配时，使用“阵列”或“镜像”功能可以避免多次插入零部件的重复操作。使用“移动”或“旋转”功能可以平移或旋转零部件。

7.3.1　线性零部件阵列

此种阵列类型可以生成零部件的线性阵列。操作步骤如下。

① 采用“重合”与“同心”配合，将两个零件装配在一起，如图 7-19 所示。

② 单击“装配体”面板中的“线性零部件”按钮，系统弹出“线性阵列”属性对话框，如图 7-20 所示。

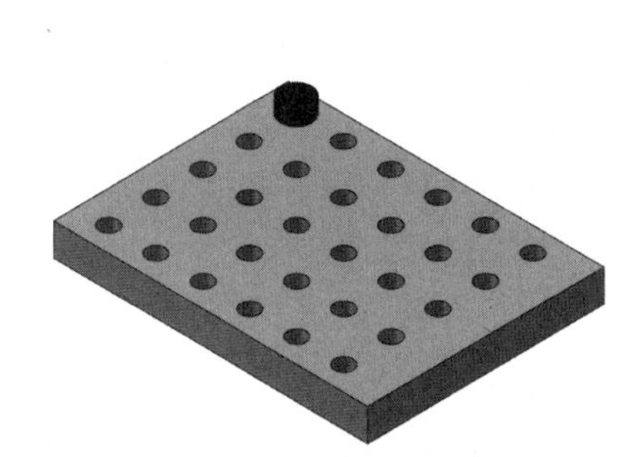

图 7-19　待线性阵列的零部件

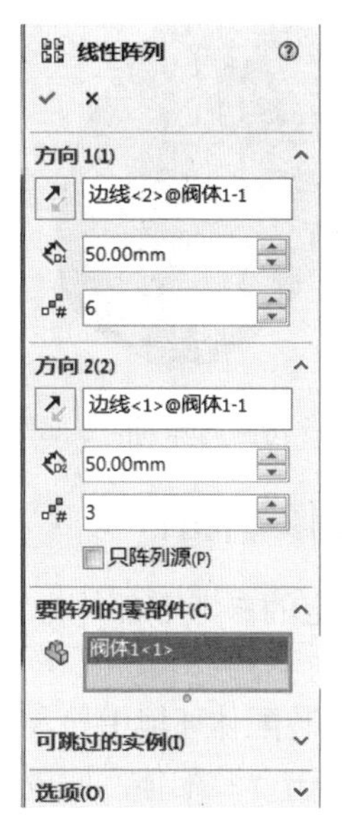

图 7-20　“线性阵列”属性对话框

③ 分别指定线性阵列的方向 1、方向 2，以及各方向的间距、实例数，选择要阵列的零部件，如图 7-21 所示，单击“确定”按钮，线性阵列零部件如图 7-22 所示。

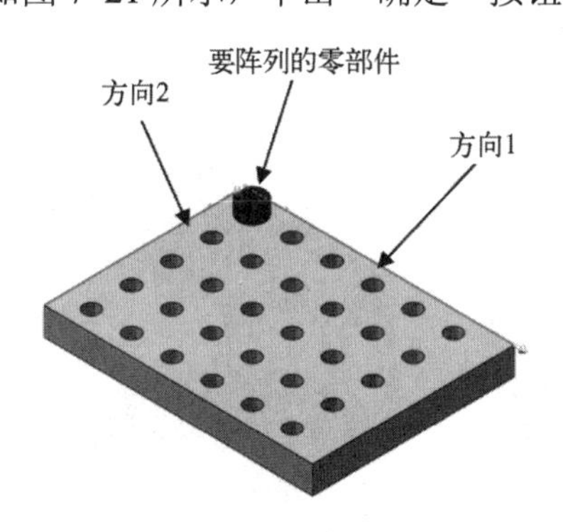

图 7-21　方向选择

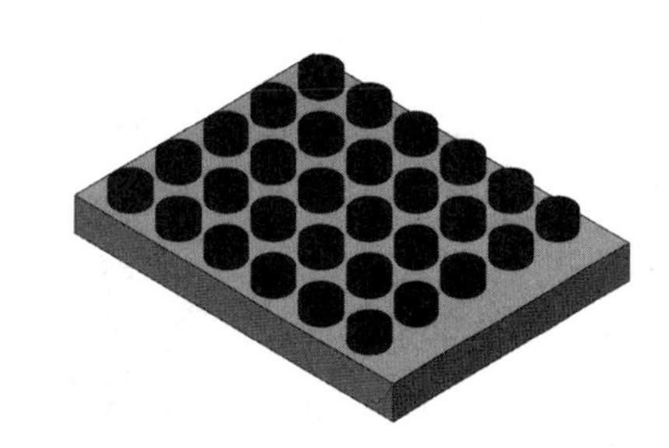

图 7-22　线性阵列零部件

7.3.2　圆周零部件阵列

此种阵列类型可以生成零部件的圆周阵列。操作步骤如下。

① 采用“重合”与“同心”配合，将两个零件装配在一起，如图 7-23 所示。

② 单击“装配体”面板中的“圆周零部件阵列”按钮，系统弹出“圆周阵列”属性对话框，如图 7-24 所示。

③ 分别指定圆周阵列的阵列轴、角度和实例数（阵列数），以及要阵列的零部件，就可以生成零部件的圆周阵列，如图 7-25 所示。

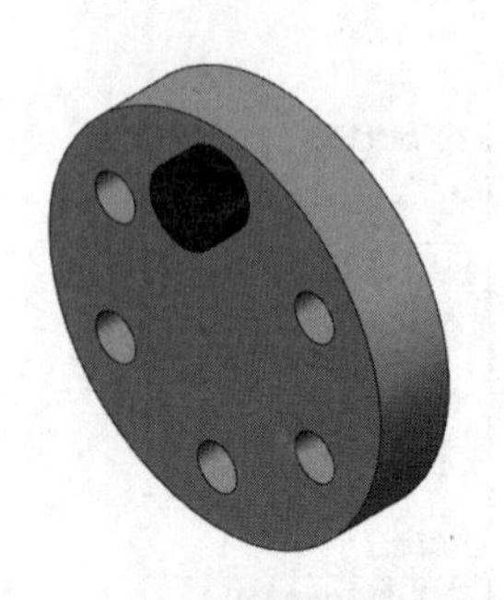

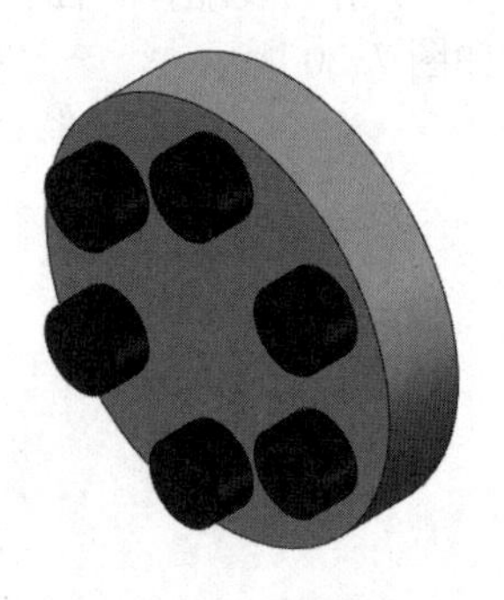

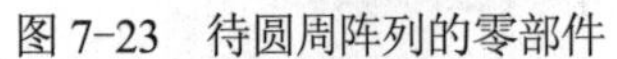

图 7-23　待圆周阵列的零部件　　图 7-24 “圆周阵列”属性对话框　　图 7-25　圆周阵列零部件

7.3.3　镜像零部件

当固定的参考零部件为对称结构时，可以使用“镜像零部件”命令来生成新的零部件。操作步骤如下。

① 在装配体环境中导入一个零件。

② 单击“装配体”面板中的“镜像零部件”按钮，系统弹出“镜像零部件”属性对话框，如图 7-26 所示。

③ 选择镜像基准面、要镜像的零部件后，单击“确定”按钮，生成镜像零部件，示例如图 7-27 所示。

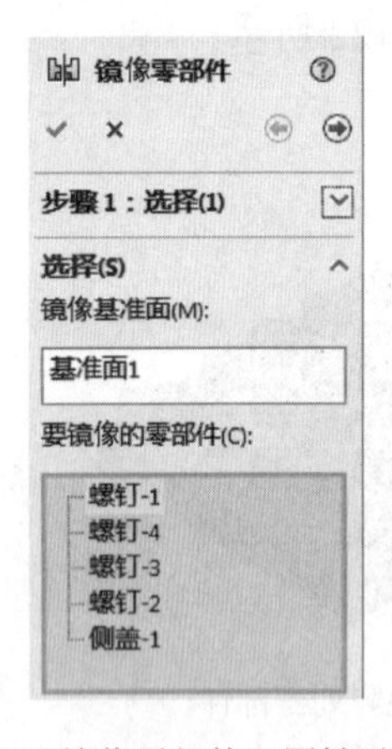

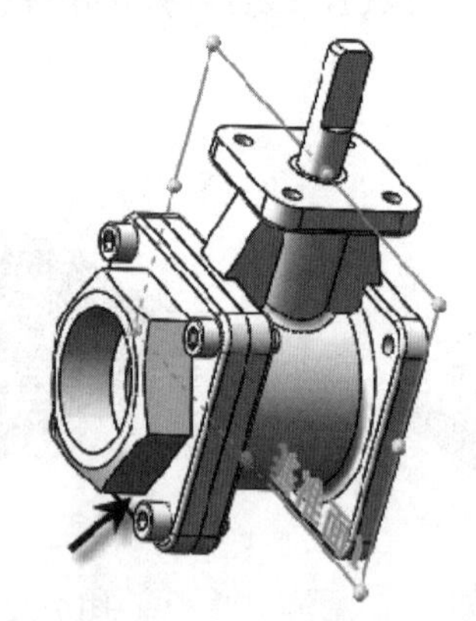

图 7-26 “镜像零部件”属性对话框

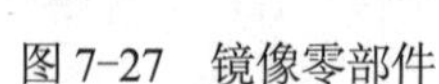

图 7-27　镜像零部件

7.3.4　移动或旋转零部件

利用移动零件和旋转零件功能，可以任意移动处于浮动状态的零件（即不完全约束），如图 7-28 中的轴就处于浮动状态。如果该零件被部分约束，则在被约束的自由度方向上是无法运动的。利用此功能，在装配中可以检查哪些零件是被完全约束的。

在“装配体”面板中单击“移动零部件”按钮，系统弹出“移动零部件”属性对话框，如图 7-29 所示，选择处于浮动状态的零部件，按住鼠标左键，即可移动零部件。“移动零部件”属性对话框和“旋转零部件”属性对话框中的选项设置是相同的。

图 7-28　浮动状态的零部件

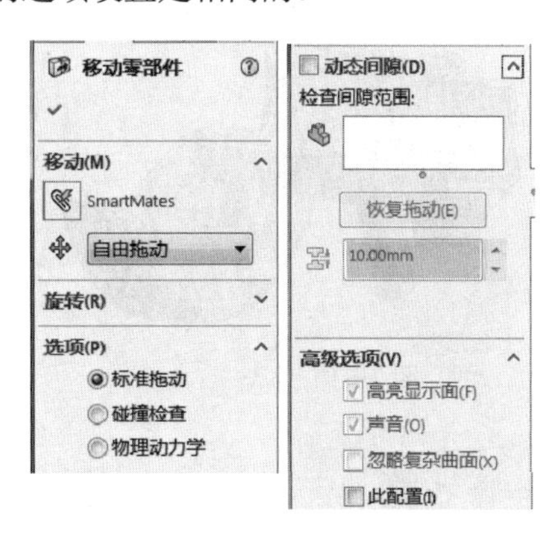

图 7-29　“移动零部件”属性对话框

7.4　装配实例

7.4.1　曲轴连杆机构

本节以曲轴连杆机构的装配为例来说明整个装配过程，曲轴连杆机构如图 7-30 所示。

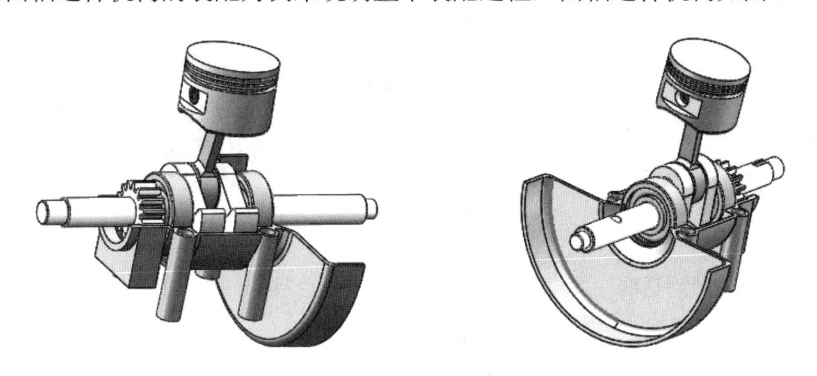

图 7-30　曲轴连杆机构

① 进入装配模块，系统弹出“开始装配体”属性对话框，单击“浏览”按钮，调入第一个零件“外壳”，如图 7-31 所示。

② 单击“装配体”面板中的“插入零部件”按钮，调入第二个零件“曲轴”，在合适的位置单击以放置零件，如图 7-32 所示。

③ 单击“装配体”面板中的“配合”按钮，系统弹出如图 7-33 所示的“同心”属性对话框，分别选择外壳内圆柱面和曲轴的外圆柱面，如图 7-34 所示，如果需要翻转方向，可单击快捷工具栏中的“反向”按钮，如图 7-34 所示，单击快捷工具栏中的“确认”按钮，即可完成同轴配合。

④ 打开“高级配合”选项卡，选择“宽度”配合，依次选择外壳上放置曲轴的两内侧平面作为“宽度选择”，曲轴上凸轮结构两外侧面作为“薄片选择”，如图 7-35 所示，单击“确定”按钮，结果如图 7-36 所示。

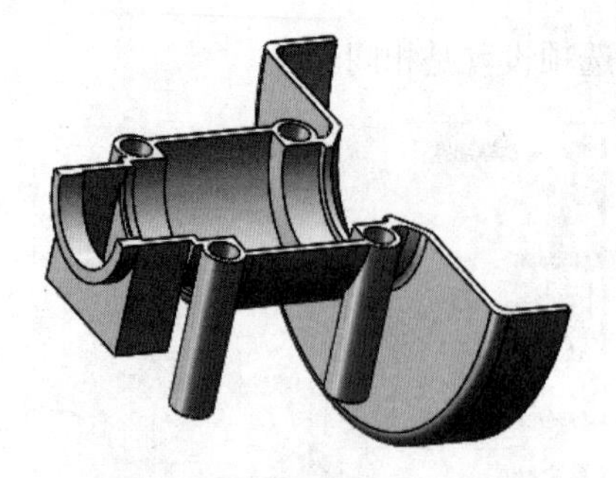

图 7-31　外壳

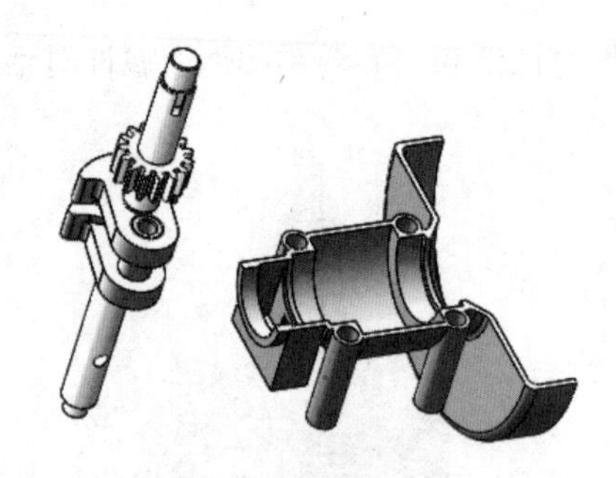

图 7-32　调入曲轴

图 7-33　“同心”属性对话框

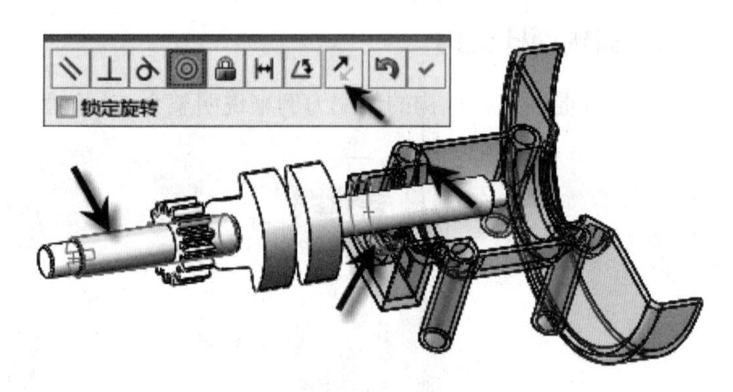

图 7-34　同轴

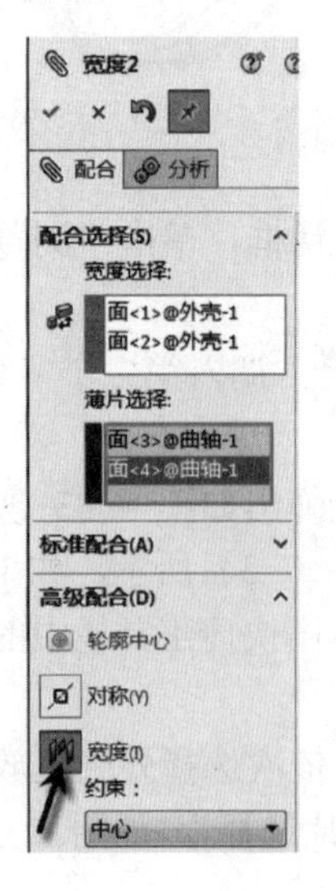

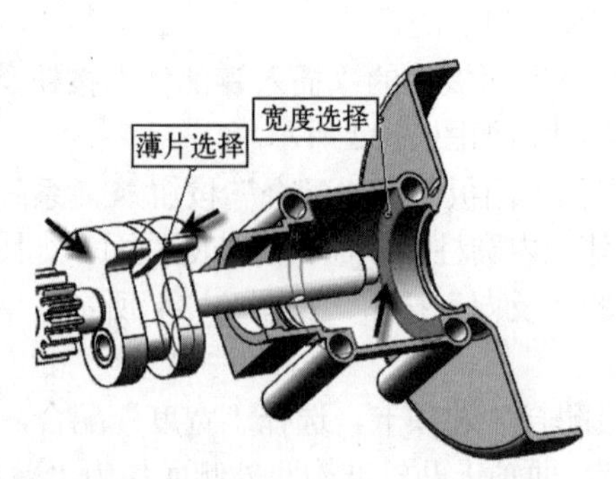

图 7-35　宽度配合

⑤ 继续调入第三个零件“轴承”，单击“装配体”面板中的“配合”按钮，分别选择轴承侧面和外壳一处内侧面，如图 7-37 中的箭头所指，选择“重合”配合和“反向对齐”，单击快捷工具栏中的“确定”按钮。

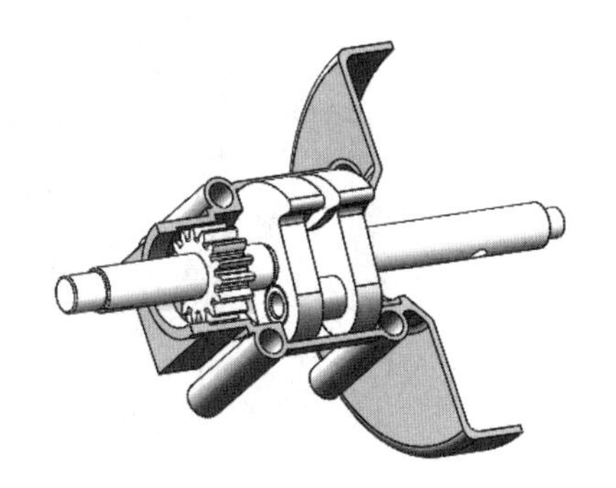

图 7-36 曲轴装配完成

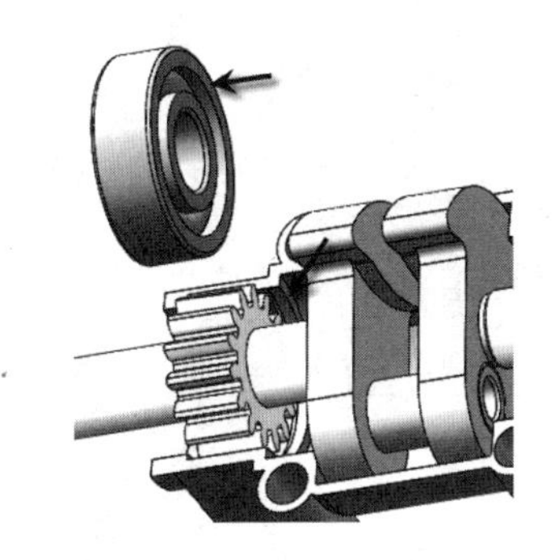

图 7-37 调入轴承

⑥ 分别选择图 7-38 中箭头所指的两圆柱面，选择“同轴”配合，单击快捷工具栏中的“确定”按钮，结果如图 7-39 所示。

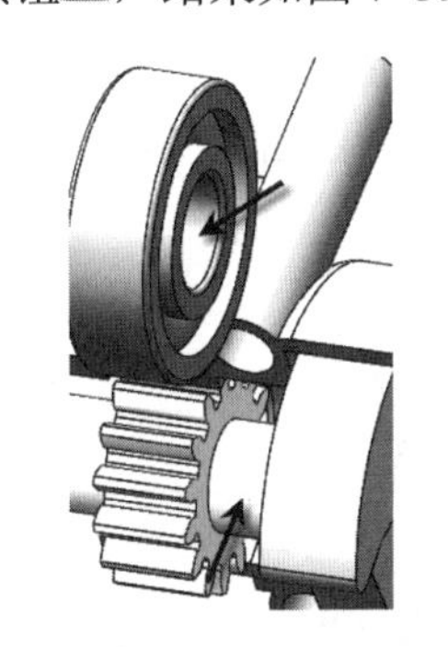

图 7-38 选择两圆柱面

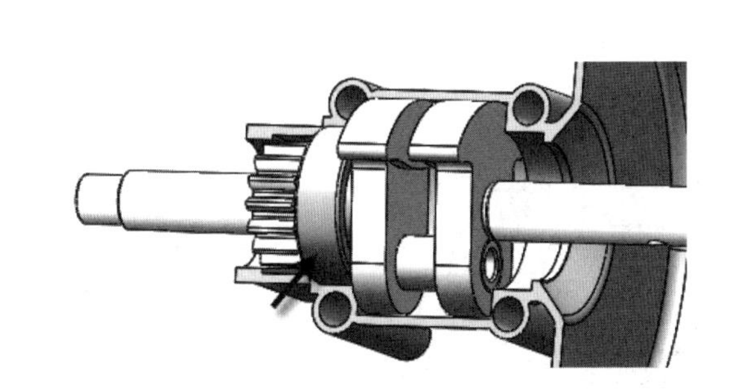

图 7-39 同轴对齐

⑦ 用相同的方式，安装另一侧的轴承，结果如图 7-40 所示。

⑧ 继续调入第四个零件“连杆”，如图 7-41 所示。单击“装配体”面板中的“配合”按钮，打开“高级配合”选项卡，选择“宽度”配合，与第④步类似，依次选择如图 7-42 中箭头所指的 4 个平面，结果如图 7-43 所示。

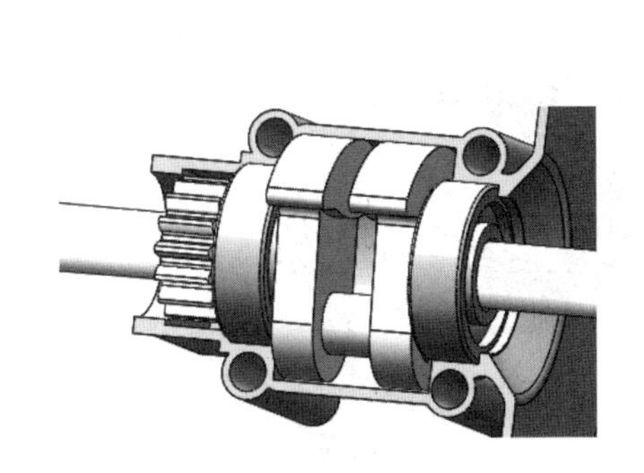

图 7-40 两侧轴承完成

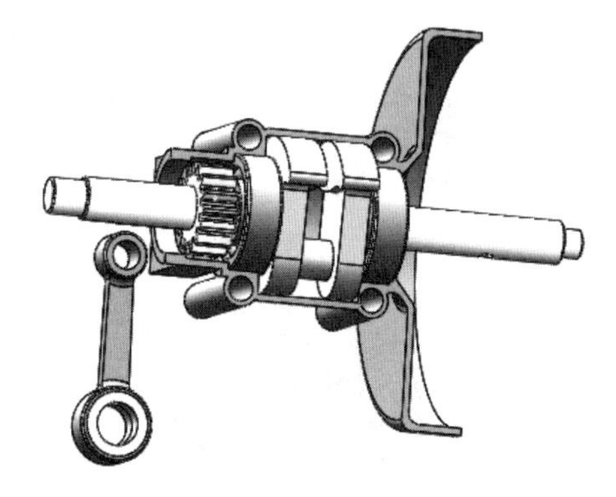

图 7-41 调入连杆

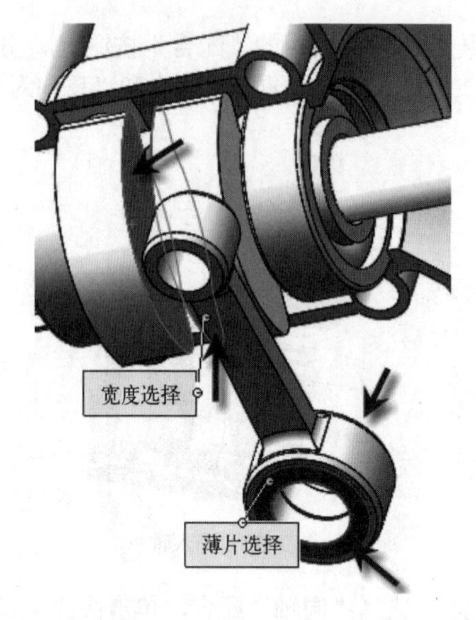

图 7-42　选择 4 个平面

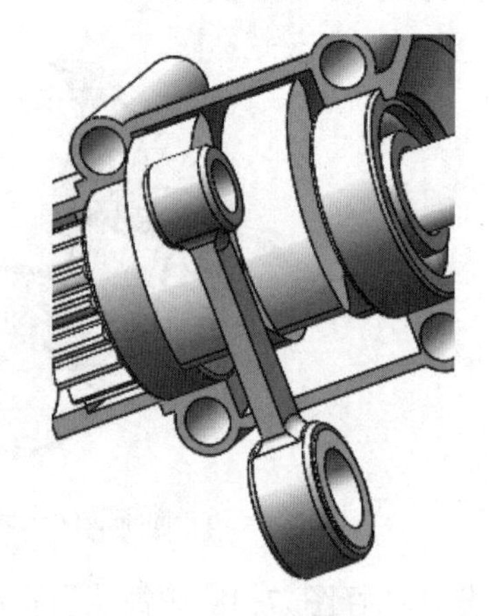

图 7-43　宽度对齐

⑨ 分别选择连杆大孔内圆柱面和曲轴销轴的外圆柱面，如图 7-44 所示，选择“同轴心”配合方式，单击“确定”按钮，拖动连杆到合适的位置，结果如图 7-45 所示。

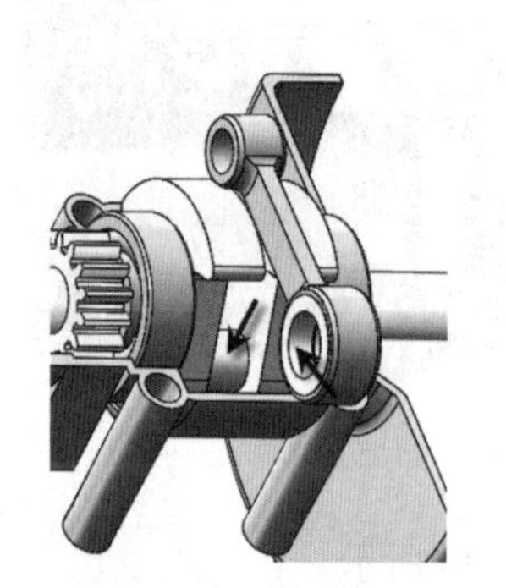

图 7-44　选择两圆柱面

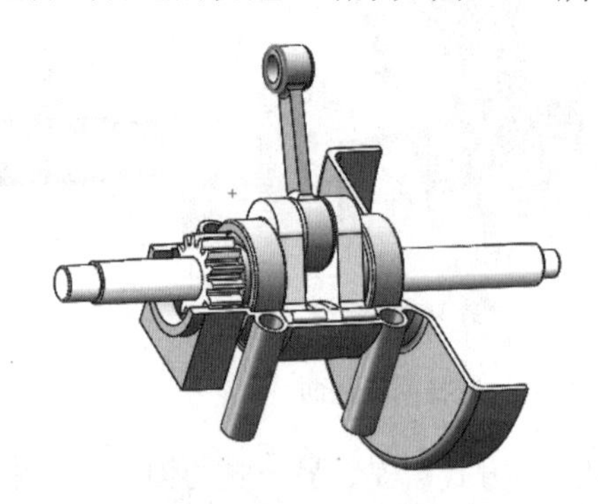

图 7-45　连杆完成

⑩ 继续调入第五个零件“活塞”，如图 7-46 所示。单击“装配体”面板中的“配合”按钮，依次选择活塞内销轴的圆柱面和连杆小孔的内径，选择“同轴心”配合，单击快捷工具栏中的“确定”按钮，结果如图 7-47 所示。

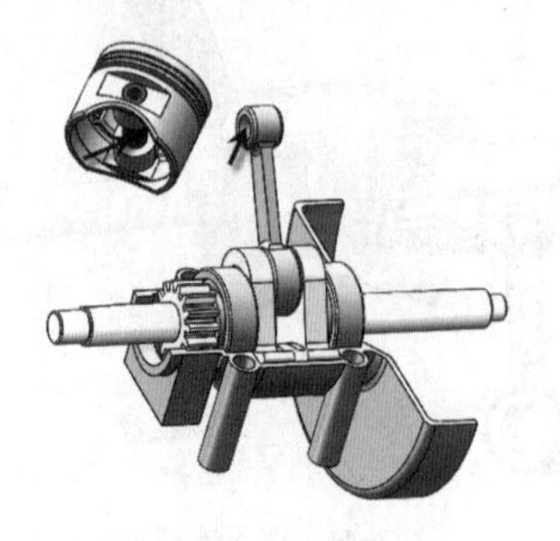

图 7-46　调入活塞

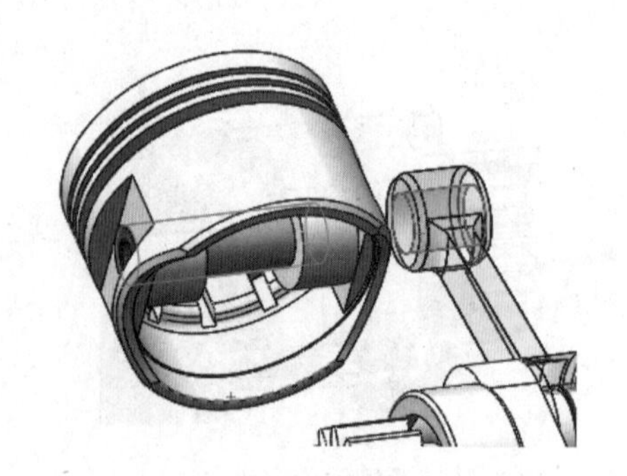

图 7-47　同轴心配合

⑪ 打开“高级配合”选项卡，选择“宽度”配合，与第④步类似，依次选择连杆两侧面和活塞内侧两平面，单击快捷工具栏中的“确定”按钮，结果如图 7-48 所示。

⑫ 选择活塞的右视基准面和装配体的上视基准面，选择“重合”配合，如图 7-49 所示，这样可以约束活塞只能上下平移，单击快捷工具栏中的“确定”按钮。最终结果如图 7-30 所示。

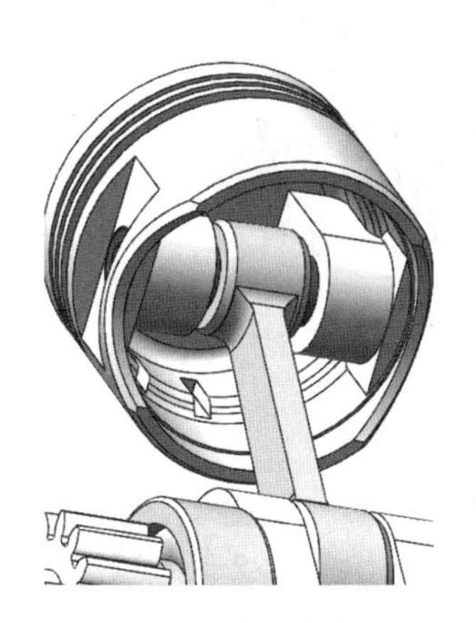

图 7-48　宽度配合完成

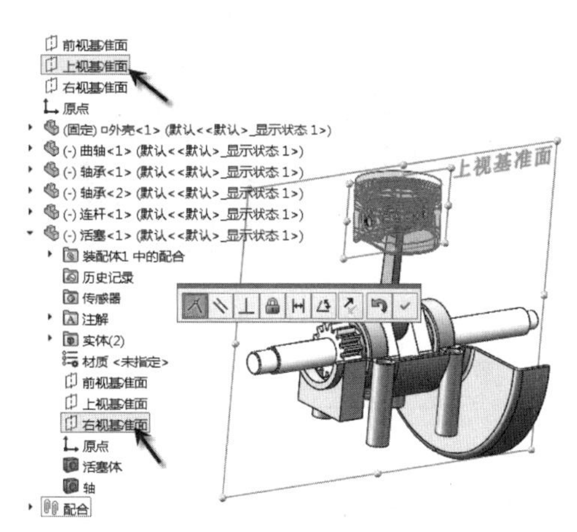

图 7-49　选择两基准面

7.4.2　剪式千斤顶

本节以一个比较完整的剪式千斤顶的装配为例来说明整个装配过程。剪式千斤顶如图 7-50 所示。

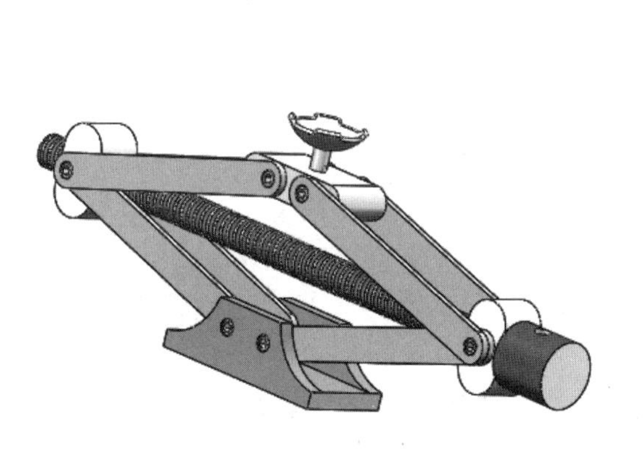

图 7-50　剪式千斤顶

1．曲柄部件的装配

① 进入装配模块，在设计树中弹出“开始装配体”属性对话框，单击“浏览”按钮，调入第一个零件“底座”，并放置在装配体的原点处，如图 7-51 所示。

② 单击“装配体”工具栏中的“插入零部件”按钮，调入第二个零件“连杆”，在合适的位置单击以放置零件，如图 7-52 所示。

③ 单击“装配体”工具栏中的“配合”按钮，在设计树中弹出“配合”属性对话框，分别选择如图 7-52 中箭头所指的两个平面，选择“重合”配合，单击快捷工具栏中的“反

向”按钮调整两面反向对齐，单击“确定”按钮，如图 7-53 所示。

④ 分别选择如图 7-54 中箭头所指的两个圆柱面，选择“同轴心”配合，单击“确定”按钮，结果如图 7-55 所示。

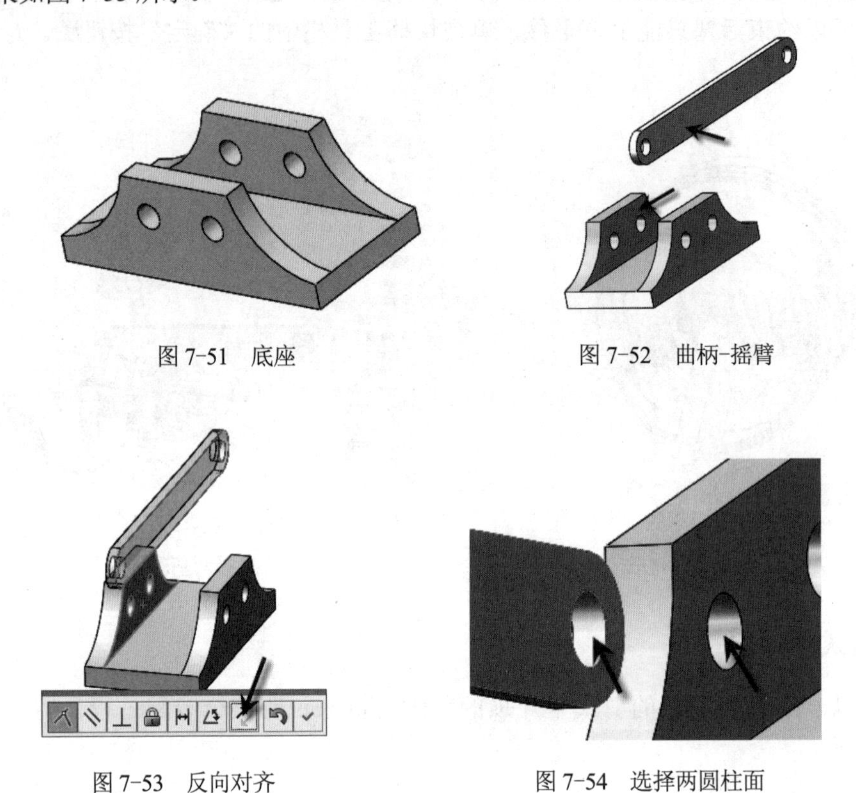

图 7-51 底座　　图 7-52 曲柄-摇臂

图 7-53 反向对齐　　图 7-54 选择两圆柱面

⑤ 重复步骤②～④，调入连杆与另一孔做相同的配合，结果如图 7-56 所示。

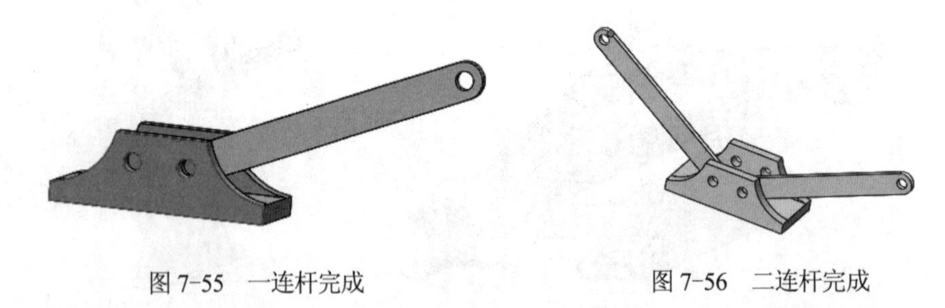

图 7-55 一连杆完成　　图 7-56 二连杆完成

⑥ 单击“装配体”面板中的“镜像零部件”按钮，系统弹出“镜像零部件”属性对话框，选择底座的对称面作为镜像面（如果没有可以新建基准面），装配好的两连杆作为镜像实体，生成另一侧的两连杆，如图 7-57 所示，单击“确定”按钮。

⑦ 继续调入下一个零件“支撑块”，单击“装配体”工具栏中的“配合”按钮，打开“高级配合”选项卡，分别选择两连杆内侧平面及支撑块两侧面，选择“宽度”配合方式，如图 7-58 所示，单击“确定”按钮，结果如图 7-59 所示。

⑧ 分别选择连杆和支撑块上的小孔，选择“同轴心”配合方式，单击“确定”按钮，结果如图 7-60 所示。

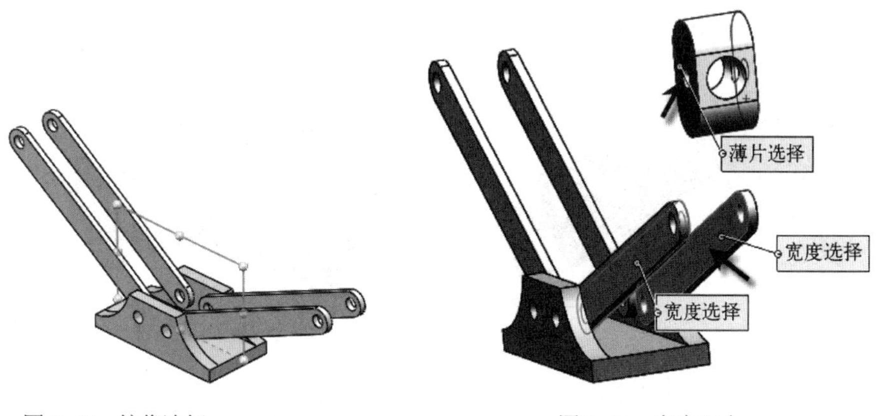

图 7-57　镜像连杆　　　　图 7-58　宽度配合

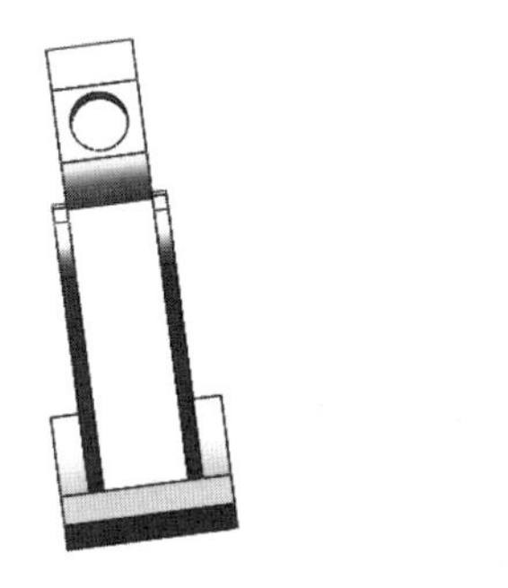

图 7-59　宽度配合完成

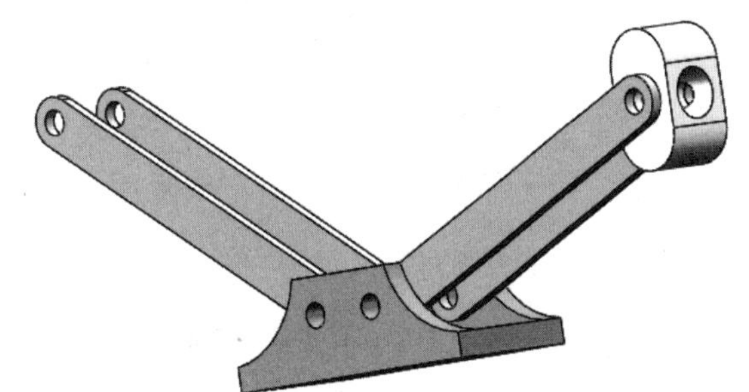

图 7-60　支撑块配合完成

⑨ 重复⑦⑧步骤，装配另一侧支撑块，结果如图 7-61 所示，具体步骤略。

⑩ 继续调入下一个零件“螺杆”，单击“装配体”工具栏中的“配合”按钮，选择如图 7-62 中箭头所指的两个圆柱面，选择“同轴心”配合，单击“确定”按钮，结果如图 7-63 所示。

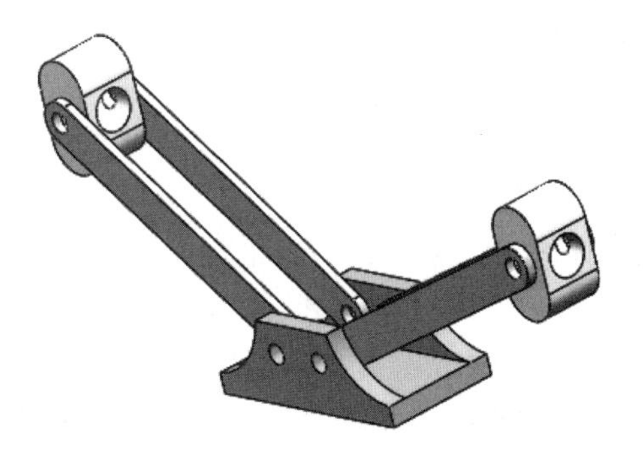

图 7-61　另一侧支撑块完成

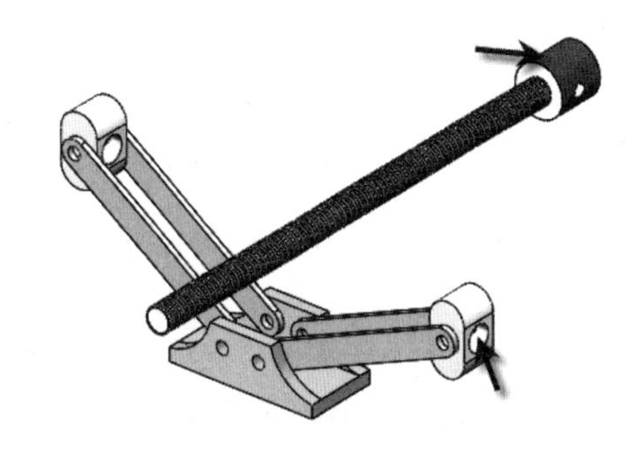

图 7-62　调入螺杆

⑪ 选择如图 7-63 中箭头所指的两个平面，选择“重合配合”，并反向对齐，单击“确定”按钮，结果如图 7-64 所示。

⑫ 重复步骤⑩，使螺杆和另一侧支撑块同轴配合，结果如图 7-65 所示。

⑬ 选择如图 7-65 中箭头所指的两个平面，选择“平行”配合，单击“确定”按

钮，结果如图 7-66 所示。

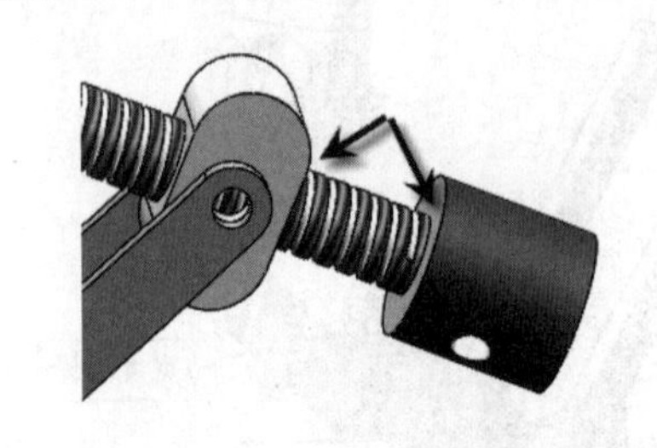

图 7-63　同轴心完成

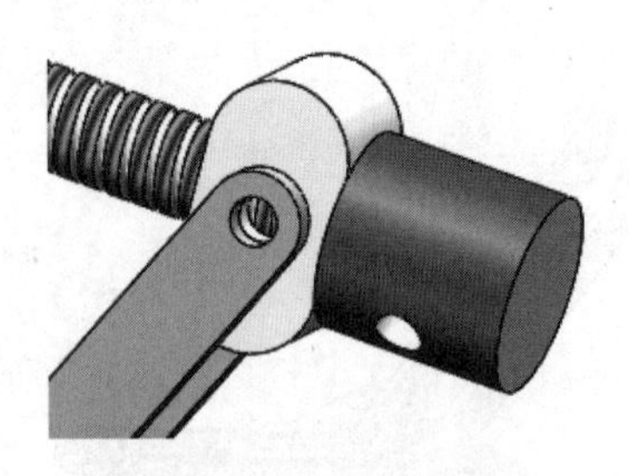

图 7-64　重合对齐

图 7-65　两侧同轴完成

图 7-66　平行配合完成

⑭ 打开“机械配合”选项卡，选择“螺旋”配合，如图 7-67 所示，根据螺距适当设置“圈数/mm”，选择螺杆上圆柱面及其中一支撑块孔的边线圆，如图 7-68 所示，单击“确定”按钮，即可完成螺旋配合。

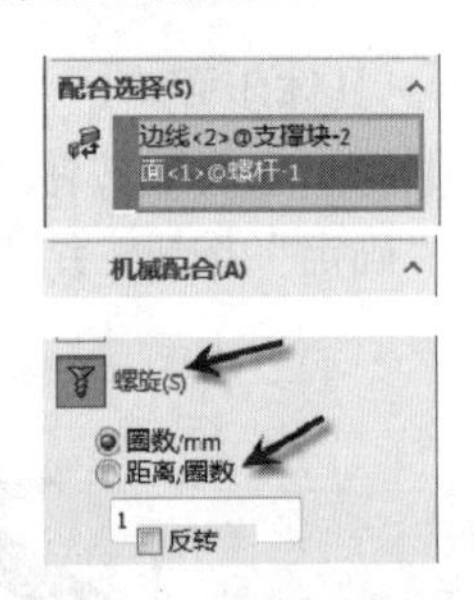

图 7-67　螺旋配合属性设置

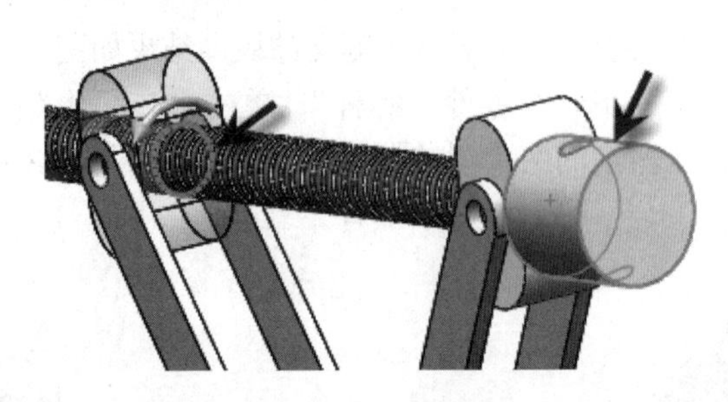

图 7-68　螺旋配合

⑮ 继续调入连杆多次，以和前面类似的方式，使得连杆和支撑块“重合”及“同轴”，结果如图 7-69 所示，具体步骤略。

⑯ 继续调入下一零件“支撑座”，如图 7-70 所示，单击“装配体”工具栏中的“配合”按钮，依次选择两连杆内侧平面及支撑座两外侧平面，选择“宽度”配合方式，如图 7-71 所示，单击“确定”按钮，结果如图 7-72 所示。

⑰ 依次选择连杆小孔和支撑座小孔，选择“同轴”配合，将支撑座和与之配合的 4 根连杆进行同轴配合，结果如图 7-73 所示，具体步骤略。

⑱ 选择如图 7-73 中箭头所指的两个平面，选择“平行”配合方式，单击“确定”按钮，结果如图 7-74 所示。

由于千斤顶在使用的时候有行程限制，因此最后还应对其行程进行限制，方法如下。

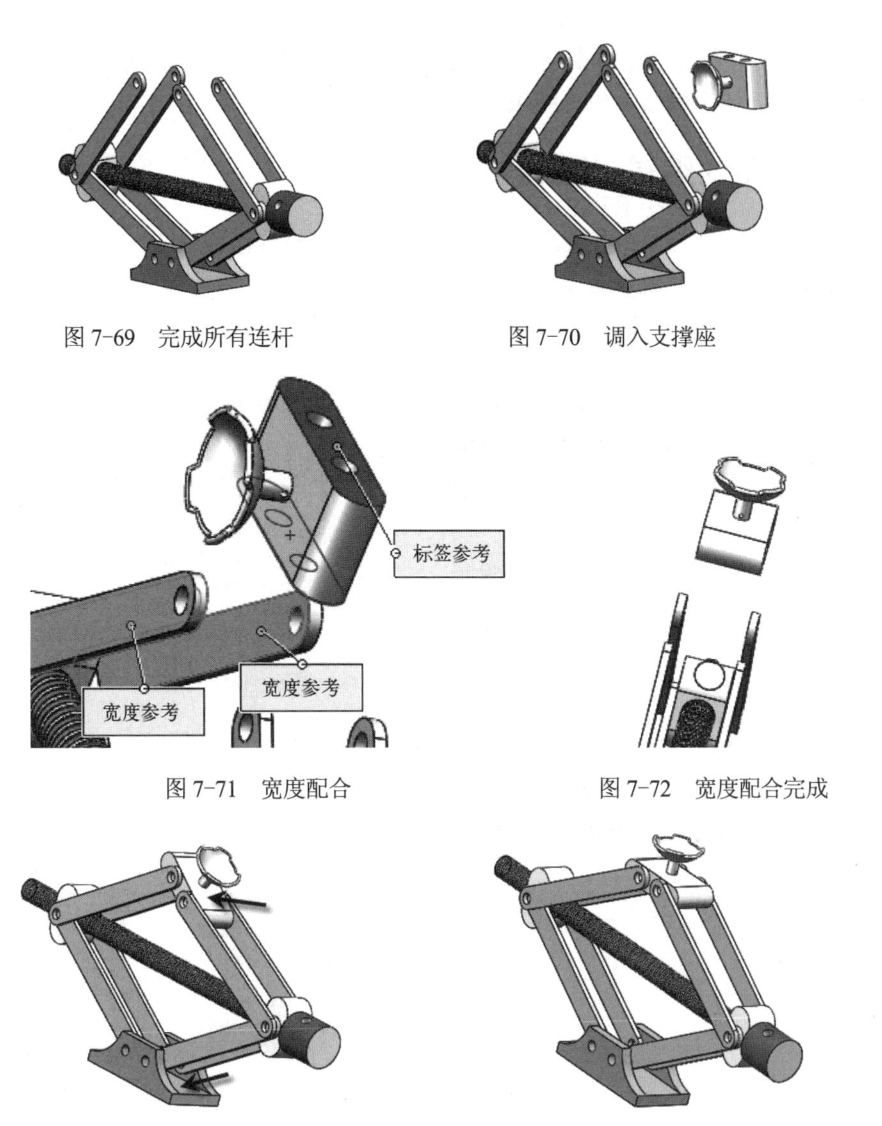

图 7-69　完成所有连杆　　图 7-70　调入支撑座

图 7-71　宽度配合　　图 7-72　宽度配合完成

图 7-73　同轴完成　　图 7-74　平行完成

⑲ 打开“高级配合”选项卡，选择如 7-75 中箭头所指的两个平面，然后选择“角度”配合，设置下面的“最大值”及“最小值”，如图 7-76 所示，设置完成后，单击“确定”按钮，完成行程约束。

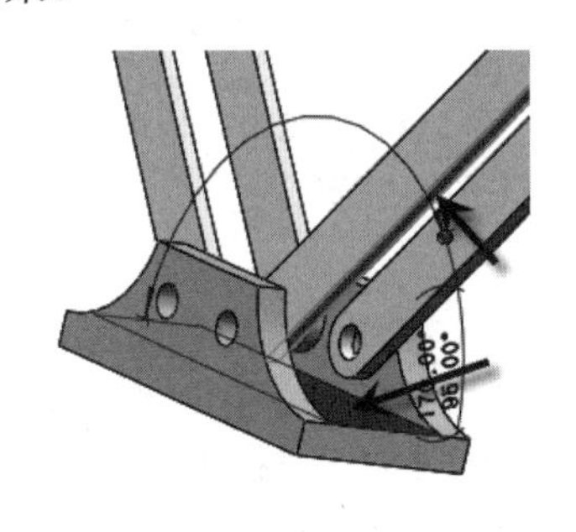

图 7-75　选择夹角平面

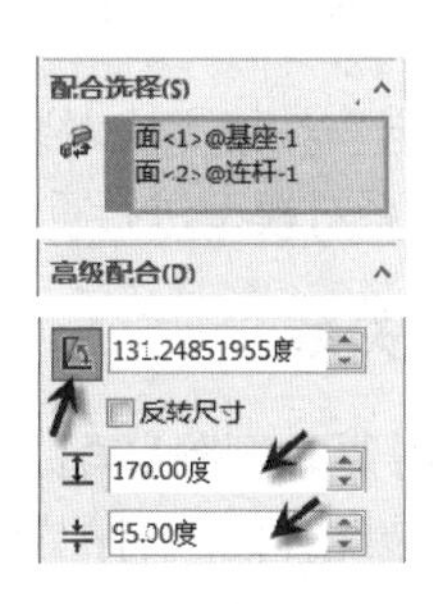

图 7-76　设置行程

⑳ 最后，在所有连接孔中安装螺钉。调入螺钉后，依次使用“同轴”和“重合”配合约束，即可完成，具体步骤略，最终结果如图 7-50 所示。

7.5 配合关系的编辑修改

SolidWorks 在完成三维装配后，可以方便地进行编辑修改，本节主要讲述对定义好的装配关系进行编辑修改的常用方法。

7.5.1 编辑装配关系

如果在完成装配后发现某个装配关系不合适，用户可以利用以下步骤对其进行装配编辑，仍然以前面的千斤顶文件为例讲述装配关系的编辑。

① 在设计树中单击“配合”前面的“▸ ”符号，如图 7-77 所示，打开装配关系。

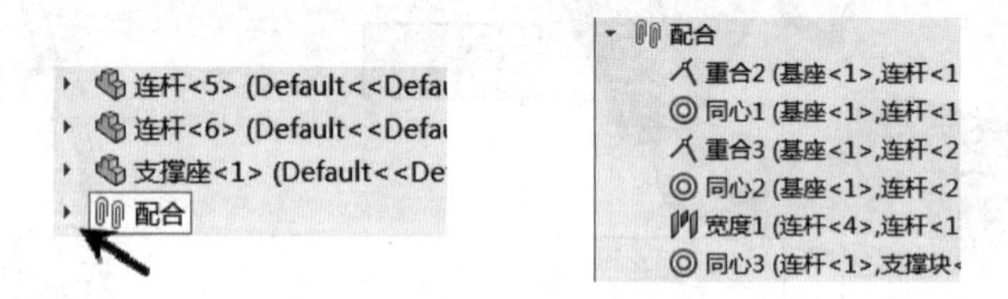

图 7-77 设计树中的“配合”

② 选择需要编辑的装配关系，单击鼠标右键，在弹出的快捷选项中单击“编辑特征”按钮，如图 7-78 所示，弹出如图 7-79 所示的属性对话框，根据需要修改各项配合设置。

图 7-78 快捷选项

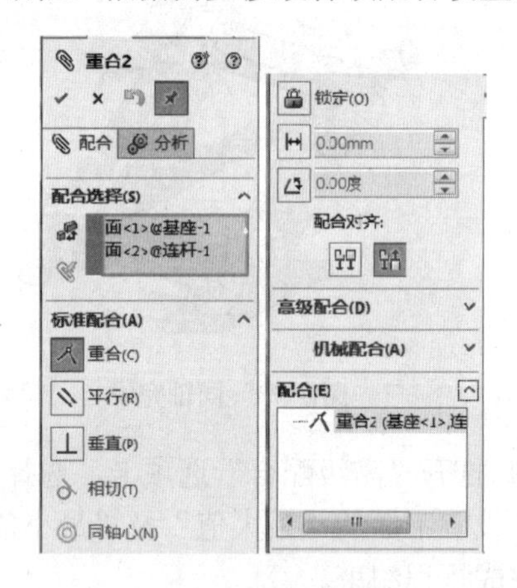

图 7-79 属性对话框

③ 单击“确定”按钮完成对装配关系的编辑。在这种情况下，SolidWorks 用新的装配关系取代旧的装配关系对模型进行重建，完成对装配关系的编辑。

7.5.2 删除装配关系

用户可以在需要时删除装配（配合）关系。当用户删除装配（配合）关系时，该装配（配合）关系会在装配体的所有配置中被删除。在设计树中，选择想要删除的装配（配合）关系，单击鼠标右键，弹出如图 7-80 所示的快捷菜单，选择“删除”命令，或者选择装配（配合）关系后按〈Delete〉键，弹出“确认删除”对话框，如图 7-81 所示。单击“是”按钮确认删除。

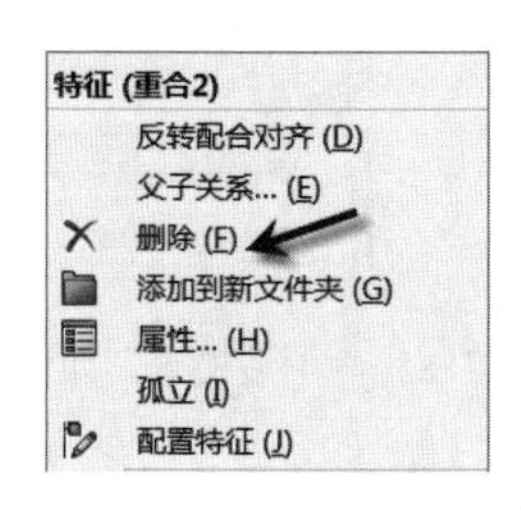

图 7-80　快捷菜单

图 7-81　“确认删除”对话框

7.5.3　压缩配合关系

用户可以压缩配合关系以阻止其被解除。这使用户不必过定义装配体就可以尝试不同类型的配合。在激活的配置中压缩配合关系的步骤如下。

① 在设计树中，用在要压缩的配合关系上单击鼠标右键，然后在弹出的快捷选项中单击“压缩”按钮，如图 7-82 所示。

② 如果要解除对配合的压缩，请重复该过程，然后单击“解除压缩”按钮，如图 7-83 所示。

图 7-82　压缩配合关系

图 7-83　解除压缩

③ 也可以按住〈Ctrl〉键的同时选择多个配合，并单击鼠标右键，在弹出的快捷选项中单击“压缩”按钮（或“解除压缩”按钮），来完成对一个或多个配置配合关系的压缩（或解除压缩）。

7.6　干涉检查

在复杂的装配体中，仅仅通过观察很难确定零件间存在干涉问题。在 SolidWorks 的装配体中，用户可以在装配体中进行干涉检查并显示干涉的部分。如果零件间存在干涉，系统将在属性管理器中列出存在的干涉。当用户在检查列表中选择某个干涉后，在图形区将高亮显示相关的干涉部分，并在属性管理器中显示造成干涉的零件。

这里以千斤顶为例来检查装配体当前状态有没有发生干涉。具体操作步骤如下。

① 打开已有的装配体，单击如图 7-84 所示的“干涉检查”按钮。

② 在如图 7-85 所示的属性管理器中单击“计算”按钮，系统会根据所选项目进行计算，如果有干涉，在“结果”列表框中会显示所有的干涉，没有则显示“无干涉”。

图 7-84 “干涉检查”按钮

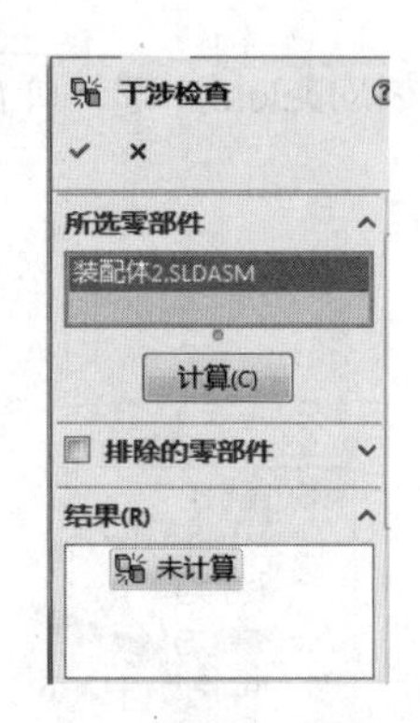

图 7-85 “干涉检查”属性对话框

③ 如果发生干涉，在如图 7-86 所示的属性对话框中，在“结果”列表框中会出现干涉的零件。在“结果”列表框中选择一个干涉，那么发生干涉的零件会变成透明的，如图 7-87 所示，干涉区域会变成红色显示。选择“干涉”下的零部件，对应的零件会高亮显示。

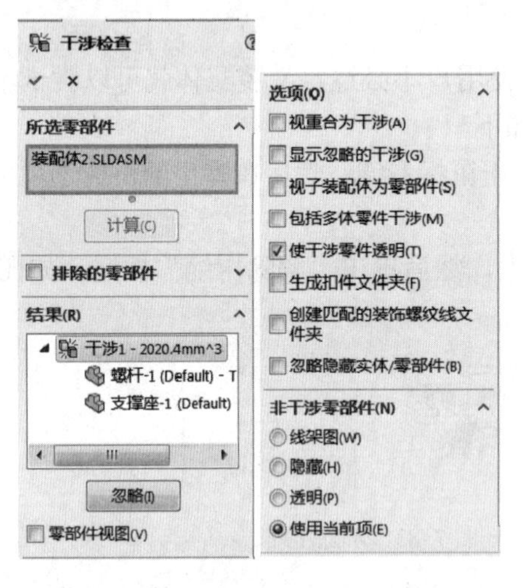

图 7-86 “干涉检查”属性对话框

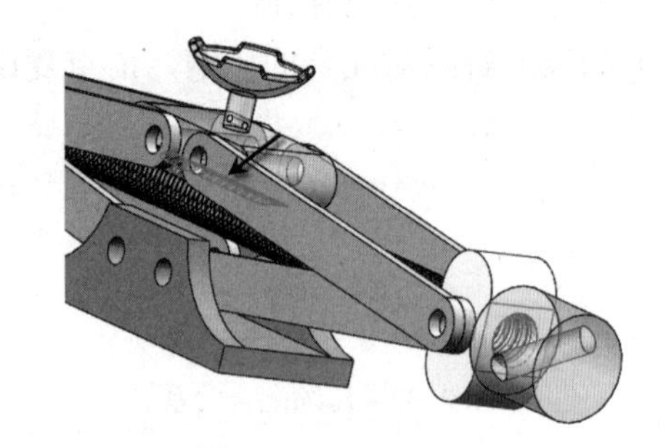

图 7-87 干涉区域

④ 有些情况，干涉是人为加入的，比如过盈配合。这样的干涉可以在“干涉检查”属性对话框中，选择相应的干涉，然后单击“忽略”按钮即可。还有一种情况，在做有限元分析之前，需要了解整个装配接触面的情况。可以在“干涉检查”属性对话框的“选项”选项卡中找到“视重合为干涉”复选框，这样只要两个零件是接触的，也就是间隙为零，就可以清楚地找到这些边、线和面。

⑤ 找到干涉零件后，就可以根据不同的情况来修改编辑零件，这里不再详述。

7.7 爆炸视图

有时需要更清楚地观察零件的组成结构、装配形式，则可将装配图分解成零件，这种表达形式叫作装配爆炸图，如图 7-88 所示。装配体可在正常视图和爆炸视图之间切换。一旦创建爆炸视图，用户可以对其进行编辑，还可以将其引入二维工程图，并可用激活状态的配置来保存爆炸视图。

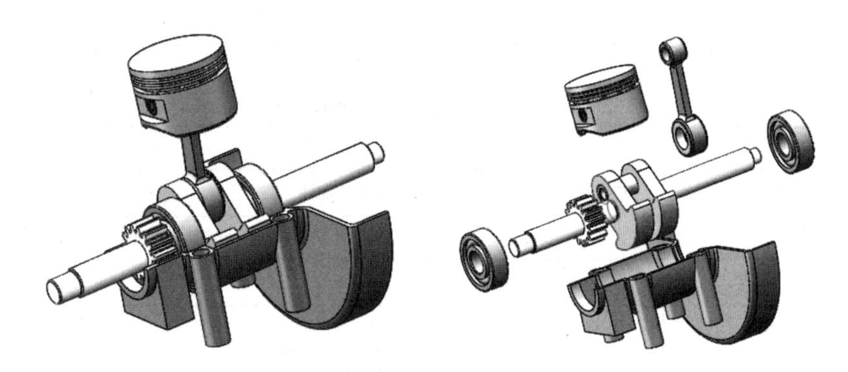

图 7-88 装配爆炸图

使用“爆炸视图”命令，可以爆炸装配体的所有零件，“爆炸视图”命令根据零件之间的装配关系自动定义爆炸方向。常用的操作步骤如下。

① 单击“装配体”面板中的“爆炸视图”按钮，系统弹出“爆炸”属性对话框，如图 7-89 所示。单击“径向步骤”按钮，在图形区全选装配体，设置适当的“爆炸距离”，单击“应用”按钮，完成自动爆炸，如图 7-90 所示。

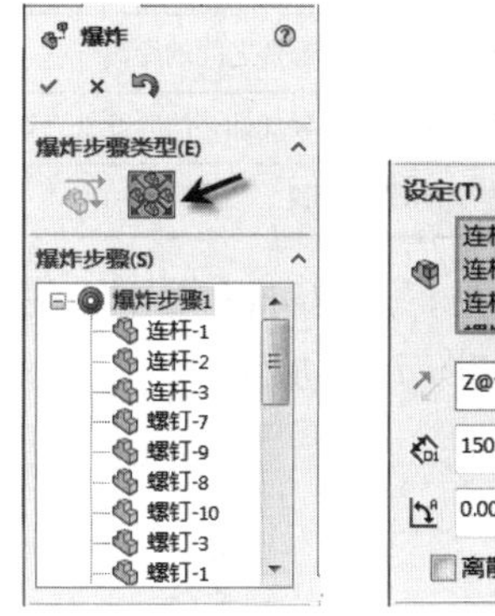

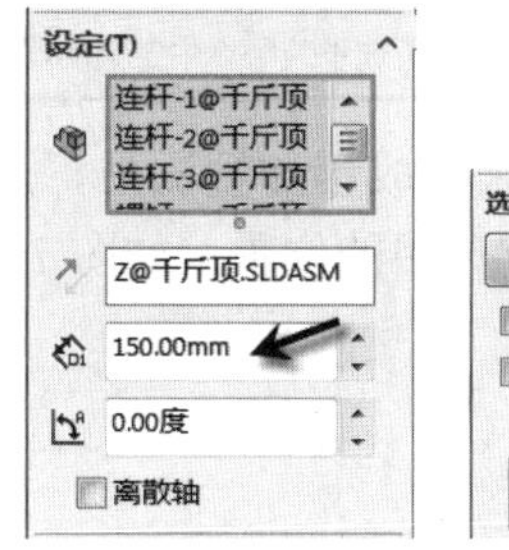

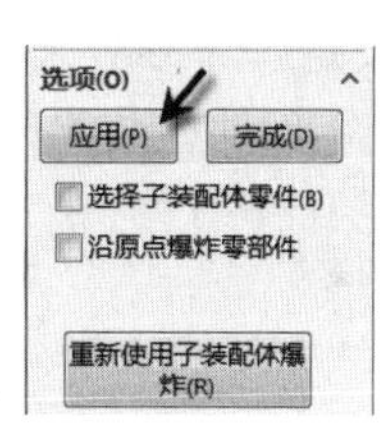

图 7-89 “爆炸”属性对话框

② 单击“确定”按钮，即可生成整体爆炸视图。

③ 单击设计树中的“配置管理器”按钮，当前配置自动添加了一个叫“爆炸视图 1”的“派生配置”，如图 7-91 所示，这个派生出来的配置下面包含了刚才的爆炸步骤，可以在这里编辑每一个步骤。

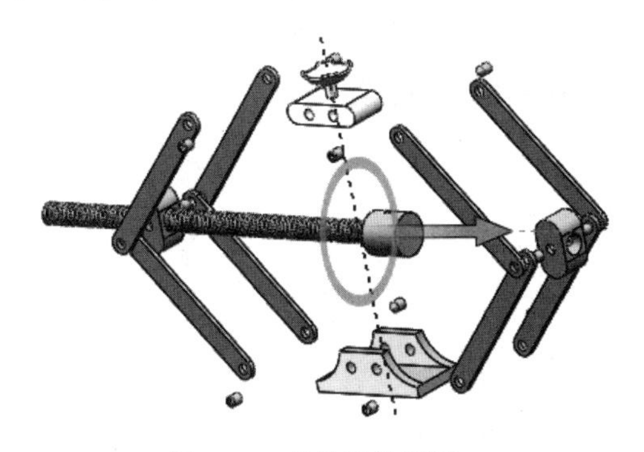

图 7-90 整体爆炸视图

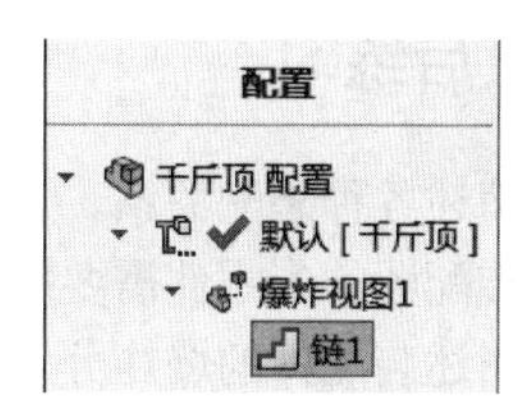

图 7-91 配置管理器

SolidWorks 2017 的爆炸视图支持常规步骤和径向步骤两种方式，常用参数如表 7-1 所示。

表 7-4　爆炸属性对话框常用参数

名　称	说　明
爆炸步骤 *n*	爆炸到单一位置的一个或多个所选零部件
尺寸链 *n*	使用拖动时自动调整零部件间距沿轴心爆炸的两个或多个成组所选零部件
爆炸步骤零部件	显示当前爆炸步骤所选的零部件
爆炸方向	显示当前爆炸步骤所选的方向
爆炸距离	显示当前爆炸步骤零部件移动的距离
旋转轴	对于带零部件旋转的爆炸步骤，设置旋转轴
旋转角度	设置零部件旋转程度
绕每个零部件的原点旋转	将零部件设置为绕零部件原点旋转。选定时，将自动增添旋转轴选项
应用	单击以预览对爆炸步骤的更改
完成	单击以完成新的或已更改的爆炸步骤
拖动时自动调整零部件间距	拖动时，沿轴心自动均匀地分布零部件组的间距
调整零部件链之间的间距	调整拖动时自动调整零部件间距放置的零部件之间的距离
选择子装配体零件	选择此选项可让用户选择子装配体的单个零部件。清除此选项可让用户选择整个子装配体
重新使用子装配体爆炸（R）	使用先前在所选子装配体中定义的爆炸步骤

除了在面板中设定爆炸参数来生成爆炸视图外，用户可以自由拖动三重轴的轴来单独爆炸某一零件或者改变零部件在装配体中的位置，如图 7-92 所示。

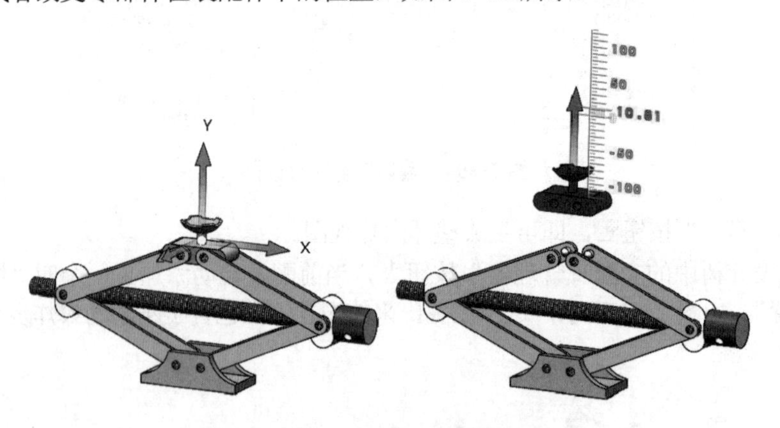

图 7-92　拖动三重轴改变零部件位置

7.8　课后练习

1. 简述各种装配关系。
2. 装配图的各零件需要完全约束吗？为什么？
3. 简述装配体的爆炸分解过程。

第8章 钣金设计

钣金件是现代化工业生产中应用广泛的一类零件，本章重点介绍 SolidWorks 2017 钣金模块常用的操作命令。通过本章的学习，用户可以掌握中等复杂程度钣金特征的创建方法。

本章重点：

- 钣金设计的基本知识
- 钣金模块常用特征命令的使用
- 使用钣金模块创建常见的钣金零件

8.1 钣金设计概述

钣金是针对金属薄板（通常在 6mm 以下）的一种综合冷加工工艺，包括剪、冲/切/复合、折、焊接、铆接、拼接、成型（如汽车车身）等。其显著的特征就是同一零件厚度一致。

钣金零件通常用作零部件的外壳，或用于支撑其他零部件。钣金零件具有重量轻、强度高、导电（能够用于电磁屏蔽）、成本低、大规模量产性能好等特点，目前在电子电器、通信、汽车工业、医疗器械等领域得到了广泛应用，例如在计算机机箱、手机、车辆中，钣金是必不可少的组成部分，如图 8-1 所示为常见的钣金零件。

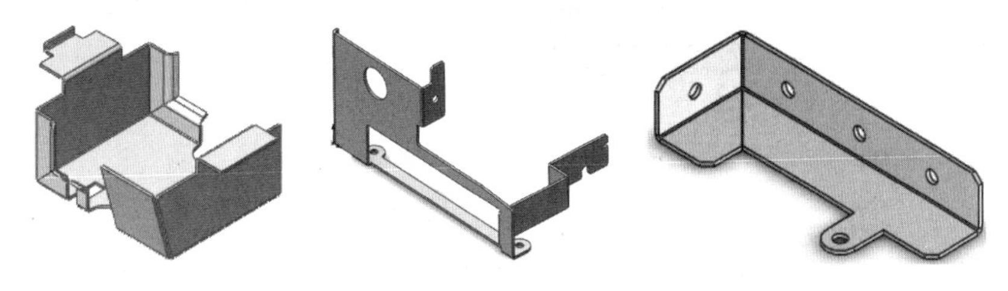

图 8-1 常见钣金件

随着钣金的应用越来越广泛，钣金件的设计变成了产品开发过程中很重要的一环，机械工程师必须熟练掌握钣金件的设计技巧，使得设计的钣金既满足产品的功能和外观等要求，又使其冲压模具方便制造、成本低廉。

8.1.1 基础知识

钣金零件是一种比较特殊的实体模型，通常有折弯、褶边、法兰、转折、圆角等结构，还需要展开、折叠等操作，SolidWorks 2017 为满足这些需求提供了丰富的钣金命令。

钣金设计模块是 SolidWorks 2017 的核心应用模块之一，它提供了将钣金设计与加工过程进行数字化模拟的功能，具有较强的工艺特点。SolidWorks 2017 的钣金功能拥有独特的用户自定义特征库，因此能大大提高设计速度，简化设计过程。SolidWorks 2017 钣金设计集成在零件设计模块中，因此其相关操作和零件设计基本相同。既可以独立地设计钣金零件，又不需要对其所容纳的零件做任何的参考，也可以在包含此内部零部件的关联装配体中设计钣金零件。

8.1.2 相关概念

1．钣金厚度

钣金零件是一种壁厚均匀的薄壁零件。使用钣金工具建立特征时，如果使用开环草图建立基体法兰，那么钣金零件的厚度相当于壁厚；如果使用闭环草图建立基体法兰，则钣金零件的厚度相当于拉伸特征深度。

2．折弯半径

折弯钣金件时，为了避免外表面产生裂纹，需要确定钣金折弯时的折弯半径，折弯半径是指折弯内角的半径。

3．折弯系数

折弯系数是用于计算钣金展开的折弯算法，包括常用的“K-因子”“折弯扣除”“折弯系数表”和“折弯补偿”等方法。

4．钣金规格表

SolidWorks 2017 提供了钣金规格表，即将常用的钣金规格利用 Excel 表格保存下来，建立钣金零件时，用户可以直接从规格表中读取已经定义好的钣金参数。这些参数包括：钣金厚度、可用的折弯半径、K-因子等。SolidWorks 提供了钣金规格表的样本，默认保存在“Program Files\SolidWorks Corp\SolidWorks\lang\chinese-simplified\Sheet Metal Gauge Tables”文件夹中，用户可以参考“sample table - aluminum - metric units.xls”文件建立自定义的钣金规格表。如图 8-2 所示为钣金规格表示例。

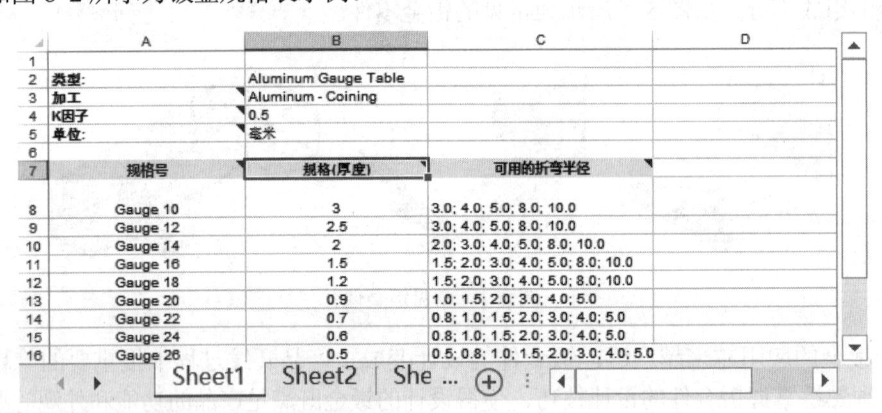

	A	B	C	D
1				
2	类型:	Aluminum Gauge Table		
3	加工	Aluminum - Coining		
4	K因子	0.5		
5	单位:	毫米		
6				
7	规格号	规格(厚度)	可用的折弯半径	
8	Gauge 10	3	3.0; 4.0; 5.0; 8.0; 10.0	
9	Gauge 12	2.5	3.0; 4.0; 5.0; 8.0; 10.0	
10	Gauge 14	2	2.0; 3.0; 4.0; 5.0; 8.0; 10.0	
11	Gauge 16	1.5	1.5; 2.0; 3.0; 4.0; 5.0; 8.0; 10.0	
12	Gauge 18	1.2	1.5; 2.0; 3.0; 4.0; 5.0; 8.0; 10.0	
13	Gauge 20	0.9	1.0; 1.5; 2.0; 3.0; 4.0; 5.0	
14	Gauge 22	0.7	0.8; 1.0; 1.5; 2.0; 3.0; 4.0; 5.0	
15	Gauge 24	0.6	0.8; 1.0; 1.5; 2.0; 3.0; 4.0; 5.0	
16	Gauge 26	0.5	0.5; 0.8; 1.0; 1.5; 2.0; 3.0; 4.0; 5.0	

Sheet1 | Sheet2 | She ...

图 8-2　钣金规格表

5．释放槽

为了保证钣金折弯的规整，避免撕裂、出现折弯时的干涉冲突，必要的情况下应该在展开图中专门对折弯两侧建立一个切口，这种切口称为“释放槽”。

在建立法兰的过程中，SolidWorks 可以根据折弯相对于现有钣金的位置自动给定释放槽，称为“自动切释放槽”。钣金零件中默认的释放槽类型可以在建立第一个基体法兰特征时给定，包括 3 种形式：矩圆形、矩形、撕裂形，如图 8-3 所示。

除自动建立释放槽以外，用户可以通过拉伸切除特征，人工建立释放槽，也可以利用“边角剪裁”工具建立释放槽。

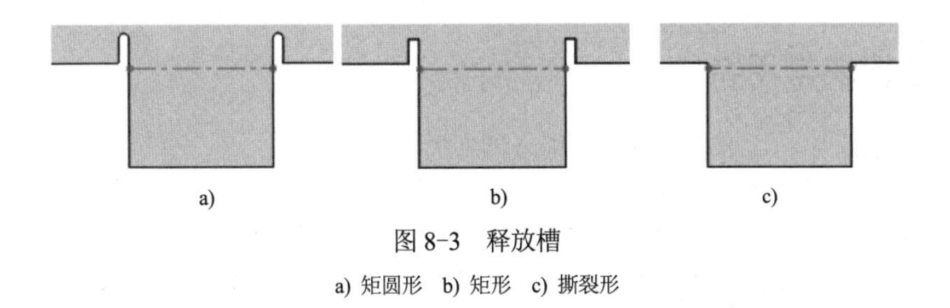

图 8-3　释放槽

a) 矩圆形　b) 矩形　c) 撕裂形

8.1.3　基本界面介绍

启动 SolidWorks 2017，进入零件设计模块，在菜单栏中选择“插入”→“钣金”命令，即可打开“钣金”菜单，如图 8-4 所示；或者将鼠标指针放在“工具面板”的标题附近单击鼠标右键，会弹出快捷菜单，如图 8-5 所示，选中“钣金”，即可打开“钣金”面板，如图 8-6 所示。

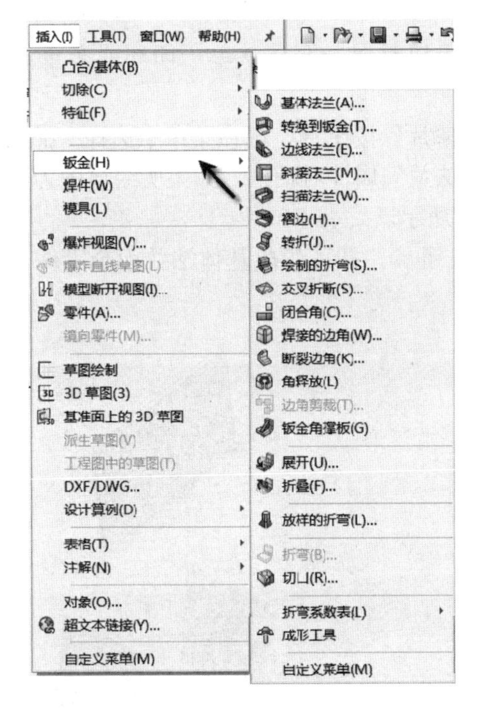

图 8-4 “钣金”菜单

图 8-5　右键快捷菜单

图 8-6 “钣金”面板

创建钣金特征时，首先要创建钣金基本特征，如“基体法兰/薄片”，然后在前面创建的主体基础上添加附加特征，或者另称为子特征。设计完成后，保存退出。若需要修改，则选择需修改的特征，再进行修改编辑。

8.2 钣金模块常用特征

在 SolidWorks 中，主要有两种设计钣金零件的方式。

● 创建一个零件，然后将其转换为钣金。

● 使用钣金特定的特征来生成零件为钣金零件。

SolidWorks 2017 的钣金特征命令很丰富，限于篇幅所限，本节只介绍最常用的一部分特征命令，其他命令读者可以自行练习。

8.2.1 基体法兰

“基体法兰”特征是钣金零件的第一个特征，该建立特征后，系统就会将该零件标记为钣金零件，折弯也将被添加到适当位置。

1. 操作步骤

如果要生成基体法兰特征，其操作步骤如下。

① 编辑生成一个标准的草图，该草图可以是单一开环、单一闭环或多重封闭轮廓的草图。

② 单击“钣金”面板中的“基体法兰 / 薄片”按钮，或在菜单中选择“插入”→“钣金”→“基体法兰/薄片”命令，弹出“基体法兰”属性对话框。如果所绘草图为开环，则属性对话框中会多出“方向”选项卡，如图 8-7 所示。

③ 设置相关参数，然后单击“确定”按钮，即可生成基体法兰钣金零件，如图 8-8 所示。

图 8-7 “基体法兰”属性对话框

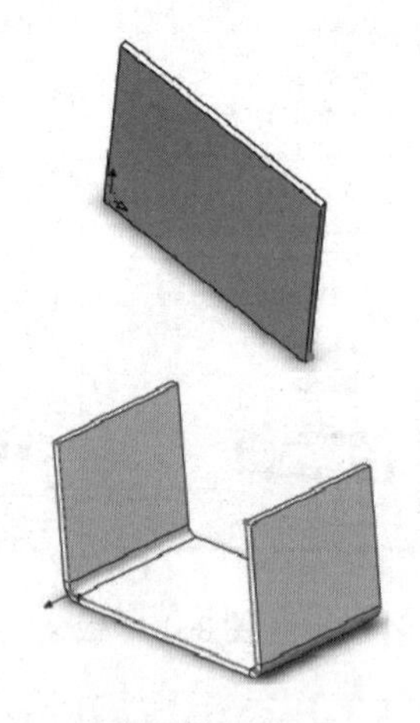

图 8-8 基体法兰

2. 实例：基体法兰

① 单击“新建”按钮，选择零件模块。

② 选择“右视基本平面”作为绘图平面，绘制如图 8-9 所示的草图，单击绘图区右上角的“退出草图”按钮，退出草图。

③ 单击“钣金”面板中的“基体法兰 / 薄片”按钮，在打开的“凸台-拉伸”属性对话框中按照如图 8-10 所示进行设置，单击“确定”按钮，即可生成如图 8-11 所示的基体法兰。

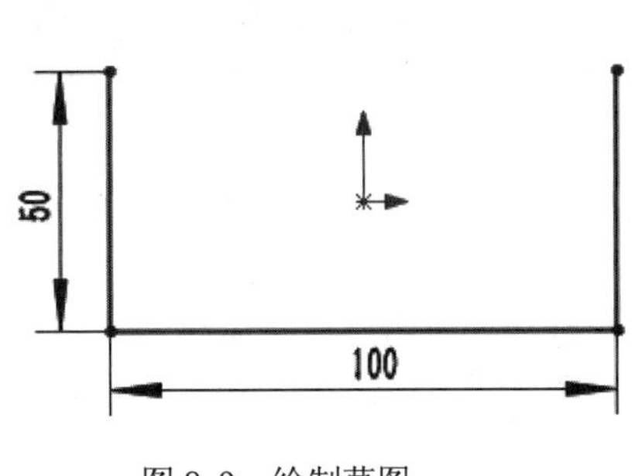

图 8-9　绘制草图

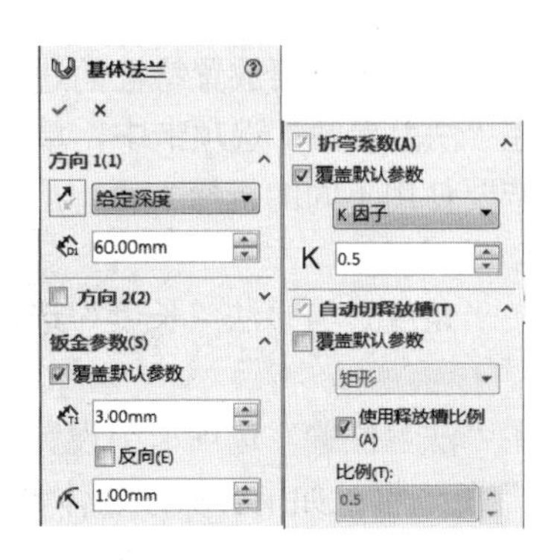

图 8-10 “基体法兰”属性对话框

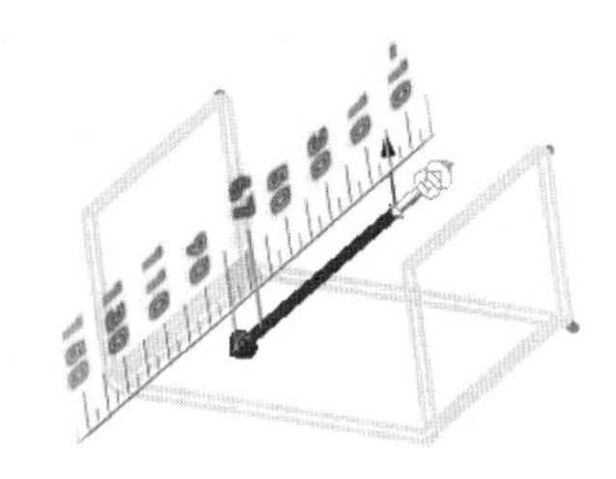

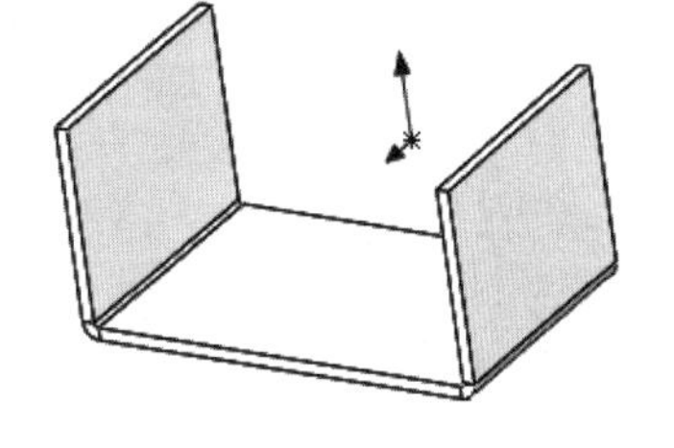

图 8-11　生成过程

提示：初学者可以先利用默认参数生成钣金零件。

8.2.2　边线法兰

“边线法兰”特征是将法兰添加到钣金零件的所选边线上。

如果要生成边线法兰特征，其操作步骤如下。

① 首先生成一个基体钣金零件。

② 单击“钣金”面板中的“边线法兰”按钮，或在菜单栏中选择“插入”→“钣金”→“边线法兰”命令，弹出“边线-法兰”属性对话框，如图 8-12 所示。

图 8-12 “边线-法兰”属性对话框

③ 在图形区选择要放置特征的边线。

④ 在“法兰参数”选项卡中，单击“编辑法兰轮廓”按钮，可以编辑轮廓的草图。

⑤ 若要使用不同的折弯半径，应取消选中“使用默认半径”复选框，然后根据需要设置折弯半径。

⑥ 在“角度”与“法兰长度”选项卡中，分别设置法兰角度、长度、终止条件及其相应参数值等。

⑦ 在“法兰位置”选项卡中设置法兰位置；要移除邻近折弯的多余材料，可选中“剪裁侧边折弯”复选框；如果要从钣金体等距排列法兰，选中“等距”复选框，然后设定等距终止条件及其相应参数。

⑧ 选择并设置“自定义折弯系数”和“释放槽类型”选项卡中的相应参数。

⑨ 单击“确定”按钮✓，即可生成边线法兰，示例如图 8-13 所示。

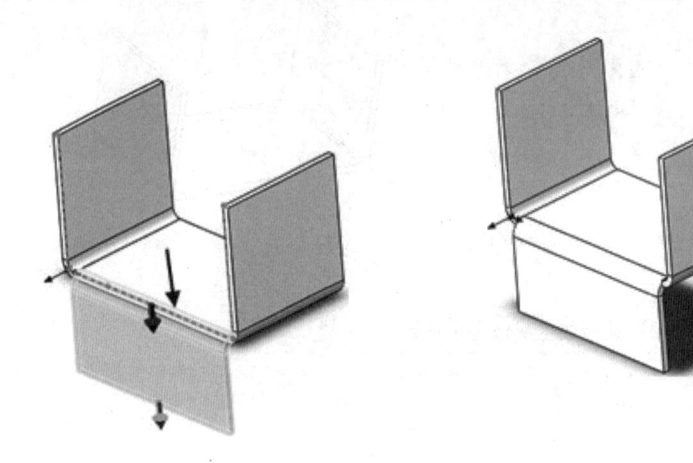

图 8-13　边线法兰

提示：使用边线法兰特征时，所选边线必须为线形，且系统会自动将厚度设置为钣金零件的厚度，轮廓的一条草图直线必须位于所选边线上。

8.2.3　斜接法兰

“斜接法兰”特征可将一系列法兰添加到钣金零件的一条或多条边线上。

斜接法兰的草图必须遵循以下条件：运用斜接法兰特征时斜接法兰的草图可以包括直线或圆弧，也可以包括一个以上的连续直线，草图基准面必须垂直于生成斜接法兰的第一条边线。

1．操作步骤

生成斜接法兰特征的操作步骤如下。

① 在钣金零件中生成一个符合标准的草图。

② 单击“钣金”面板中的“斜接法兰”按钮，或在菜单栏中选择“插入”→“钣金”→“斜接法兰”命令，弹出如图 8-14 所示的“斜接法兰”属性对话框。

③ 系统会选定斜接法兰特征的第一条边线，且图形区将出现斜接法兰的预览，在图形区

选择要斜接的边线。

④ 若要选择与所选边线相切的所有边线，单击所选边线中点处出现的“延伸”按钮。

⑤ 在“斜接参数”选项卡中，若要使用不同的折弯半径（而非默认值），需取消选中“使用默认半径”复选框，然后根据需要设置折弯半径。

⑥ 设置其他相关参数，然后单击“确定”按钮，即可生成斜接法兰，如图 8-15 所示。

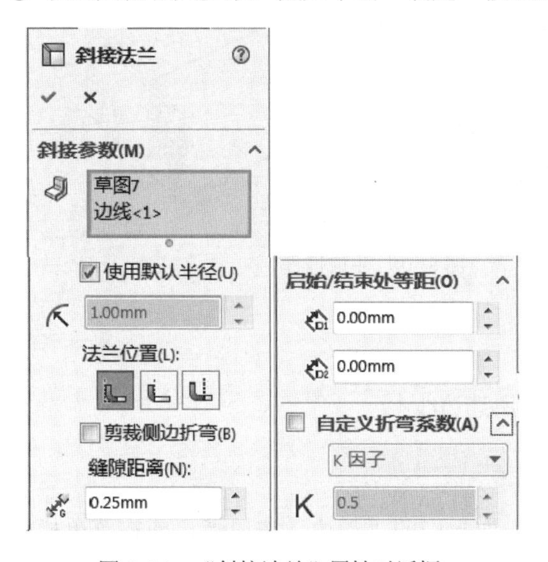

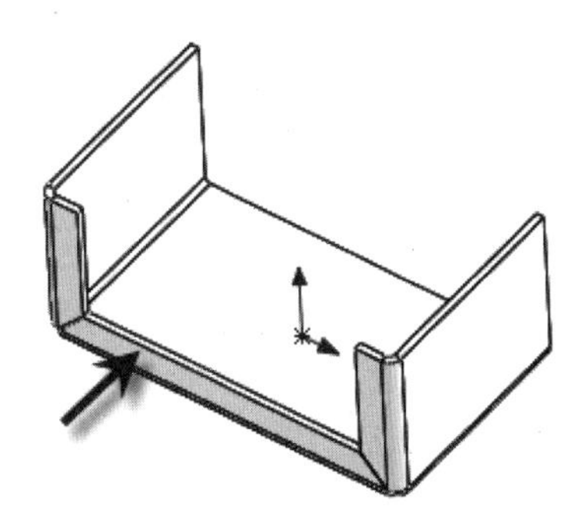

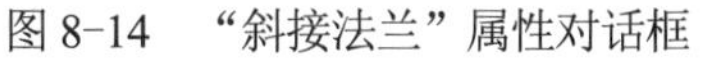

图 8-14　“斜接法兰”属性对话框　　　图 8-15　斜接法兰

2．实例：斜接法兰

为 U 形基体法兰添加一个斜接法兰。

① 单击“钣金”面板中的“斜接法兰”按钮，再单击如图 8-16 中箭头所指边线的上部，会生成一个与之垂直的新基准面并自动进入草图环境。绘制一条小短线，如图 8-17 所示，单击绘图区域右上角“确认角”中的“草图”按钮，退出草图。

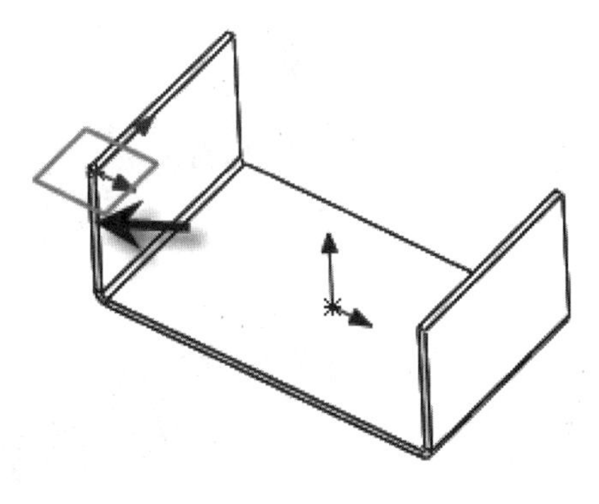

图 8-16　选取边线

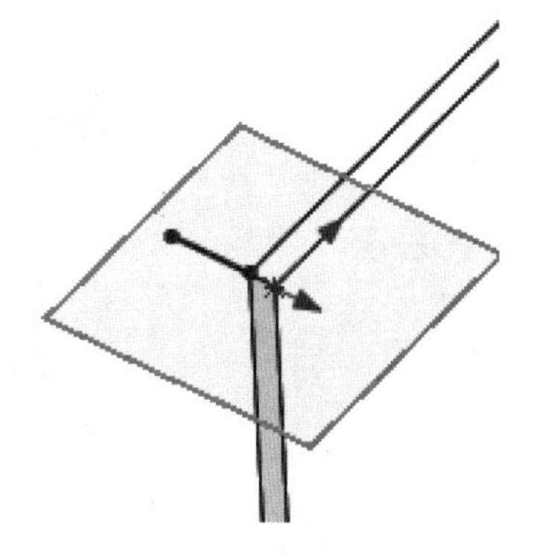

图 8-17　绘制草图

② 系统弹出“斜接法兰”属性对话框，如图 8-18 所示，并且出现斜接法兰预览，单击预览图中的“延伸”按钮，即可显示完整斜接法兰预览，如图 8-19 所示，单击“确定”按钮，即可生成最终的斜接法兰。

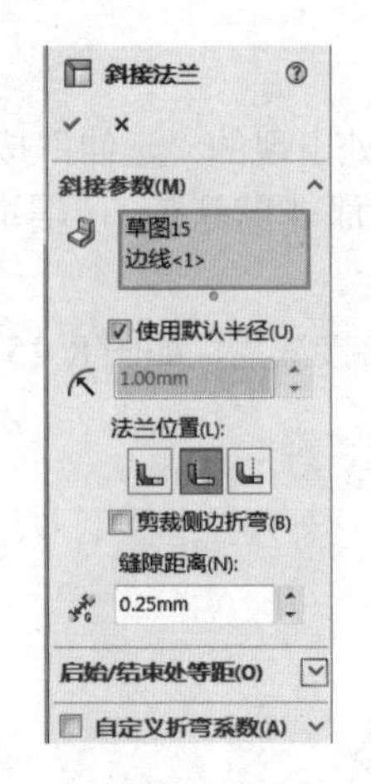

图 8-18 “斜接法兰”属性对话框

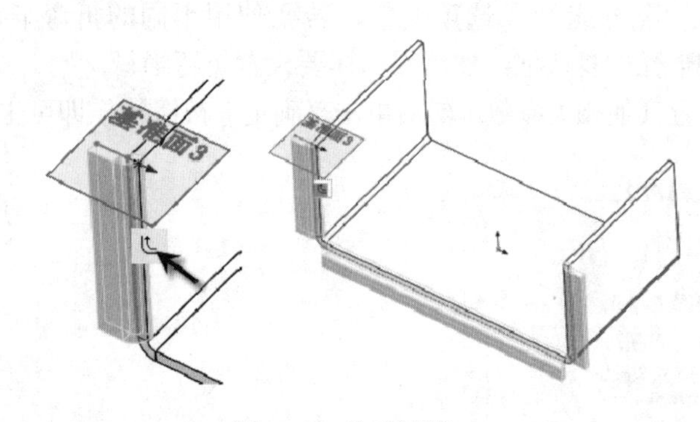

图 8-19 生成过程

8.2.4 褶边

“褶边”命令可将褶边添加到钣金零件的所选边线上。

1．操作步骤

生成褶边特征的操作步骤如下。

① 在打开的钣金零件中，单击“钣金”面板中的“褶边”按钮，或在菜单栏中选择“插入”→“钣金”→“褶边”命令，弹出如图 8-20 所示的“褶边”属性对话框。

② 在图形区选择想要添加褶边的边线，则所选边线出现在“边线”选项卡的列表框中。

③ 设置材料方向、开闭环、类型和大小等参数，然后单击“确定”按钮，即可完成褶边的创建，如图 8-21 所示为不同类型的褶边。

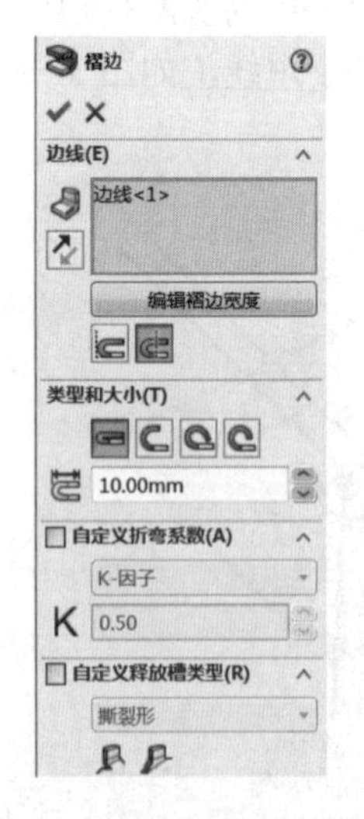

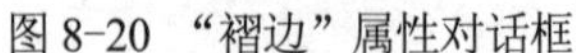

图 8-20 “褶边”属性对话框

图 8-21 各种褶边

2．实例：褶边

为 U 形法兰添加褶边。

单击“钣金”面板中的“褶边”按钮，系统弹出“褶边”属性对话框，选择 U 形法兰一侧的 3 条边线，按照如图 8-22 所示进行设置，单击“确定”按钮✓，即可完成褶边的创建，如图 8-23 所示。

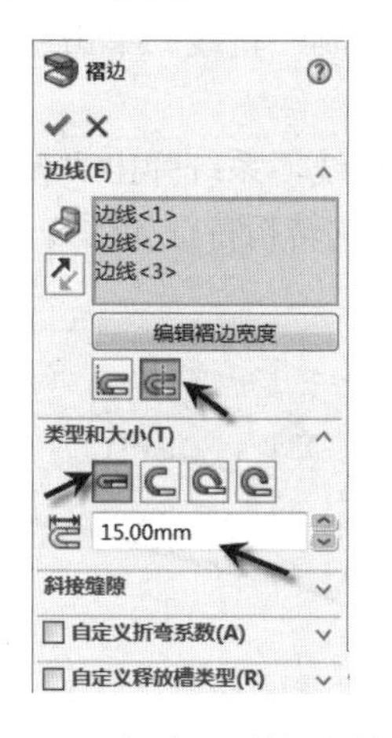

图 8-22 “褶边”属性对话框

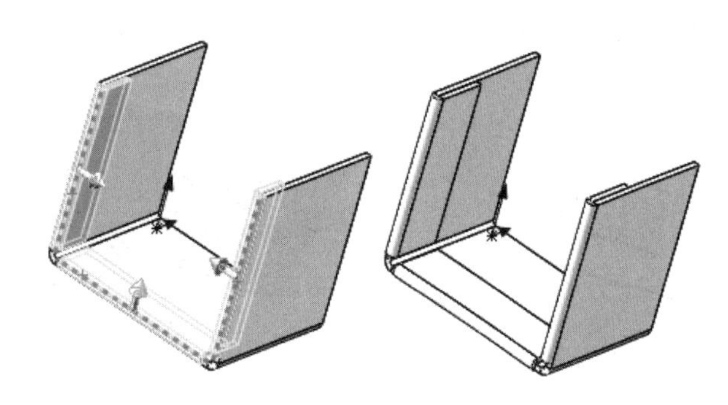

图 8-23 生成过程转折

8.2.5 转折

“转折”特征是通过从草图线生成两个折弯来将材料添加到钣金零件上的。

1. 操作步骤

在钣金零件上生成转折特征的操作步骤如下。

① 在要生成转折的钣金零件的面上绘制一直线。

注意：草图必须只包含一条直线；直线不需要是水平和垂直线；折弯线长度不一定非得与正在折弯的面的长度相同。

② 单击“钣金”面板中的“转折”按钮，或选择“插入”→“钣金”→“转折”命令，然后选择所绘直线，会出现如图 8-24 所示的“转折”属性对话框。

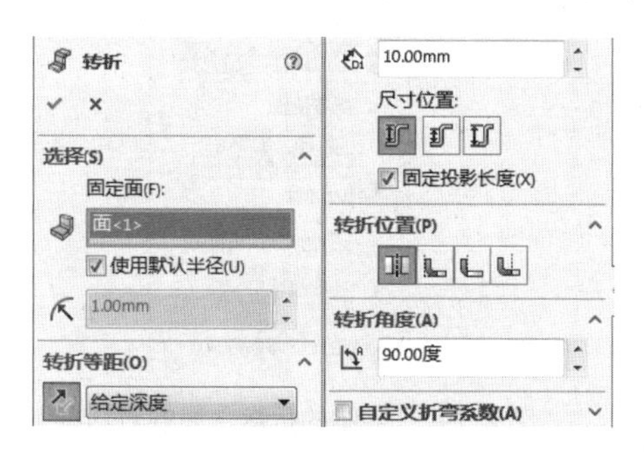

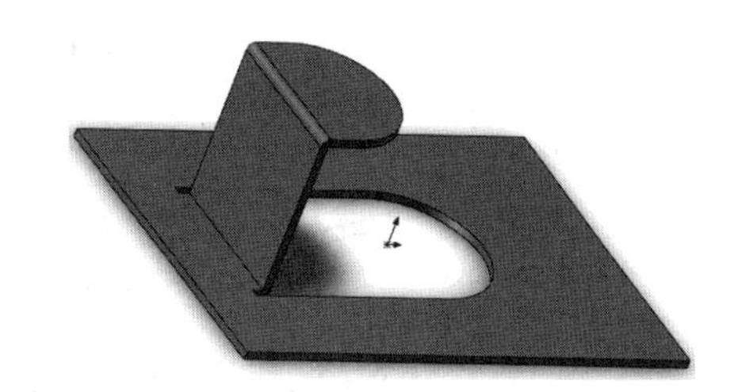

图 8-24 “转折”属性对话框

图 8-25 转折特征

③ 在要转折的钣金零件上选择一个固定面。

④ 依次设置“转折等距”“转折位置”“转折角度”等参数，然后单击“确定”按钮✓，即可完成转折特征，如图 8-25 所示为转折特征实例。

2．实例：转折特征

为如图 8-26 所示的钣金件添加转折特征。

① 选择钣金件顶面作为草图面绘制一条直线草图，在面上绘制一直线。单击绘图区域右上角的“退出草图”按钮，退出草图。

② 单击“钣金”面板中的“转折”按钮，然后选择所绘直线，系统弹出“转折”对话框，选择箭头所指面作为固定面，然后单击“确定”按钮，完成的转折特征如图 8-27 所示。

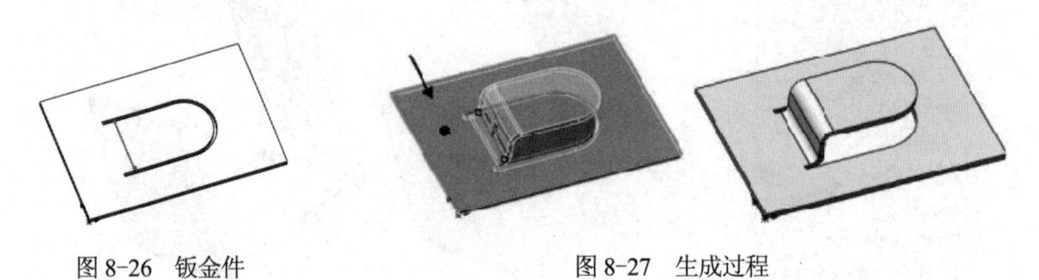

图 8-26　钣金件　　　　图 8-27　生成过程

8.2.6　绘制的折弯

使用“绘制的折弯”命令可在钣金零件处于折叠状态时将折弯线添加到零件中，可将折弯线的尺寸标注到其他折叠的几何体中。

下面通过实例来讲解一下该命令的用法。

① 选择钣金件顶面作为草图面绘制一条直线草图，在面上绘制一直线，如图 8-28 所示。单击绘图区域右上角的“退出草图”按钮，退出草图。

② 单击“钣金”面板中的“绘制的折弯”按钮，然后选择所绘直线，系统弹出如图 8-29 所示的“绘制的折弯”属性对话框，选择如图 8-30 中箭头所指的面作为固定面，然后单击“确定”按钮，即可完成绘制折弯特征，如图 8-31 所示。

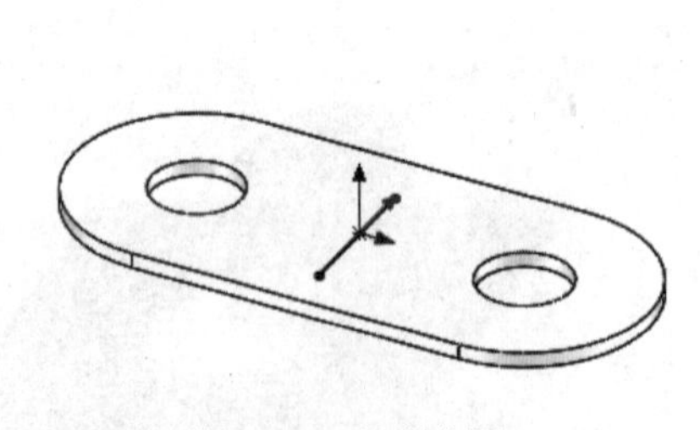

图 8-28　绘制草图

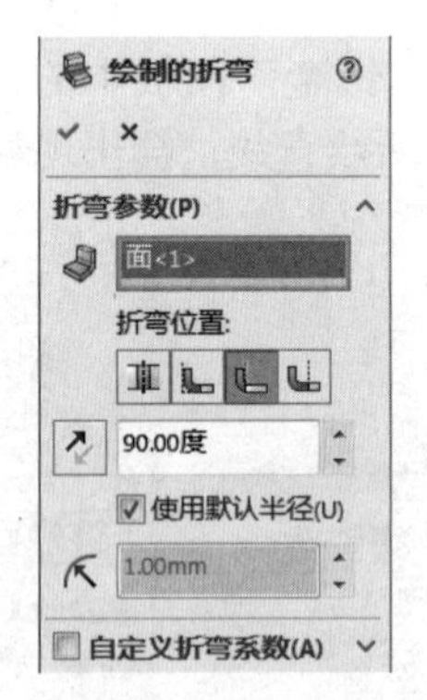

图 8-29　“绘制的折弯”属性对话框

8.2.7　闭合角

用户可以在钣金法兰之间添加闭合角。闭合角特征是在钣金特征之间添加材料。

1．闭合角的功能

闭合角包括以下功能。

● 通过为想闭合的所有边角选择面来同时闭合多个边角。

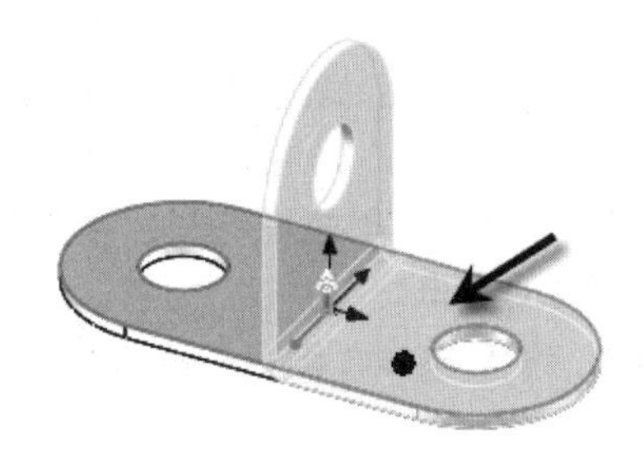

图 8-30　选择固定面

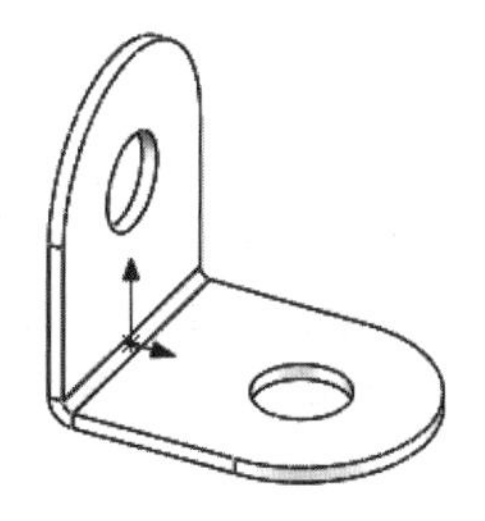

图 8-31　绘制的折弯完成

● 关闭非垂直边角。
● 将闭合边角应用到带有 90°角以外折弯的法兰。
● 调整缝隙距离：由边界角特征所添加的两个材料截面之间的距离。
● 调整重叠/欠重叠比率：重叠的材料与欠重叠材料之间的比率。
● 闭合或打开折弯区域。

2．操作步骤

如果要闭合一个角，其操作步骤如下。

① 用基体法兰和斜接法兰生成一钣金零件。

② 单击“钣金”面板中的“闭合角”按钮，或选择“插入”→“钣金”→“闭合角”命令，会出现如图 8-32 所示的“闭合角”属性对话框。

③ 选择角上的一个平面，作为要延伸的面。

④ 依次设定边角类型等相关参数，然后单击“确定”按钮，即可完成闭合角特征，如图 8-33 所示。

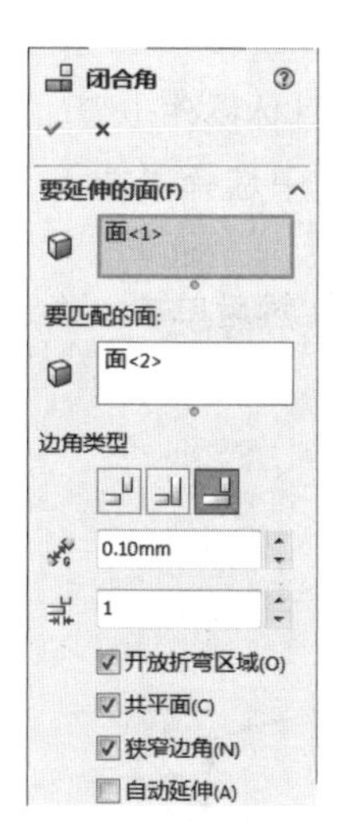

图 8-32 “闭合角”属性对话框

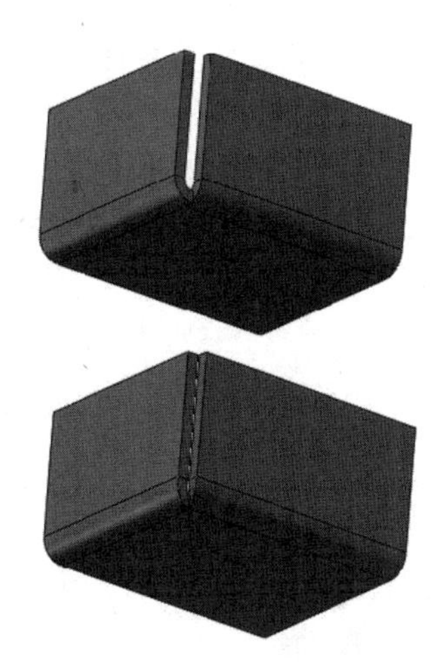

图 8-33　闭合角示例

8.2.8　切口

“切口”特征是生成一个沿所选模型边线的断口。

切口特征除了用在钣金零件中，也可以添加到非钣金零件中。如果要生成切口特征，其操作步骤如下。

① 生成一个具有相邻平面且厚度一致的零件，这些相邻平面形成一条或多条线性边线或一组连续的线性边线。

② 单击“钣金”面板中的“切口”按钮，或在菜单栏中选择“插入”→“钣金”→“切口”命令，弹出如图 8-34 所示的“切口”属性对话框。

③ 选择 4 条外部边线，设置好方向和距离，然后单击“确定”按钮，即可完成切口特征，如图 8-35 所示。

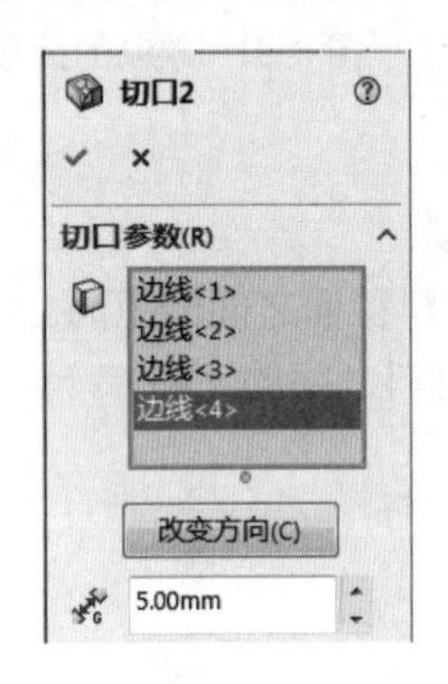

图 8-34 “切口”属性对话框

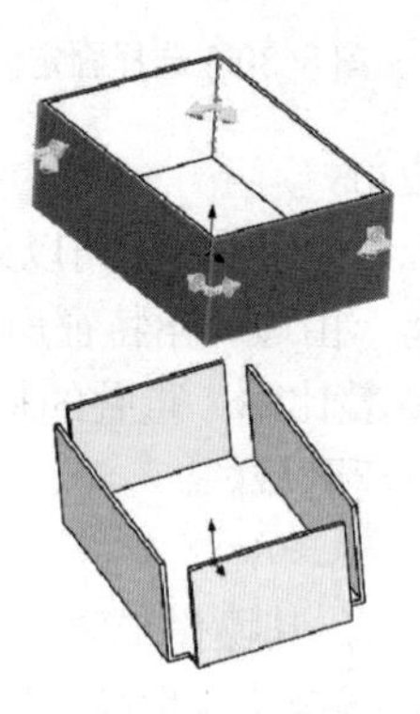

图 8-35 切口特征

8.2.9 展开与折叠

使用“展开”和“折叠”工具可在钣金零件中展开和折叠一个或多个折弯。如果要在具有折弯的零件上添加特征，如钻孔、挖槽或折弯的释放槽等，必须将零件展开或折叠。

1. 展开

使用“展开”特征可在钣金零件中展开一个或多个折弯，具体操作步骤如下。

① 单击“钣金”面板中的“展开”按钮，或在菜单栏中选择“插入”→“钣金”→“展开”命令，弹出如图 8-36 所示的“展开”属性对话框。

② 选择固定面，选择一个或多个折弯作为要展开的折弯，然后单击“确定”按钮，即可完成展开，如图 8-37 所示。

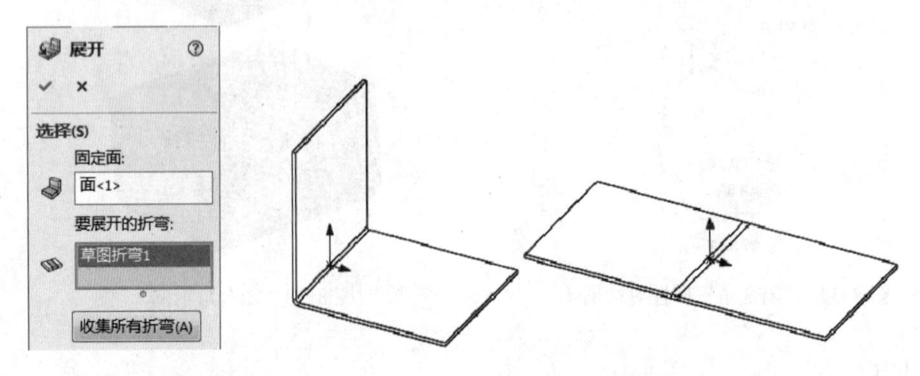

图 8-36 “展开”属性对话框

图 8-37 折弯的展开

2．折叠

使用“折叠”特征可在钣金零件中折叠一个或多个折弯，具体操作步骤如下。

① 在钣金零件中，单击“钣金”面板中的“折叠”按钮，或在菜单栏中选择“插入”→“钣金”→“折叠”命令，弹出如图 8-38 所示的“折叠”属性对话框。

② 选择固定面，选择一个或多个折弯作为要折叠的折弯，然后单击“确定”按钮，即可完成折叠。

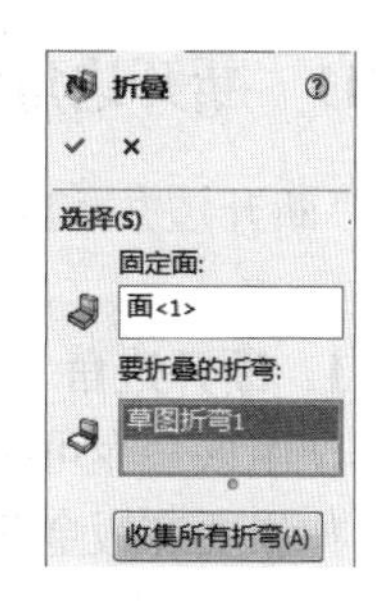

图 8-38 “折叠”属性对话框

8.2.10 放样折弯

在钣金零件中可以生成放样的折弯。放样的折弯同放样特征一样，使用由放样连接的两个草图。基体法兰特征不能与放样的折弯特征一起使用，且放样的折弯不能被镜像。

如果要生成放样的折弯，其操作步骤如下。

① 生成两个单独的开环轮廓草图。

提示：两个草图必须符合下列准则：一是草图必须为开环轮廓；二是轮廓开口应同向对齐以使平板形式更精确；三是草图不能有尖锐边线。

② 单击“钣金”面板中的“放样折弯”按钮，或者在菜单栏中选择“插入”→“钣金”→“放样折弯”命令，弹出“放样折弯”属性对话框，如图 8-39 所示。

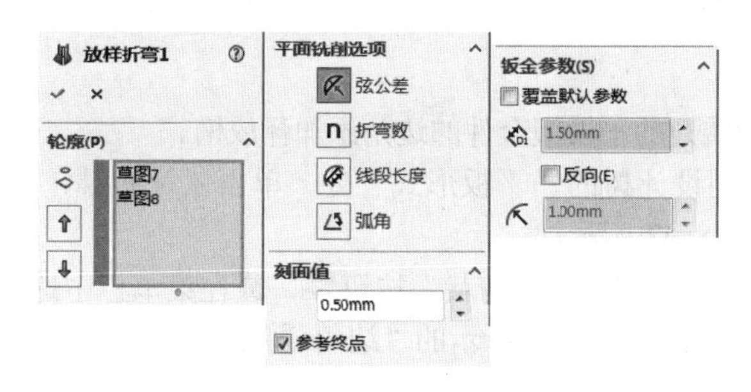

图 8-39 “放样折弯”属性对话框

③ 在图形区域选择两个草图，确认选择想要放样路径经过的点，查看路径预览。

④ 如有必要，单击“上移”或“下移”按钮来调整轮廓的顺序，或重新选择草图，将不同的点连接在轮廓上。为钣金零件设定厚度，然后单击“确定”按钮，即可完成放样折弯，如图 8-40 所示。

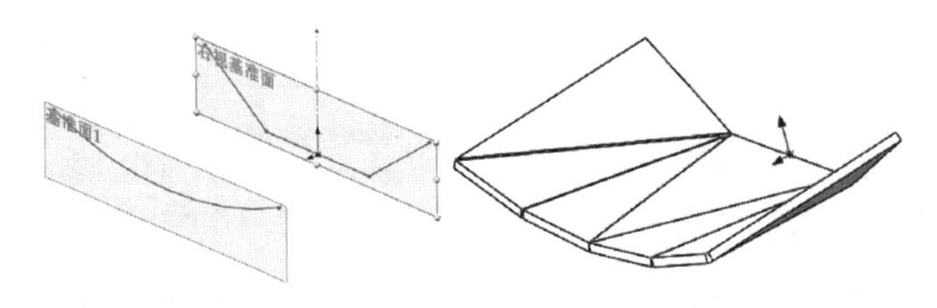

图 8-40 放样折弯示例

8.2.11　断开边角/边角剪裁

“断开边角/边角剪裁”命令可以从折叠的钣金零件的边线或面切除材料或者向其中加入材料。

1．断开边角

使用该命令可在钣金件上添加倒角或者圆角。

如果要在钣金零件上生成断开边角，其操作步骤如下。

① 首先生成钣金零件。

② 单击“钣金”面板中的“断开边角”按钮，或在菜单栏中选择“插入”→“钣金”→“断开边角”命令，弹出如图 8-41 所示的“断开-边角”属性对话框。

③ 选择需要断开的边角边线或法兰面，此时在图形区域显示断开边角的预览。

③ 设置好断开类型，然后单击“确定”按钮，即可完成断开边角，如图 8-42 所示。

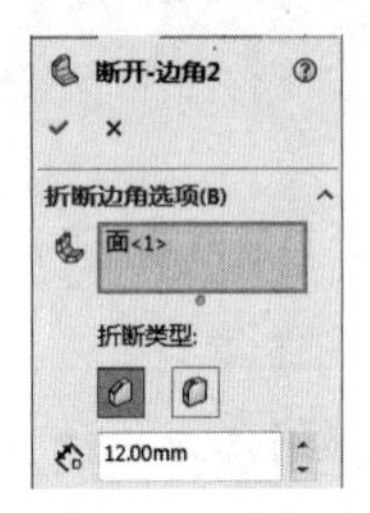

图 8-41 “断开-边角”属性对话框

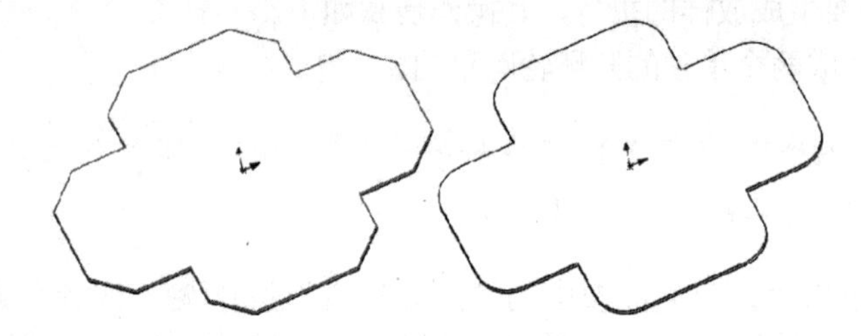

图 8-42　断开边角示例

2．边角剪裁

该命令的作用是为展开的平板钣金件的边角添加释放槽。

① 将鼠标指针移到设计树的“平板形式”处，单击鼠标右键，在弹出快捷选项中单击“解除压缩”按钮，如图 8-43 所示。

② 单击“钣金”面板中的“边角剪裁”按钮，或在菜单栏中选择“插入”→“钣金”→“边角裁剪”命令，弹出如图 8-44 所示的“边角-剪裁”属性对话框。

图 8-43　解除压缩

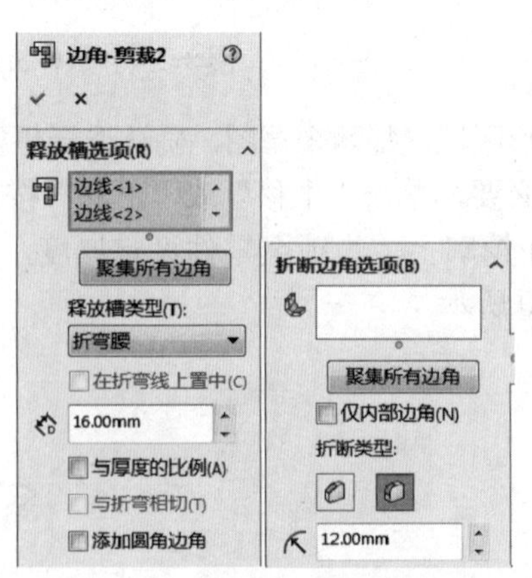

图 8-44 “边角-剪裁”属性对话框

③ 选择需要添加边角剪裁的边线，此时在图形区域显示边角剪裁的预览。

④ 设置好断开类型，然后单击“确定”按钮，即可完成边角剪裁，示例如图 8-45 所示。

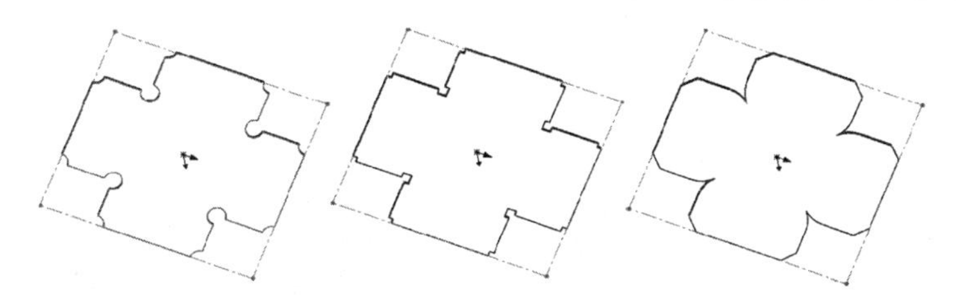

图 8-45　边角剪裁示例

8.3　钣金设计实例

1．题目简介

如图 8-46 所示为一覆盖件的完成图及展开图，本节以此作为实例来讲解一个完整钣金件的创建过程。

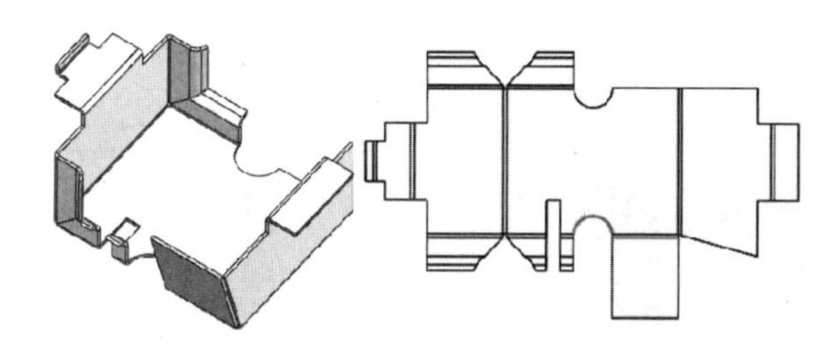

图 8-46　钣金覆盖件完成图及展开图

本零件的主要知识点包括：利用开环草图建立基体法兰特征、切除拉伸、斜接法兰特征、镜像、边线法兰、展开/折叠特征、转折特征、绘制的折弯、闭合角等钣金特征的应用。

2．操作过程

① 在“前视基准面”上绘制草图，如图 8-47 所示，该草图用于建立钣金零件中的第一个基体法兰特征。

② 使用绘制的草图建立基体法兰，给定法兰的厚度为 3mm，给定钣金零件的默认折弯系数为“K-因子”，使用默认的数值 0.5。给定默认释放槽类型为矩形，比例为 0.5，如图 8-48 所示。单击“确定”按钮，即可完成基体法兰，如图 8-49 所示。

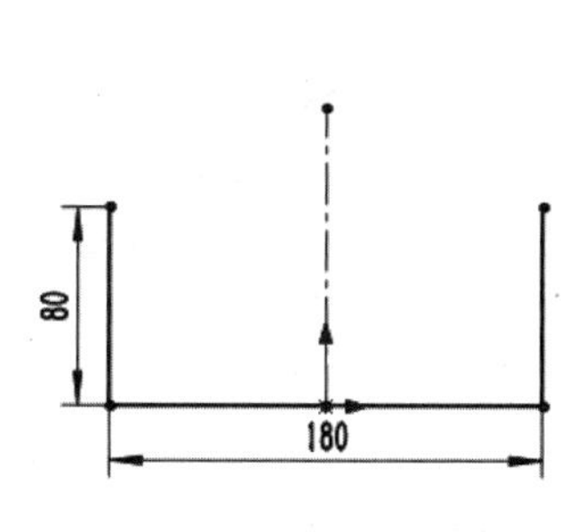

图 8-47　基体法兰草图

图 8-48　“基体法兰”属性对话框

③ 绘制如图 8-50 所示的草图，并使用“钣金”面板中的“拉伸切除”命令，生成切口，如图 8-51 所示。

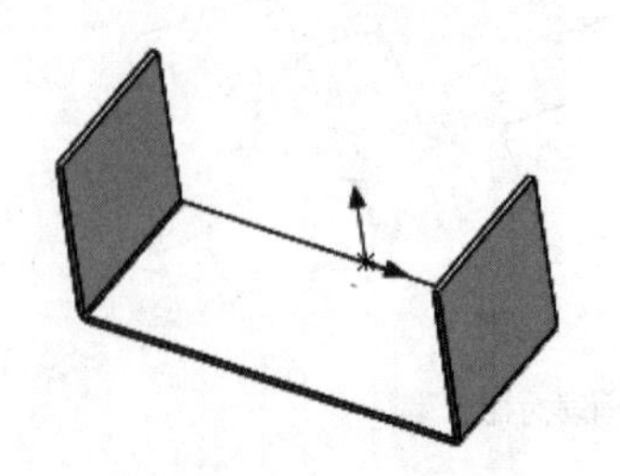

图 8-49　基体法兰

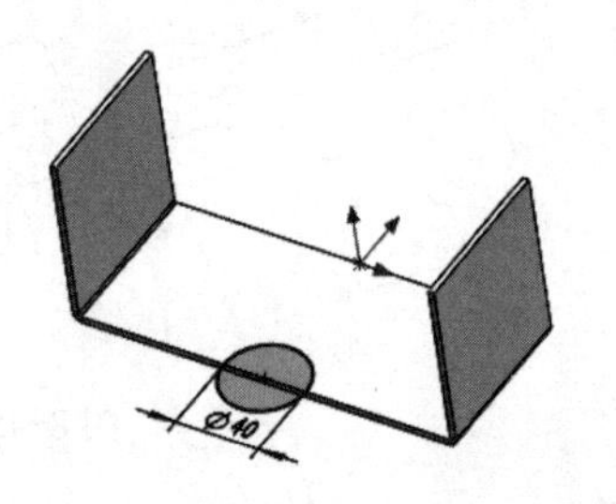

图 8-50　切口草图

④ 单击“钣金”面板中的“斜接法兰”按钮，选择如图 8-52 中箭头所指的边线上部，然后在与边线垂直的草图面上绘制草图，如图 8-52 所示。在“斜接法兰”属性对话框中，选择“材料在外”命令，其他参数保持默认设置，选择连续的相切边线。单击“确定”按钮✓，即可完成斜接法兰，如图 8-53 所示。

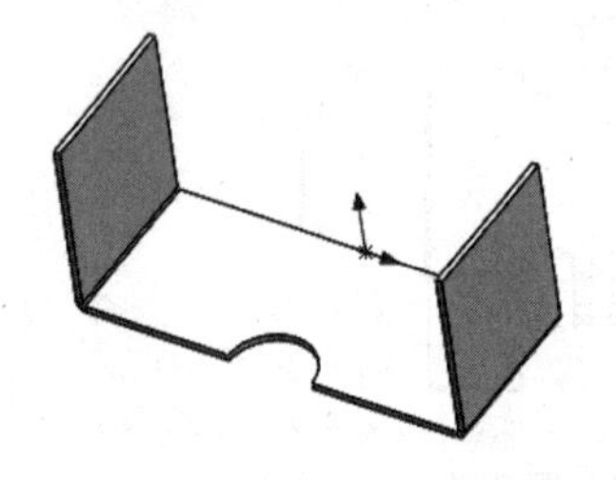

图 8-51　切口

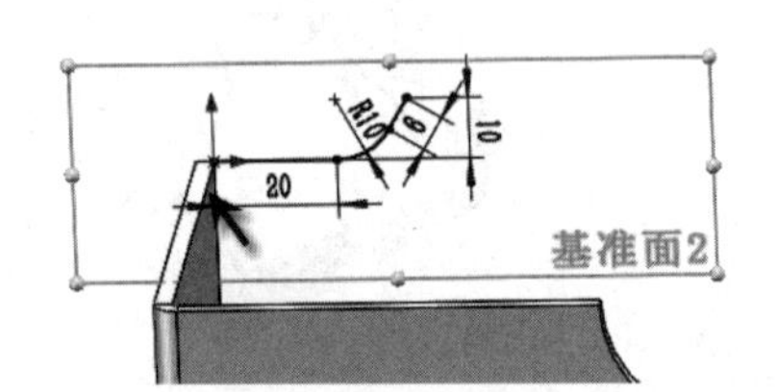

图 8-52　斜接法兰草图

⑤ 使用“特征”面板中的“镜像”命令，选择“前视基准面”作为镜像面，生成另一侧基体，如图 8-54 所示。

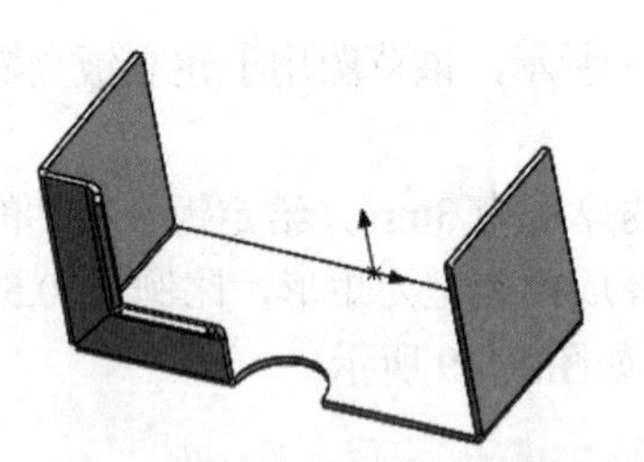

图 8-53　斜接法兰

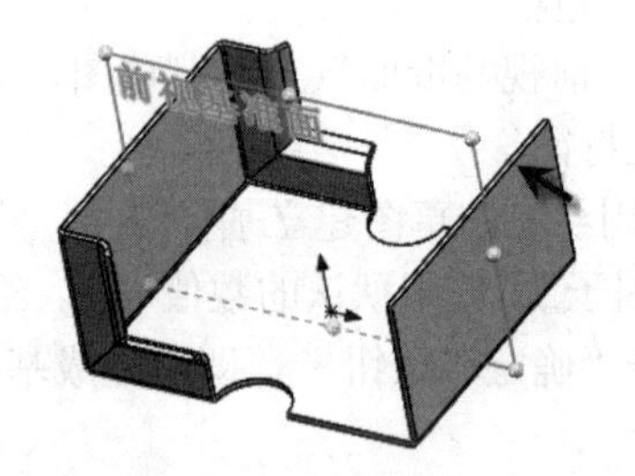

图 8-54　镜像基体

⑥ 单击“钣金”面板中的“边线法兰”按钮，选择如图 8-54 中箭头所指的边线，在“边线法兰”属性对话框中单击“编辑法兰轮廓”按钮，修改草图，如图 8-55 所示。设置法兰位置为“材料在外”，设置等距距离为 15，其他参数保持默认设置，单击“确定”按钮✓，即可完成边线法兰，如图 8-56 所示。

⑦ 使用“特征”面板中的“镜像”命令，选择“右视基准面”作为镜像面，镜像生成另一侧边线法兰，如图 8-57 所示。

⑧ 单击“钣金”面板中的“基体法兰/薄片”按钮，绘制如图 8-58 所示的草图，创建基

体薄片。

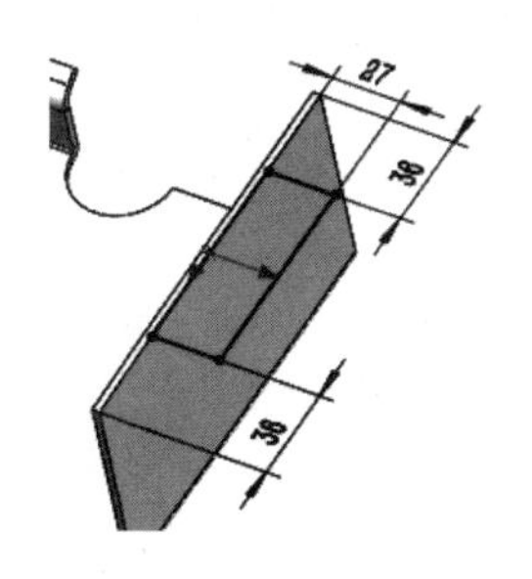

图 8-55　编辑法兰轮廓

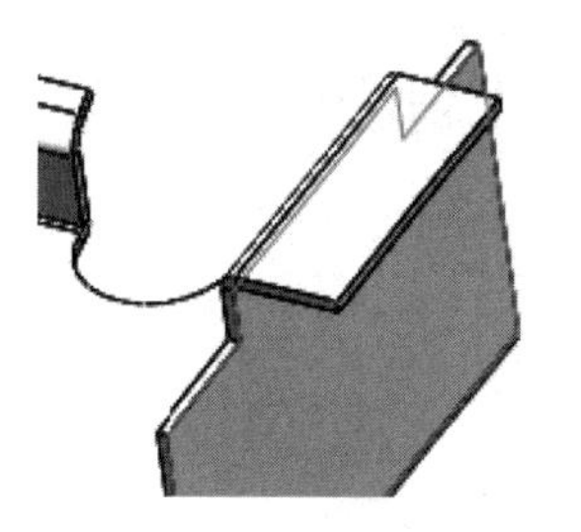

图 8-56　边线法兰

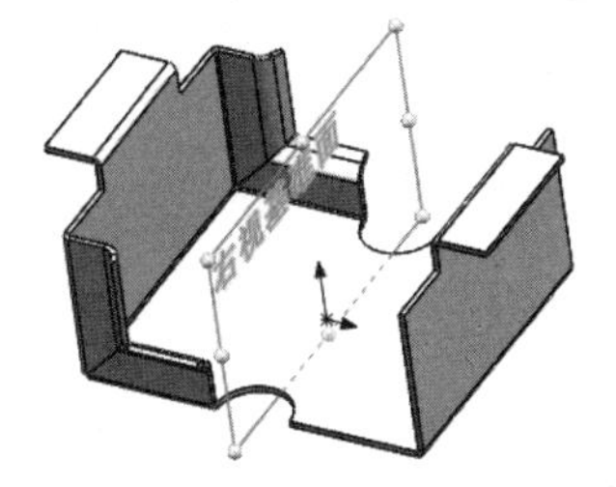

图 8-57　镜像边线法兰

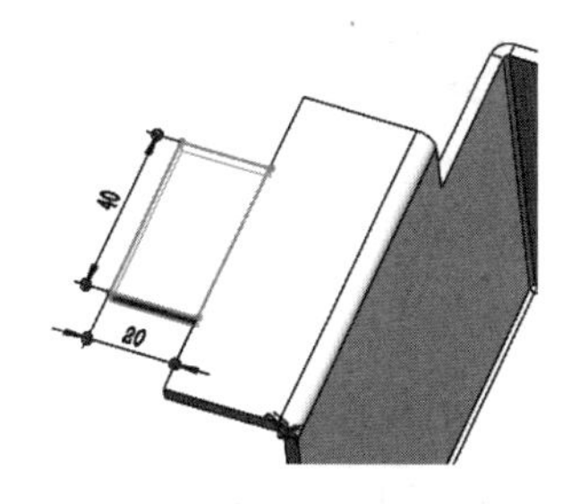

图 8-58　基体薄片

⑨ 单击“钣金”面板中的“绘制的折弯”按钮，选择薄片的上表面绘制草图，如图 8-59 所示，生成折弯，如图 8-60 所示。

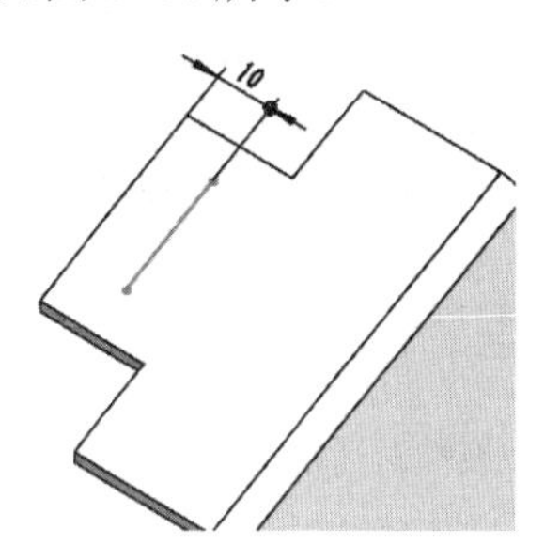

图 8-59　折弯草图

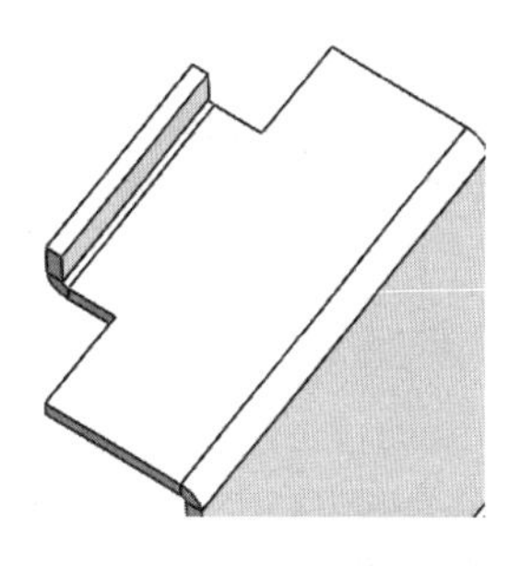

图 8-60　折弯

⑩ 单击“钣金”面板中的“展开”按钮，依次选择如图 8-61 中箭头所指面和折弯作为固定面和需要展开的折弯，结果如图 8-62 所示。

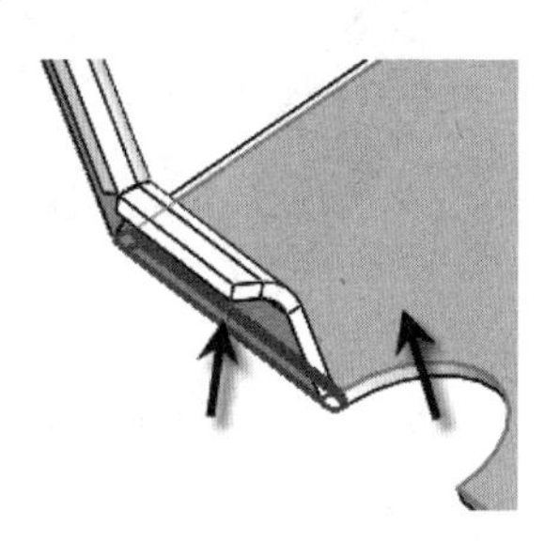

图 8-61　选择固定面和折弯

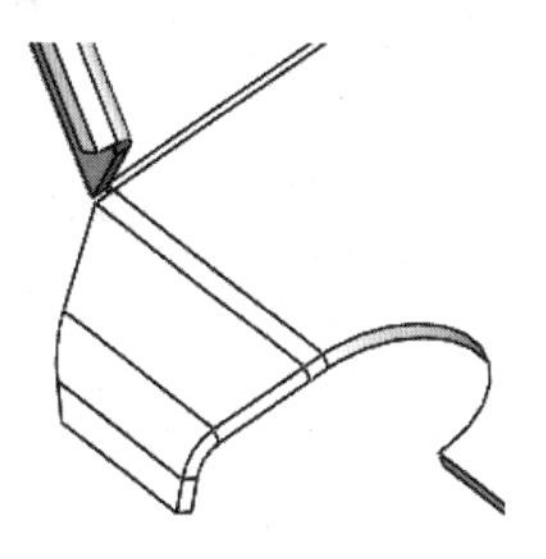

图 8-62　展开

⑪ 绘制如图 8-63 所示的草图。

⑫ 单击“钣金”面板中的“拉伸切除”按钮，选择绘制好的草图，执行拉伸切除操作后，结果如图 8-64 所示。

⑬ 单击“钣金”面板中的“折叠”按钮，选择前面展开的折弯，重新折叠，结果如图 8-65 所示。

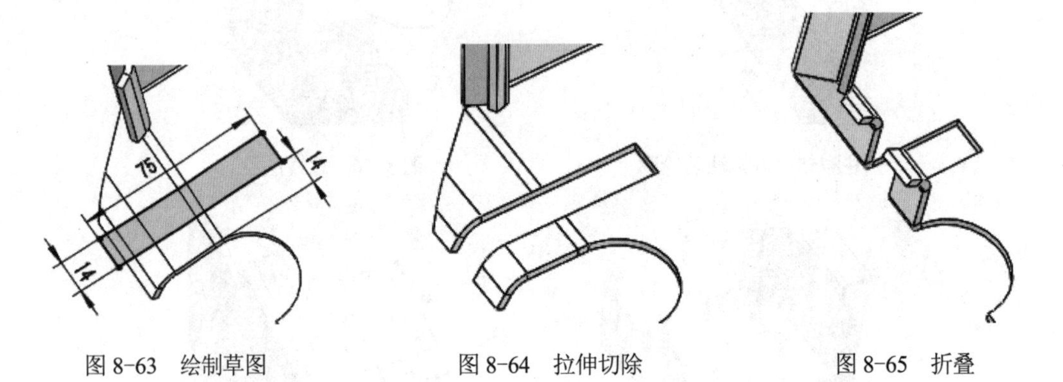

图 8-63　绘制草图　　　　图 8-64　拉伸切除　　　　图 8-65　折叠

⑭ 单击“钣金”面板中的“边线法兰”按钮，按照如图 8-66 所示的参数进行设置，编辑法兰草图，如图 8-67 所示，结果如图 8-68 所示。

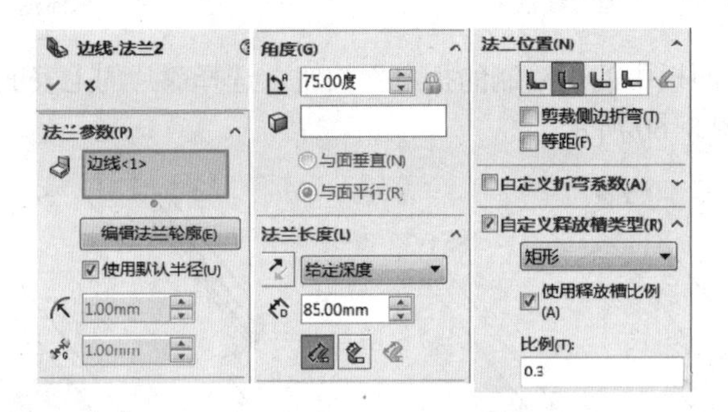

图 8-66　“边线-法兰”属性对话框

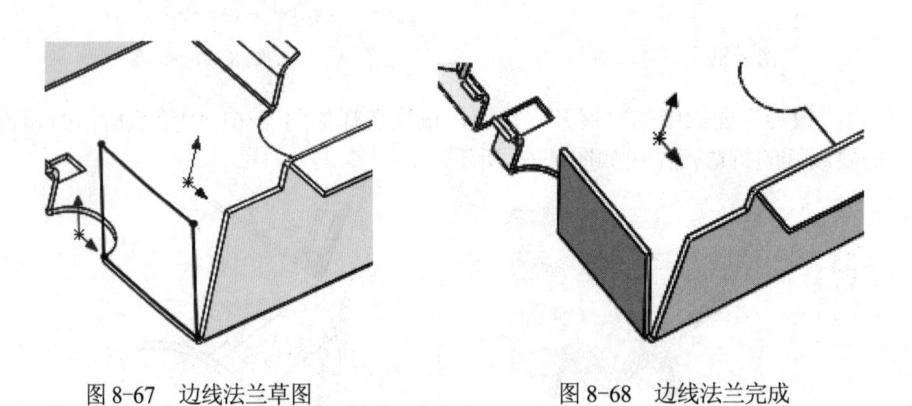

图 8-67　边线法兰草图　　　　图 8-68　边线法兰完成

⑮ 单击“钣金”面板中的“闭合角”按钮，选择如图 8-69 中箭头所指的面作为延伸面和匹配面，即可生成闭合角钣金特征，最终完成壳体的钣金特征。

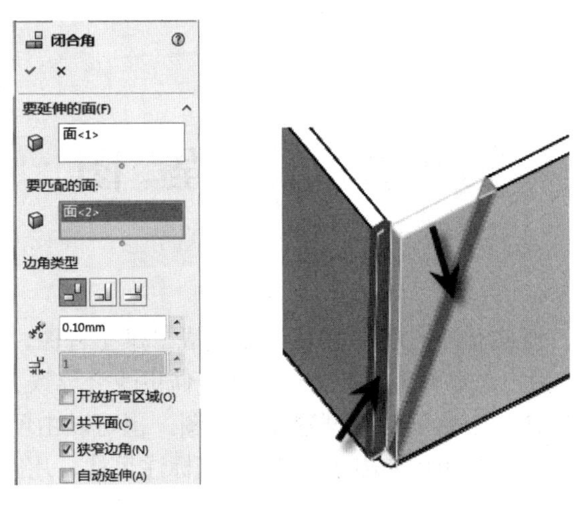

图 8-69　闭合角

8.4　课后练习

1. 定义钣金零件首选的方法是什么？
2. 对于“边线法兰”特征必须创建草图吗？为什么？
3. 对于“斜接法兰”特征，起始/结束处等距指的是什么？
4. “边角剪切”可用于非钣金零件吗？
5. 完成如图 8-70 所示的钣金件的创建。

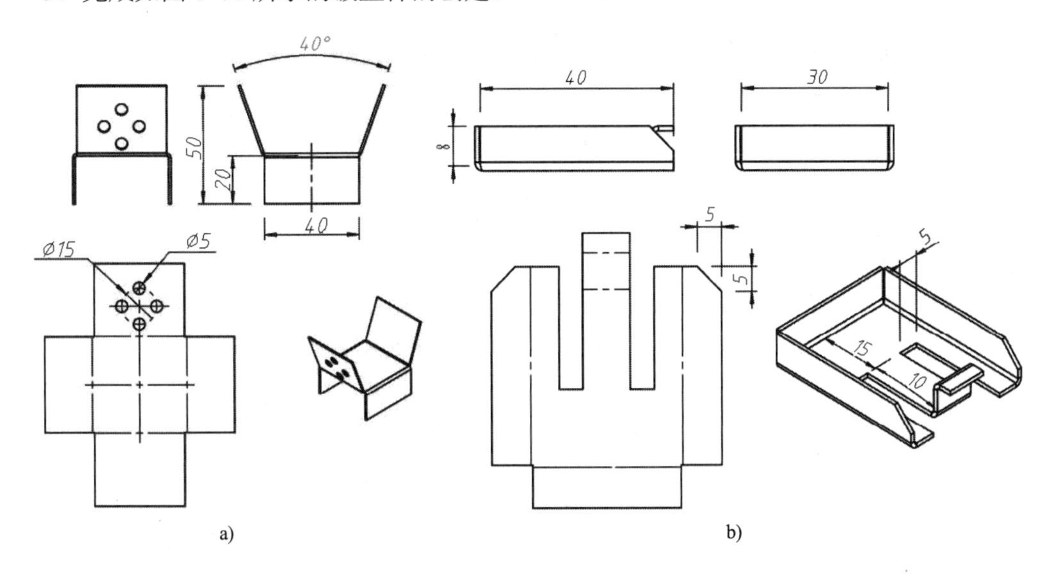

图 8-70　钣金练习

第9章 工 程 图

SolidWorks 创建的三维实体零件和装配体可以生成二维工程图，而且零件、装配体和工程图是互相关联的文件，用户对零件或装配体所做的任何更改会导致工程图文件的相应变更。

一般来说，工程图包含几个由三维模型建立的视图，也可以由现有的视图建立视图。例如，剖面视图是由现有的工程视图所生成的，同时可以标注尺寸、几何公差和注释。本章将通过实例介绍工程图的生成方法。

本章重点：

- 设置绘图规范
- 视图的生成与编辑
- 尺寸标注
- 装配体工程视图

9.1 工程图界面

单击“新建”按钮，弹出“新建 SolidWorks 文件”对话框，如图 9-1 所示。

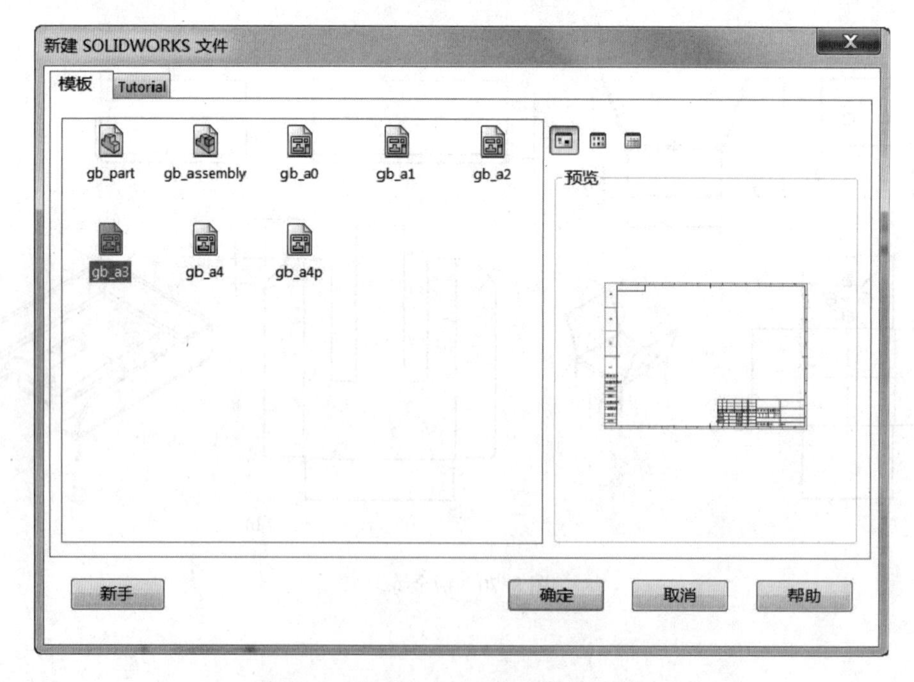

图 9-1 “新建 SolidWorks 文件”对话框

选择“gb-a3”，单击“确定”按钮，进入工程图界面，如图 9-2 所示。

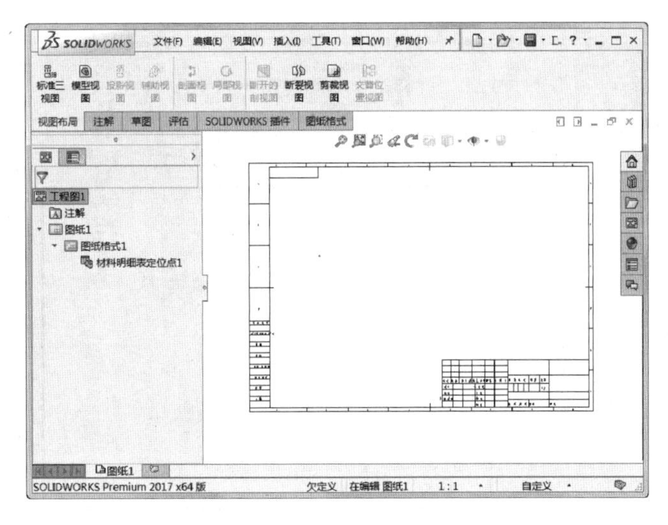

图 9-2　工程图界面

9.2　建立工程图模板文件

工程图文件模板包括工程图的图幅大小、标题栏格式、标注样式、文字样式等内容。SolidWorks 2017 自带了多种模板格式，用户可以根据需要直接选择使用。为了方便读者学习在 SolidWorks 2017 中建立模板文件的相关命令，本节以自定义的方式建立一个全新的模板文件。

9.2.1　绘制图框及标题栏

1．删除默认图框及标题栏

将鼠标指针移至左侧设计树中的“图纸格式 1”上，单击鼠标右键，在弹出的如图 9-3 所示的快捷菜单中选择“编辑图纸格式”命令，框选原模板格式中所有的图框及标题栏，然后删除。

2．绘制新图框及标题栏

打开“草图”面板，绘制一个 410×287 的矩形（A3 图幅四周各留 5），然后选择矩形的 4 条边线，将图层改为“轮廓实线层”，如图 9-4 所示，结果如图 9-5 所示。

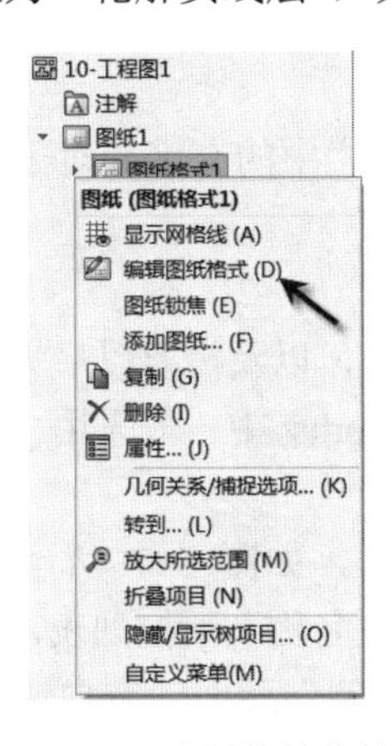

图 9-3　右键快捷菜单

图 9-4　修改图层

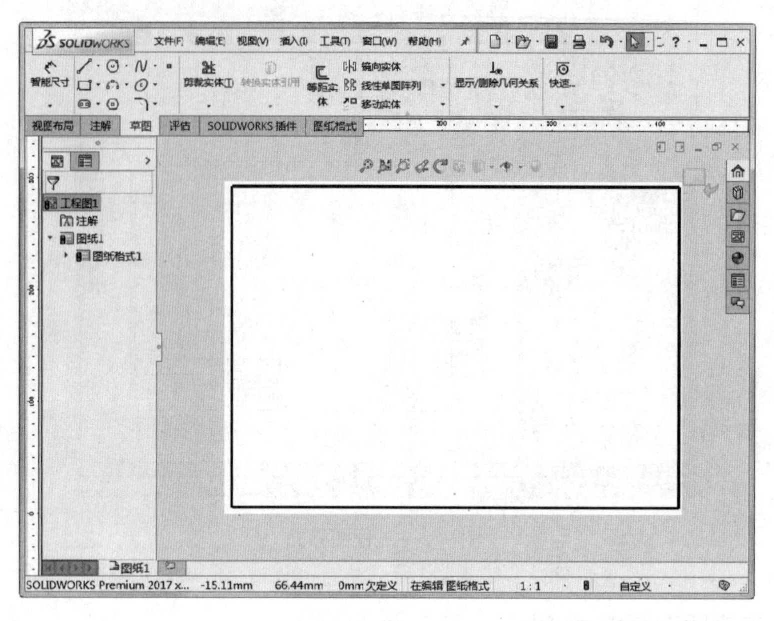

图 9-5　绘制边框

在图框的右下角，按照如图 9-6 所示的尺寸及格式绘制标题栏，绘制完成后，选择菜单栏中的“视图”→“隐藏/显示注解”命令将所注尺寸隐藏。

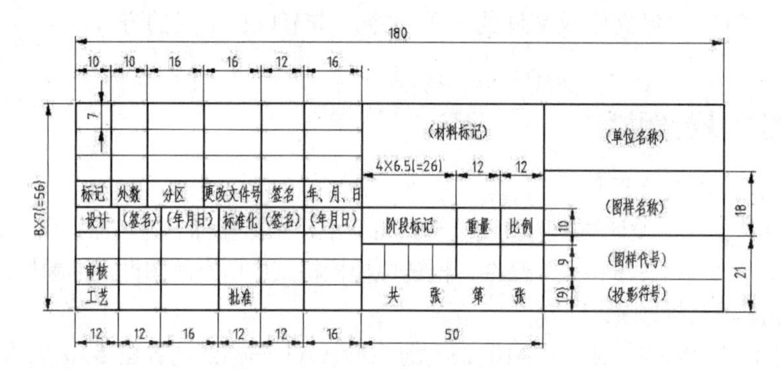

图 9-6　标题栏格式

3．添加注释文字

使用“注解”面板中的“注释”命令可以添加标题栏中的文字，对于以后需要填写内容的空白处，也要添加空白注释。

4．链接到属性

对于需要变化的内容，比如“图名”“校名”“图号”，以及需要以后填写内容的空白注释处，除了每一张工程图都可以手动填写以外，在 SolidWorks 中一般采用“链接到属性”的方式来定义。

单击相应的注释文字，会弹出“注释”属性对话框，如图 9-7 所示，单击“链接到属性”按钮，会弹出“链接到属性”对话框，打开“属性名称”下拉列表，然后选择相应的字段名称（比如“图名”可以选择“SW-图纸名称”，“比例”后面的空白注释可以选择“SW-视图比例”等），如图 9-8 所示。分别设置好属性链接以后，标题栏会类似如图 9-9 所示。

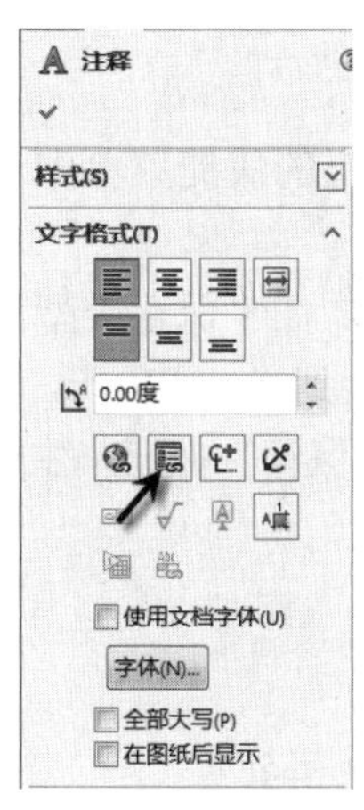

图 9-7 “注释”属性对话框

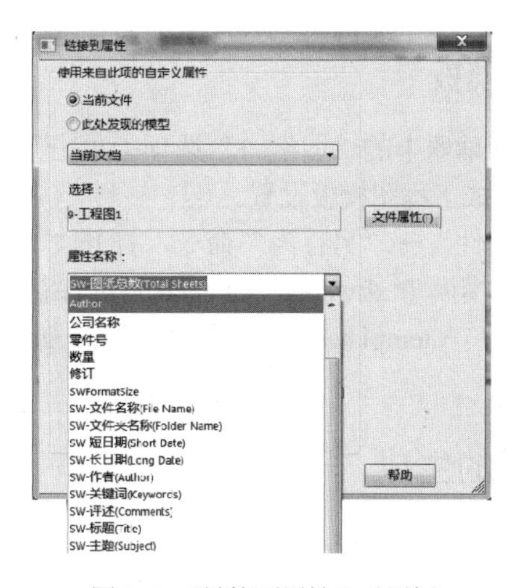

图 9-8 “链接到属性”对话框

标记	处数	分区	更改文件号	签名	年 月 日				$PRPSHEET:{名称}
设计			标准化			阶段标记	重量	比例	
									$PRPSHEET:{代号}
审核									
工艺			批准			共 张 第 张			$PRPSHEET:{替代}

图 9-9 带属性链接的标题栏

9.2.2 设置尺寸样式

选择“工具”→“选项”命令，弹出“系统选项”对话框，选择“文件属性”选项卡，选择“尺寸”选项，如图 9-10 所示，根据国标进行相关设置（初学者建议保持各选项为默认即可）。

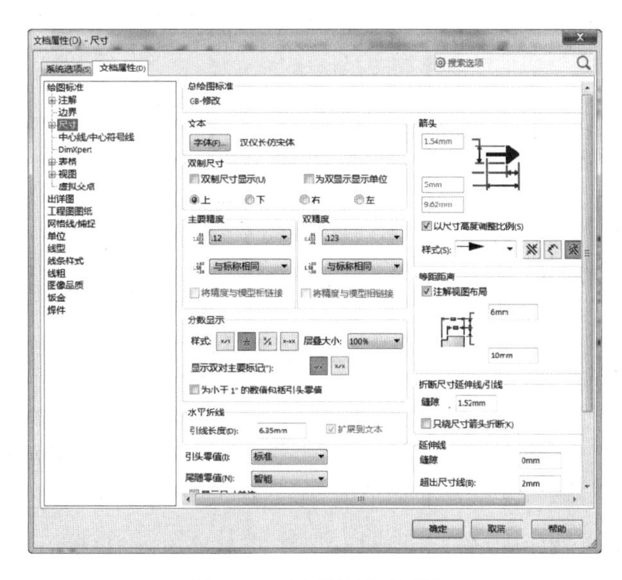

图 9-10 尺寸设置对话框

9.2.3 保存模板

在特征管理器中的“图纸 1”选项上单击鼠标右键，从弹出的快捷菜单中选择“编辑图纸”命令，完成工程图模板设置。

选择“文件”→“另存为”命令，打开“另存为”对话框，在“保存类型”下拉列表中选择“工程图模板 (*.drwdot)”，此时文件的保存目录会自动切换到 SolidWorks 安装目录：\SolidWorks 2017\templates，输入文件名“a3-gb 自用”，单击“保存”按钮，生成新的工程图文件模板。

9.3 视图的生成

本节通过实例来介绍 SolidWorks 2017 工程图各种视图的生成方法。

9.3.1 标准视图

标准视图是根据模型的不同方向建立的视图，标准视图依赖于模型的放置位置。标准视图包括标准三视图和模型视图。

1．标准三视图

利用标准三视图可以为模型同时生成 3 个默认正交视图，即主视图、俯视图和左视图。主视图是模型的前视图，俯视图和左视图分别是模型在相应位置的投影。

下面以一个支架为例来说明一下标准三视图的创建方法。

① 单击“新建”按钮，弹出“新建 SolidWorks 文件”对话框，选择“a3-gb 自用”，单击“确定”按钮，新建一个工程图文件。

② 单击“视图布局”面板中的“标准三视图”按钮，弹出“标准三视图”属性对话框，如图 9-11 所示，单击“浏览”按钮，弹出“打开”对话框，选择“支架”，单击“打开”按钮，建立标准三视图，如图 9-12 所示。

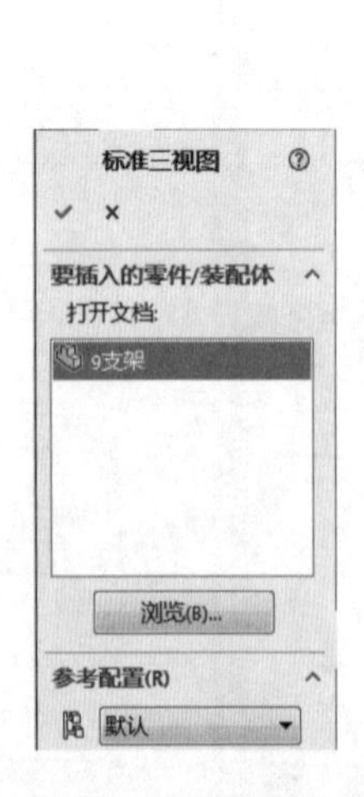

图 9-11 “标准三视图”属性对话框

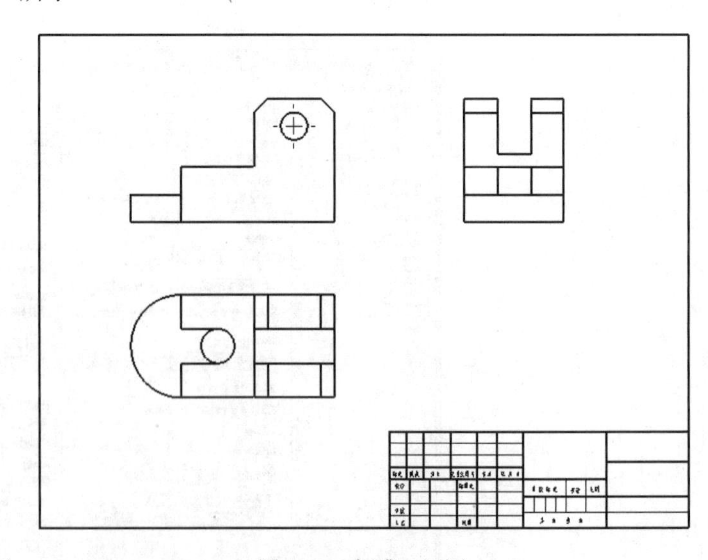
图 9-12 标准三视图

2．模型视图

模型视图可以根据现有零件添加正交或命名视图。

单击“视图布局”面板中的“模型视图”按钮，在图纸区域选择任意视图，弹出“模型视图”属性对话框，如图 9-13 所示，选择“等轴测”，在图纸区域选择合适的位置，单击鼠标左键，建立等轴测视图，如图 9-14 所示。

图 9-13 “模型视图”属性对话框

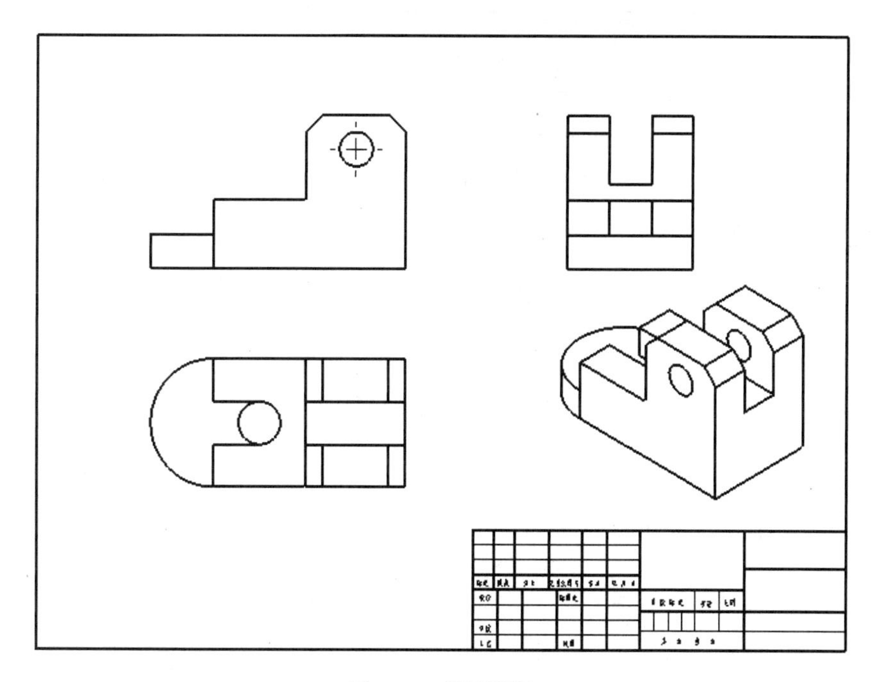

图 9-14 等轴测图

9.3.2 派生视图

派生视图是由其他视图派生出来的，包括：投影视图、辅助视图、相对视图、局部视图、剪裁视图、断裂视图、剖面视图和旋转视图。

1．投影视图

投影视图是根据已有视图，通过正交投影生成的视图。

选择主视图，单击“投影视图”按钮，将鼠标指针移到主视图左侧单击，作出右视图。

选择主视图，单击“投影视图”按钮，将鼠标指针移到主视图上方单击，作出仰视图。

选择左视图，单击“投影视图”按钮，将鼠标指针移到左视图右侧单击，作出后视图。

选择任意一个基本视图，单击“投影视图”按钮，指针向 4 个 45° 角方向移动，单击即可作出不同方向的轴测图。

各种投影视图如图 9-15 所示。

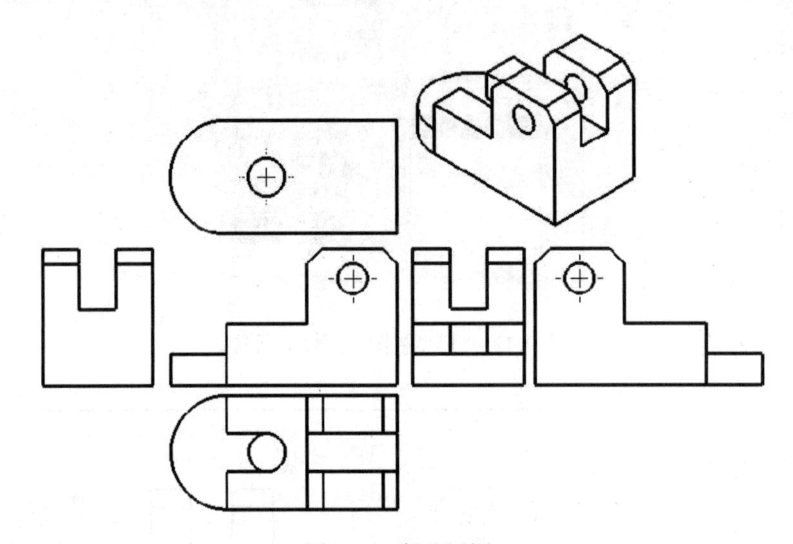

图 9-15　投影视图

2．辅助视图

辅助视图相当于机械图样国标中的斜视图，用来表达机体倾斜结构。

打开“支架 2”样例文件，单击“辅助视图”按钮，选择主视图中的斜边线，如图 9-16 所示，将鼠标指针移到所需位置单击，放置视图，如有需要，可以选中“辅助制图”属性对话框中的“反转方向”复选框，如图 9-17 所示，将标注的文字和箭头拖动到适当的位置。

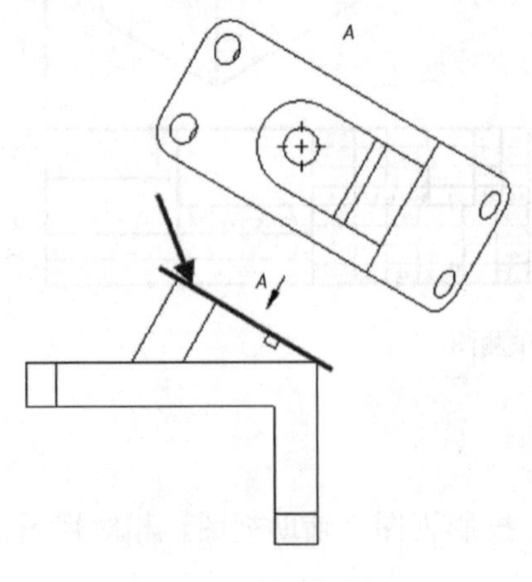

图 9-16　辅助视图

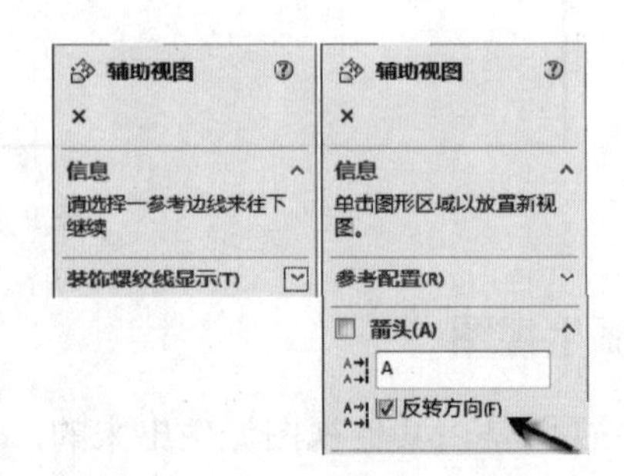

图 9-17　“辅助视图”属性对话框

选中刚生成的辅助视图，依次选择刚生成的斜视图中需要隐藏的边线，然后单击如图 9-18 所示临时工具栏中的“隐藏/显示边线”按钮，将所选边线隐藏。然后单击“视图布局”面板中的“裁剪视图”命令，绘制一条封闭的草图线，然后利用“草图”中的“样条曲线”命令绘制波浪线，结果如图 9-18 所示。

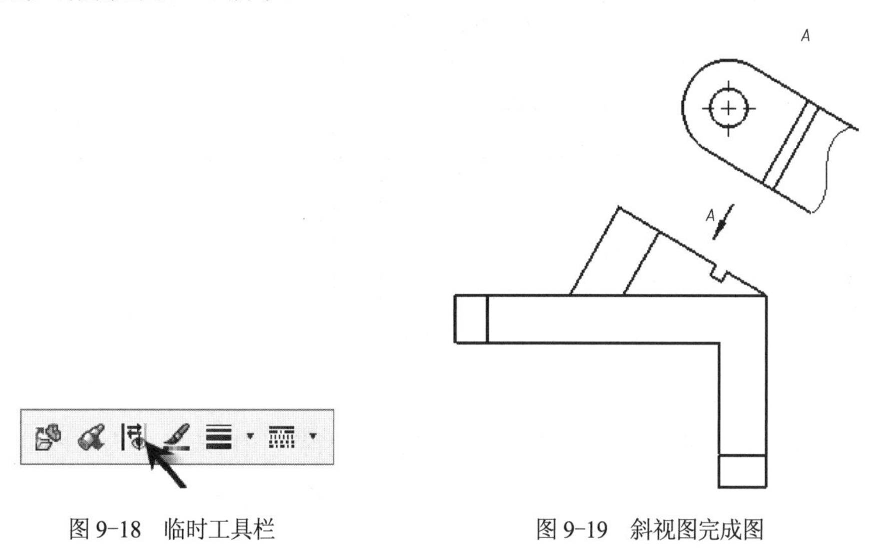

图 9-18　临时工具栏　　　　图 9-19　斜视图完成图

📖 提示：选择菜单“工具”→“选项”命令，在“文件属性”选项卡中选择“尺寸”选项，在里面可以更改箭头大小；在“视图标号”的“辅助视图”选项卡中，可以更改辅助视图箭头文字和标号文字的大小。

3．旋转视图

通过旋转视图，可将视图绕其中心点转动任意角度，或通过旋转视图将所选边线设置为水平或竖直方向。

在辅助视图边界空白区单击鼠标右键，从弹出的快捷菜单中选择“缩放/平移/旋转”→“旋转视图”命令，如图 9-20 所示，弹出“旋转工程视图”对话框，如图 9-21 所示；在“工程视图角度”文本框内输入合适的角度，单击“应用”按钮，关闭对话框。

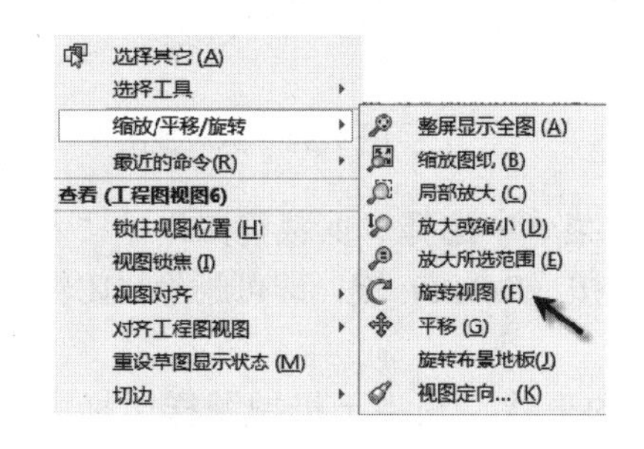

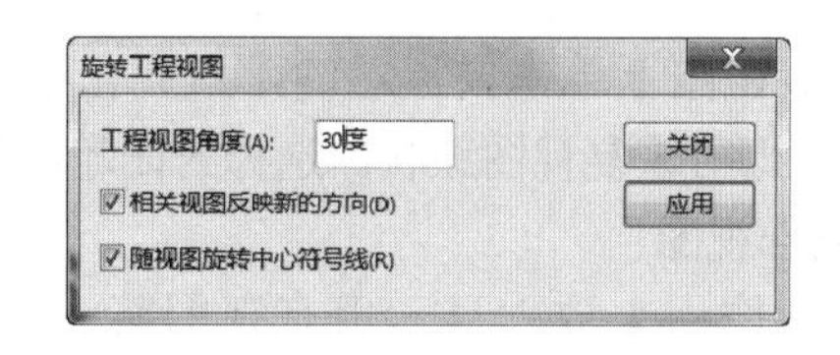

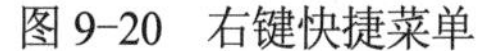

图 9-20　右键快捷菜单　　　　图 9-21　“旋转工程视图”对话框

如果不确定旋转角度，可选中斜视图中一条需与水平方向对齐的图线，然后选择“工具”→“对齐工程图视图”→“水平边线”命令即可。

选择辅助视图，将其移动到合适的位置，并且修改注释内容，结果如图 9-22 所示。

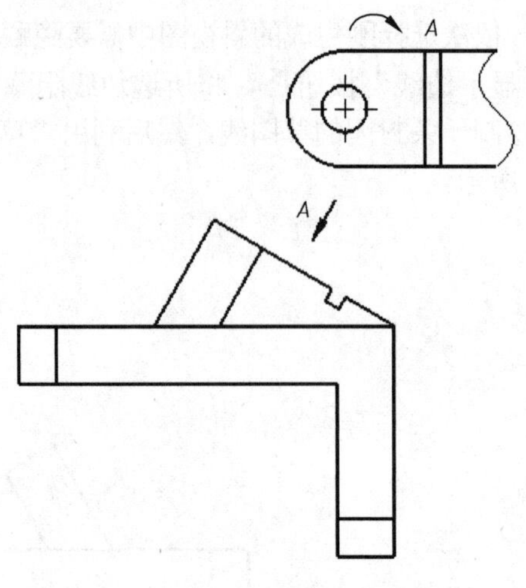

图 9-22　视图旋转

4．剪裁视图

剪裁视图是在现有视图中剪去不必要的部分，使得视图所表达的内容既简练又重点突出。

双击辅助视图的空白区域，激活需剪裁的视图。

单击草图绘制工具“圆”按钮，在辅助视图中绘制封闭轮廓线，如图 9-23 所示。

选择所绘制的封闭轮廓，单击“剪裁视图”按钮，视图多余部分被剪掉，即完成剪裁视图，如图 9-24 所示。

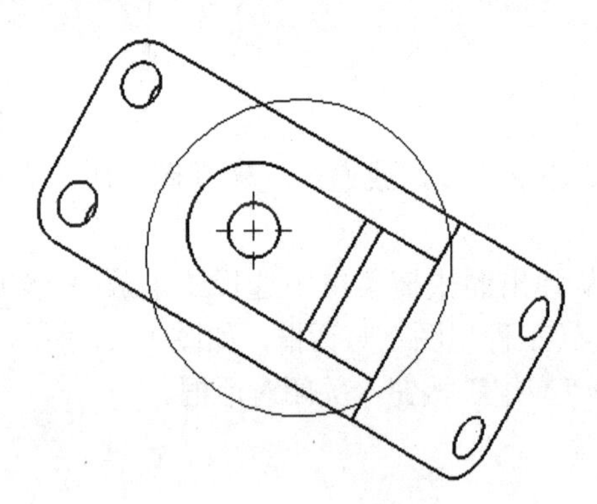

图 9-23　绘制封闭轮廓线

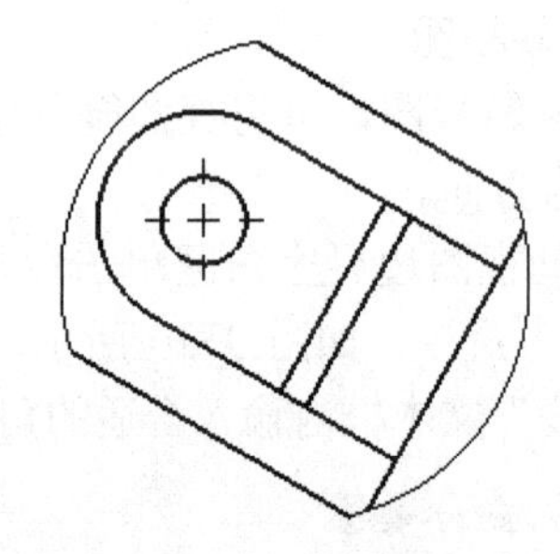

图 9-24　剪裁视图

在剪裁视图上单击鼠标右键，从弹出的快捷菜单中选择“剪裁视图”→“移除剪裁视图”命令，即可恢复视图原状。选择封闭轮廓线，按〈Delete〉键，即可删除封闭轮廓线。

5．局部视图

局部视图用来放大显示现有视图某一局部的形状，相当于机械图样国标中的局部放大图。

单击“局部视图”按钮，在预建局部视图的部位绘制圆，此时会弹出“局部视图”属性对话框，如图 9-25 所示，可以在属性对话框中设置标注文字的内容和大小，以及视图放大比例。将鼠标指针移到所需位置单击，放置视图，如图 9-26 所示。

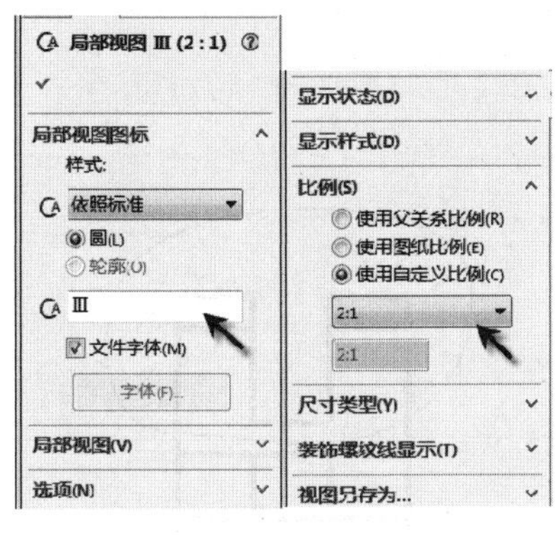

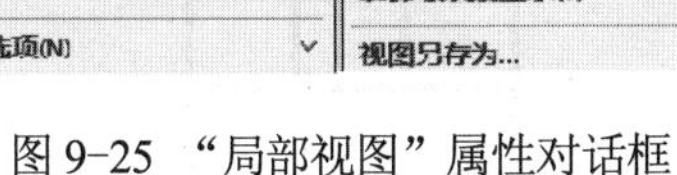

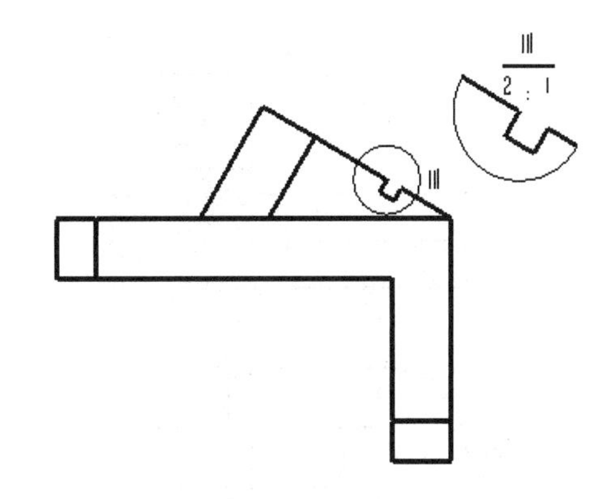

图 9-25 “局部视图”属性对话框　　　　图 9-26 局部放大图

6．剖面视图

剖面视图用来表达机体的内部结构，使用该命令可以绘制机械图样国标中的全剖视图和半剖视图。

选中俯视图，单击“剖面视图”按钮，系统弹出“剖面视图辅助”属性对话框，如图 9-27 所示，将光标移到俯视图对称面的位置单击，单击临时工具栏中的“确定”按钮，如图 9-28 所示。

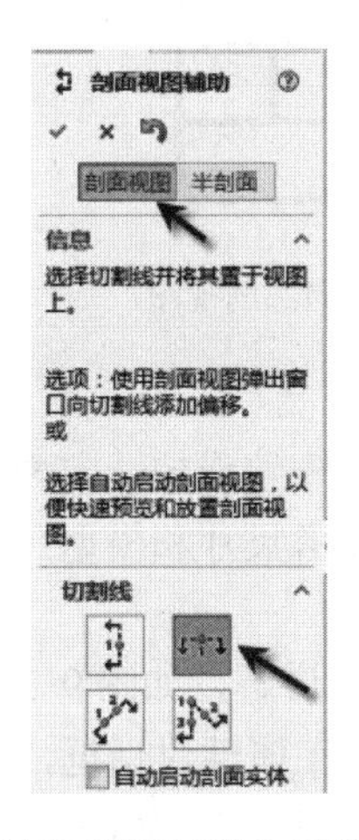

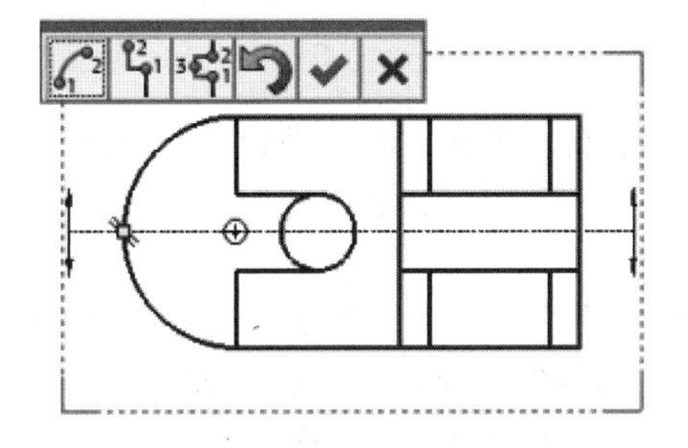

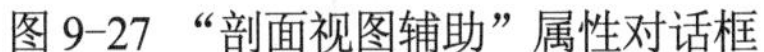

图 9-27 “剖面视图辅助”属性对话框　　　　图 9-28 确定剖切面位置

向上拖动鼠标，在俯视图正上方适当的位置单击以确定位置，最终结果如图 9-29 所示。

利用图 9-28 中的临时工具栏中的按钮，可以生成单一剖视图、阶梯剖视图及旋转剖视图等不同的表达方法。

7．断开的剖视图

该命令用于绘制机械图样国标中的局部剖视图。

选择需要绘制局部剖视图的图样，单击“草图”面板中的“样条曲线”按钮，绘制样条曲线，如图 9-30 所示。

选中绘制的样条曲线，然后单击“视图布局”面板中的“断开的剖视图”按钮，系统弹出“断开的剖视图”属性对话框，如图 9-31 所示，设置剖切深度为 49，该深度为主视图左侧到剖切面的距离，单击“确定”按钮，结果如图 9-32 所示。

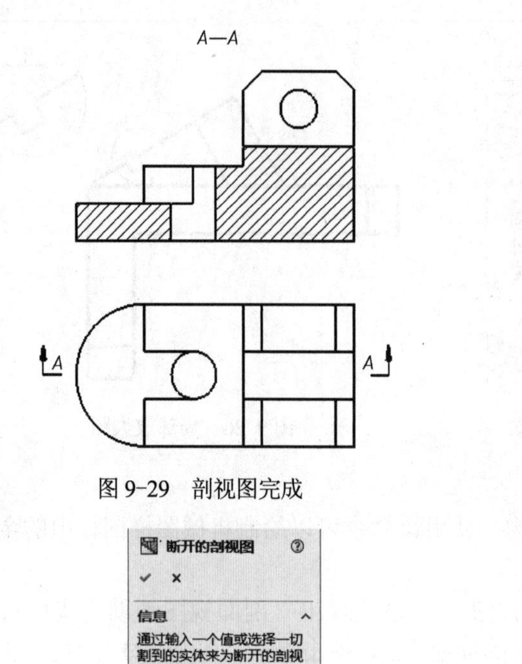

图 9-29　剖视图完成

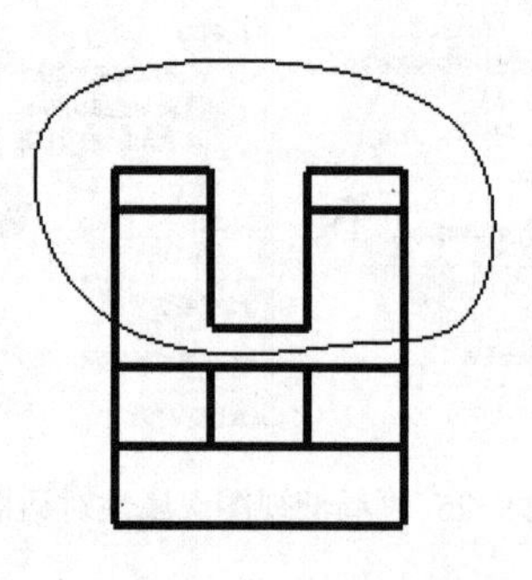

图 9-30　绘制样条曲线

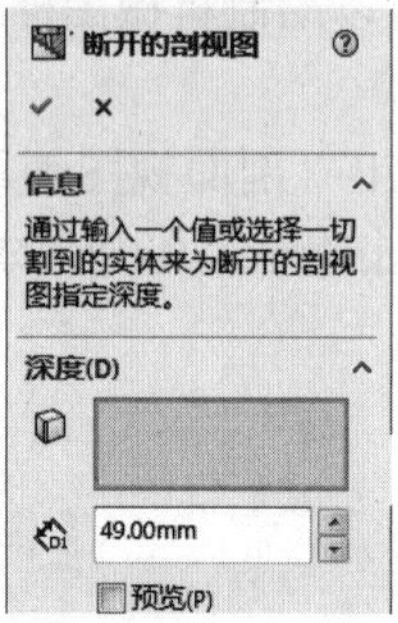

断开的剖视图

信息

通过输入一个值或选择一切割到的实体来为断开的剖视图指定深度。

深度(D)

49.00mm

预览(P)

图 9-31　“断开的剖视图”属性对话框

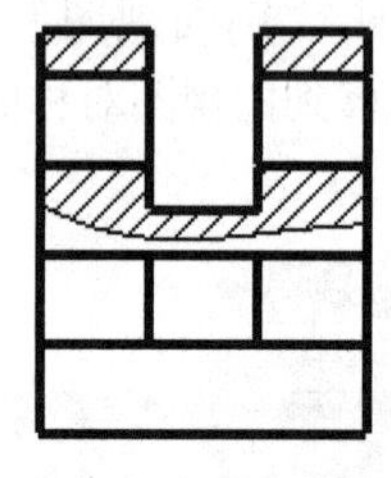

图 9-32　局部剖视图

8．断裂视图

对于较长的机件（如轴、杆、型材等），沿长度方向的形状一致或按一定规律变化，可用“断裂视图”命令将其断开后缩短绘制，而与断裂区域相关的参考尺寸和模型尺寸反映实际的模型数值。

建立一个较长件的主视图，下面以一根轴的工程图为例进行讲解，如图 9-33 所示。

单击“断裂视图”按钮，选择主视图，弹出“断裂视图”属性对话框，如图 9-33 所示。修改“缝隙大小”及“折断线样式”，此时视图中出现一条折断线，如图 9-34 所示。

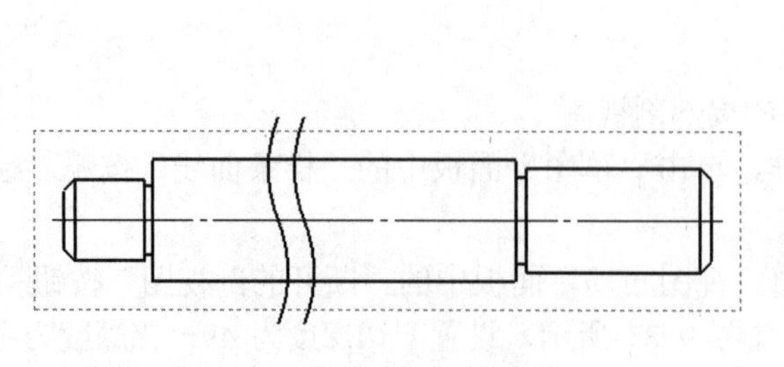

图 9-33　放置第一条折断线

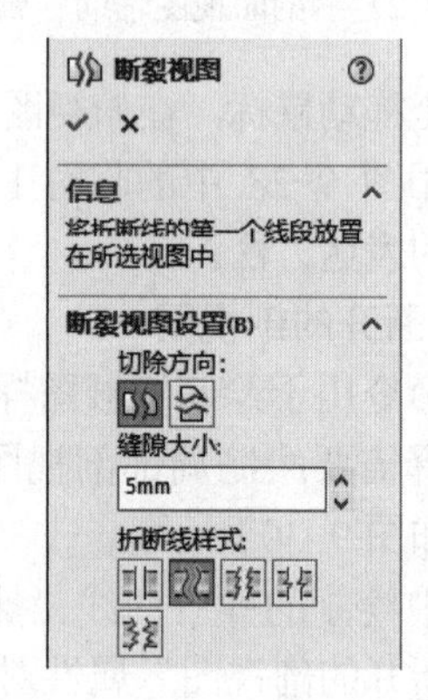

图 9-34　“断裂视图”属性对话框

用鼠标拖动断裂线到所需位置，单击“确定”按钮，结果如图 9-35 所示。

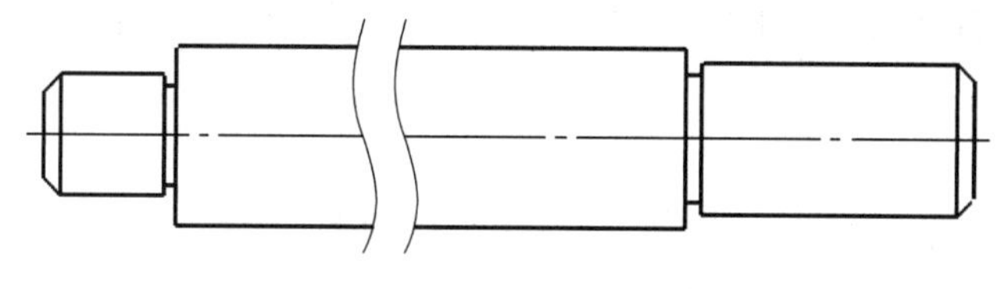

图 9-35　断裂视图

9.4　工程图尺寸标注

在工程图中标注尺寸，一般先将生成每个零件特征时的尺寸插入到各个视图中，然后通过编辑、添加尺寸，使标注的尺寸达到正确、完整、清晰和合理的要求。

SolidWorks 2017 工程图的尺寸标注功能强大，本节只简单介绍最常用命令的使用方法。

9.4.1　添加中心线

单击“注解”面板中的“中心线”按钮，系统弹出“中心线”属性对话框，要手动插入中心线，可以选择需要标注中心线的两条边线或选取单一圆柱面、圆锥面、环面或扫描面；要为整个视图自动插入中心线，选取“自动插入”选项，然后选取一个或多个工程图视图。给前面的支架添加中心线，结果如图 9-36 所示。

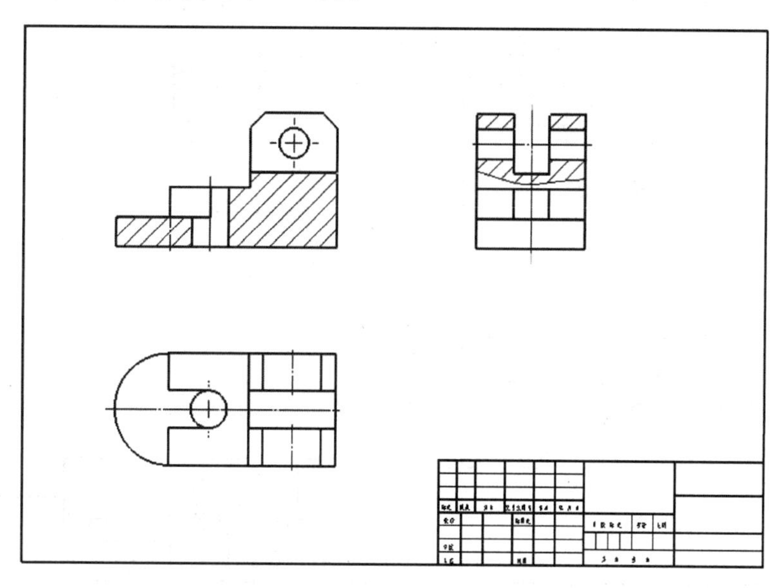

图 9-36　添加中心线

9.4.2　自动标注尺寸

单击“注解”面板中的“模型项目”按钮，来自动添加尺寸，添加的模型尺寸属于驱动尺寸，能通过编辑参考尺寸的数值来更改模型。

执行“模型项目”命令后，弹出“模型项目”属性对话框，选择整个模型，在“尺寸”

选项卡中选中“消除重复”复选框，选中“将项目输入到所有视图”和“选定所有”复选框，单击“确定”按钮✔，如图9-37所示。执行完“模型项目”命令后，自动标注的尺寸如图9-38所示。

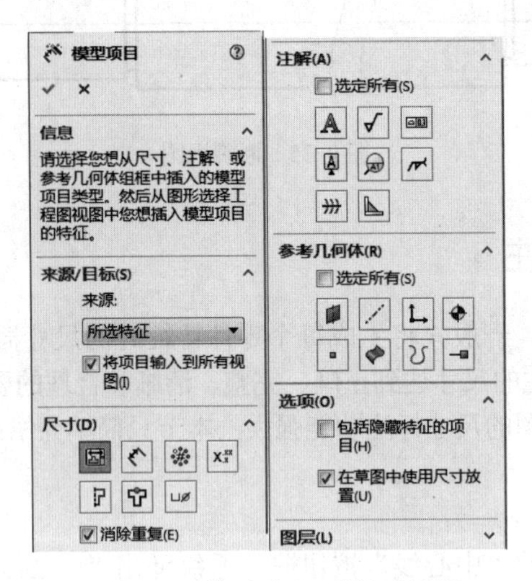

图9-37 “模型项目”属性对话框

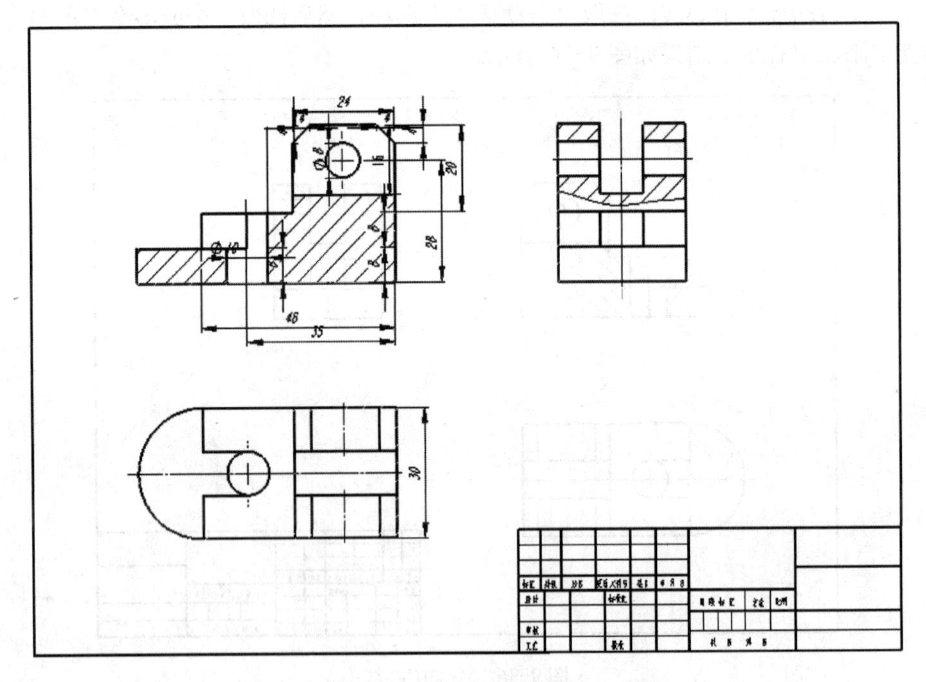

图9-38 自动添加的尺寸

9.4.3 尺寸的编辑修改

双击需要修改的尺寸，在“修改”对话框中可以输入新的尺寸值。

在工程视图中拖动尺寸文本，可以移动尺寸位置，调整到合适的位置。

在拖动尺寸时按住〈Shift〉键，可将尺寸从一个视图移动到另一个视图中。

在拖动尺寸时按住〈Ctrl〉键，可将尺寸从一个视图复制到另一个视图中。

选择需要删除的尺寸，按〈Delete〉键即可删除指定尺寸。

双击某一尺寸，可以打开“尺寸”属性对话框，如图 9-39 所示，在属性对话框中可以对“数值”“引线”及文字等内容进行修改。

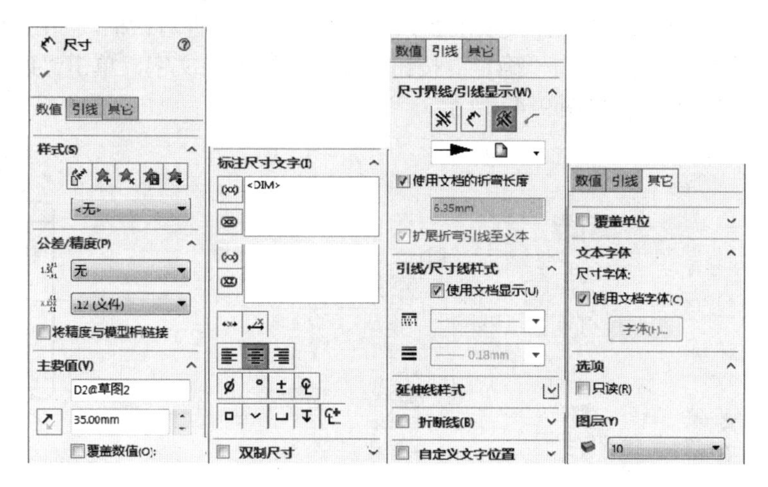

图 9-39 “尺寸”属性对话框

需要的尺寸，可以使用“注释”面板中的“智能尺寸”命令来添加。

修改调整完毕后如图 9-40 所示。

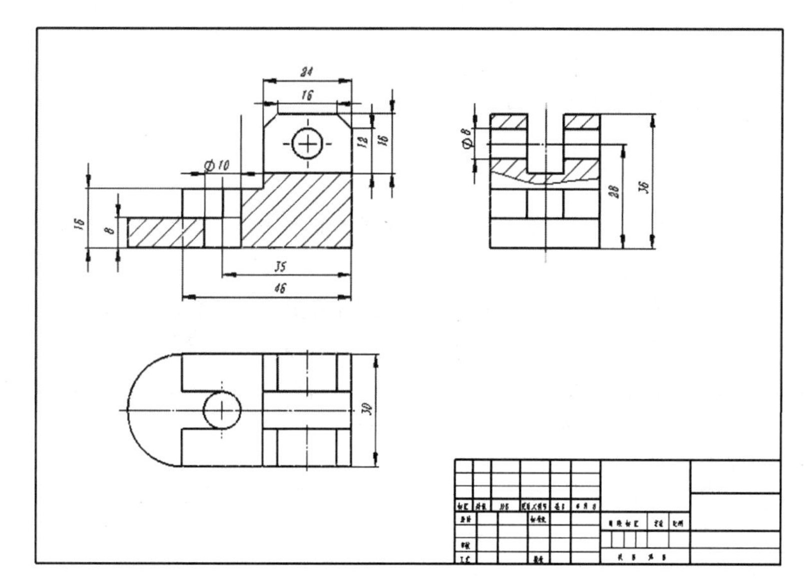

图 9-40 尺寸完成图

9.5 工程图其他标注

工程图中描述与制造过程相关的标示符号都是工程图注解，包括文本注释、表面粗糙度、几何公差等。

9.5.1 文本注释

利用文本注释，可以在工程图中的任意位置添加文本，如添加工程图中的“技术要求”等内容。

单击“注解”面板中的“注释”按钮，弹出“注释”属性对话框，如图 9-41 所示，此时移动鼠标指针指向边线，单击“确定”按钮，输入注释内的文字，单击“确定”按钮，完成表面加工说明的添加，如图 9-42 所示。

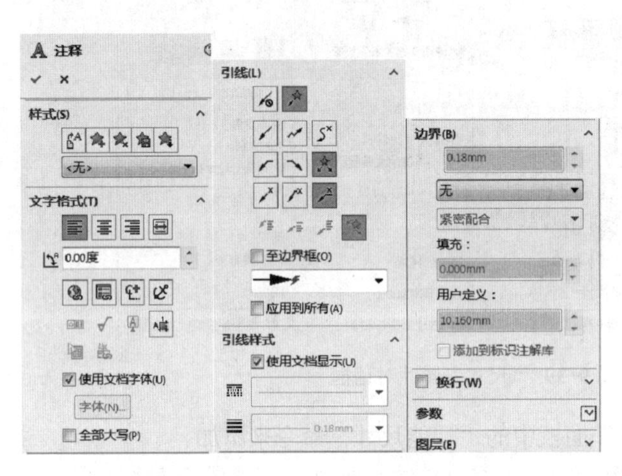

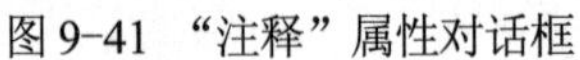

图 9-41 “注释”属性对话框

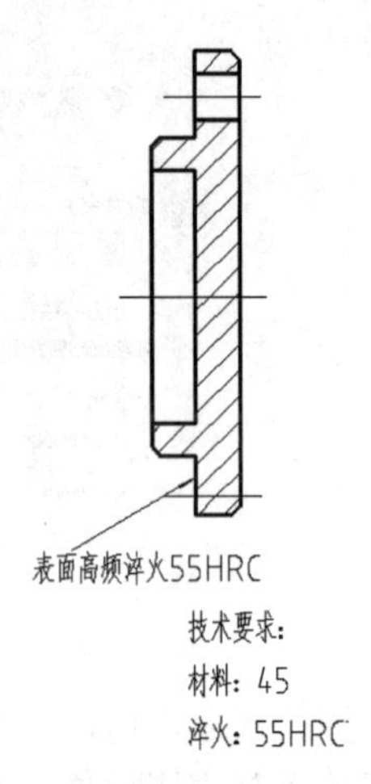

图 9-42 注释示例

单击“注释”按钮，单击空白区域，输入注释内文字，按〈Enter〉键，单击“确定”按钮，完成技术要求的添加，如图 9-42 所示。

9.5.2 表面粗糙度

表面粗糙度表示零件表面加工的程度，可以按国标的要求设定零件表面粗糙度，包括基本符号、去除材料、不去除材料等。

单击“表面粗糙度符号”按钮，弹出“表面粗糙度”属性对话框，单击“要求切削加工”按钮，输入粗糙度值 *Ra* 6.3，如图 9-43 所示。此时移动鼠标靠近需标注的表面，粗糙度符号会根据表面位置自动调整角度，单击“确定”按钮，完成标注，示例如图 9-44 所示。给前面的支架标注粗糙度符号后如图 9-45 所示。

提示：不关闭“表面粗糙度”属性对话框，可添加多个表面粗糙度符号。

9.5.3 几何公差

在工程图中可以添加几何公差，包括设定几何公差的代号、公差值、原则等内容，同时可以为同一要素生成不同的几何公差。

单击“形位公差”按钮，弹出“形位公差”属性对话框及“属性”对话框。在“形位公差”属性对话框里设置引线样式（一般选中“引线”及“垂直引线”），如图 9-46 所示；在“属性”对话框内选择形位公差符号，设置公差值及基准等内容，如图 9-47 所示，在图纸区域单击放置形位公差。如果需要添加其他形位公差，可继续添加，最后单击“确定”按钮✓即可，示例如图 9-48 所示。

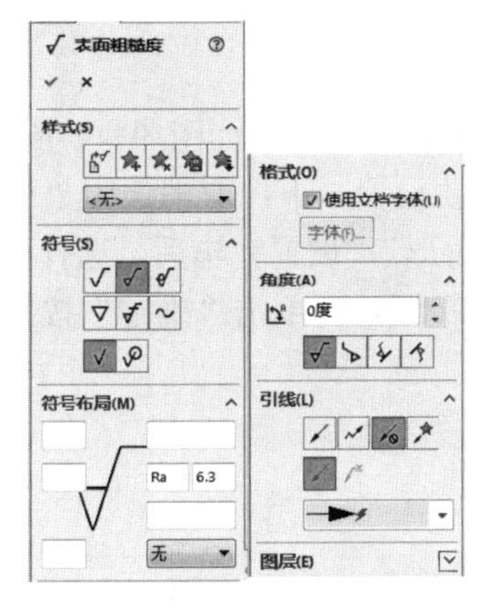

图 9-43 “表面粗糙度”属性对话框

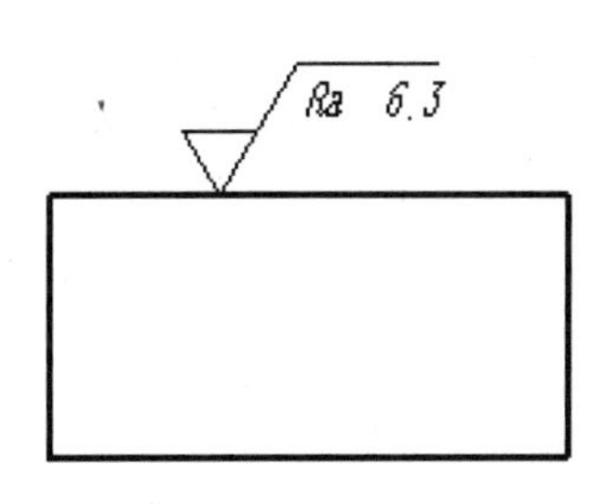

图 9-44 表面粗糙度示例

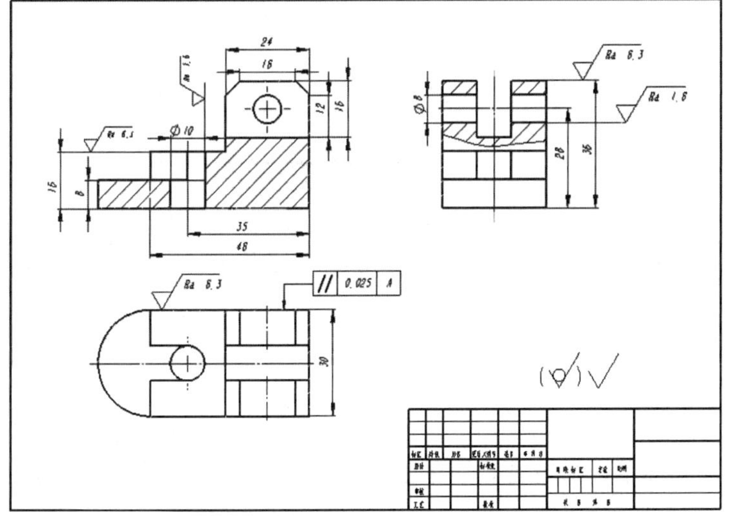

图 9-45 标注粗糙度

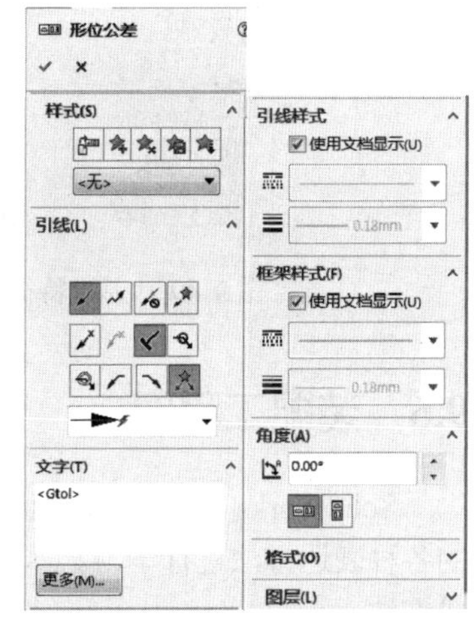

图 9-46 “形位公差”属性对话框

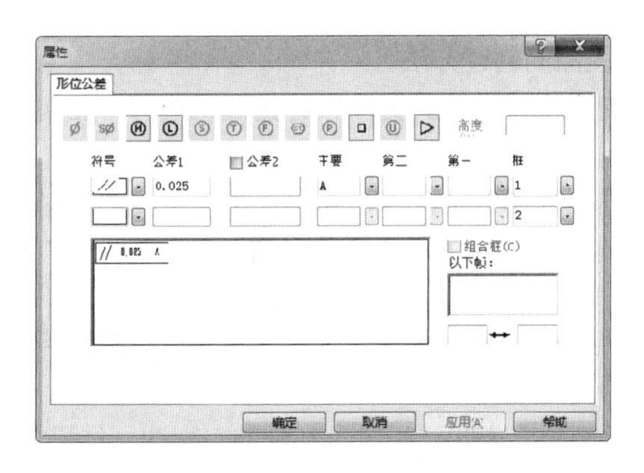

图 9-47 “属性”对话框

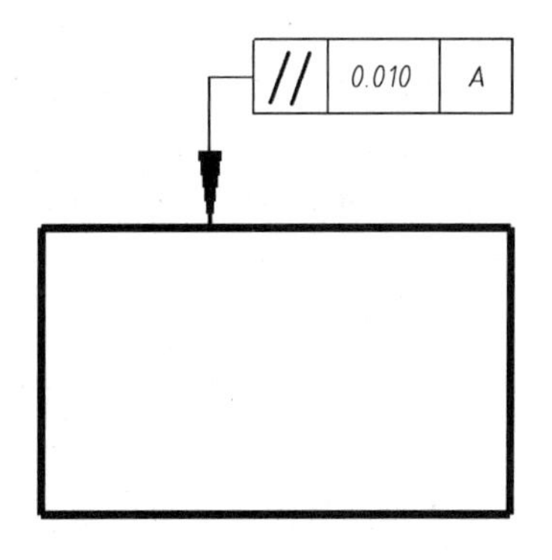

图 9-48 形位公差示例

在绘图区域拖动几何公差或其箭头，可以改变几何公差的位置。双击几何公差，可以编辑几何公差。

9.5.4 基准符号

单击“基准特征”按钮，弹出“基准特征”属性管理器，如图 9-49 所示。SolidWorks 2017 默认的基准符号不符合新国标的规定，因此要设置一下：取消选中“引线”选项卡中“使用文件样式”复选框，选中“方形”及“实三角形”，设置完毕后，选择要标注基准的位置，单击“确定”按钮，拖动预览，单击“确定”按钮，再单击“确定”按钮，完成基准特征的标注，如图 9-50 所示。

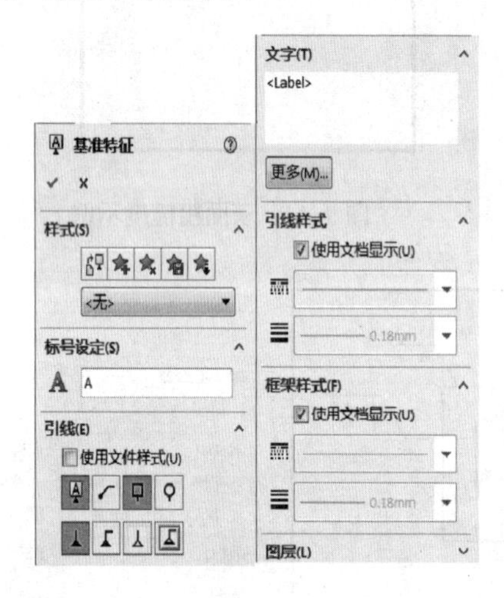

图 9-49 “基准特征”属性对话框

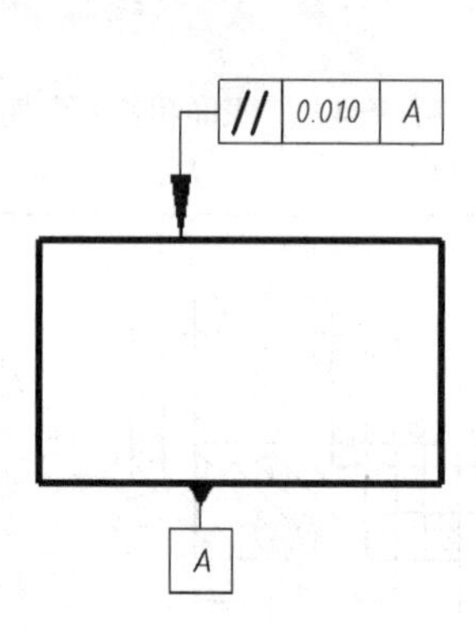

图 9-50 基准示例

9.6 装配工程图

SolidWorks 2017 中装配工程图的生成方法和零件工程图类似，读者可以参考上一节介绍的各种表达方法进行学习。本节主要简单介绍装配工程图生成时，零件明细表、零件编号的生成方法。

9.6.1 生成装配工程图

下面以一个变速箱为例来说明装配工程图的创建方法。

① 单击“新建”按钮，弹出“新建 SolidWorks 文件”对话框，选择“a2-gb”，单击“确定”按钮，新建一个工程图文件。

② 单击“视图布局”面板中的“标准三视图”按钮，弹出“标准三视图”对话框，单击“浏览”按钮，弹出“打开”对话框，选择绘制好的齿轮箱装配图，单击“打开”按钮，建立标准三视图，如图 9-51 所示。

③ 删除主视图和左视图，然后使用“剖面视图”命令，在弹出的窗口中选择不需要剖视的零件，如图 9-52 所示，结果如图 9-53 所示。

④ 使用“剖面视图”命令，选择“半剖面”方式，生成半剖视的左视图，结果如图 9-54 所示。

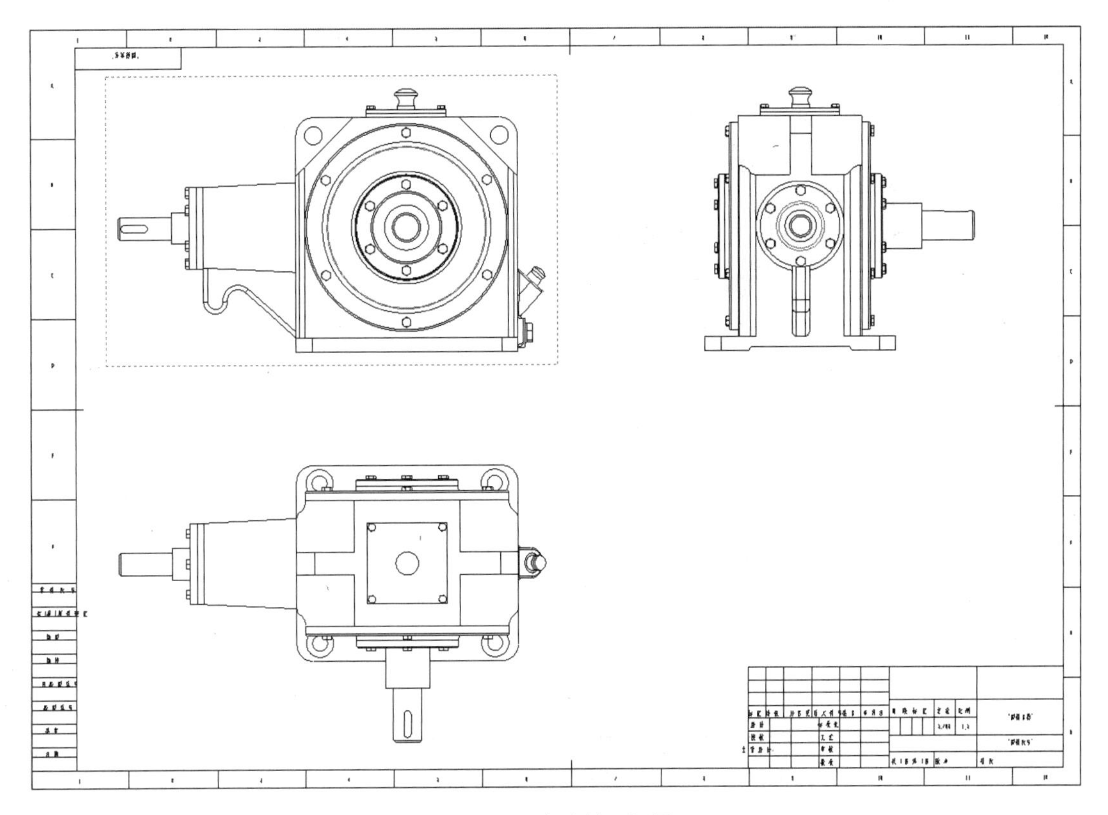

图 9-51　变速箱三视图

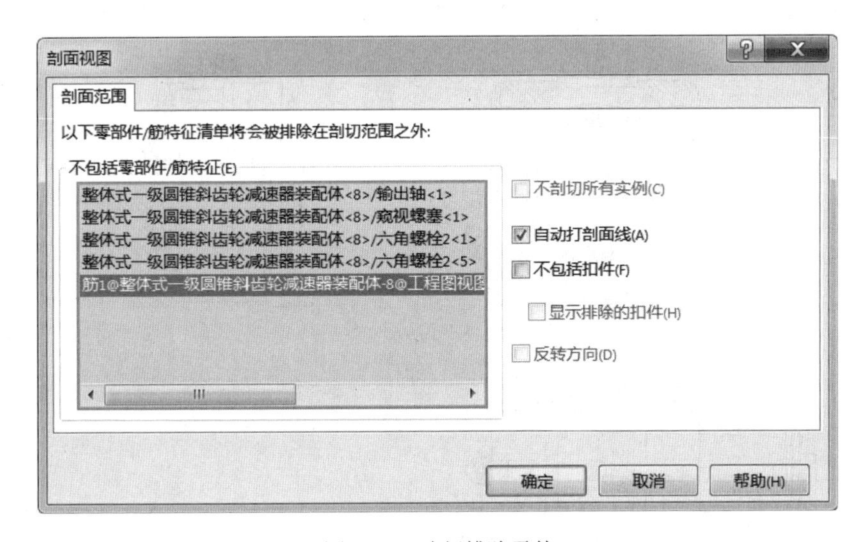

图 9-52　选择排除零件

9.6.2　生成材料明细表

明细栏是装配工程图不可缺少的。不同的用户可以根据自己的需要设计自己的明细栏。SolidWorks 2017 支持使用 Excel 等软件制作的表格，篇幅所限，这里就不介绍了。下面利用 SolidWorks 2017 自带的明细栏模板来简单介绍明细栏的生成。

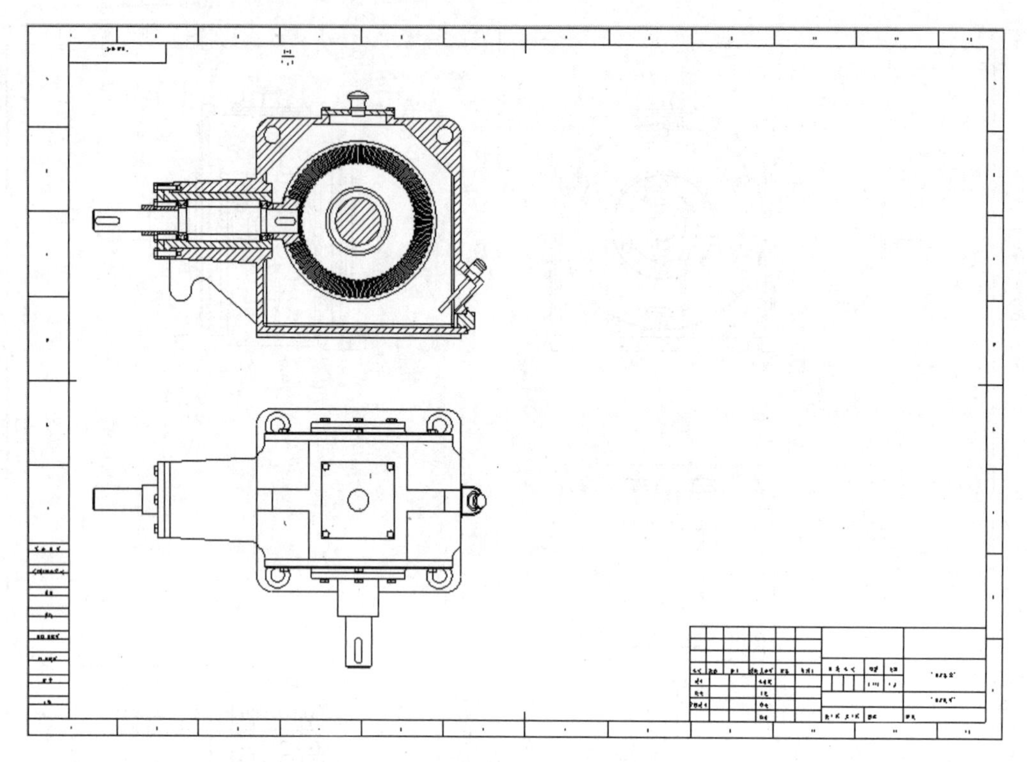

图 9-53　全剖主视图

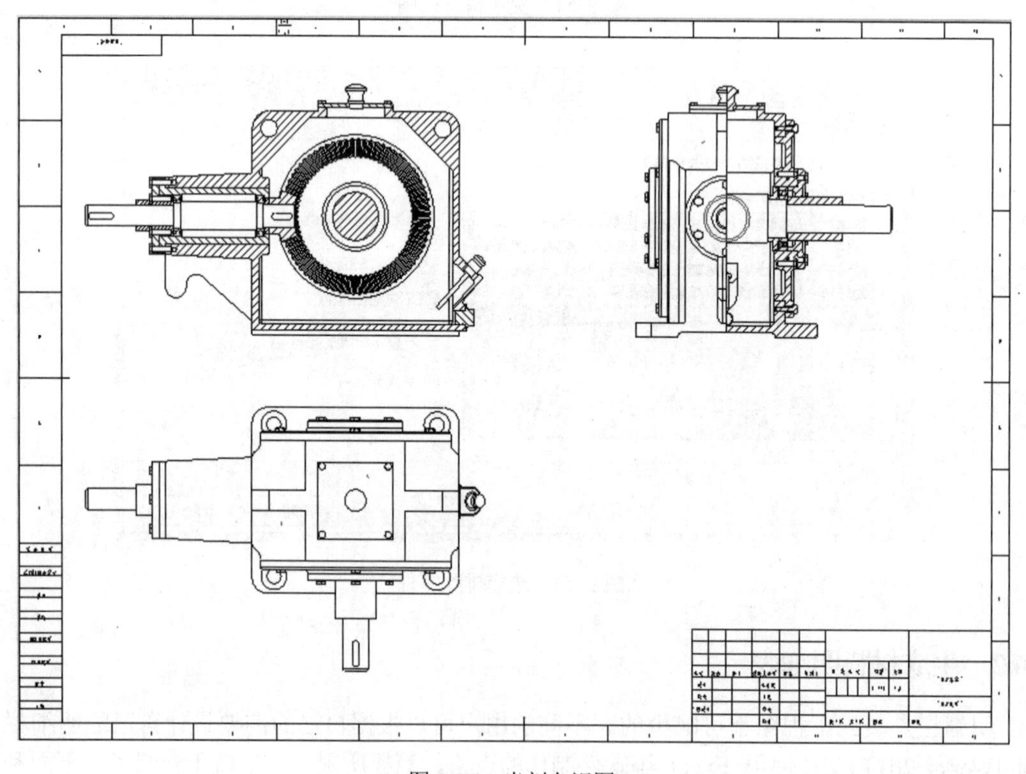

图 9-54　半剖左视图

① 首先在设计树中依次选择“材料明细表定位点”→“设定定位点”选项，如图 9-55 所示，然后在绘图区选择标题栏右上角作为定位点。

② 选择“注解”面板→“表格”→“材料明细表”命令，然后在“材料明细表”属性对话框中选择“:\Program Files\SolidWorks Corp\SolidWorks\lang\chinese-simplified”路径，选中“gb-bom-material”模板文件，选中“附加到定位点”复选框，选择“缩进”方式，如图 9-56 所示。单击“确定”按钮✓，即可生成符合国标的材料明细栏，如图 9-57 所示。

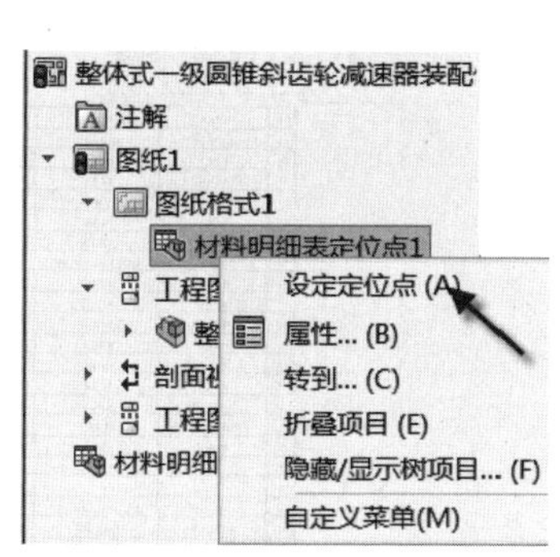

图 9-55 “设定定位点”菜单

图 9-56 “材料明细表”属性对话框

6			1		0.00	0.00	
5			1		0.00	0.00	
4			1		0.00	0.00	
3			1		0.00	0.00	
2			2		0.00	0.00	
1			1		0.00	0.00	
序号	代号	名称		材料	单重	总重	备注

标记	处数	分区	更改文件号	签名	年月日	装配体		
设计			标准化			阶段标记	重量	比例
校核			工艺					1:1
主管设计			审核					
			批准			共 张 第 张	版本	替代

图 9-57 材料明细栏

③ 可以直接填写明细栏内的内容或者利用“属性链接”自动添加内容。添加明细栏后如图 9-58 所示。

9.6.3 生成零件序号

1. 自动零件序号

① 单击“注解”面板中的“自动零件序号”按钮，弹出“自动零件序号”对话框，如图 9-59 所示，选择主视图，然后设置相关参数，单击“确定”按钮✓，即可生成零件序号。

② 拖动每一个序号，可以调整位置，双击每一个数字，可以修改数字顺序。结果如图 9-60 所示。

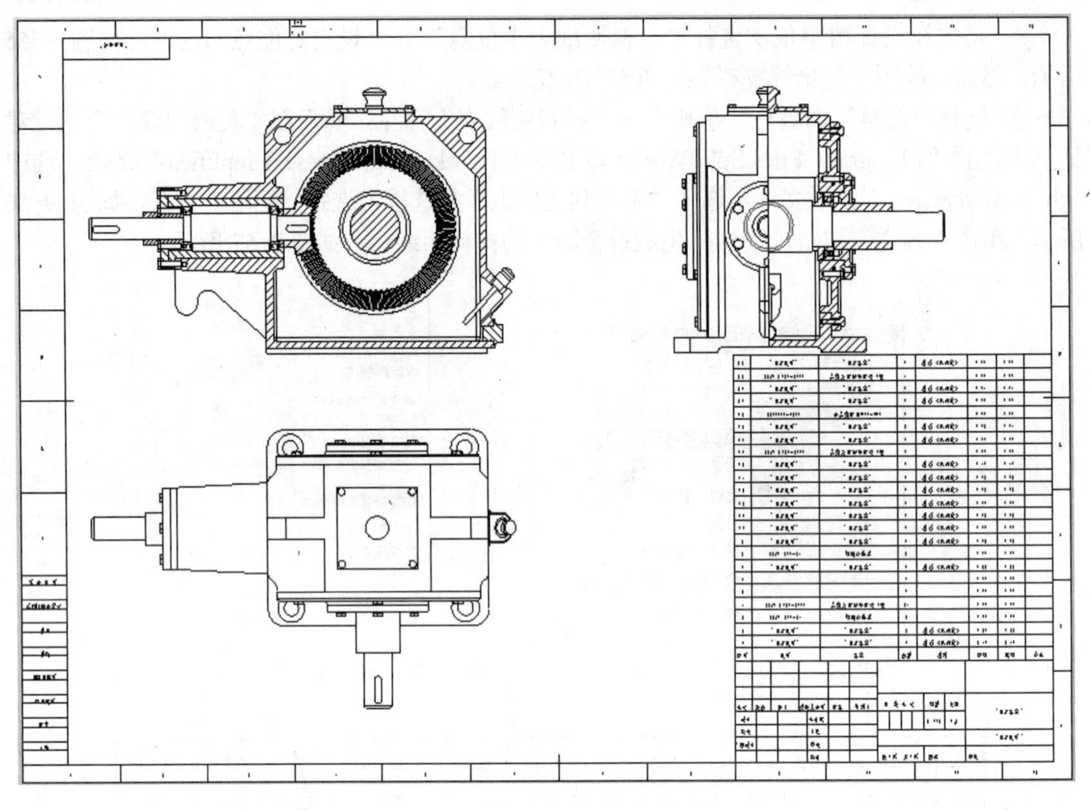

图 9-58　添加明细栏

2．手动零件序号

如果使用“自动零件序号”命令生成的序号不完整或者错误较多，可以使用手动零件序号逐个添加。

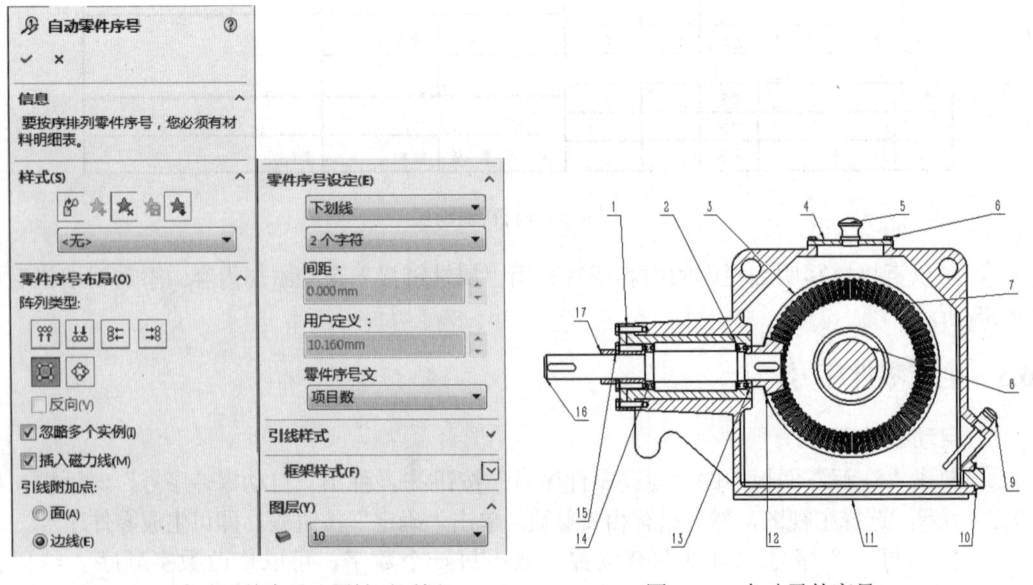

图 9-59　“自动零件序号”属性对话框　　　　图 9-60　自动零件序号

单击“注解”面板中的“零件序号”按钮，弹出“零件序号”属性对话框，如图 9-61 所示，然后设置相关参数，拖动鼠标安放序号，单击“确定”按钮，即可手动生成零件序号。

提示：单击“确定”按钮之前，可以连续手动添加多个序号。

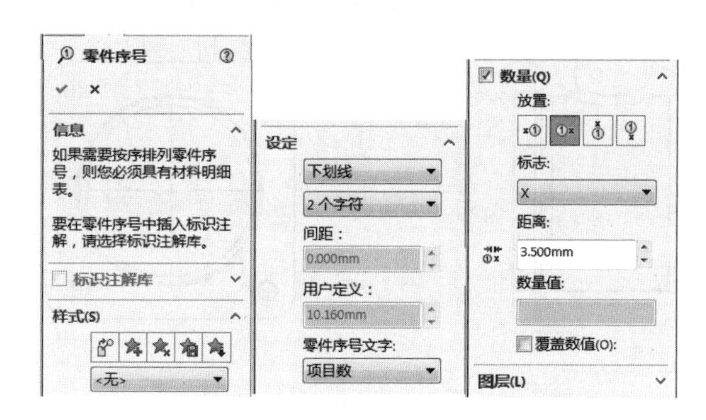

图 9-61 “零件序号”属性对话框

9.6.4 完善装配工程图

装配图上尺寸比较少，主要包括总体尺寸、配合尺寸、安装尺寸、规格尺寸等，可以手动逐一添加，这里不再赘述。

使用“注释”命令添加相关技术要求，即可完成一张完整的装配工程图。

9.7 综合实例

本节以球阀为例来讲解零件工程图及装配工程图的生成过程。

9.7.1 球阀阀体工程图

① 单击“新建”按钮，弹出“新建 SolidWorks 文件”对话框，选择“a3-gb”，单击“确定”按钮，新建一个工程图文件。

② 单击“视图布局”面板中的“模型视图”按钮，弹出“模型视图”属性对话框，单击“浏览”按钮，弹出“打开”对话框，选择绘制好的“阀体 1.sldprt”，单击“打开”按钮，在“模型视图”属性对话框中选择零件的“前”视图方向，设置比例为 1:1，如图 9-62 所示，拖动鼠标到绘图区，依次安放好三视图，如图 9-63 所示。

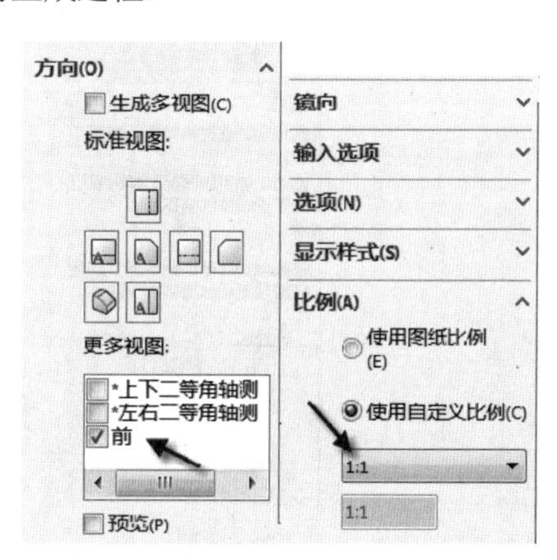

图 9-62 设置方向及比例

③ 布置好三视图的大概位置后，删除主视图及左视图。单击“视图布局”面板中的“剖面视图”按钮，系统弹出“剖面视图辅助”属性对话框，如图 9-64 所示，选择水平方式，移动鼠标选择剖切位置，系统会自动生成投影箭头

及字母，如图 9-65 所示。

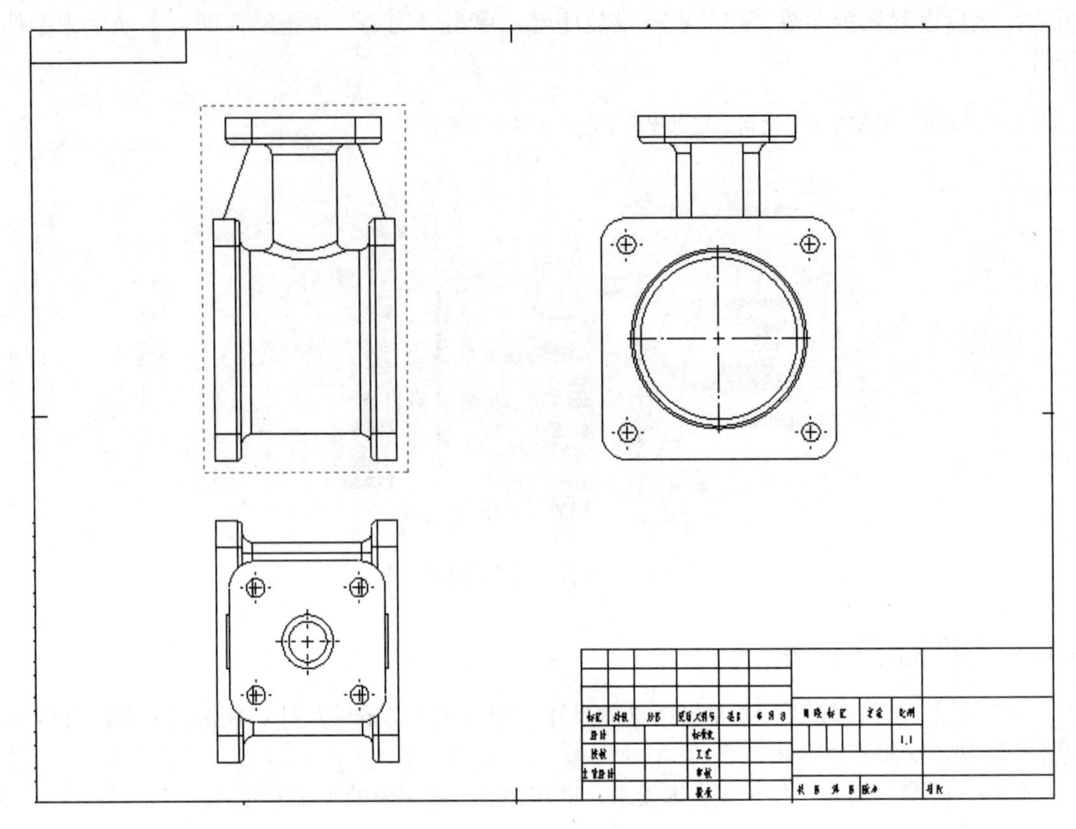

图 9-63　生成基本三视图

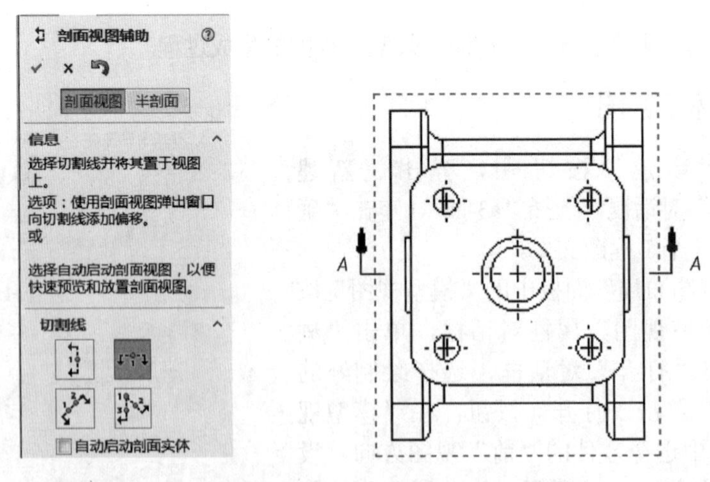

图 9-64 “剖面视图辅助”属性对话框　　　图 9-65　剖切符号

④ 系统此时会弹出“剖面视图”对话框，如图 9-66 所示，选择不需要打剖面线的“筋”，单击“确定”按钮，然后向上拖动鼠标，生成主视图的全剖视图，如图 9-67 所示。

⑤ 选中主视图，单击“视图布局”面板中的“投影视图”按钮，向右拖动鼠标，生成

左视图，如图 9-68 所示。

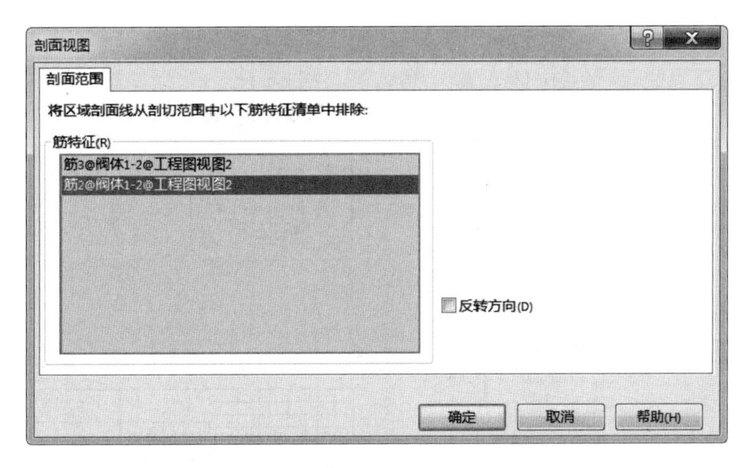

图 9-66 “剖面视图”对话框

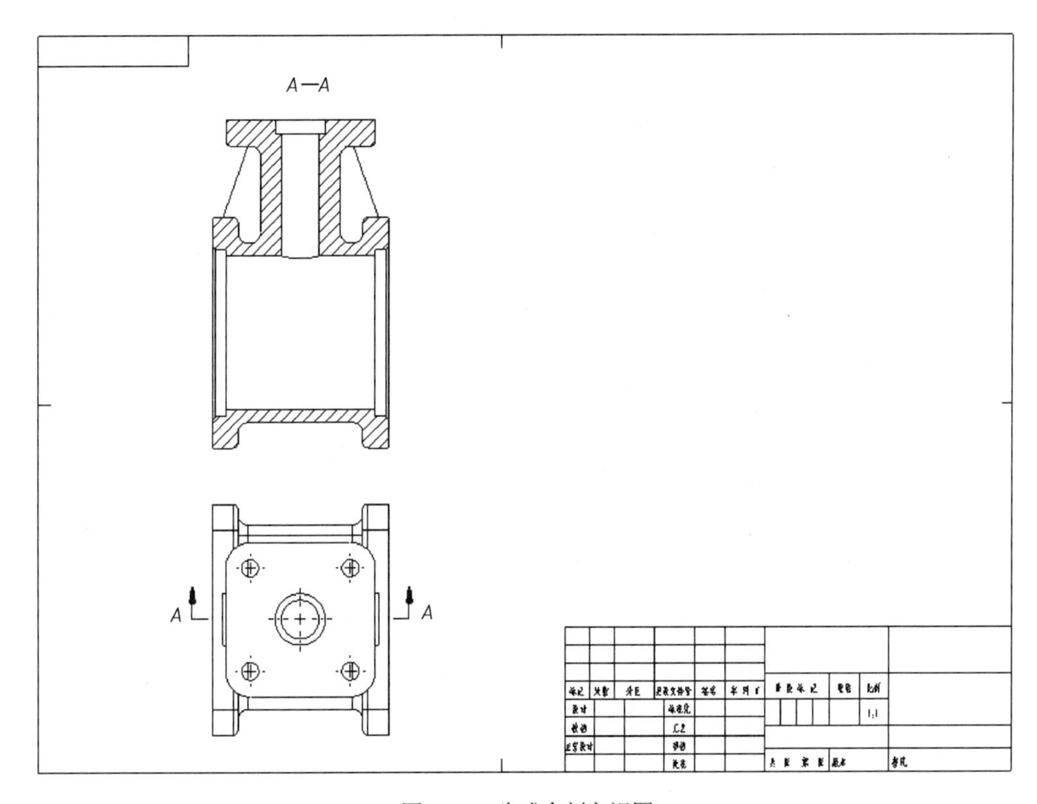

图 9-67 生成全剖主视图

⑥ 选择左视图，绘制一个封闭矩形，如图 9-69 所示，选中该矩形，然后单击“视图布局”面板中的“剪裁视图”按钮，即可将左视图剪裁成如图 9-70 所示的局部视图。此时三视图如图 9-71 所示。

⑦ 选中俯视图，单击鼠标右键，在弹出的快捷菜单中选择“切边不可见”命令，如图 9-72 所示。

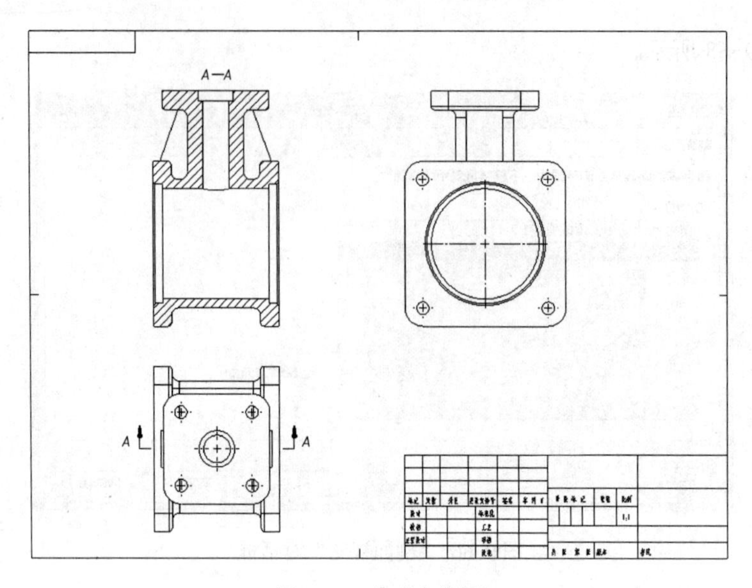

图 9-68　生成左视图

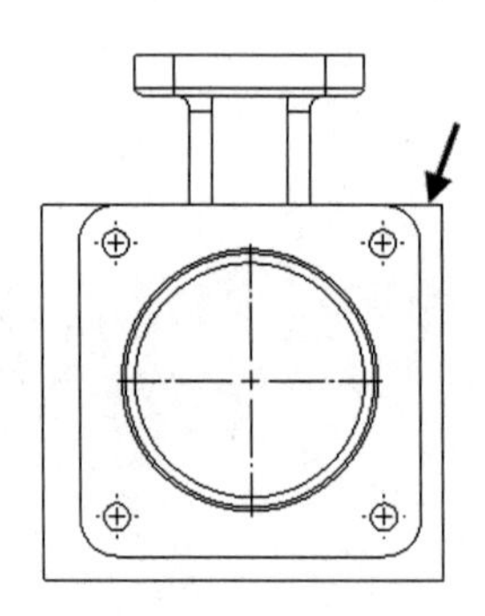

图 9-69　绘制封闭轮廓

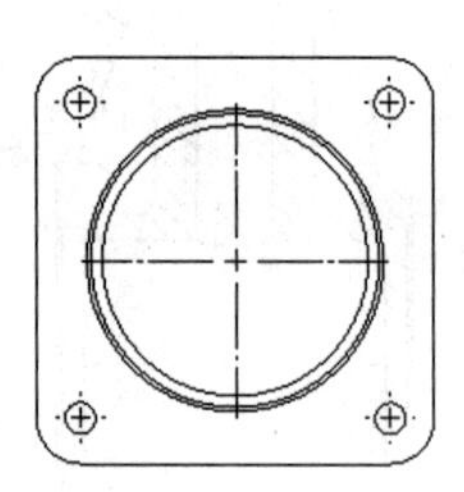

图 9-70　剪裁视图

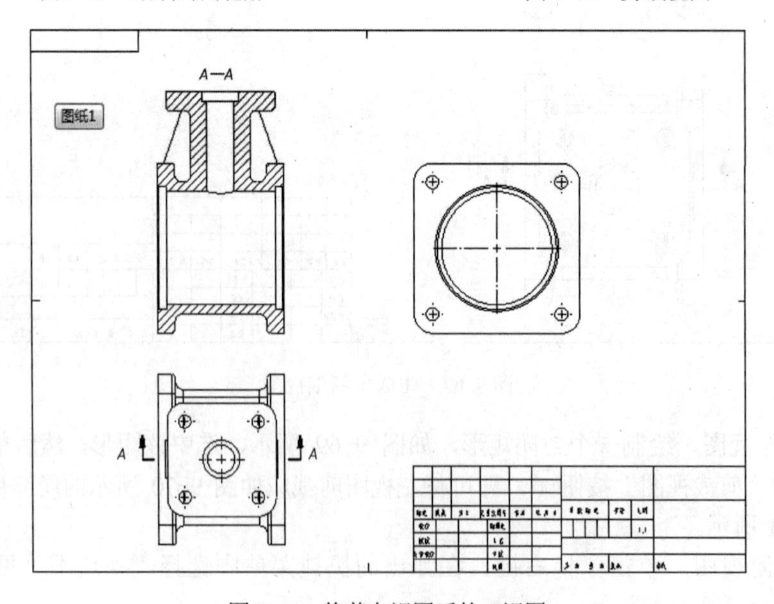

图 9-71　修剪左视图后的三视图

⑧ 单击“注释”面板中的“中心线”按钮，绘制必要的中心线，如图 9-73 所示。拖动中心线的夹点可以调整长度，这和 AutoCAD 是一样的。

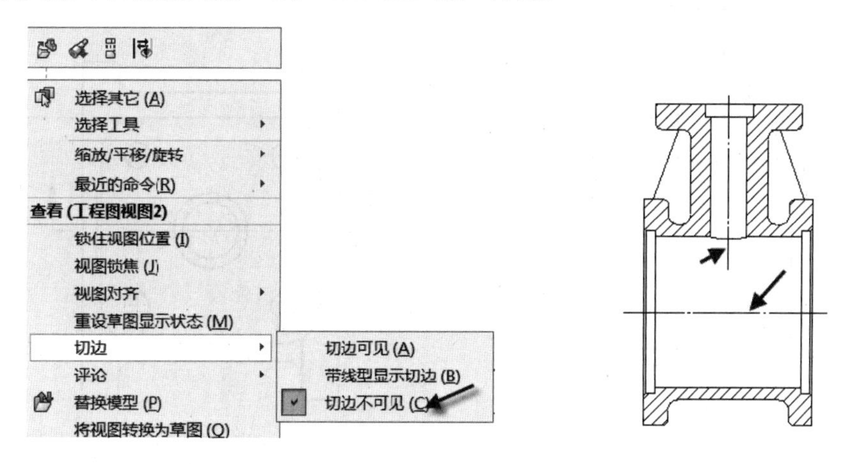

图 9-72　选择“切边不可见”命令　　　　图 9-73　绘制中心线

设置“切边不可见”及绘制中心线以后，结果如图 9-74 所示。

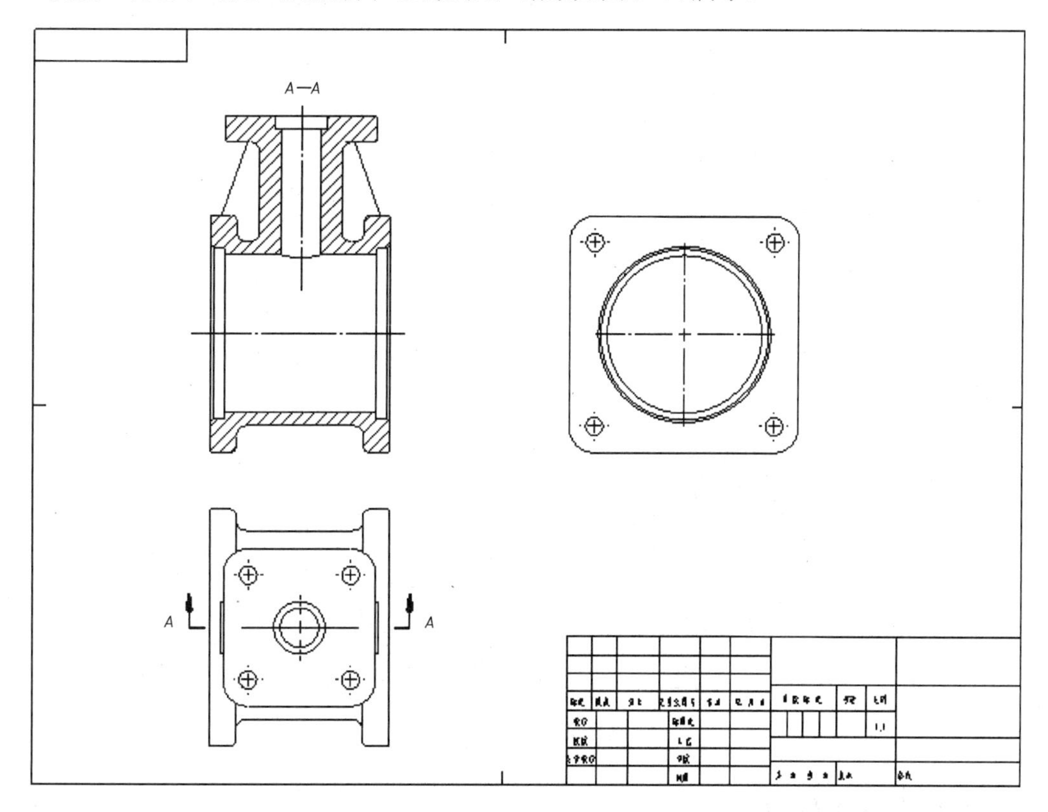

图 9-74　绘制中心线后的三视图

⑨ 使用“注释”面板中的“智能尺寸”“孔标注”“形位公差”“表面粗糙图符号”等命令对每一个视图进行标注，标注完成后的主视图和俯视图分别如图 9-75 和图 9-76 所示。所有视图标注完成后，如图 9-77 所示。

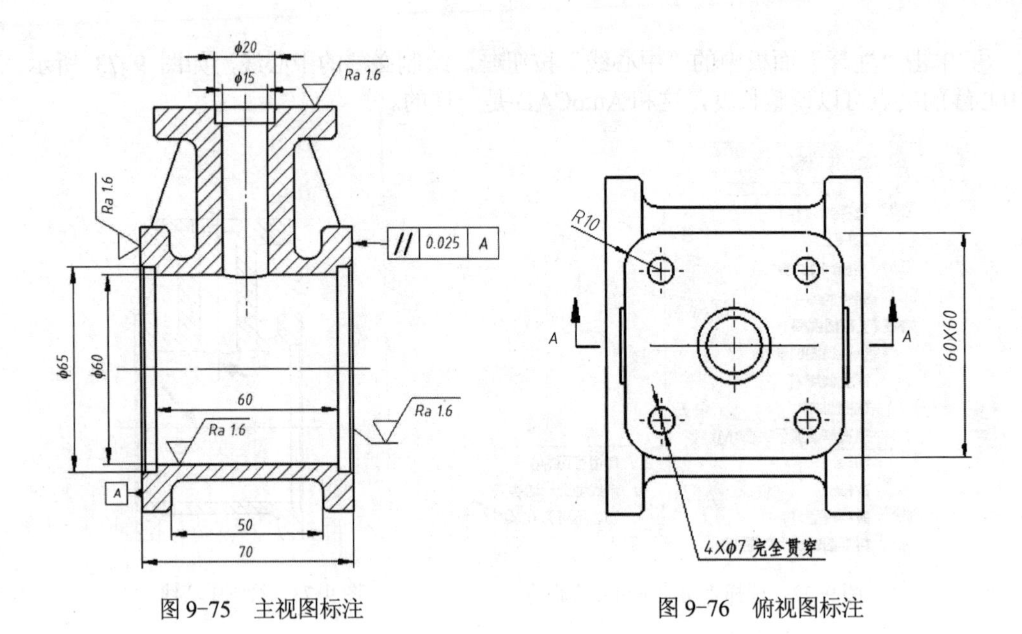

图 9-75 主视图标注

图 9-76 俯视图标注

A—A
Φ20
Φ15
Ra 1.6
Ra 1.6
0.025 A
Φ65
Φ60
60
Ra 1.6
Ra 1.6
A
50
70
90X90
4×Φ7 完全贯穿
R10
R10
A
A
60X60
4×Φ7 完全贯穿

标记	处数	分区	更改文件号	签名	年月日	阶段标记	重量	比例
设计			标准化					1:1
校核			工艺					
主管设计			审核					
			批准			共 张 第 张	版本	替代

图 9-77 零件图完成

9.7.2 球阀装配工程图

① 单击“新建”按钮，弹出“新建 SolidWorks 文件”对话框，选择“a3-gb”，单击“确定”按钮，新建一个工程图文件。

② 单击“视图布局”面板中的“模型视图”按钮，弹出“模型视图”属性对话框，单

击“浏览”按钮，弹出“打开”对话框，选择绘制好的“装配体 1.sldasm”，单击“打开”按钮，在“模型视图”属性对话框中选择零件的“前”视图方向，设置比例为 1:1.5，如图 9-78 所示，拖动鼠标到绘图区，依次放好三视图，如图 9-79 所示。

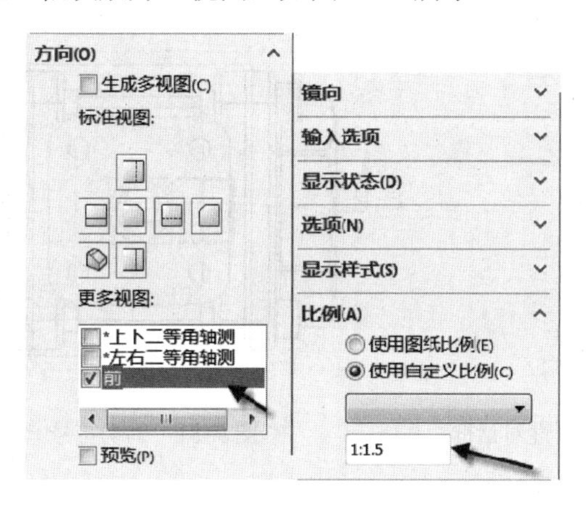

图 9-78　设置方向及比例

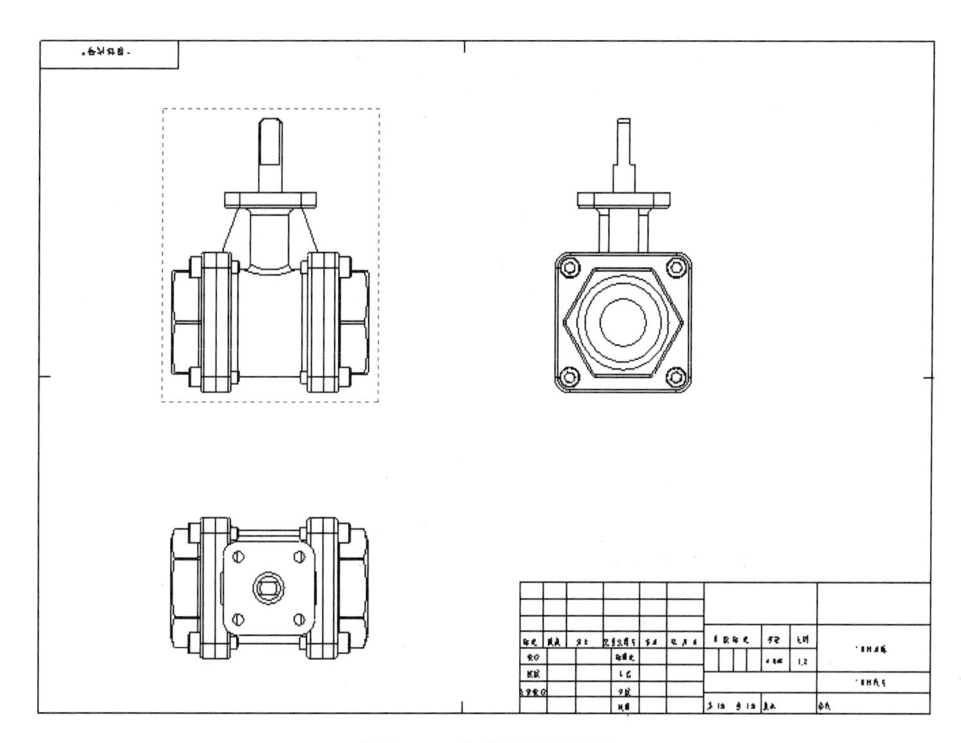

图 9-79　生成基本三视图

③ 布置好三视图的大概位置后，删除主视图。单击“视图布局”面板中的“剖面视图”按钮，系统弹出“剖面视图辅助”属性对话框，如图 9-80 所示，移动鼠标到剖切面位置，系统会自动生成投影箭头及字母，如图 9-81 所示。

④ 系统此时会弹出“剖面视图”对话框，如图 9-82 所示，选中“反转方向”复选框，选择不需要打剖面线的“筋 2”“筋 3”“阀杆”，单击“确定”按钮，然后向上拖动鼠标，生成

主视图的全剖视图，如图 9-83 所示。

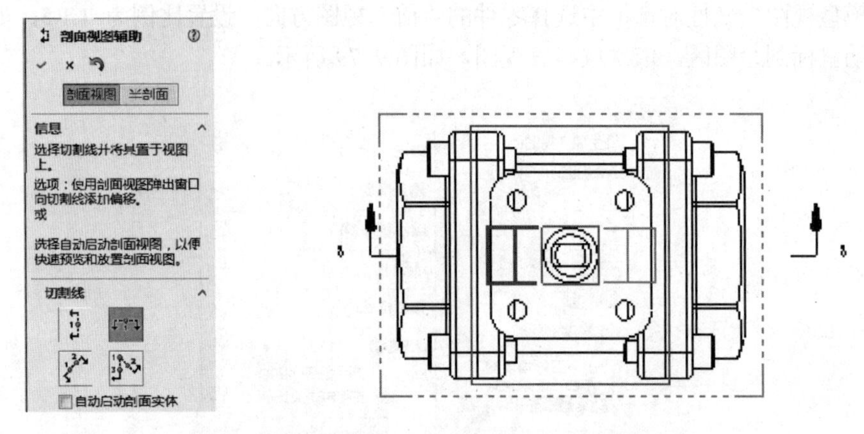

图 9-80 “剖面视图辅助”属性对话框　　　图 9-81 剖切符号

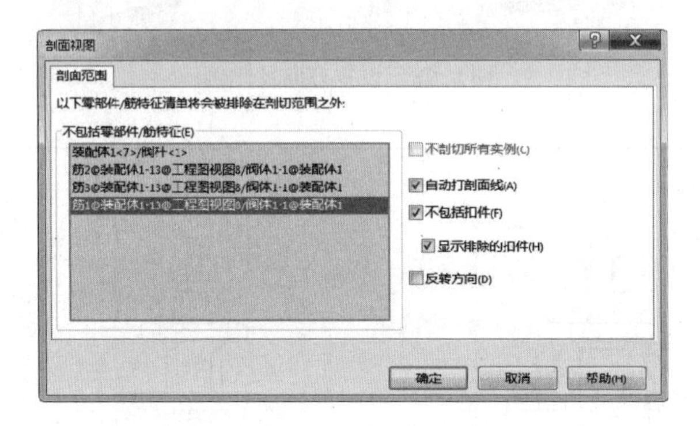

图 9-82 “剖面视图”对话框

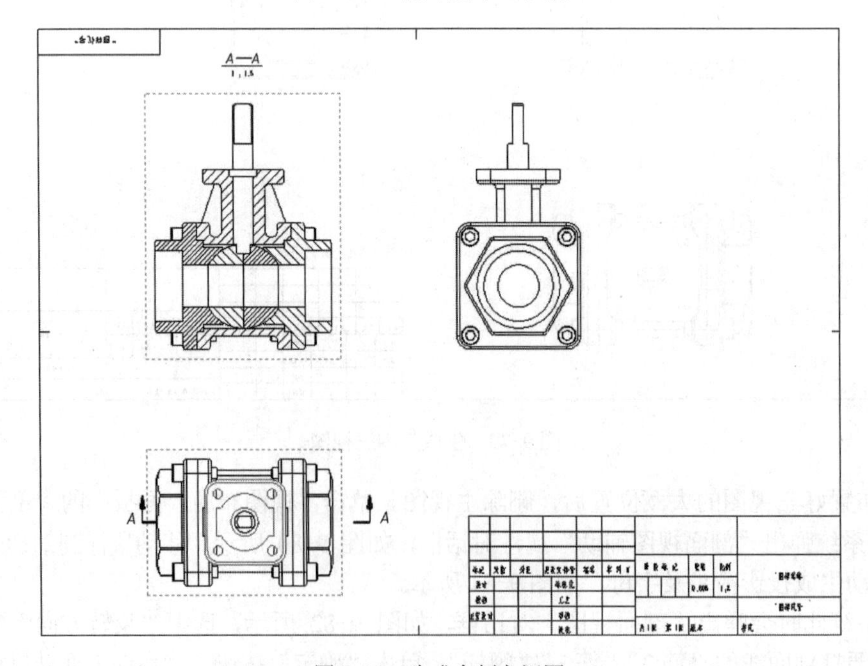

图 9-83 生成全剖主视图

⑤ 分别选中俯视图和左视图，单击鼠标右键，在弹出的快捷菜单中选择“切边不可见”命令，结果如图 9-84 所示。

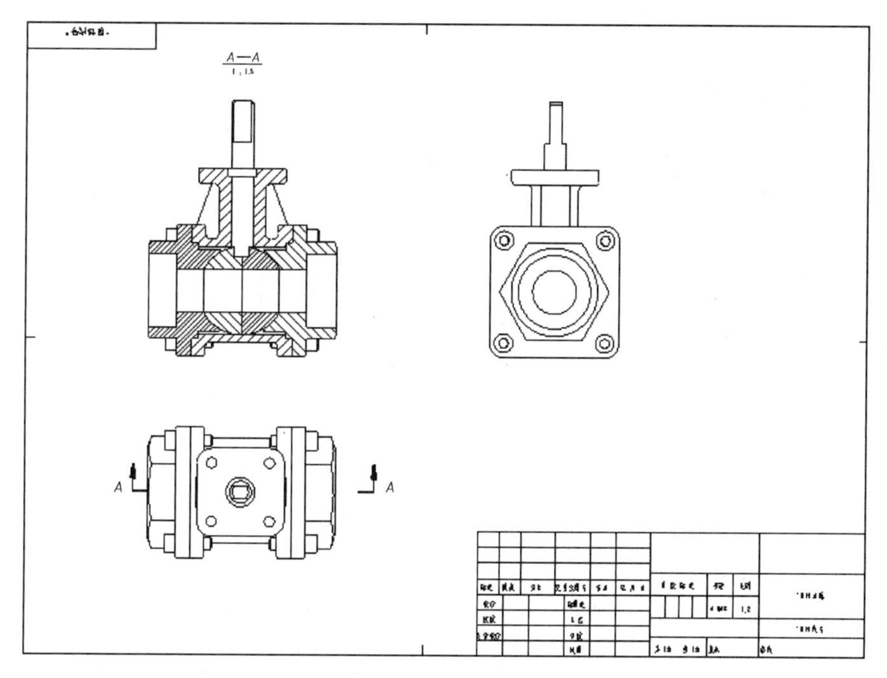

图 9-84　选择“切边不可见”

⑥ 单击“注解”面板中的“中心线”按钮，绘制必要的中心线。

⑦ 使用“注解”面板中的“智能尺寸”命令进行标注，如图 9-85 所示。

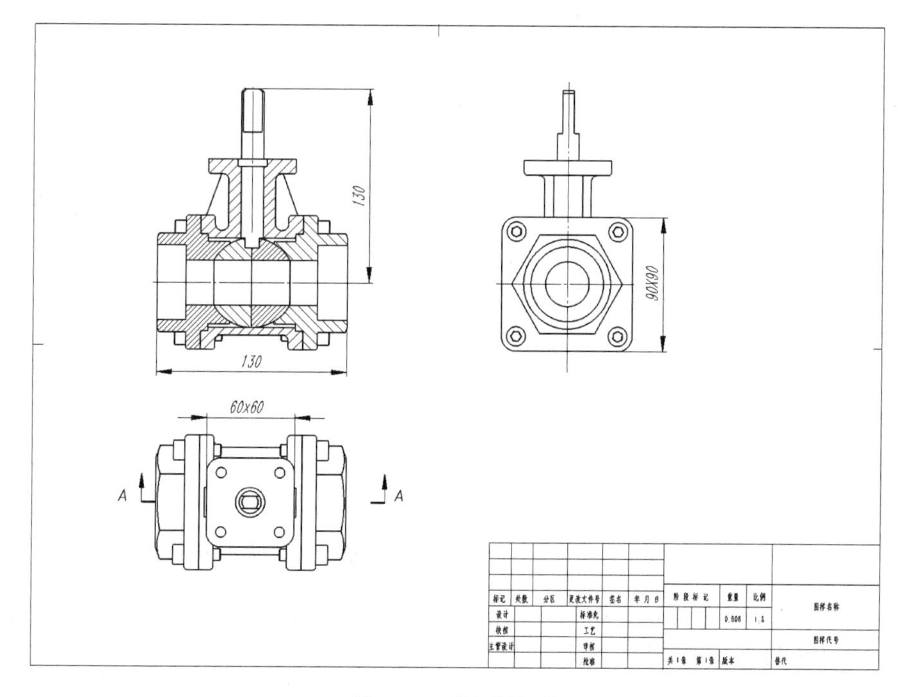

图 9-85　俯视图标注

⑧ 选中主视图，单击“注解”面板中的“自动零件序号”按钮，在弹出的“自动零件序号”属性对话框中，按照如图 9-86 所示进行设置，即可生成零件序号，如图 9-87 所示。

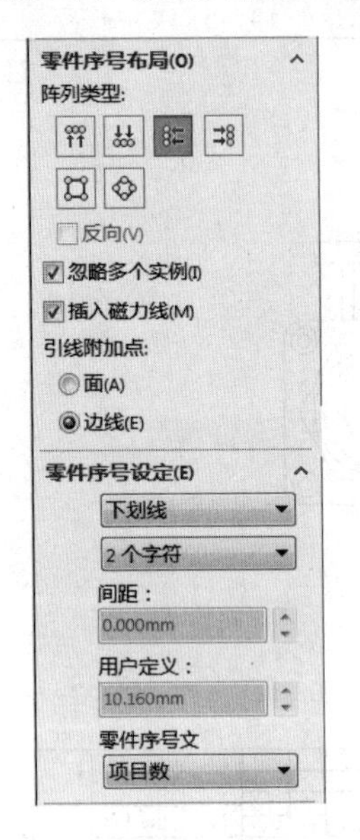

图 9-86　设置零件序号

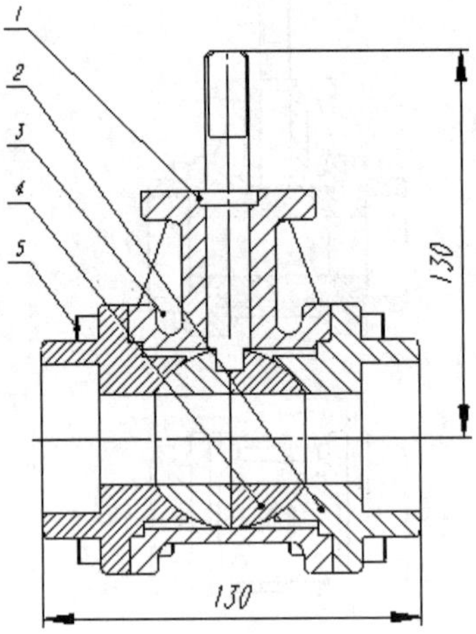

图 9-87　标注零件序号

⑨ 单击“注解”面板中的“表格”选项中的“材料明细表”按钮，系统弹出“材料明细表”对话框，如图 9-88 所示。设定左下角为定位点，使明细表和标题栏对齐，自动生成明细表，如图 9-89 所示。

图 9-88　“材料明细表”属性对话框

5	螺钉		8
4	侧盖		2
3	阀芯		2
2	阀杆		1
1	阀体1		1
项目号	零件号	说明	数量

图 9-89　材料明细栏

⑩ 单击明细栏，会弹出快捷窗口，如图 9-90 所示，拖动明细栏，使得明细栏与标题栏宽度一致，并改为自下而上排列，结果如图 9-91 所示。

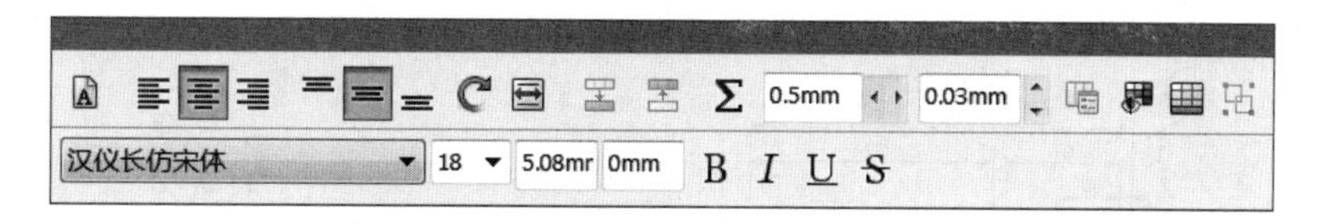

图 9-90　明细栏快捷窗口

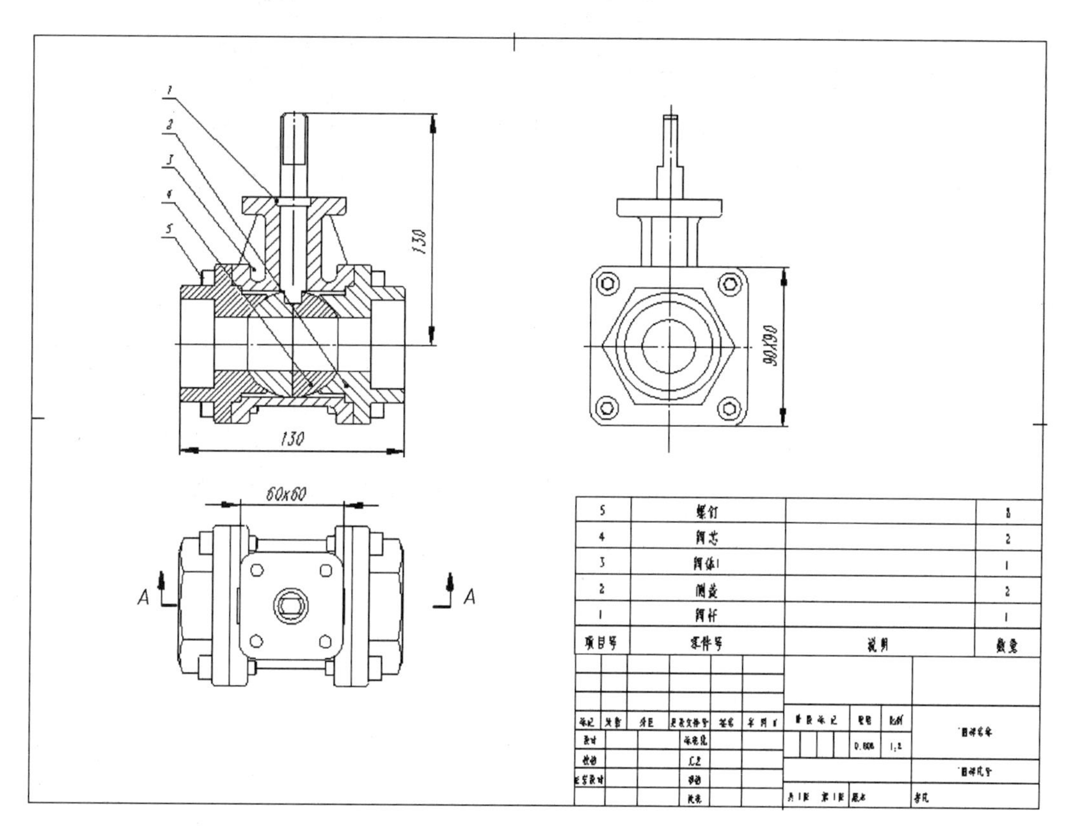

图 9-91　装配图完成

9.8　课后练习

1．如何向工程图中插入标准三视图？

2．如何在一个注解上添加多条引线？

3．在工程图中如何显示和隐藏边线？

4．如何改变视图的比例？

5．完成如图 9-92 所示的零件的创建并完成工程图。

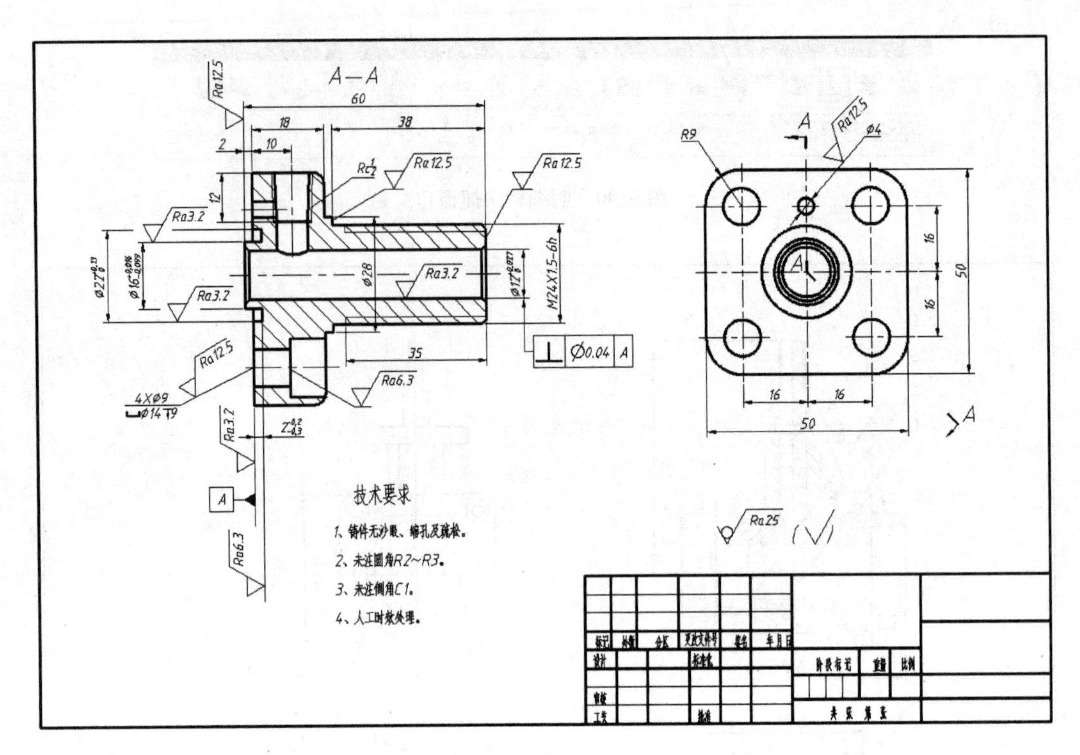

图 9-92　零件图

第10章　其他应用

在 SolidWorks 2017 中，除了常用的零件、装配、钣金、工程图应用模块以外，还包括其他丰富的应用，比如运动仿真动画、受力分析、焊接件等。由于篇幅所限，本章只对这些应用做一些简单介绍。

本章重点：

- 运动仿真及动画
- 静力分析
- 焊接件

10.1　运动仿真及动画

运动仿真主要用于对装配体进行机构运动时是否干涉进行验证，动画主要用于更完善地表现三维实体的装配过程及进行产品展示。

10.1.1　基础知识

机构运动仿真能够对装配模型进行运动仿真。其方法是：首先利用自动或人为的方式指定固定件和运动件，然后根据装配关系定义各关节的运动特性，在此基础上进行运动仿真。

在 SolidWorks 2017 中，运动仿真动画是通过定义运动算例的方法来实现的。运动算例是装配体模型运动的图形模拟。除了运动之外，还可以将诸如光源和相机透视图之类的视觉属性融合到运动算例中。

运动算例不更改装配体模型或其属性。它们模拟用户给模型规定的运动。可以使用 SolidWorks 配合在建模运动时约束零部件在装配体中的运动。

在运动算例中，一般使用 MotionManager（运动管理器）来管理动画，其界面为基于时间线的界面，包括以下运动算例工具。

1．动画

可使用动画来动态模拟装配体的运动。

- 添加马达来驱动装配体的一个或多个零件的运动。
- 使用设定键码点在不同时间规定装配体零部件的位置。动画是使用插值来定义键码点之间装配体零部件的运动。

2．基本运动

使用基本运动可以在装配体上模仿马达、弹簧、接触及引力。基本运动在计算运动时会考虑质量。基本运动计算相当快，所以用户可以将之用来生成使用基于物理的模拟的演示性动画。

3．运动分析

运动分析可在 SolidWorks 的 SolidWorks Motion 插件中使用。可使用运动分析在装配体上精确模拟和分析运动单元的效果（包括力、弹簧、阻尼及摩擦）。运动分析使用计算能力强大的动力求解器，在计算中考虑材料属性和质量及惯性。还可以使用运动分析来绘制模拟结果，以供进一步分析。

此外，还可以使用 MotionManager 工具栏来更改视点、显示属性及生成描绘装配体运动的可分发的演示性动画。

10.1.2 运动仿真实例

本节以实例的方式简单介绍机构运动仿真的方法和过程。

① 打开“开窗器.sldasm”文件，如图 10-1 所示。单击“装配体”面板中的“新建运动算例”按钮，此时在下方会出现 MotionManager 工具栏，如图 10-2 所示。

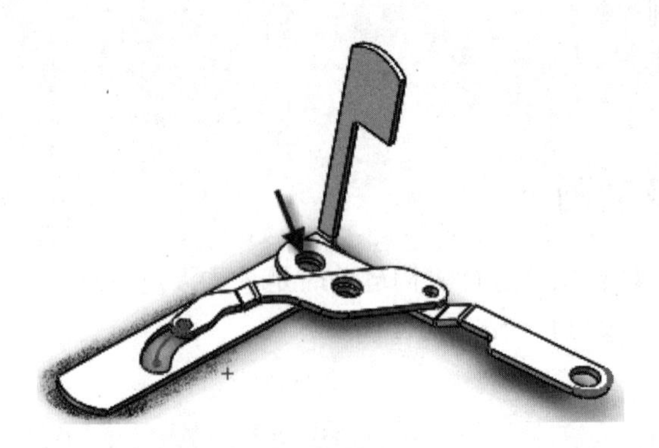

图 10-1 开窗器

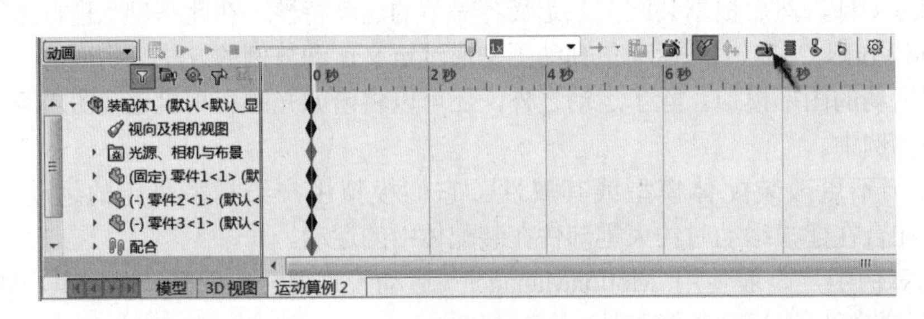

图 10-2 显示 MotionManager 工具栏

② 单击“马达”按钮，在“马达”属性对话框中单击“旋转马达”按钮。对于“马达位置”，选择图 10-1 箭头所指的小孔。单击“马达方向”按钮，切换为顺时针方向。在“运动”选项卡中，选择“等速”，将“速度”设为 2，然后单击“确定”按钮，如图 10-3 所示。

③ 在 MotionManager 工具栏中，在持续时间键上单击鼠标右键，然后选择“编辑关键点时间”命令，如图 10-4 所示。在弹出的“编辑时间”对话框中可以编辑修改时间，如图 10-5 所示。单击“从头播放”按钮，如图 10-6 所示，即可观察运动效果。

④ 创建一个新文件夹，将其命名为“运动算例”。单击位于绘图区右侧的“设计库”按钮，然后单击“添加文件位置”按钮，找到新建的“运动算例”文件夹，然后单击“确定”按钮，如图 10-7 所示。

⑤ 在设计库中选择“运动算例”选项，在 MotionManager 设计树中，在“旋转马达 1”

选项上单击鼠标右键，然后选择“添加到库”命令，如图 10-8 所示。

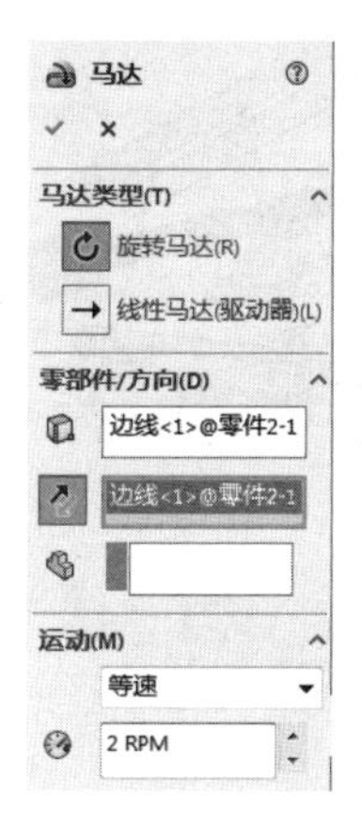

图 10-3 “马达”属性对话框

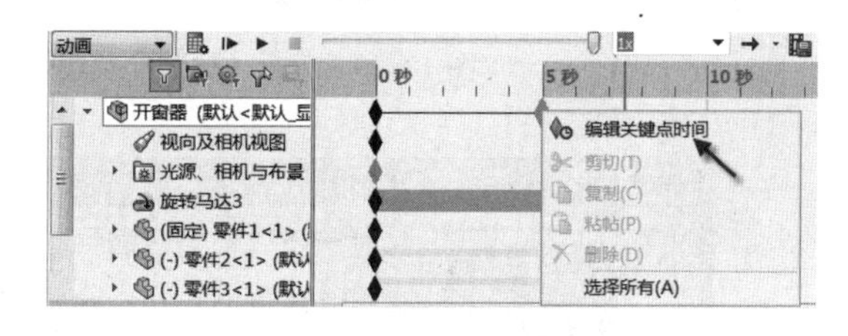

图 10-4 编辑关键点时间

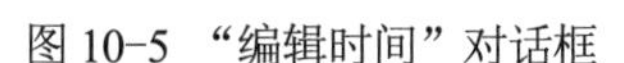

图 10-5 “编辑时间”对话框

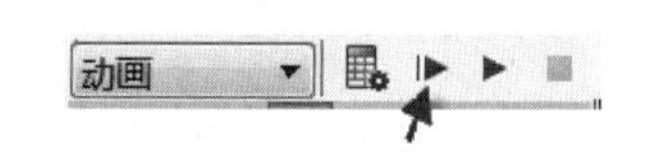

图 10-6 “从头播放”按钮

⑥ 在弹出的“添加到库”属性对话框中用合适的名字命名，然后选择“运动算例”文件夹，单击✓按钮，如图 10-9 所示，即可保存马达设置，以便在其他运动算例中使用。

图 10-7 添加文件夹

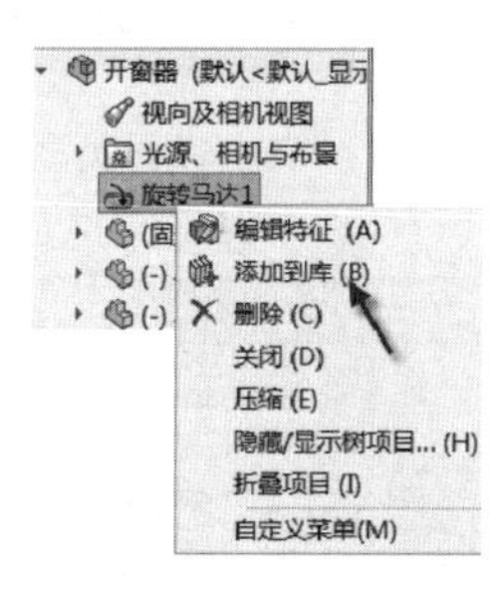

图 10-8 添加到库

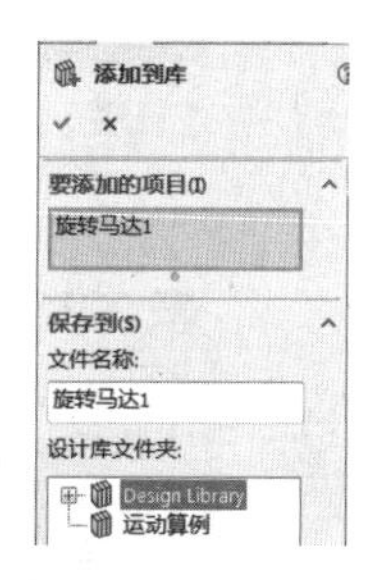

图 10-9 “添加到库”属性对话框

10.1.3 简单动画实例

在 SolidWorks 2017 中，除了可以实现装配体的运动仿真以外，还可以方便地实现旋转展示、爆炸、爆炸恢复等动画效果，下面简单介绍一下。

假设前面已经完成了一个装配体的装配及爆炸视图的操作，即如图 10-10 所示的千斤顶装配及爆炸视图。

① 打开千斤顶的装配体文件，单击屏幕下方的“运动算例 1”，在 MotionManager 工具栏中单击“动画向导”按钮，此时会弹出“选择动画类型”对话框，如图 10-11 所示。

② 选择“旋转模型”单选按钮，单击“下一步”按钮，会弹出“选择—旋转轴”对话框，如图 10-12 所示，设置好旋转轴和旋转次数，单击“下一步”按钮。

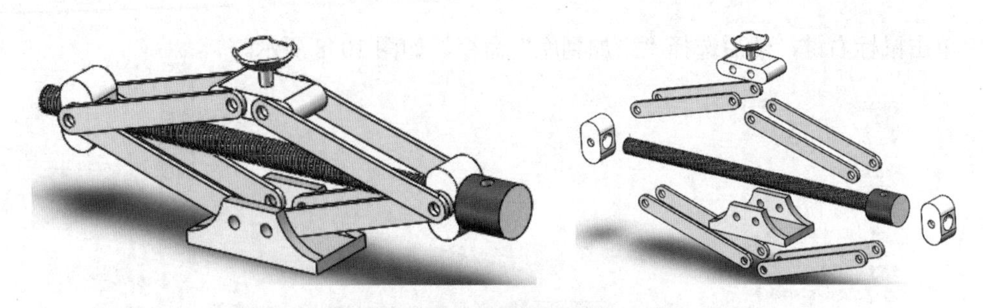

图 10-10　千斤顶的装配及爆炸视图

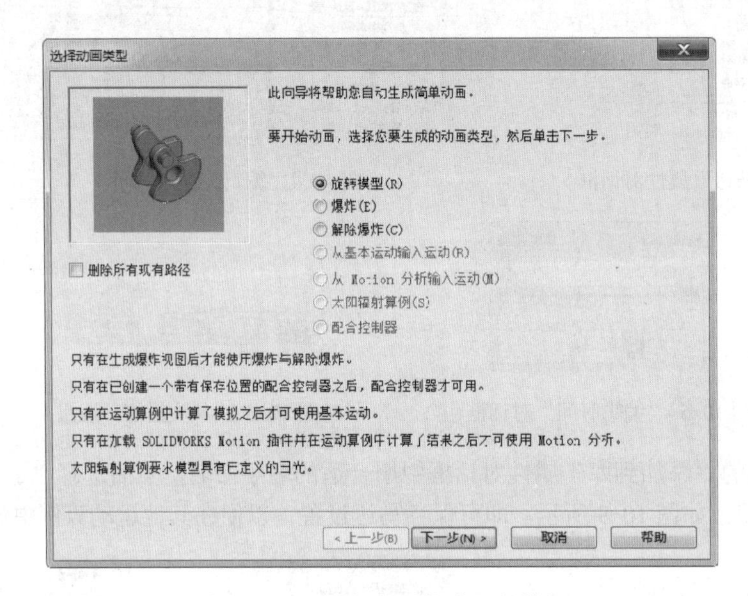

图 10-11　“选择动画类型”对话框

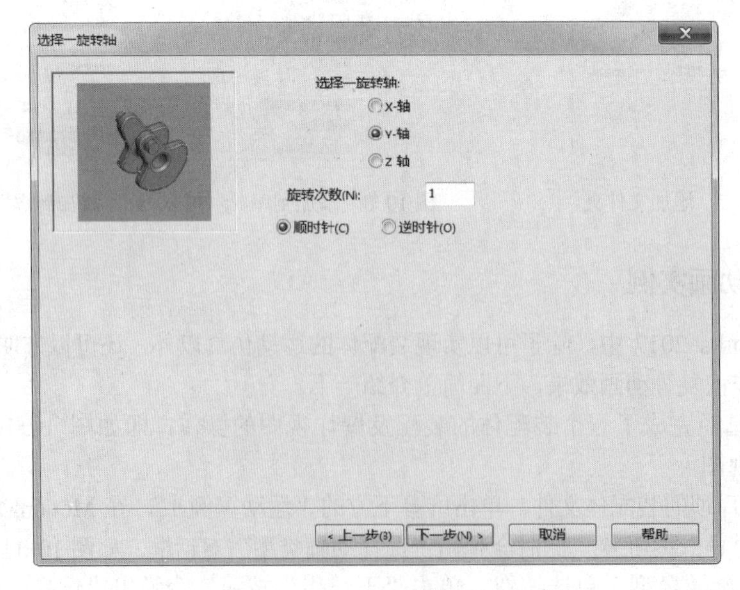

图 10-12　“选择—旋转轴”对话框

③ 在弹出的如图 10-13 所示的“动画控制选项”对话框中设置好时间，单击“完成”按钮，即可生成旋转动画，生成的键码图如图 10-14 所示。播放动画即可查看效果。

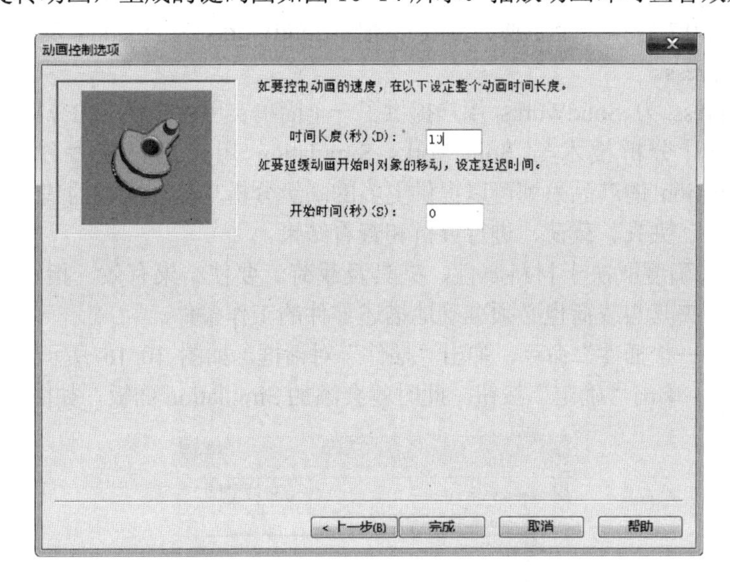

图 10-13 “动画控制选项”对话框

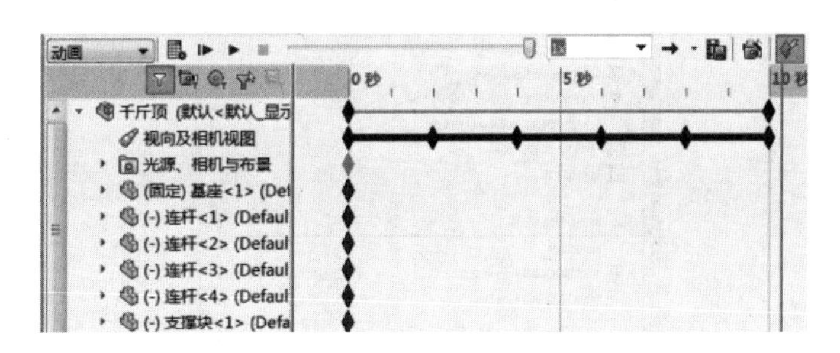

图 10-14 旋转动画键码图

④ 生成爆炸动画和解除爆炸动画的过程类似，如图 10-15 为爆炸动画的键码图。

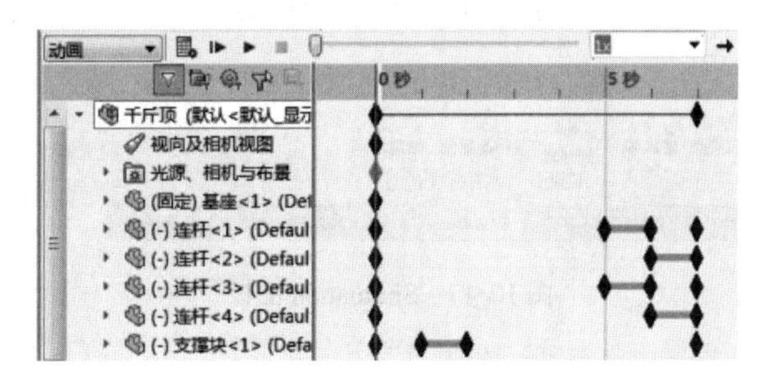

图 10-15 爆炸动画键码图

10.2 静力分析

静力分析主要用于对零部件进行静态载荷下的受力分析，以帮助完善零部件的造型设计。

10.2.1 基础知识

SolidWorks 2017 包括一个完整的有限元插件 SolidWorks Simulation 及一个简化的有限元模块 SimulationXpress。

SimulationXpress 为 SolidWorks 用户提供了一个简单实用的初步应力分析工具。Simulation Xpress 使用的设计分析技术与 SolidWorks Simulation 用来进行应力分析的技术相同。SolidWorks Simulation 的产品系列可以提供更多的高级分析功能。二者的基本操作步骤大体是类似的：指定材料、夹具、载荷，进行分析和查看结果。

分析结果的精确度取决于材料属性、夹具及载荷。要使结果有效，指定材料属性必须准确描述零件材料，夹具与载荷也必须准确地描述零件的工作条件。

选择“工具”→“插件”命令，弹出“插件”对话框，如图 10-16 所示。选中 SolidWorks Simulation 复选框，单击“确定”按钮。此时就会添加 Simulation 面板，如图 10-17 所示。

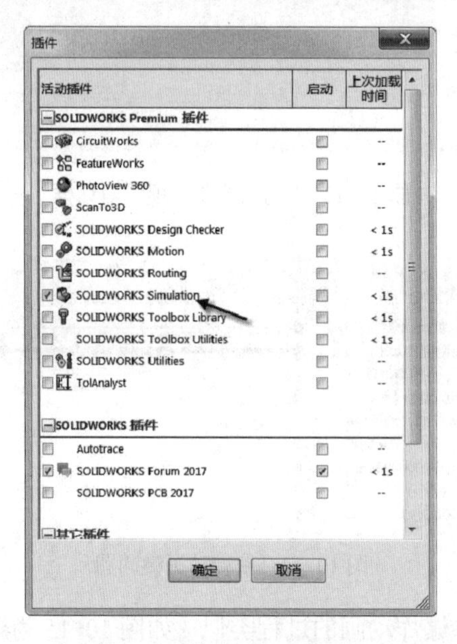

图 10-16 “插件”对话框

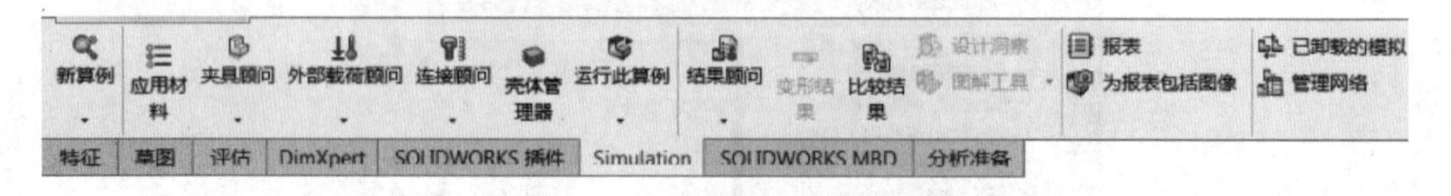

图 10-17 Simulation 面板

10.2.2 静力分析实例

打开一个摇臂零件，如图 10-18 所示。

1．建立新算例

单击 Simulation 面板中的“新算例”按钮，弹出“算例”属性对话框，如图 10-19 所示，选择“静应力分析”，单击“确定”按钮。

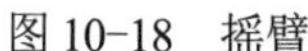

图 10-18　摇臂

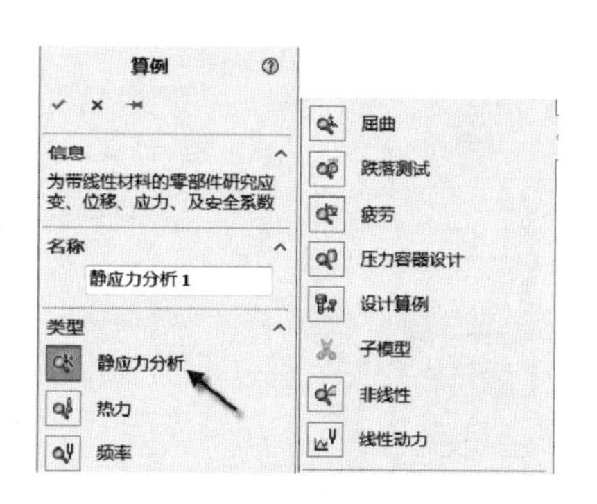

图 10-19 “算例”属性对话框

2．指定材料

单击 Simulation 面板中的“应用材料”按钮，弹出“材料”对话框，如图 10-20 所示。选择“合金钢”选项，然后依次单击“应用”按钮，以及“关闭”按钮。

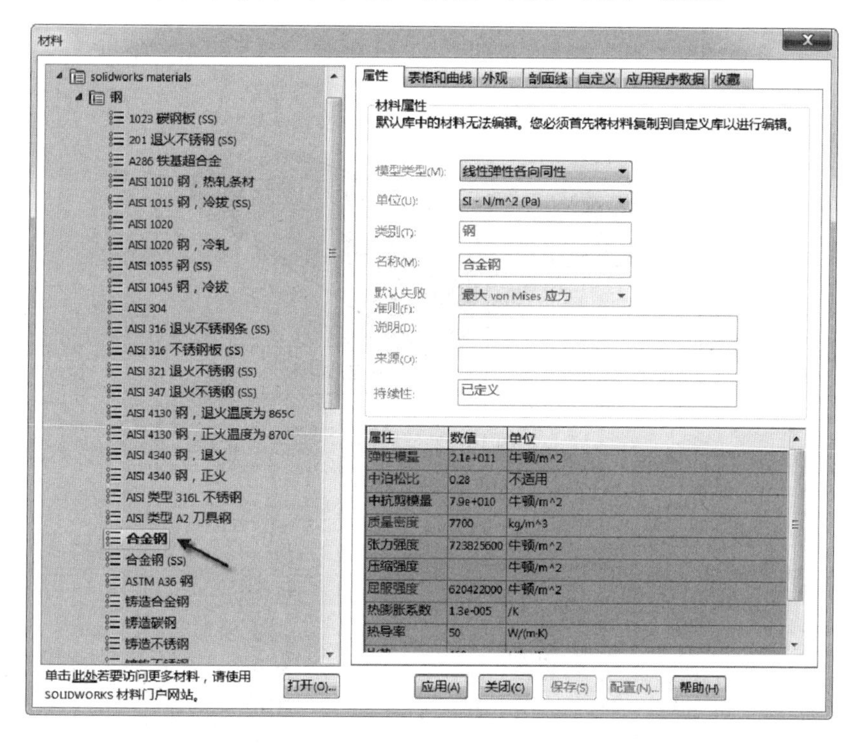

图 10-20 “材料”对话框

3．添加夹具

单击 Simulation 面板中的“固定几何体”按钮，如图 10-21 所示，弹出“夹具”属性对话框，如图 10-22 所示。此时选择零件的中间孔，如图 10-23 所示。单击“确定”按钮。

4．添加外部载荷

单击 Simulation 面板中的“力”命令，如图 10-24 所示，弹出“力/扭矩”属性对话框，如图 10-25 所示。此时选择如图 10-26 所示的面，将力的大小设定为 500N，单击“确定”按钮。

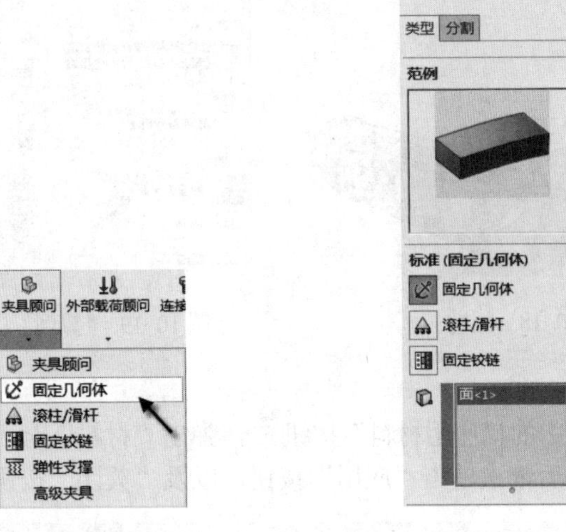

图 10-21 “固定几何体”按钮　　图 10-22 “夹具”属性对话框

图 10-23 选择孔

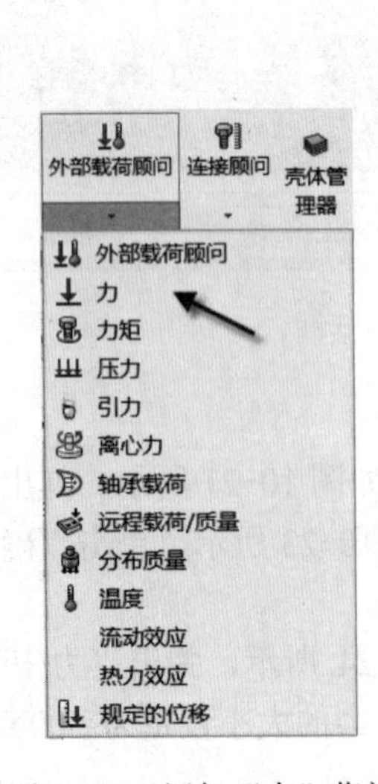

图 10-24 添加“力”菜单　　图 10-25 “力/扭矩”属性对话框

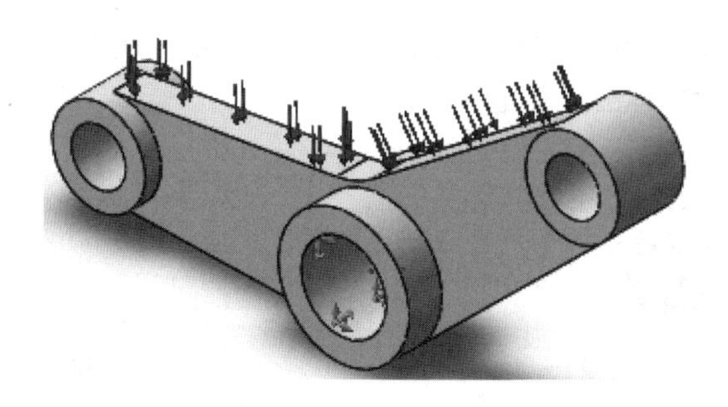

图 10-26　选择受力面

5. 运算受力结果

单击 Simulation 面板中的“运行”按钮，经过运算，即可得到静力分析结果，如图 10-27 所示。

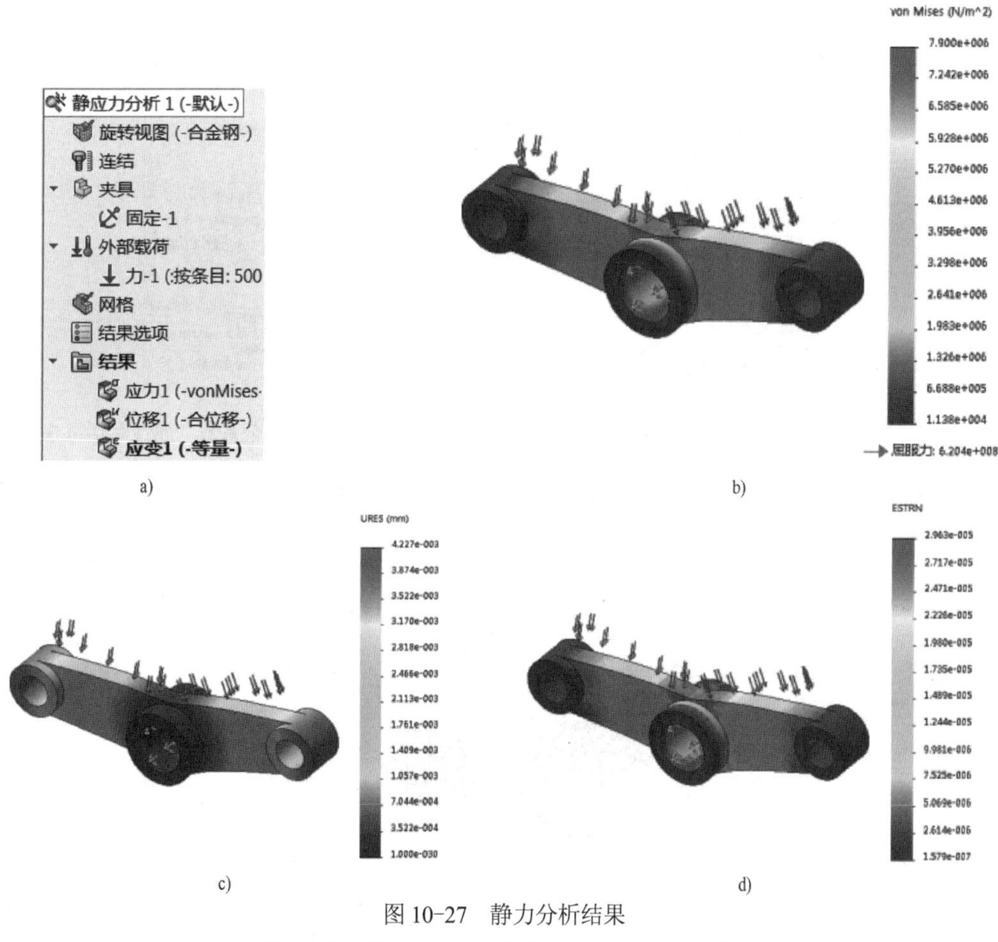

a)　b)　c)　d)

图 10-27　静力分析结果

a)“静力分析”算例树　b) 应力结果　c) 位移结果　d) 应变结果

在 Simulation 算例树中的“结果”文件夹上单击鼠标右键，然后选择“定义安全系数图解”命令，如图 10-28 所示。左侧特征树显示“安全系数”属性对话框，如图 10-29 所示。将“准则”选项设为“最大 von Mises 应力”，单击“下一步”按钮。将“设定应力极限到”设置为“屈服强度”，如图 10-30 所示。单击“下一步”按钮。选中“安全系数分布”单选按钮，如图 10-31 所示。单击“确定”按钮。

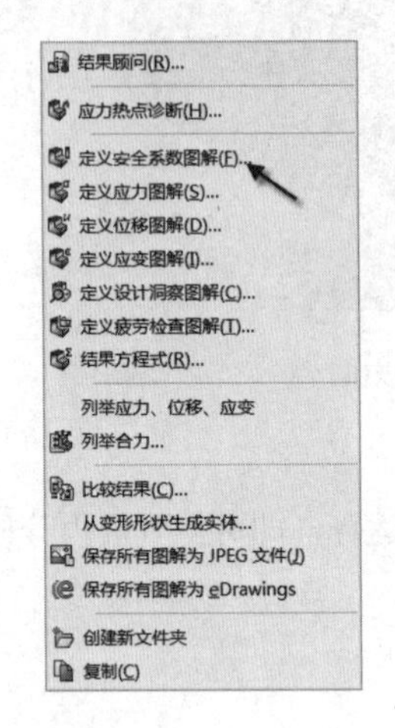

图 10-28　快捷菜单

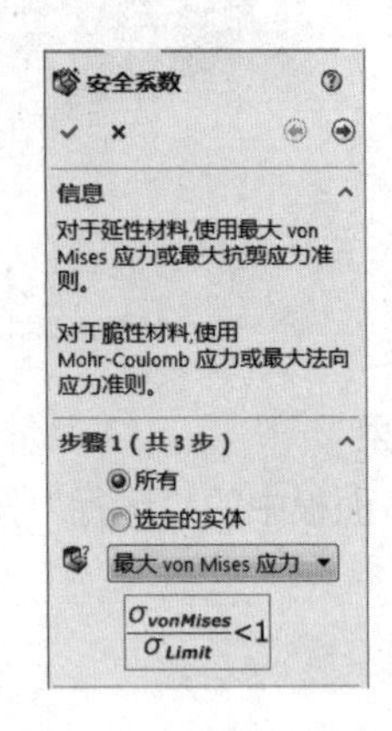

图 10-29　“安全系数”属性对话框 1

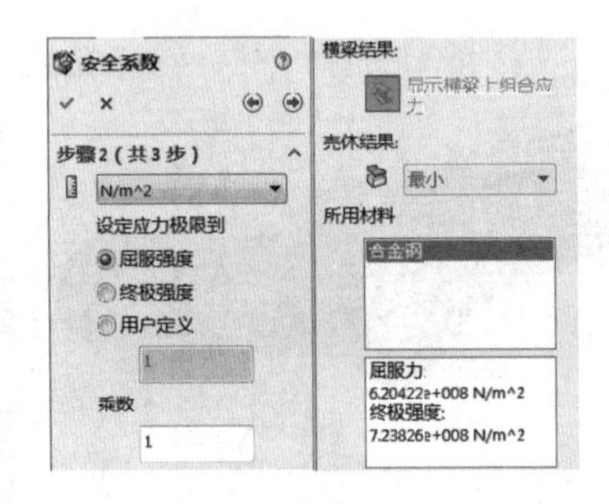

图 10-30　“安全系数”属性对话框 2

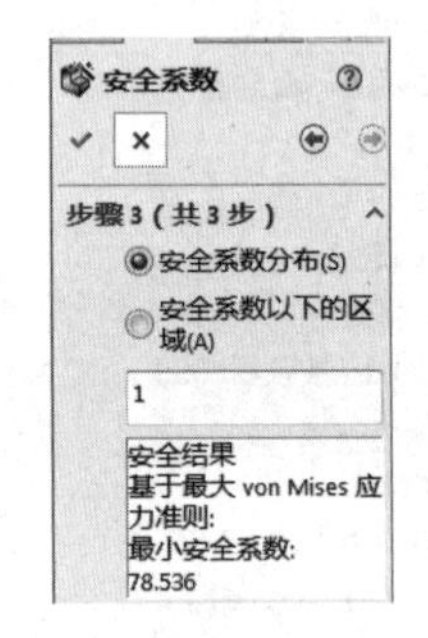

图 10-31　“安全系数”属性对话框 3

显示模型的安全系数分布图解，如图 10-32 所示。由图解可以看出该零件上各部分的安全系数分布。

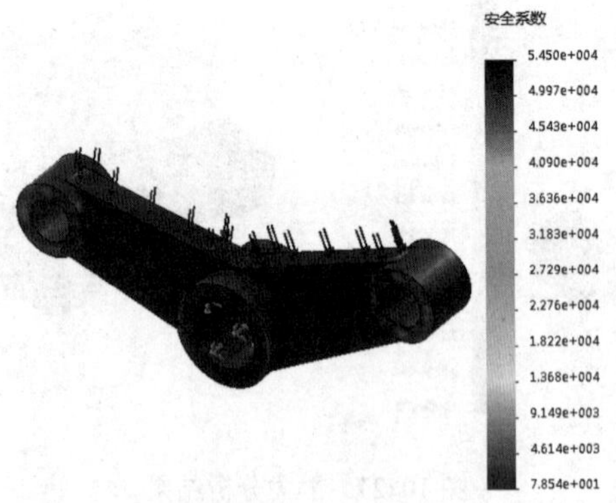

图 10-32　安全系数分布

6．生成算例报告

单击 Simulation 面板中的“报表”按钮，在弹出的“报表选项”对话框中，如图 10-33 所示，设置“报表分段”内容，填写“标题信息”内容，以及在下方的文档设置中指定报表的名称、格式及保存路径。设置完成后单击“出版”按钮完成零件的分析过程。

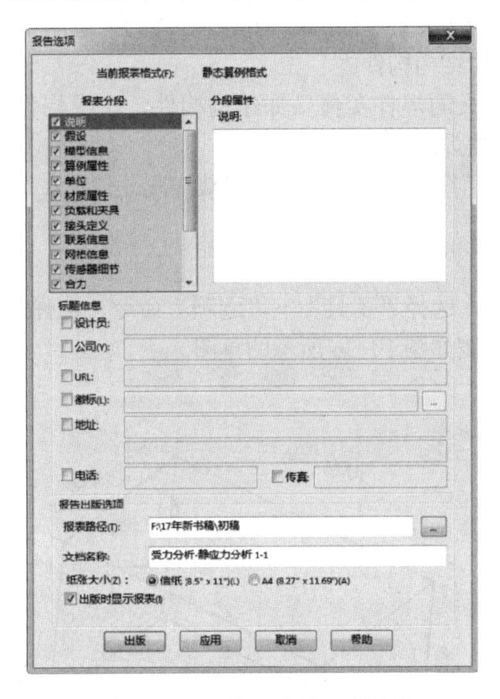

图 10-33 “报表选项”对话框

10.3 焊接件设计

焊接件设计主要用于对焊接件特有的焊接特征进行造型设计。

10.3.1 基础知识

打开 SolidWorks 2017，新建一个零件文件，在面板区域单击鼠标右键，会弹出快捷菜单，如图 10-34 所示，选择“焊件”命令，即可打开“焊件”面板，如图 10-35 所示。

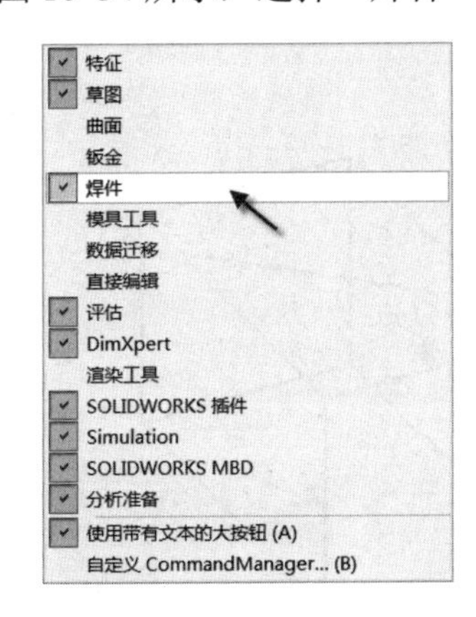

图 10-34 快捷菜单

图 10-35 “焊件”面板

面板内常用命令含义如下。

- 结构构件：在焊件零件中添加或编辑结构构件时出现。
- 角撑板：可加固两个交叉带平面的结构构件之间的区域。
- 顶端盖：闭合敞开的结构构件。
- 焊缝：可在任何交叉的焊件实体（如结构构件、平板焊件，或角撑板）之间添加全长、间歇或交错圆角焊缝。
- 剪裁/延伸：可以使用线段和其他实体来剪裁线段，使之在焊件零件中正确对接。

10.3.2 焊接件实例

① 新建一个零件文件，选择“工具”→“选项”命令，在弹出的对话框中将单位设为英寸。使用3D草图工具，绘制如图10-36所示的草图。

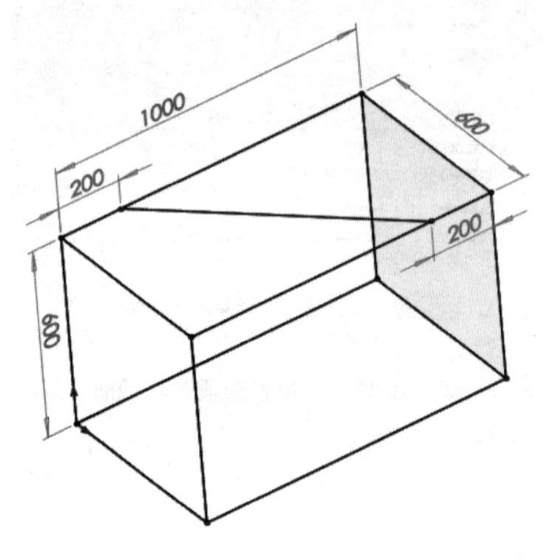

图10-36 3D草图

② 打开“焊接”面板，单击“结构构件”按钮，在“结构构件”属性对话框中按照如图10-37所示进行设置，选择最左侧的4条边线，如图10-38所示。单击连接处的点，选择“终端斜接”连接方式，如图10-39所示。

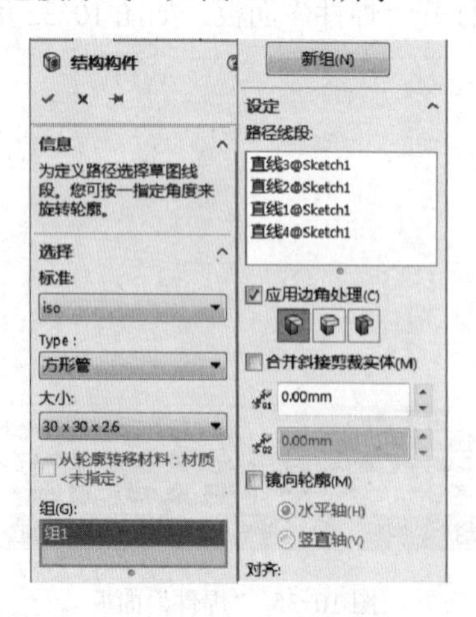

图10-37 “结构构件”属性对话框

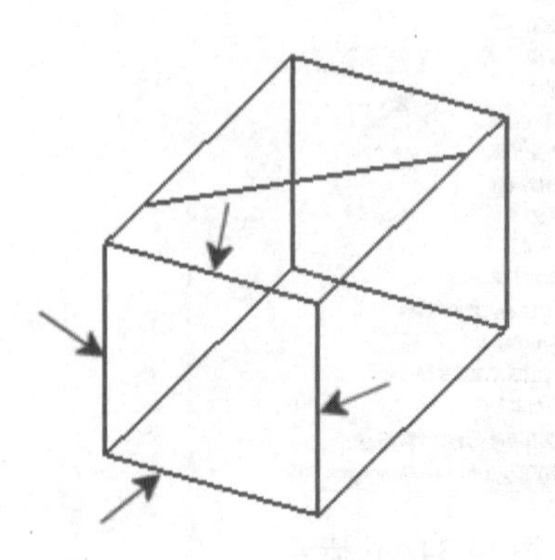

图10-38 选择4条边线

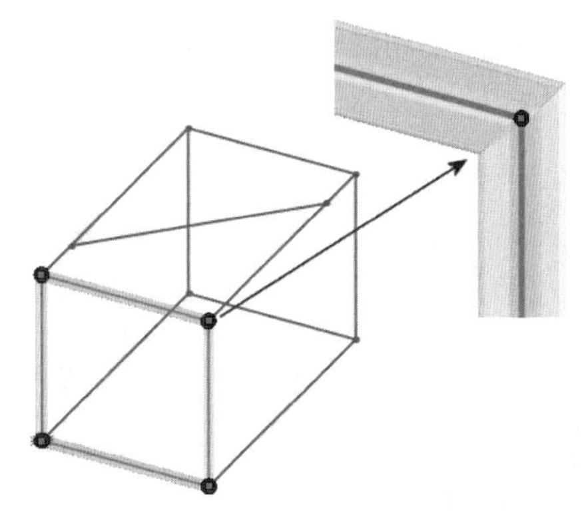

图 10-39　终端斜接

③ 单击“新组”按钮，然后选择如图 10-40a 所示的边线，创建新组，如图 10-40b 所示。

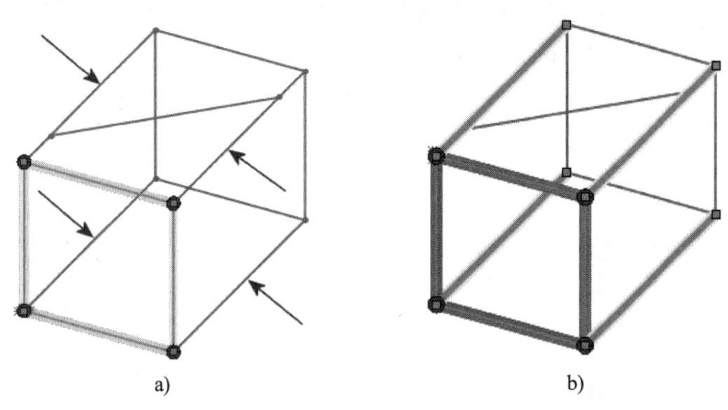

图 10-40　添加新组

④ 在图形区单击鼠标右键，并选择“创建新组”命令，以如图 10-41 所示的顺序为路径线段选择每条边线。在“设定”选项卡中选中“应用边角处理”复选框，然后单击“终端对接 1”，如图 10-42 所示。

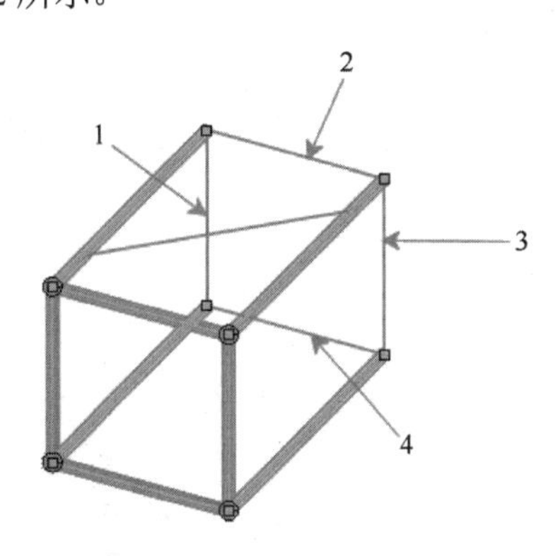

图 10-41　选择 4 条边线

图 10-42　边角处理

⑤ 将指针移动到右上边的角点上，当鼠标指针变成时，单击以选择点，如图 10-43 所示。弹出“边角处理”对话框，如图 10-44 所示。选择“组 1”，将“剪裁阶序”设置为 2。选择“组 2”，将“剪裁阶序”设置为 1，单击“终端对接 2”按钮。选中“设定边角特定缝隙”

复选框，然后在同一组中连接的线段之间的缝隙中，输入 5。最后单击“确定”按钮应用新的边角处理。

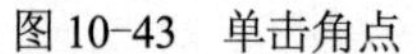

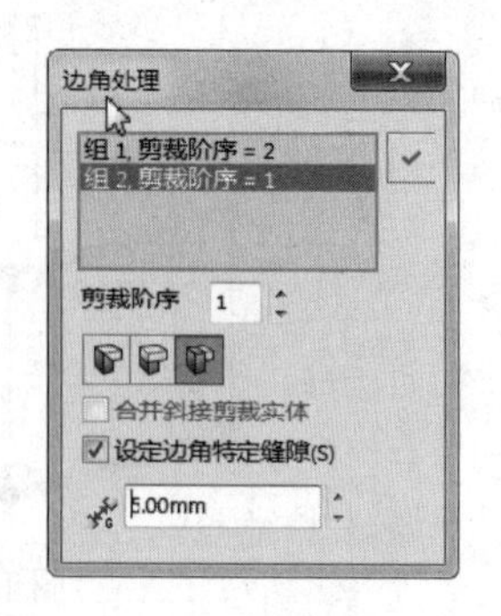

图 10-43　单击角点　　　图 10-44　“边角处理”对话框

⑥ 用同样的方式处理如图 10-45 中箭头所指的角点，然后单击属性管理器中的“确定”按钮。完成该步骤后，右上角点的效果如图 10-46 所示。

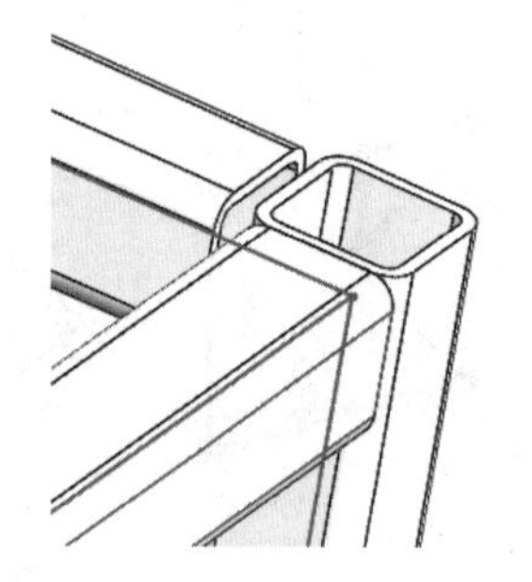

图 10-45　选择另一角点　　　图 10-46　右上角点的效果

⑦ 单击“结构构件”按钮，在“结构构件”属性对话框中按照如图 10-47 所示进行设置，选择顶端的斜线，如图 10-48 所示。将视图方向切换到“右视”方向，然后缩放到线段端点，在“设定”选项卡中，将旋转角度设置为 90°，按〈Enter〉键后，变化如图 10-49 所示。然后单击“确定”按钮关闭属性对话框，结果如图 10-50 所示。

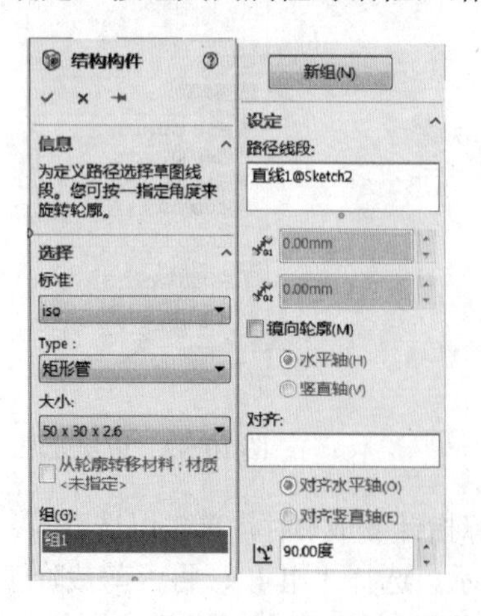

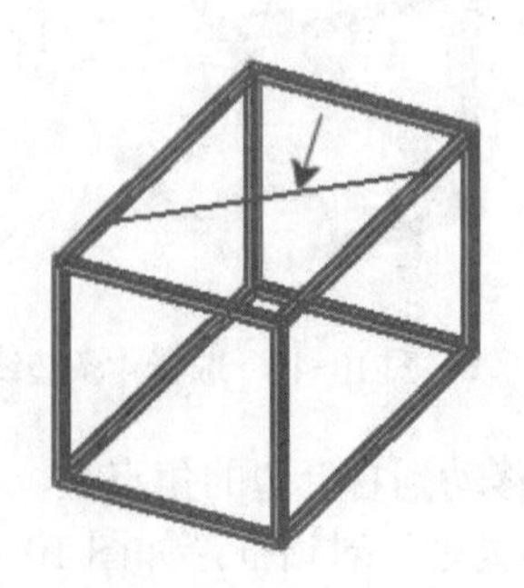

图 10-47　“结构构件”属性对话框　　　图 10-48　选择斜线

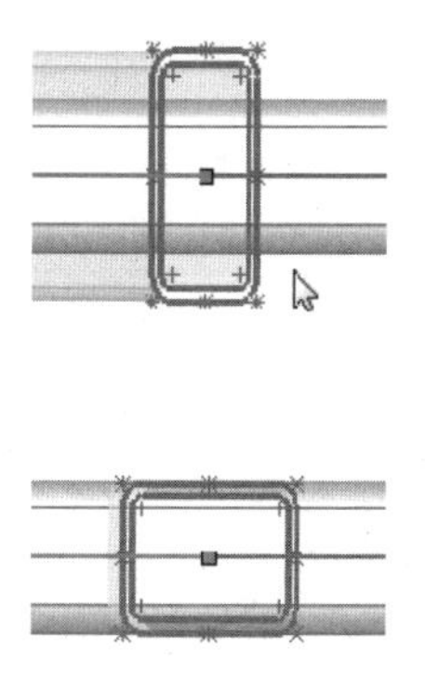

图 10-49　旋转 90°

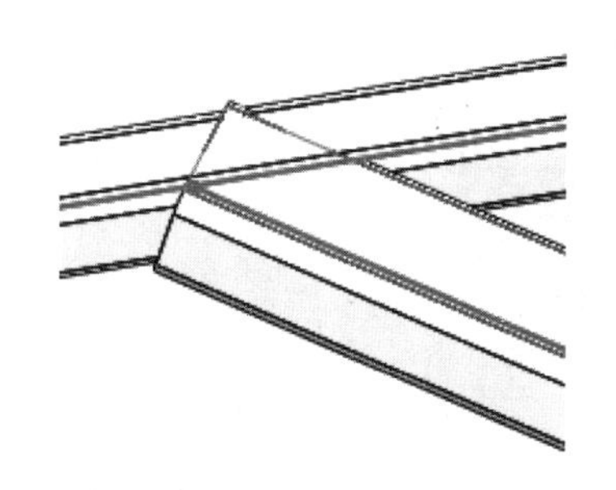

图 10-50　斜管结果

⑧ 单击“焊件”面板中的“剪裁/延伸”按钮，在弹出的“剪裁/延伸”属性对话框中，在“边角类型”选项卡中单击“终端剪裁”按钮，如图 10-51 所示。在图形区域为要剪裁的实体选择斜管。在“剪裁边界”选项卡中，选择剪裁面，如图 10-52 所示，单击“确定”按钮，结果如图 10-53 所示，用相同的方式剪裁另一端。

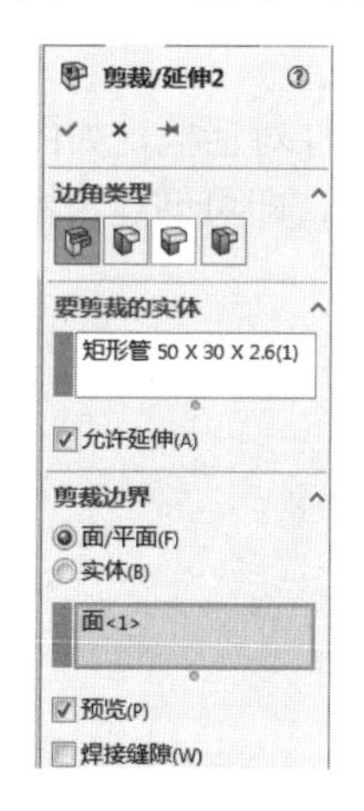

图 10-51　“剪裁/延伸”属性对话框

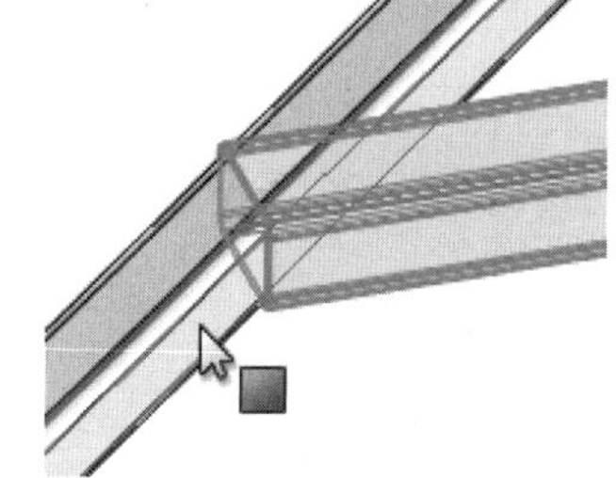

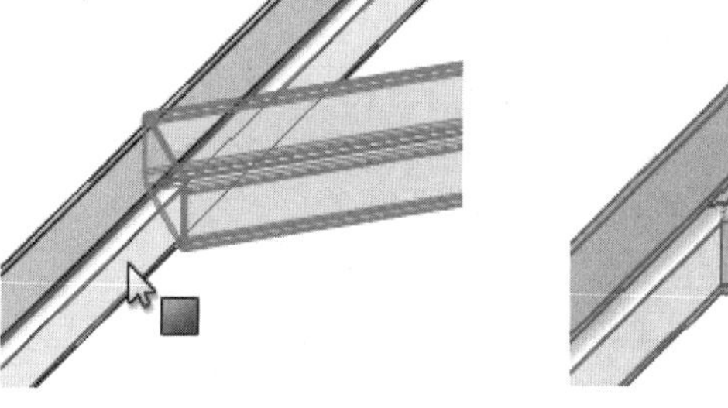

图 10-52　选择剪裁边

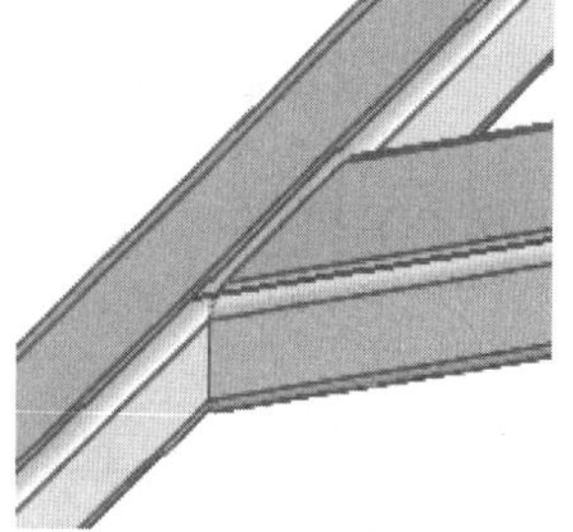

图 10-53　剪裁结果

⑨ 重复使用“剪裁/延伸”命令，完善所有边角，如图 10-54 所示。

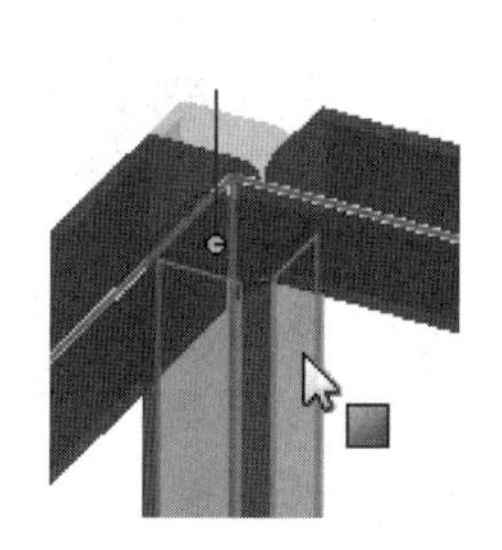

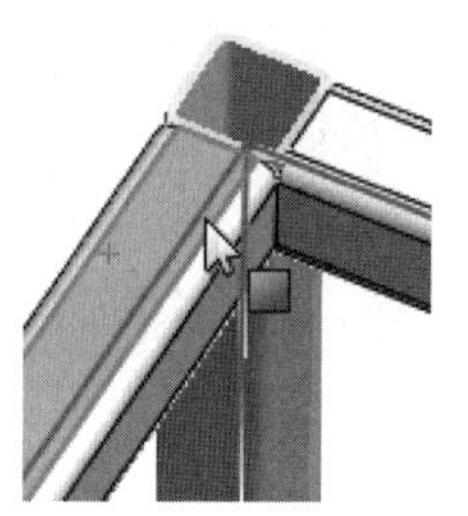

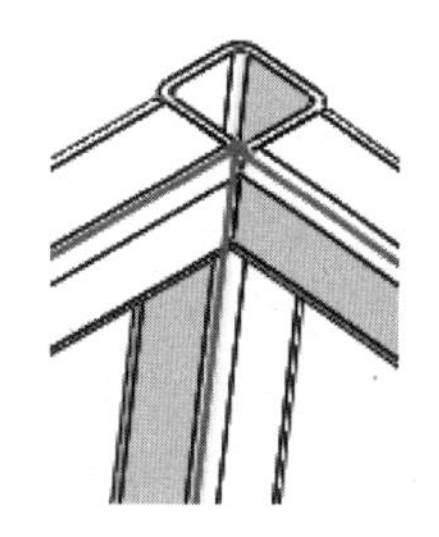

图 10-54 “剪裁/延伸”边角

下面插入顶端盖。插入顶端盖特征，将需要端盖的几个端口封上。

⑩ 单击“焊件”面板中的“顶端盖”命令，弹出“顶端盖”属性对话框，如图 10-55 所示，选择需要封口的端面，设置“厚度方向”及相关距离，单击“确定”按钮，结果如图 10-56

所示。用相同的方式，对所有管道末端加盖。

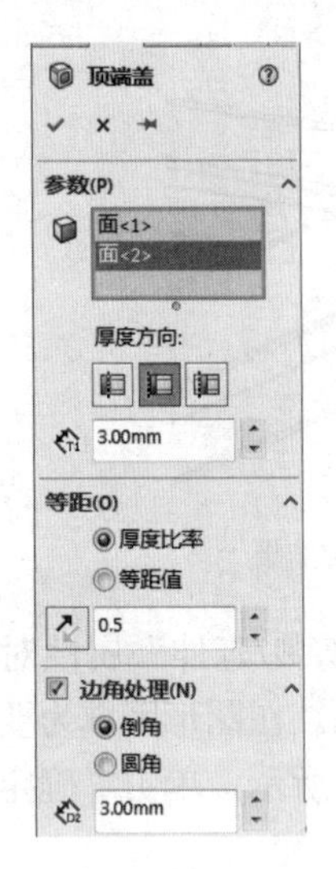

图 10-55 “顶端盖”属性对话框

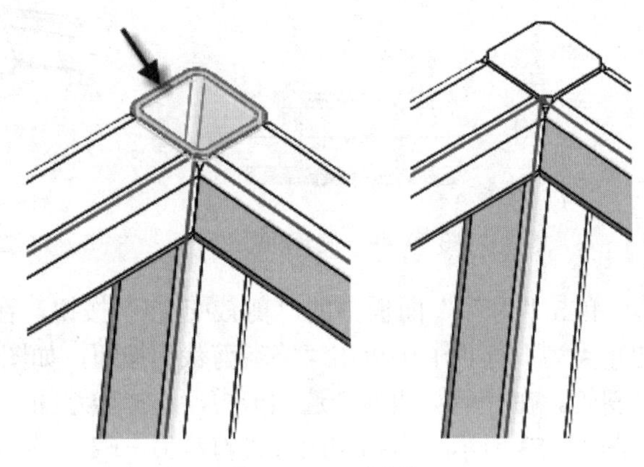

图 10-56 顶端盖

⑪ 单击“焊件”面板中的“角撑板”按钮，弹出“角撑板”属性对话框，如图 10-57 所示，按照图中参数进行设置，选择如图 10-58 所示箭头所指的两个面，即可创建角撑板，如图 10-58 所示。重复该步骤，创建另外 3 个角撑板。

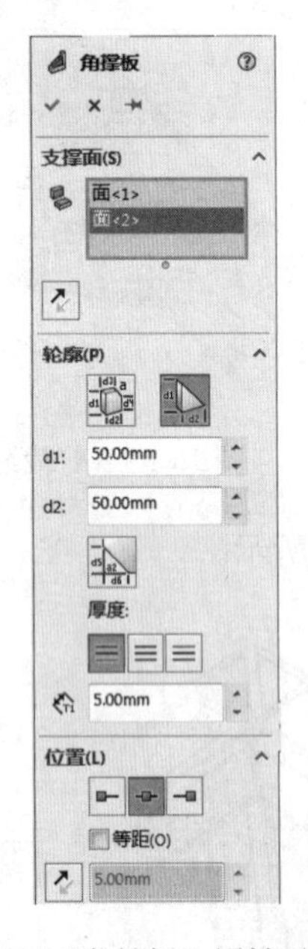

图 10-57 “角撑板”属性对话框

图 10-58 创建角撑板

⑫ 选择“插入”→“焊件”→“圆角焊缝”命令，弹出“圆角焊缝”属性对话框，如图 10-59 所示，按图中参数进行设置，选择如图 10-60 所示的面作为“面组 1”，选择如图 10-61 所示箭头所指的面作为“面组 2”，单击“确定”按钮，结果如图 10-62 所示。重复该步骤，创建其余焊缝即可完成该焊件。

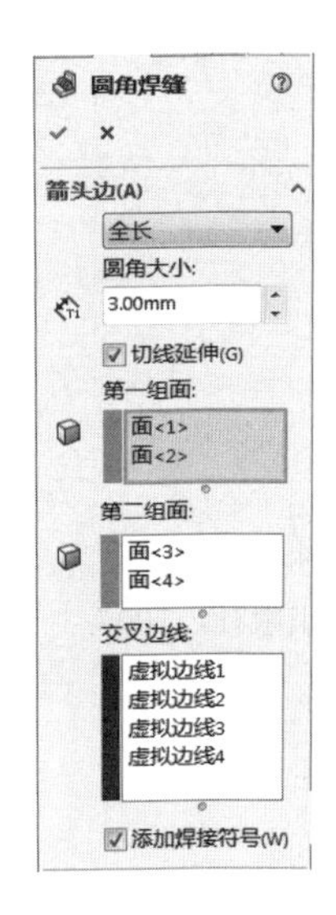

图 10-59 “圆角焊缝”属性对话框

图 10-60 面组 1

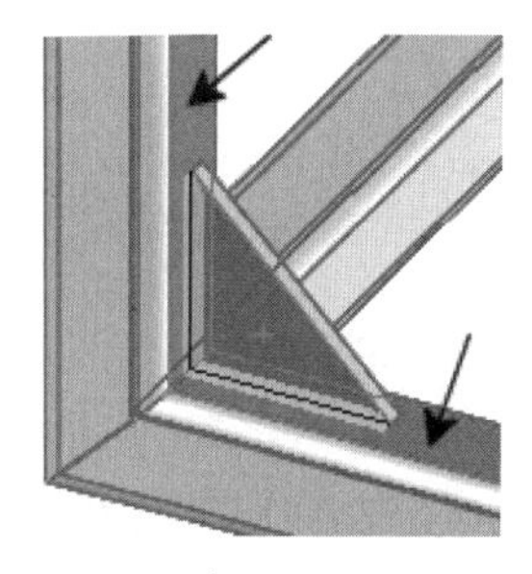

图 10-61 面组 2

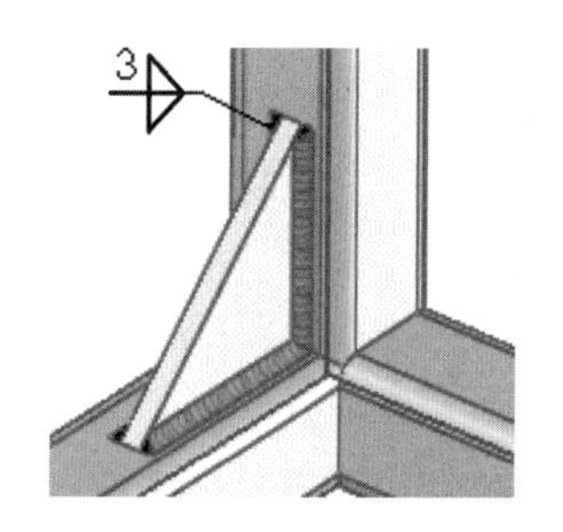

图 10-62 圆角焊缝

10.4 课后练习

1. 简述运动算例中“马达”命令的作用。
2. 如何编辑修改运动算例中的时间？
3. 在 SolidWorks Simulation 中添加夹具有几种方式？
4. SolidWorks Simulation 中如何校验安全系数？

参 考 文 献

[1] 汤爱君. 计算机绘图与三维造型[M]. 北京：机械工业出版社，2013.

[2] 段辉. SolidWorks 2012 基础与实例教程[M]. 北京：机械工业出版社，2014.

[3] 魏峥. 三维计算机辅助设计：Solid Works 实用教程[M]. 北京：高等教育出版社，2007.

[4] 段辉. 现代工程图学基础[M]. 北京：机械工业出版社，2010.